Solararchitektur für E

Astrid Schneider (Hg.)
und focus-film

Solararchitektur für Europa

Mit einem Vorwort
von Hermann Scheer

BIRKHÄUSER VERLAG
Basel · Boston · Berlin

Dank

Das Medienprojekt „Solararchitektur für Europa", das aus diesem Buch und einem Film besteht, versteht sich als Kommunikationsprojekt. Als Herausgeberin und Autorin des Buches möchte ich an dieser Stelle all jenen danken, welche die hierfür recherchierten, erläuterten, zusammengetragenen und dargestellten Inhalte durch jahrelange Entwicklungsarbeit auf dem Gebiet der Solarenergienutzung und Architektur geschaffen haben. Besonderer Dank gilt den Autoren, die durch ihre Fachbeiträge die interdisziplinäre Qualität dieses Buches ermöglicht haben.

Bauherren, Besitzer und Bewohner haben Tür und Tor geöffnet und bis ins Innerste ihrer Häuser Einblick gestattet. Architekten, Ingenieure und Forschungsinstitutionen haben nicht nur Pläne, Fotos, Texte, Zahlen, Daten und Fakten über Projekte bereitgestellt, teilweise für dieses Buch extra erarbeitet, sondern auch Fragebögen mit Energiedaten und Angaben zum jeweiligen Projekt ausgefüllt, um die gestalterische wie die energetische Seite darstellen zu können. Ohne die engagierte fachliche Begleitung und Unterstützung der europäischen Sonnenenergievereinigung EUROSOLAR e.V. und dem Internationalen Solarzentrum Berlin hätte dieses Buch nicht zustande kommen können. Besonders zu nennen ist hier Gotthard Schulte-Tigges. Wertvolle Anregungen lieferten auch Andreas Brockmöller, Helmut Tributsch, Dieter Uh und Wolfgang Rosenthal.

Rainer Hofmann hat uns als Fotograf auf der Reise quer durch Europa begleitet und dem Buch mit einem Großteil der hier dargestellten Fotografien zu seiner bildhaften Qualität verholfen. Die Designer von xplicit, Thomas Nagel, Martin Wenzel und Friederike Bothe, haben das visuelle Erscheinungsbild des Buches und des Medienprojektes geprägt. Dem Birkhäuser Verlag, insbesondere Herrn Ulrich Schmidt, gilt mein besonderer Dank für die engagierte Betreuung des Buches.

Für die großzügige finanzielle Unterstützung des gesamten Medienprojektes möchte ich der Deutschen Bundesstiftung Umwelt (DBU) und der Europäischen Kommission (Generaldirektion XVII für Energie und Generaldirektion XII für Wissenschaft, Forschung und Entwicklung) danken sowie dem OPET Energie Anlagen Berlin GmbH (EAB) für seine diesbezüglichen Bemühungen.

Für die persönliche Unterstützung meiner Arbeit möchte ich meinen Eltern, Gudrun und Hans-Peter Schneider, danken, Birgit Heller-Irmscher, Christine Felke, Michael Kohlhaas, Markus Liebmann und nicht zuletzt Horst Hummel.

Astrid Schneider

Verlag und Herausgeberin danken folgenden Firmen für die großzügige Gewährung eines Druckkostenzuschusses:

AERNI FENSTER AG
Hauptstrasse 173
CH-4422 Arisdorf

ATLANTIS GmbH
Bereich ökologische Gebäude- und Solartechnik
Cuvristraße 1
D-10997 Berlin

COLT Solar Technology AG
Ruessenstrasse 5
CH-6340 Baar

HL-Technik AG, beratende Ingenieure
Wolfratshauser Straße 54
D- 81379 München

NEWTEC, Plaston AG
Büntelistrasse 15
CH-9443 Widnau

Die Deutsche Bibliothek – CIP-Einheitsaufnahme
Solararchitektur für Europa / Focus-Film. Astrid Schneider (Hrsg:). Mit einem Vorw. von Hermann Scheer. - Basel ; Boston ; Berlin : Birkhäuser, 1996
ISBN 3-7643-5381-3
NE: Schneider, Astrid [Hrsg.]; Focus-Film

Postfach 133, CH-4010 Basel, Schweiz.
Umschlaggestaltung und Layout: xplicit, Frankfurt a.M.
Gedruckt auf säurefreiem Papier,
hergestellt aus chlorfrei gebleichtem Zellstoff, TCF ∞

Printed in Italy

ISBN 3-7643-5381-3

9 8 7 6 5 4 3 2 1

Solararchitektur – Schlüssel für ein neues Jahrtausend

Hermann Scheer

Ungefähr eine Milliarde Menschen in den Industrieländern – das sind nur 20% der Weltbvölkerung – verbrauchen 70% des jährlichen Welt-Primärenergiebedarfs von ca. 10 Milliarden Tonnen Kohleäquivalent. 90% davon basieren auf fossilem Rohmaterial. Eine in der Geschichte der Menschheit noch nie dagewesene Anstrengung ist unvermeidlich, weil wir uns einer ökologischen Bedrohung gegenübersehen, wie es sie in der Zivilisationsgeschichte des Menschen noch nicht gegeben hat. Diese Leistung können wir nur vollbringen, wenn wir eine klare Vorstellung davon besitzen, welche politischen Ziele nötig sind – und wie wir den neuen Prioritäten begegnen können.

Um eine Katastrophe zu vermeiden, ist es unerläßlich, den Energiesektor schnellstmöglich auf die Verwendung von direkter und indirekter Solarenergie umzustellen: Solarenergie, Windkraft, Wasserkraft und Biomasse. Wir müssen aktiv daran arbeiten, auf diesem Gebiet eine technologische Revolution in Gang zu setzen. Solarenergie muß die wichtigsten Energiequellen ersetzen, die heute für Transportsystem, industrielle Produktion und Heizung genutzt werden. Das sind Auftrag und Bedeutung auch für eine zukünftige Architektur. Solare Bauweise im Einklang mit der Umwelt ist das schnellste und umfassendste Mittel zum Erreichen dieses Ziels.

Etwa ein Drittel des gesamten Energieverbrauches in den Industriegesellschaften der nördlichen Hemisphäre findet in Gebäuden statt. Das bedeutet, daß Architektur und Bautechnologie bei der Verwendung von Solarenergie und somit bei der Verhütung einer globalen Umweltkatastrophe einen Schlüsselfaktor darstellen. Dabei stehen den Möglichkeiten der solaren Bauweise drei Hindernisse entgegen: zu wenig Wissen über solares Design auch bei Architekten und Bauingenieuren, Baugesetze und -verordnungen, die solare Bauweise erschweren, und veraltete Ansichten über die Ästhetik von Gebäuden. In den letzten Jahren hat sich die Solarforschung vorrangig damit befaßt, die Anwendbarkeit von Solartechnologie zu beweisen und den Wirkungsgrad zu verbessern. Es war dabei nicht möglich, gleichzeitig allen ästhetischen Erfordernissen gerecht zu werden. Diesbezüglich stehen wir erst am Anfang. Sich gestalterisch mit Solararchitektur zu beschäftigen, darin liegt eine Aufgabe für Architekten. Ästhetik ist jedoch auch eine Frage der subjektiven Empfindung. Ob und wie wir etwas empfinden, unterliegt ständigen kulturellen Veränderungen. Und diese Veränderungen werden davon bestimmt, was wir uns wirtschaftlich leisten können, aber auch von den politischen Umständen, in denen wir leben. Architektur, die in der Verantwortung für die Umwelt steht, wird und muß sich deshalb unterscheiden von der Architektur aus Zeiten, als die Umwelt noch vernachlässigt wurde.

Im Prinzip entspricht solare Gestaltung den beiden wichtigsten Bedürfnissen unserer Zeit – Umweltverantwortung und Demokratie – und damit entspricht sie der nötigen kulturellen Veränderung: Solartechnologie unterstützt die Autonomie des einzelnen im Gegensatz zur Versorgung durch andere. Aus diesen Gründen – und zur Rettung der Umwelt – wird solares Design auch den ästhetischen Bedürfnissen der Zukunft entgegenkommen. Solararchitektur ist in umfassender Weise die Architektur der Zukunft – einer Zukunft, in der die Autonomie des einzelnen und die soziale Verantwortung miteinander vereinbar werden. Solarenergie-Technologien bilden eine Synthese von individueller Freiheit und öffentlichem Interesse. Dies ist bisher noch bei keiner größeren Technologie der Fall gewesen. Bis jetzt bildeten die Freiheit des einzelnen und der Gemeinschaftsgedanke eher gegensätzliche Vorstellungen. Entweder wurde die Freiheit des einzelnen zu Lasten des Gemeinwohls (einschließlich der Natur als Quelle allen menschlichen Lebens) gefördert, wie z.B. bei Autos und dem Energieverbrauch von Gebäuden, oder es wurden gemeinschaftliche Leistungen zu Lasten der individuellen Freiheit erbracht, wie an der wachsenden Abhängigkeit des einzelnen von Großtechnologien und Großunternehmen zu sehen ist.

Solartechnologie wird das Verhalten der Menschen ändern. Die Nutzung der Solarkraft erfordert eine offene Geselllschaftsstruktur. Sie verringert die derzeit drohende Gefahr, daß der Mensch Sklave seiner eigenen technischen Errungenschaften wird und gewährt uns die Chance, unser technisches Potential für den eigentlichen menschlichen Fortschritt zu nutzen.

Inhalt

8 Einleitung
Astrid Schneider

Ausgangspunkte

11 Licht, Luft und Sonne in der Architektur der Moderne
Ein Gespräch zwischen Julius Posener und Astrid Schneider

19 Entropie und Architektur Am Beispiel der Nationalgalerie
Astrid Schneider

24 Die Klimaproblematik und ihre Anforderungen an die Architektur
Klaus Lippold

Potentiale

29 Erneuerbare Energiequellen
Astrid Schneider

30 Die solare Strahlung
Stefan Krauter

32 Das Potential der photovoltaischen Stromerzeugung in Europa
Gotthard Schulte-Tigges

34 Das thermische Potential der Solararchitektur
Harry Lehmann

36 Regenerativer Energiemix in Europa: Was kann eine mitteleuropäische Großstadt dazu beitragen?
Joachim Nitsch

42 Solararchitektur – der Grundgedanke
Astrid Schneider

Beispiele

Astrid Schneider

45 Von der Qual der Zahl – oder: Wieviel Energie verbraucht ein Haus? Niedrig-, Null- und Plusenergiehäuser

48 Einfamilienhäuser
Nullenergiehaus – serienreif, Wettrigen (D)
Energieautarkes Haus, Freiburg (D)
Baumhaus Heliotrop, Freiburg (D)
Plusenergiehäuser, Freiburg (D)
Siedlung „Niederholzboden" in Riehen (CH)
Niedrigenergiehäuser, Heidenheim (D)
„Passivhaus", Darmstadt (D)
Solare Kieswerkarchitektur (D)
Wohnen unterm Schirm, Lyon-Vause (F)

74 Wohn- und Geschäftsbauten
Wohngebäude mit aktiver und passiver Solarenergienutzung, Berlin (D)
Stadthaus mit transparenter Wärmedämmung, Berlin (D)
Grüne Solararchitektur im sozialen Wohnungsbau, Stuttgart (D)
„Green Building", Dublin (IRL)

82 Bürobauten und öffentliche Gebäude
Büro- und Wohngebäude am Bahnhof, Brugg (CH)
Bürogebäude Tenum, Liestal (CH)
Sektion Unfallchirurgie, Ulm (D)
Verwaltungsgebäude der Deutschen Bundesstiftung Umwelt, Osnabrück (D)
Haus der Wirtschaftsförderung, Duisburg (D)
Stadtbibliothek und Kulturtreff, Herten (D)
Lycée Albert Camus, Frejus (F)
Internationales Schulzentrum, Lyon (F)

102 Großprojekte
Hauptverwaltung der Scandinavian Airlines Systems, Stockholm (S)
Farsons-Brauerei, Malta (M)
Universitätsgebäude, Leicester (GB)
Design-Center, Linz (A)
Der Umbau des Reichstages und die Idee eines solaren Regierungsviertels, Berlin (D)

116 Siedlungsbau, solare Nahwärme und integrale Energiekonzepte
Ökologische Sanierung, Block 103, Berlin (D)
Stadterweiterung in Niedrigenergie-Hausbauweise, Schiedam (NL)
Solarkollektoren im Selbstbau (A)
Stadtwerke rüsten solare Nahwärme nach, Göttingen (D)
Solare Nahwärme in Nord- und Mitteleuropa
Jan Olof Dalenbäck
Integrale Energiekonzepte in Deutschland
Anton Lutz und Norbert Fisch

132 Photovoltaikintegration in die Gebäudehülle
Von der Solarzelle zum Solarbauteil
Der solare Dachziegel (CH)
Sheddächer mit Solaranlage, Offenburg (D)
Sheddächer mit Photovoltaikintegration und Abwärmenutzung, Arisdorf (CH)
Shadovoltaik Wings und solare Dachschindeln bei Digital Equipment, Genf (CH)
Solarfassade bei den Stadtwerken in Aachen (D)
Structural Glazing: Photovoltaikfassade beim Solarzentrum, Freiburg (D)
Photovoltaikfassade bei Ökotec 3, Berlin (D)
Amorphe Siliziumfassade, Ispra (I)
Netzgekoppelte Solarsiedlung, Essen (D)
Reihenhaussiedlung mit PV-Dächern, Amsterdam (NL)

Instrumente und Techniken

151 Die solare Energiegewinnung an Gebäudeoberflächen
Astrid Schneider

158 Planungsinstrument Gebäudesimulation
Eckhard Balters und Harry Lehmann

162 Gebäudeanalyse durch Thermografie
Ralf Bürger

164 Tageslichttechnik
Christian Bartenbach und Alexander Huber

170 Glas: Die Revolution der k-Werte Neue Einsatzmöglichkeiten durch technische Entwicklung
Oussama Chehab und Walter Böhme

174 Von der Solarzelle zum Solarsystem
Helmut Tributsch

178 Sonnenkollektoren und Wärmespeicher in Kleinsystemen
Gerhard Valentin

181 Solare Kühlung Ein Beispiel aus Spanien
Christoph Hansen

Perspektiven

185 Fortschritte in der Solararchitektur Die Entwicklung in der Europäischen Union
Owen Lewis

188 Das strategische Zukunftsprogramm: Die Solarenergie-Initiative
Hermann Scheer

192 „Eine neue Architektur, die aus wirklichen Bedürfnissen entspringt"
Ein Interview von Carl A. Fechner mit Sir Norman Foster

197 Anhang
Die Förderung von Solararchitektur durch die Europäische Union
Literaturnachweis
Abbildungsnachweis
Autoren
Index

Einleitung

Astrid Schneider

Die immer notwendigere Umstellung unserer Wirtschaft auf regenerative Energien und Materialkreisläufe wird die Architektur ebenso fundamental verändern wie die Industrialisierung der Produktion, die Anfang des Jahrhunderts schließlich zum Beginn der klassischen Moderne geführt hat. Solararchitektur wird integraler Bestandteil und Entwicklungsträger einer zukünftigen regenerativen Energiewirtschaft sein. Die Zeit dafür ist längst reif, ist die Vision vom Konsum ohne Grenzen doch unwiderruflich gescheitert. Die Veränderungen unserer Umwelt rütteln an den Fundamenten unserer Zivilisation: Wir werden und müssen die Grundlagen der Gestaltung unserer Lebensräume erneuern.

Dies sind die Kernthesen des Medienprojektes „Solararchitektur für Europa". Es will das Bewußtsein dafür schärfen, daß die Verwirklichung einer regenerativen Energiewirtschaft, wie sie Solarenergieexperten schon seit Jahren fordern, grundsätzlich neue und bedeutsame Anforderungen für Architektur und Stadtplanung mit sich bringt. Die wachsenden Klima- und Umweltschäden haben zu einer Vielzahl von Untersuchungen und Studien Anlaß gegeben, was eigentlich Ursache der Probleme ist und wie sich die Probleme bewältigen lassen. Ihnen gemeinsam ist die Erkenntnis, daß der Verbrauch fossiler Energien mit der Folge der CO_2-Freisetzung Dreh- und Angelpunkt der Umweltprobleme ist. Über 40% des Primärenergiebedarfs werden etwa in Deutschland zum Heizen, Kühlen und Beleuchten von Gebäuden verbraucht. Übereinstimmend gehen die meisten Szenarien von einem möglichen Energiesparpotential im Neubaubereich und beim Gebäudebestand von ca. 30–70% aus.

Wie aber ist das mögliche Einsparpotential tatsächlich zu realisieren? Welche Konsequenzen hat das für die Architektur? An substanziellen Veränderungen führt kein Weg mehr vorbei, und diese betreffen unsere gebaute Umwelt als einen der größten Energiekonsumenten unmittelbar. Schon die Aufgabe einer 50%igen Energieeinsparung in den nächsten Jahrzehnten stellt die Planer vor große Aufgaben. Aber auch für die Energieerzeugung ist die Architektur gefragt, denn Gebäude halten im dichtbesiedelten mitteleuropäischen Raum das größte und umweltschonendste Flächenpotential für die aktive Sonnenenergienutzung durch Sonnenkollektoren und Solarzellen bereit. Darüber hinaus verringert die geschickte Tageslichtführung den Strombedarf für Beleuchtung, können natürliche Belüftung und nächtliche Ventilation Kühl- und Klimaanlagen ersetzen, ermöglichen angepaßte Gebäudekonzeption und -konstruktion die passive Nutzung der Sonnenenergie. Die Ausschöpfung dieses Potentials regenerativer Energiegewinnung an Gebäuden stellt Architektur, Stadtplanung und Energiemanagement in einen neuen Kontext.

Kommunikationsdefizite

Seit geraumer Zeit wird bemängelt, daß Architekten zu wenig Informationen über die neuen Möglichkeiten energiesparenden und solaren Bauens haben. „Solarenergie, das ist doch die Sache mit den Sonnenplatten ...oder?", hört man immer wieder. Architekten sind in der Regel nicht nur erstaunlich wenig über praktische Umsetzungsmöglichkeiten informiert – es fehlt auch noch immer an Verständnis und Interesse für das Energiethema überhaupt. Kaum ein Planer ist sich dessen bewußt, in welchem Maße Gebäude für Umweltschäden verantwortlich sind und welchen Stellenwert die Architektur für eine künftige regenerative Energieversorgung hat.

Insbesondere die aus dem Geist der Überflußgesellschaft geborenen Konzepte und Moden wie etwa die Postmoderne wähnen sich gänzlich ohne materielle Beschränkungen. Ohne Rücksicht auf Materialketten und Energieströme, springen geometrische Grundformen, Raster, Giebel, Pilaster und Säulen von der Zeichnung in die gebaute Realität. Vergessen der Ruf nach Licht, Luft und Sonne des angehenden 20. Jahrhunderts; es wird munter verdichtet, was der Boden gerade noch so trägt. Klimaanlagen, künstliche Beleuchtung und dicke Energieversorgungsleitungen dürfen dann für die Benutzbarkeit solch antiquierter, umwelttechnisch absurder Bauwerke sorgen. Doch nicht nur Architekten, auch Energiefachleute tragen ihr Scherflein zum momentanen Zustand gegenseitiger Unkenntnis bei: Auf zahlreichen Tagungen in vollklimatisierten Kongreßzentren tauscht man bei Kaffee aus Plastikbechern die neusten errechneten Prozente der immer dünner werdenden Ozonschicht aus und präsentiert auf garantiert unleserlichen Overhead-Folien beeindruckende Dämmstoffwerte. Ratlos sitzt der Architekt dann vor trockenen Fachbüchern, die von vorne bis hinten mit Formeln, Zahlen, Tabellen gespickt sind, und weiß nicht, wie er aus solchen abstrakten Zahlenwerken Gestaltungsanregungen herauslesen soll.

Wahrnehmungsfragen

Solche Defizite beim fachlichen Austausch und Zusammenwachsen von Architektur und Energiewissenschaft sind jedoch noch viel grundlegender durch unterschiedliche Wahrnehmungen, Werte und auch Lebensstile geprägt. So finden sich in Architekturzeitschriften meist nur wunderbare Entwurfsbeschreibungen – auch „solarer Architektur". Ein Gebäude mit Zahlen, Daten und Fakten über den Energieverbrauch zu charakterisieren ist schon beinahe ein Tabuthema, wird zumindest nicht so wichtig genommen. Vielleicht kommen Architekturkritiker auch deshalb so selten darauf, die Energieseite von Gebäuden darzustellen, weil das ja eigentlich Aufgabe der Ingenieure sei. Außerdem hat ein Architekturtheoretiker meist eine geisteswissenschaftliche Ausbildung und kann energetische Kriterien oft gar nicht beurteilen. Er sieht mehr die Stadtgestalt, räumliche Bezüge, Formen, Farben und die entwurfliche Bedeutung. Wagt er trotzdem etwas zu schreiben, ist es garantiert falsch.

Die Techniker dagegen beschreiben in ihren Fachzeitschriften hauptsächlich einzelne Anlagen und Komponenten: sachlich-wissenschaftlich, pragmatisch und mit vielen Zahlen. Wird ein komplexeres Projekt vorgestellt, dann nur unter technischen und wirtschaftlichen, gegebenenfalls juristischen Gesichtspunkten. Jahrelang wurden so eher häßliche, aber energiesparende Einfamilienhäuser als ökologischer Fortschritt gefeiert – eben „Ökohäuser", weit jenseits aktueller Architekturdiskussion Ansätze zur Energieeinsparung diskutiert. Die Gebäude waren oft nach rein energietechnischen Kriterien gestaltet, meist ohne jede ästhetische Umsetzung des Themas Energie und Architektur: Sonnenkollektoren, bayerische Fensterläden und Geranien in Norddeutschland.

Die aktuelle Architekturdebatte wiederum blieb von den hier erarbeiteten technischen Themen weitgehend unberührt. Versorgungstechnik gehört schließlich zu den „Services", die jedes Haus genauso wie Parkplätze und Toiletten sehr selbstverständlich für die Nutzer bereithält – eine gesellschaftliche Konvention, die bis heute kaum in Frage gestellt wird. Die Architekturszene ließ sich von Energiefragen jedenfalls nicht weiter beeindrucken. Sie konnte weiter um Moderne und Postmoderne streiten und sich an High-Tech-Fassaden mit noch raffinierterer Konstruktion erfreuen. Im Architektenhimmel thronten noch immer die Göttervater aus der Epoche der klassischen Moderne, als es noch wahre Heldentaten in der Architektur zu vollbringen gab und Architekturgeschichte neu geschrieben wurde, als sich aus technischen Entwicklungen und gesellschaftlichen Anforderungen eine ganz neue Formensprache entwickelte.

Ein neues Bild formen

Auch wir stehen an einer solchen Schwelle zur Neudefinition von Architektur. Das ist die These dieses Buches, das ist die These des Medienprojektes „Solararchitektur für Europa", zu dem auch ein Film gehört, der als Videokassette bezogen werden kann. Dieses Medienprojekt versucht eine neue Sichtweise von Architektur und solarer Energietechnik zu befördern. Film und Buch sollen die gegenwärtige Misere näher beleuchten, ihre Ursachen erläutern, vor allem aber zur Wahrnehmung der Chancen einer solaren Energiewirtschaft und Architektur anregen. Die in diesem Buch als „State of the art" zusammengetragenen Fakten über Solararchitektur markieren den Pool technischer Fertigkeiten, mit dem es selbst im nordeuropäischen Klima gelingen kann, Null- und Plusenergiehäuser zu gestalten: Gebäude, die die gesamte Energie, die ein durchschnittlicher Europäer braucht, – sowohl Wärme als auch Strom – selbst über die Gebäudehülle erzeugen.

Ausgehend von der herkömmlichen Architektur und der Klimaproblematik, wird in Kapitel 1 und 2 gezeigt, warum wir eine Veränderung unserer Energiebasis brauchen und welche Rolle solaroptimierte Gebäude als integraler Bestandteil des Energiesystems dabei spielen: erst vor diesem Hintergrund erhält die solaroptimierte Bauweise einen Bezugsrahmen, der über die Gestaltung einzelner Objekte weit hinausgeht. In Kapitel 3 werden anhand von realisierten Gebäuden die wichtigsten Konzepte und Möglichkeiten energiesparenden und solaren Bauens erklärt, beispielhaft und systematisch für die verschiedenen Bautypen. In Kapitel 4 und 5 werden schließlich die wichtigsten solaren Techniken und Instrumente für die Architektur näher vorgestellt sowie die Perspektiven solarer Architektur in den Blick genommen. An dieser Stelle sei allen Autoren gedankt, die praxis- und umsetzungsrelevante Ergebnisse der Forschung allgemeinverständlich erläutert und so dazu beigetragen haben, daß sich dieses Buch auch als Einstieg für alle verstehen kann, die sich intensiver mit dem Thema Solararchitektur beschäftigen wollen.

Ausgangspunkte

Licht, Luft und Sonne in der Architektur der Moderne

Ein Gespräch zwischen Julius Posener und Astrid Schneider

Wir sind jetzt am Ende dieses Jahrhunderts angelangt welches von einer breiten Industrialisierung der Gesellschaft und aller geeigneten Produktionsprozesse, so auch des Bauens, geprägt ist. An diesem Punkt wird offensichtlich, daß neben den erwünschten und teilweise erreichten Ergebnissen der Bedürfnisbefriedigung auch sehr viele unerwünschte und niemals mitgeplante Effekte aufgetreten sind, die den mühsam erarbeiteten Wohlstand und die Lebensqualität zu zerstören drohen. Die Begleiterscheinungen werden so heftig, daß das System zu kippen droht: Ozonloch, Klimakatastrophe, Überschwemmungen, Umweltgifte, Bodenzerstörung, Lärm und daraus folgende Zivilisationskrankheiten sind ungewollter Bestandteil der westlichen „Wohlstandsproduktion".

Die Ordnungen und Stadtstrukturen, welche die Moderne erdacht hat, scheinen nun geradezu das Gegenteil von dem zu bewirken, was damals geplant war: Unordnung statt Ordnung, Zerstörung statt Aufbau. Viele Träume der Moderne haben sich zu schieren Alpträumen verkehrt:

- die aufgelockerte Stadt mit Licht, Luft und Sonne in die zersiedelte Stadt, ohne faßbare Stadträume
- ein demokratischer Städtebau mit gleichen Wohnmöglichkeiten für alle in anonyme, gleichförmige Gebäudereihungen
- maximale Mobilität und Bewegungsfreiheit durch große Transportsysteme von Schnellstraßen in der Stadt und über das Land in Verkehrsadern als Quell von Lärmbelästigung, Luftverschmutzung und allgemeiner Verminderung der Umweltqualitäten
- Wohlstand für alle durch Einsatz von Maschinen, fossilen Energien, Rohstoffen und immer weniger Arbeitskraft zur Schaffung von humanem Wohnraum und ständig wachsendem gesellschaftlichen Reichtum in Ressourcenverknappung und Naturzerstörung, die den Wohlstandsprozeß dauerhaft konterkarieren und gerade den ärmeren Teilen der Weltbevölkerung schaden.

Die moderne Architektur sah ihre große Aufgabe darin, neue Baustoffe wie Beton und Stahl zu erfinden und industriell herzustellen, Gebäude zu konstruieren und neue leistungsfähigere Tragstrukturen und Konstruktionsprinzipien zu entwickeln; kurzum sie beschäftigte sich mit der Produktion und Zusammensetzung von Häusern, mit der Abstraktion von Körpern, Räumen und Flächen zu „rationalen" Grundformen, wie Kubus, Kreis und Raster, mit der Loslösung von der Tradition, mit der rationalen und naturwissenschaftlichen Neukonzeption unserer Zivilisationsstrukturen.

Nachdem also die Industrialisierung des Bauens, des Transportwesens und der Energiewirtschaft das zentrale Gestaltungsthema der Moderne war, scheint es nun heute notwendig, die Umweltunverträglichkeit des Status quo zu erkennen und den Umgang mit Umwelt, Materialien, Energie und Sonne als die große Herausforderung und Gestaltungsaufgabe unserer Zeit anzunehmen. Wie stellt sich diese Veränderung aus der Sicht eines Zeitgenossens dar, der wie kein anderer in diesem Jahrhundert die Entwicklung der Architektur von der Moderne bis zur unmittelbaren Gegenwart verfolgt und kommentiert hat? *Astrid Schneider*

Julius Posener

Astrid Schneider:

Herr Posener, um die gegenwärtigen Probleme und ihre Ursachen faßbarer zu machen, interessiert mich Ihre kulturelle Analyse der Entstehungsgeschichte unserer Zivilisations- und Umweltkrise. Ich möchte Sie deshalb zunächst bitten, anhand von gebauten und geplanten Beispielen mir Ihre persönliche Sicht auf die zentralen Ideen der modernen Architektur zu erläutern.

Julius Posener:

Sprechen wir zuerst vom Anfang des Jahrhunderts. Da gab es kurz vor dem Krieg eine Rückkehr zur Klassik: Ein Haus ist ein geschlossener Baukörper, und es steht in der Landschaft. Wie das in der Architektur so komisch geschieht, gab es gleichzeitig in England den Theoretiker Jeffrey Scott und in Deutschland Ostendorf – unabhängig voneinander. Diese Häuser von Muthesius: Ostendorf hat sie nicht nur als Gegenbeispiel benutzt, er ist so weit gegangen, daß er ein berühmtes Haus umgezeichnet hat. Das Haus ist ein reizendes, eines der schönsten.

Das hat er umgezeichnet, er hat es tief in den Garten gestellt, dann hat er es natürlich klassisch gemacht, dasselbe Raumprogramm, aber natürlich symmetrisch mit zwei Flügeln nach hinten – in dem einen Flügel war nichts drin, aber das schadet ja nichts. Das hätte der gute Muthesius machen müssen, dann wäre er ein Architekt. Und nun das Eigenartige: er bekehrte sich, der Muthesius. Also diese kleine Straße, Schlickweg, da kann man das sehen. Da ist ein Haus von 1911, das ist noch englisch – um es mal so zu nennen – und ein Haus von 1912, das ist nach Ostendorf entstanden.

Soviel vor dem Krieg. Dann kommt der Krieg. Dann kommen nach dem Krieg wieder die Schulen von vor dem Krieg natürlich, Leute wie Taut, wie Gropius, der ja vor dem Krieg die berühmte Fabrik in der Nähe von Hannover gebaut hat, die noch steht – Glasarchitektur –, und der nun nach dem Krieg sich völlig bestätigt sieht und von Sonne und Luft und Licht spricht, und ein Haus muß sich öffnen, und dasselbe tut wie in „Vers une architecture" Monsieur Le Corbusier, und dasselbe tut natürlich Bruno Taut in „Hausbau", „die Frau als Schöpferin" – auch das gehört dazu, zu der Idee. Also eine allgemeine Befreiung der Menschen vom Formalismus und besonders von der Enge und der Dunkelheit der Architektur des 19. Jahrhunderts, und das wird umkämpft und wird von einigen Leuten mit Begeisterung und von anderen mit Unwillen, mit außerordentlicher Nicht-Begeisterung aufgenommen, es kommt soweit, daß es im Jahr 1927 die Demonstration dieser neuen Architektur gibt, hier um die Ecke – Onkel Toms Hütte –, das ist wunderbar, Taut, Häring, Salvisberg, besonders Taut ist wunderbar; und dann gibt es die Gegendemonstration von Tessenow und Schmitthenner das ist wirklich: „Nein, Häuser gehören mit Dächern und mit stehenden Fenstern und nett klein unterteilt, viel mit Sprossen." Und die stehen gegeneinander, sehen sich über die Straße böse an, die beiden Häuser.

Siedlung Onkel Tom, Berlin, 1926–1929, Häuser von Bruno Taut

Ich entsinne mich ganz genau, ich hatte einen Mitstudenten bei Poelzig, etwas jünger als ich, der hieß Walter Segal, Sohn des Malers Arthur Segal – beide, Walter und ich, sind rausgezogen nach Onkel Tom, haben uns die Siedlung mit Unwillen angesehen, die Tautsche, und die Gegensiedlung mit gutem Willen, da waren ja auch zwei Häuser von Poelzig dabei, unserem Meister. Und dann sind wir schließlich zu einem Haus von Schmidthenner gekommen, das steht noch. Damals gehörte auch eine Zimmer-Ausstellung dazu, also Inneneinrichtung, wie ein gutes Haus innen aussieht, auch nicht die modernen Möbel, sondern schön mit hohen Lehnen usw. Also wir waren in diesem Haus von Schmitthenner, ich ging etwas eher hinaus – ich hatte genug –, Walter kommt raus: den Kopf in den Händen und stöhnt „Posener, geben Sie mir den härtesten Gropius", geben Sie mir die ganze Praxis und Theorie, Licht, Luft, Sonne, bloß nicht diesen schrecklichen Versuch, wieder so zu bauen wir unsere Urgroßväter.

Die Sache hat noch ein Nachspiel: Ich gehe öfter dahin, ist ja um die Ecke von hier, mit Grüppchen von Leuten und fange an zu quatschen, kommt eine Dame aus dem Haus – aus der einen Hälfte, das ist ein Doppelhaus – und sagt „Kann ich Ihnen helfen", und ich sage „Das ist äußerst liebenswürdig – erste Frage: Wie lange wohnen Sie hier?" – „Seit 1927, also seit es gebaut wurde – ich habe es nie bereut." – Das hat mich nachdenklich gemacht, denn wenn eine kluge und geschmackvolle Frau in diesem Haus seit '27 wohnt und erzählt mir im Jahre '89, sie hätte es nie bedauert, dann ist das ein Anzeichen dafür, daß ich mit meiner Ablehnung – und auch Segal mit seiner – nicht ganz recht habe. Schön, das war die erste Gegenbewegung gegen die Moderne, anno 1927, so früh. Soweit 1927. Kommt 1933, und das Reaktionäre wird offiziell. Und das geht in der Tat bis 1945, und wenn Sie genau hinsehen, geht es viel länger. 1945 kratzten sich die Leute den Kopf und sagten mit der berühmten deutschen Leidenschaft zur Umstellung (sie hätten ja auch sagen können „Nein wir machen weiter so wie bisher"): „Nun muß das alles anders sein, das ist Nazi, das spucken wir aus, wir werden wieder modern." Und sie wurden es. Na, ich will ja nicht leugnen, daß ein paar sehr schöne Sachen entstanden sind; aber allgemein war das eine Form des Bauens mit Schwierigkeiten. Also was tut Gott? Sie erfinden einen neuen Slogan, den nennen sie mit dem entsetzlichen Wort „Postmoderne". Und nun soll also alles erlaubt sein. Das stimmt gar nicht, es sind ganz eng nur bestimmte Dinge formal erlaubt. Also, es ist doch definitiv eine Abkehr von der modernen Architektur des Gropius, Corbusier usw., gar keine Frage. Es gibt hier in der Nähe ein paar postmoderne Häuser, direkt am Schlachtensee steht ein Mietshaus, da haben Sie diese ganze Verlogenheit, der Grundriß ist rein quadratisch mit vier rein quadratischen Eckkörpern; ganz nett innen, ich war mal drin. Ich stand mal vor dem Haus und hab gerodelt, da hat der Architekt ein Fenster aufgemacht und gerufen: „Ach, Herr Posener, kommen Sie doch mal rein." Ich fand das durchaus anerkennenswert, was er da gemacht hat, nur es geht nicht, ein ungeheuerlicher Zwang, zur Form zurückzukehren, wie Sie es nun, um zur Gegenwart zu kommen, gegenwärtigen Bürohäusern, gebauten oder Entwürfen, ansehen.

Allgemein ist das so konventionell, eine Konvention: „Durchgehende Fenster machen wir nicht", „verschiedene Dinge machen wir nicht", „hier, bis dahin geht das EG, das Zwischengeschoß, das ist also z.B. eine Arkade oder ein etwas geschmackvoller Säulengang, dann kommen einige Geschosse, und die Fenster, die sind so, und dann kommt ein Absatz, und dann kommt das Dachgeschoß." Und es ist derartig unüberzeugt und nicht überzeugend, daß ich ganz tieftraurig bin und daß ich mir sage, die Architektur als Erscheinung, um die sich in den 20er Jahren die Leute gebalgt haben, Gott sei Dank, und von der sie schon in den ersten Jahren des Jahrhunderts wirklich gesprochen haben, ist weg. Das hängt damit zusammen, wenn Sie Tageszeitungen sehen – ich rede nicht so sehr von Fachzeitschriften, die sind ja immer noch ein bißchen besser –, dann werden Bürohäuser abgebildet, unglaublich – das wird gebaut, und wie – das ist das Ende der Architekturgeschichte meines Lebens, es ist wirklich ganz entsetzlich. Da wird entschieden von solchen Leuten wie Edzard Reuter, ohne irgendeinen zu konsultieren, wenigstens einen Architekten, dadurch entsteht das.

Siedlung am Fischtal, Berlin, 1927, Mietshäuser von Heinrich Tessenow

Ich denke auch, daß die Architekten regelrecht weggesehen haben von den Themen, die schon seit Jahren wichtig sind: die ganzen Umweltfragen. Ein zentrales Gestaltungsthema der Moderne war ja, neue Baumaterialien zu finden, neue Konstruktionen zu finden und Häuser zusammenzusetzen, also zu konstruieren aus Materialien. Die Konstruktion war ja der Umbruch. Mit der Industrialisierung des Bauens und neuen Baustoffen, Beton, Stahlbeton, Stahl, Stahlbrücken und neuen Tragkonstruktionen, weit gespannten Hallen und Hochhäusern. Ich bin der Meinung, daß heute die Frage der Energie – also, was durch so ein Haus hindurchgeht, durch so eine Konstruktion, wenn ich sie einmal hingestellt habe, wie es lebt, das Ganze, und was es für einen Stoffumsatz hat –, daß diese ganzen Fragen die neuen zentralen Herausforderungen sind.

Meiner Meinung nach auch. Ich gebe Ihnen da völlig recht.

Also, wenn es um die Jahrhundertwende darum ging, neue Häuser zusammenzusetzen, zu konstruieren, dann geht es jetzt darum, den ganzen Prozeß zu formulieren – wie verhält sich ein Haus in seiner Umwelt. Und ich bin der Meinung, daß die Architekten in den letzten Jahren von dieser Herausforderung – denn es ist ja eine Gestaltungsherausforderung –, dieses architektonisch zu thematisieren und zu gestalten, vollständig weggesehen haben. Dann frage ich mich, warum gibt es diese starke Umweltkrise, was macht die Krise eigentlich aus. Die Krise wird ja durch verschiedene Faktoren bestimmt, es gibt einerseits einen zu hohen Energieverbrauch, damit hat Architektur eine Menge zu tun; es gibt auch Konsumgüter, die zu schnell kaputtgehen.

Also viele Dinge von schlechter Qualität, und eben auch leider die Häuser. Die ganzen Details. Wieso ist bei einem Haus, das in den letzten zehn Jahren gebaut wird, innerhalb von drei Jahren die Fassade verregnet, die Fensterprofile kaputt, blättert die Farbe ab, treten Bauschäden auf in jeglicher Form. Und dann noch als drittes die Frage der Stoffe, mit denen man nicht umgehen kann, also die vielen Baugifte, Lacke, Asbest, Formaldehyd, also Stoffe, die sich als wenig beherrschbar und giftig herausgestellt haben. Da liegt ein Punkt für mich, wo ich dann am Anfang des Jahrhunderts wieder anfange, die Frage nach den grundsätzlichen gedanklichen Ansätzen, die zu solchen Erscheinungen geführt haben, zu stellen. Und dazu gehört für mich, daß man zur Zeit des Aufbruchs, der Moderne, aber auch danach noch verstärkt, gedacht hat, man könnte mit technischen Mitteln Natur überwinden und beherrschen. Diese Vorstellung, daß man in der Lage sei, durch Industrialisierung einen immer stärker werdenden Wohlstandsprozeß auszulösen, immer mehr Reichtum für immer mehr Leute. Und auch die Vorstellung, man könnte alles durch rationales Nachdenken neu konzipieren und völlig neu gestalten.

Nicht nur durch rationales Nachdenken. Corbusier: „Es gibt eine Macht, der wir uns alle unterwerfen müssen, das ist das Maß." Corbusier hat doch nie darauf verzichtet, Ästhetik zu bauen, ganz bewußt.

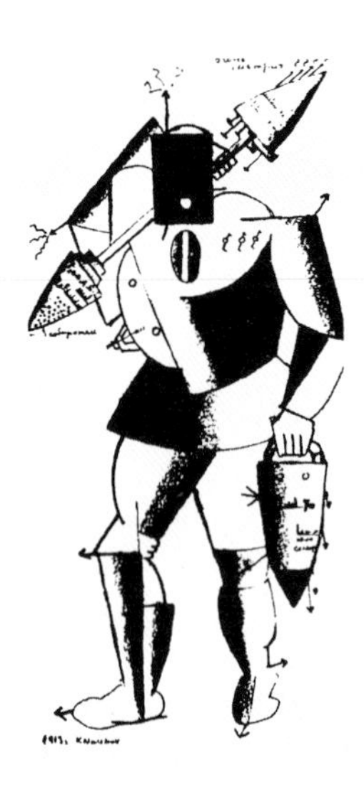

Kostümentwurf eines futuristischen Kraftmenschen für die Oper „Sieg über die Sonne" von Malewitsch, 1913. Mit einer fürchterlichen Waffe in der Hand, die Elektrizität speichern und mit der man zugleich auf Knopfdurck losschlagen kann, schreien die Kraftmenschen: „ Wir sperren die Sonne in ein Haus aus Beton! ...
– Die Sonne liegt zu Füßen, geschlachtet.
Fangt an, Euch mit Maschinengewehren zu schlagen, Zerquetscht sie mit den Fingernägeln.
Dann sage ich: Ihr seid da, starke Kraftmenschen...
– Wir haben die Sonne mit frischen Wurzeln herausgerissen. Sie roch nach Arithmetik, fettig. Da ist sie, seht.
– Man muß einen Festtag anordnen: den Siegestag über die Sonne.
...Die Sonne des eisernen Zeitalters ist gestorben!"
Dialog aus dem 1. Akt, 4. Bild

Worum es mir geht, ist dieser ganz zentrale Ansatz, der gleichermaßen dem Kapitalismus als auch dem Kommunismus zugrundeliegt, daß man denkt, durch Industrialisierung und immer mehr Güter kann man die Menschen glücklich machen. Aber diese Vorstellung zum Beispiel – ich nenne hier nur mal den Titel einer Mysterienoper von Malewitsch u.a. „Der Sieg über die Sonne" von 1917–20, also diese Vorstellung, man könnte durch Elektrizität, durch Elektrifizierung die „menschengeborene" Kraft machen und kann mit Maschinen und Kohle und Dampfmaschinen alle Naturkräfte überwinden, die Welt künstlich beleuchten, „Metropolis", wir bauen uns unsere „Stadtmaschine" – das war ja eigentlich die Utopie Anfang des Jahrhunderts, daß man mit technischen Mitteln sich an jedem Ort der Welt jeden Luxus, den man haben möchte, gestalten kann.

Ich kenne sie gestaltet allerdings wirklich nur in dem Film „Metropolis" von Fritz Lang, der hat das wirklich konsequent gezeigt.

Aber er hat es doch schon wieder als Persiflage gezeigt, also nicht als ungebrochene Utopie, er hat es doch schon kritisch gezeigt.

Den sollte man wirklich nochmal ansehen.

Worum es mir ging, daß die Menschen sich durch die Industrialisierung tausend Handlungsmöglichkeiten geschaffen haben, viele neue Baumaterialien, und gedacht haben, jetzt braucht man das alles nur zu nehmen und zu verstricken, und wir sind in der Lage, alles zu machen, zu beherrschen und neu zu gestalten. Und daß eine ganz bewußte Abkehr von der Tradition gewollt wurde.

Nun gab es schon damals ein paar Leute, die gesagt haben, das sind alles ganz nette Vorspiegelungen, was die Menschen wollen, ist eine bestimmte Ästhetik, dazu gehörte ich. Zum großen Ärger von Gropius, zu dem ich in seinen letzten Lebensjahren wunderbar gestanden habe, herrlicher Mann.

Und was wir jetzt sehen, ist, daß das ganze System nicht ausreichend zu beherrschen ist, also daß diese Vielzahl von Baumaterialien, von Bautechniken zu Problemen geführt hat. Die Vorstellung, man könnte alles mit künstlichen fossilen Energien dauerhaft aufrechterhalten und betreiben, beleuchten, klimatisieren, hat zu relativ starken Mißerfolgen geführt. Man hat Häuser gebaut, die wieder kaputtgehen, sehr schnell, man hat Details entwickelt, die nicht dauerhaft sind.
Darum geht es mir eigentlich. Obwohl alles so positiv begonnen hat: „zur Sonne, zur Luft, zum Licht", waren in diesem Prozeß teilweise gedankliche Ansätze – eben dieser völligen Neukonzipierung – drin, von denen ich glaube, daß diese Idee, man könnte alles von A bis Z komplett neu entwickeln, eben auch ein großer Fehler war.

Ich habe damals etwas sehr stark empfunden. Das werden Sie wahrscheinlich als Nebensache abtun. Aber ich habe immer wieder darauf hingewiesen, daß diese ganzen Theorien Oberfläche sind und daß die wahren Absichten formalistisch sind, daß man eine neue Form glaubt verwirklichen zu können mit den neuen Materialien, also mit Beton, besonders mit Glas. Das hat Gropius gewollt, das hat Mies gewollt und getan. Das, glaubten sie wirklich, würde weiterführen. Sie dachten, sie haben sich auch gewiß dieser Dinge bedient: „Wir retten damit die Welt", haben sie alles gesagt; aber wie ernst es damit z.B. einem Corbusier war, weiß ich nicht. Was er wollte, war hervorragend, er hat es ja auch geschafft, er hat wunderschöne Sachen gemacht.

Ja, aber diese scheinbare Rationalität, diese Vorstellung der Abstraktion von Formen, daß ein Haus eben nicht mehr aus geriffelten Profilen besteht, aus schrägen Dächern, aus vorspringenden Dachüberständen, sondern die Vorstellung, daß es rational, also vernünftig wäre, die Formen des Hauses zu abstrahieren, eben Kubus, glatte Fassade, Flachdach zu bauen, was halten Sie davon?

Da gibt es eine berühmte perspektivische Zeichnung, von oben gesehen, dieser Villa Savoye von Le Corbusier; da hat er den ganzen Dachaufbau, dieses ganze Geschoß, das noch über dem Bodengeschoß ist, weggelassen, mit Absicht – er wußte ganz genau, daß es da war.

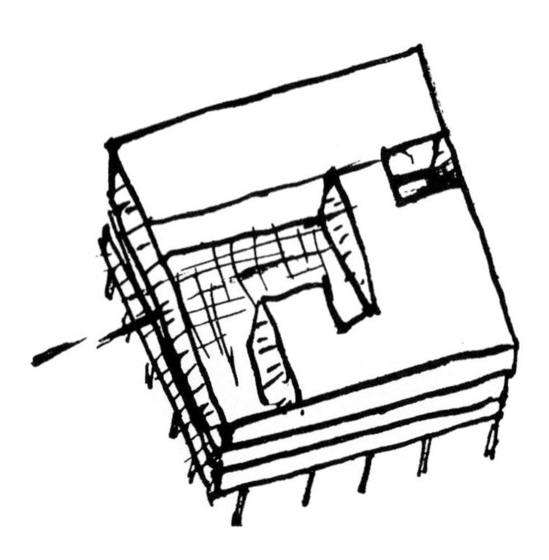

Villa Savoye in Poissy,
1929–1931 von Le Corbusier gebaut, isometrische Handskizze

Also einerseits diese scheinbare Rationalität von den klaren geraden Formen, die ja im Endeffekt nicht wirklich vernünftig waren, weil es ja nicht immer unbedingt klappt. Und andererseits gab es ja wirklich eine Logik, eben in der industrialisierten Produk-

tion. Bis hin zu solchen Gebäuden wie der Nationalgalerie von Mies van der Rohe, die ja noch immer – das ist ja der Witz – ein gültiges Vorbild für die Architektur ist. Es ist ja auch ein ganz tolles Gebäude.

Es ist ein ganz tolles Gebäude, mit dem man nichts anfangen kann. Und es gibt eine berühmte Zeichnung von Mies vor der Bauzeit noch. Er hat da eine kleine Perspektive gemacht, wie er sich die Bildergalerien vorstellt. Ja, da ist ein Bild dort, das nächste Bild zehn Meter weiter. Das geht eben nicht – das ist sehr schön, hat aber mit Bildergalerie nichts zu tun.

Aber gerade die Nationalgalerie wird ja überhaupt nicht reflektiert von der Seite: „Was hat das überhaupt für einen Energieverbrauch?" Was bewirkt eigentlich eine solche künstliche Struktur in der Stadtlandschaft? Es ist ja so, um dieses Gebäude überhaupt betreiben zu können, muß ja eine irrsinnige Menge Energie in diesen oberen Glasraum hineingepumpt werden. Dann ist ja noch der Gag, daß es voll klimatisiert sein muß und bis auf wenige Grade der Temperatur und der Luftfeuchtigkeit ein konstantes Raumklima braucht – wegen der Bilder. Das geht ja soweit, daß man nachträglich extra Vorhänge an die Scheiben machen mußte, um zwischen Vorhang und Scheibe noch einmal einen Warmluftstrahl nach oben zu haben, damit nicht das Kondenswasser die Scheiben herunterläuft. Und mich würde interessieren, einmal darzustellen, womit sich die Leute damals gedanklich beschäftigt haben. Gerade Leute wie Mies van der Rohe, der überzeugt war, etwas Endgültiges geschaffen zu haben, etwas so Perfektes, daß es gar nicht besser geht, etwas Klassisches. Er verfolgte diese Idee einer sich ständig weiterentwickelnden Technik, so daß er bestimmte Details immer weiter ausformuliert hat. Jetzt stehen wir davor und sagen, die Entwicklung wird in der Form auch nicht weiterführen, wir brauchen einen ganz anderen Ansatz. Wie kann das sein, daß sie bestimmte Themen so völlig ausgeklammert haben?

„Wir wollen den klaren organischen Bauleib schaffen, nackt und strahlend aus innerem Gesetz heraus, ohne Lügen und Verspieltheiten, der unsere Welt der Maschinen, Drähte und Schnellfahrzeuge bejaht, der seinen Sinn und Zweck aus sich selbst heraus durch die Spannung seiner Baumassen zueinander funktionell verdeutlicht und alles Entbehrliche abstößt, das die absolute Gestalt des Baues verschleiert."
Walter Gropius

Weil sie zu schnell zu Resultaten kommen wollten. Und weil in gewissen Fällen – das ist sehr gemein, aber ich sage das seit 60 Jahren – weil in gewissen Fällen die Resultate schon da waren, und die Theorie kam hinterher.

Das bedeutet ja – wenn man das Beispiel Nationalgalerie aufgreift –, daß sich die Architektur isoliert von anderen Problemen entwickelt hat, die mit dem Gebäude an sich verknüpft sind und gleichzeitig mit auftauchten.

Das geht zu weit in der Form. Sie haben schon davon gesprochen. Wieviel sie davon verstanden haben, das ist die Frage. Ich weiß es nicht. Und dann haben sie Dinge – also nehmen sie Bruno Taut, dessen Äußerungen damals in den 20er Jahren, „die Frau als Schöpferin", unendlich rational gewesen sind. Aber dann bringt er plötzlich Dinge rein, wie seine berühmten enormen Farbanstriche in den Räumen, die wirklich mit Rationalität nichts mehr zu tun haben – auf denen er aber besteht. Wenn Sie sich Tauts Werk einmal genau ansehen, dann werden Sie sehen, daß er, während er einerseits in der Gehag, der Siedlungsgesellschaft, mit der größten Akribie praktische Details durchdenkt und genau, wirklich millimetergenau löst, immer wieder phantastische Bauten dazwischen stellt, in der gleichen Zeit, also sein Viertelkreis-Haus zum Beispiel, sein eigenes, das es noch gibt. Der Grundriß ist ein Viertelkreis; Poelzig war eingeladen dort zur Einweihung und hat ihm auf die Schulter geklopft und hat gesagt: „Bruno, wenn Du 4 baust, haste'n janzet." In der Spitze ist der Hauptraum, der ist sehr offen, und weil – ich zitiere Bruno Taut – die Gespräche eines reinen Kreises keines Abschlusses bedürfen. Das ist alles entsetzlich, leider. Dabei bewundere ich ihn in jedem Jahr mehr. Ich hab das ja vor der Tür, diese beiden Siedlungen, seine und die Gegensiedlung, und seine wird jeden Tag besser und die Gegensiedlung wird jeden Tag schlechter, auch für mich. Damals war ich ganz für die Gegensiedlung, bis dann der Segal mir die Augen geöffnet hat. Ich bin überzeugt, daß die moderne Architektur wirklich zu schnell zur Form kommen wollte, und dann die Gegenarchitektur, also Schmidthenner und diese Leute, zu schnell zur Gegenform: „Nein, das geht nicht, es muß so sein wie immer." Es war ja gar nicht wie immer, es war ja ganz künstlich.

Was mich auch noch interessiert – obwohl das ein ganz heikles Thema ist –, daß sie damals gesagt haben „Wir schmeißen alle Traditionen über Bord", und man sieht an dem, was entstanden ist – also gerade in der Massenproduktionszeit nach dem Zweiten Weltkrieg –, daß die Neukonzipierung von allen Details, von allen Möglichkeiten, von allen Formen, von allen Baustoffen, nicht zu einem Erfolg geführt hat, daß das überhaupt nicht beherrschbar war. Daß man mit der Tradition auch viel Wissen um dauerhafte Details – wie sie sich ja teilweise im Laufe von Jahrzehnten und Jahrhunderten entwickelt haben – mit über Bord geworfen hat.

Ich glaube, Sie haben Recht. Das ist ja auch eine ewig lange Geschichte. Ob das jemals wirklich richtig dargestellt worden ist, weiß ich gar nicht.

„Das Leben des kultivierten zeitgenössischen Menschen wendet sich allmählich von der Natur ab; es wird mehr und mehr ein rein a-b-s-t-r-a-k-t-e-s Leben."
Piet Mondrian, 1917

Wenn man noch weiter zurückgeht, bis zu den Bauzünften, da gab es ganz klare Definitionen, die besagten, was man tun und nicht tun darf und wie und wann man einen Baum zu fällen hat, wie und wie lange man das Holz zu lagern hat, und welches Holz man für welche Dinge verwenden darf. Das war zwar sehr eingrenzend, aber es waren klare Definitionen, die Tradition ist sehr hoch geschätzt und so das Wissen der „Vorväter" bewahrt worden. Wenn man alte Veröffentlichungen liest, stößt man immer wieder auf solche Sätze.

Also, das stimmt nicht ganz. Der gute Suger, der Saint Denis gebaut hat, hat geschrieben, z.B. über das Thema Holz, daß man ihm eine bestimmte Gegend empfohlen hat, wo man Holz wirklich schlagen kann, daß er das dann wirklich durchgeführt hat, daß er dann Unmassen von Holz transportiert hat zur Baustelle, von Holz, das gut sein mußte, – er geht also wirklich ganz stark in solche Details – dann schreibt er, als sie fertig ist, er geht in den Raum, den sein Baumeister gebaut hat und ist selbst ganz erschrocken – plötzlich überwältigt unnötiger technischer Fortschritt alle Vorstellung.

„Eine durch Weltverkehr und Welttechnik bedingte Einheitlichkeit des modernen Baugepräges über die natürlichen Grenzen, an die Völker und Individuen gebunden bleiben, hinaus, bricht sich Bahn."
Walter Gropius, 1927

Worauf ich hinaus wollte, ist, daß sich damals die Handwerksweise sehr langsam entwickelt hat und Tradition und Erfahrung immer mit eingebunden hat – dabei sind Häuser herausgekommen, die bis zur Jahrhundertwende, bis zu dem Haus, in dem wir sitzen, so gearbeitet sind, daß jeder gesagt hat: „Ja, das hält noch 20, 30 Jahre." Man hat das Gefühl, es ist dauerhaft. Aber mit der Aufklärung – vielleicht etwas früher – kamen diese Ideen: „Wir können uns selbst bestimmen", „Wir können alles selbst definieren " und „Wir fangen an, noch einmal ganz von vorn zu denken", und mit der Industrialisierung waren dann auch die Möglichkeiten dazu da. Diese vielen Baustoffe, die Materialien, die Energie, die Möglichkeit des Transportes, die Möglichkeit, Material aus China hierherzufliegen und einzusetzen, und damit auch die Möglichkeit, jeden nur denkbaren Unsinn zu machen. Das war ja vorher überhaupt nicht denkbar. Man hat ja nie die Möglichkeit gehabt, soviel falsch zu machen wie jetzt, nachdem man sich diese vielen Mittel geschaffen hatte. Mich interessiert, wie mit der alten Tradition auch altes Wissen, sehr viele Informationen, sozusagen über Bord geworfen worden sind. Ich denke, daß sehr viel mehr verschwunden ist als nur die alten dunklen Häuser.

Ich komme immer wieder auf Weißenhof, anno '27, zurück, weil es ja eine prinzipielle Vorstellung ist, die man da geleistet hat oder leisten wollte. Mies mit seinem Appartement-Haus, von dem er – das ist auch typisch – geschrieben hat, hier ist jede Form von Wohnung möglich, und das Ding steht nun seit 1927 – nie ist irgend etwas geändert worden. Es gibt auch ein Haus von Gropius, und es gibt – die stehen leider nicht mehr alle – zwei Häuser von Corbusier, ein Einfamilienhaus und ein Mehrfamilienhaus. Sie haben den Eindruck, daß hier alles Mögliche versucht wird mit großem Reichtum an Ideen und einem Sichhinwegsetzen über technische Unzulänglichkeiten – das stimmt nur nicht so ganz, immerhin stehen die Häuser ja, noch oder wieder. Und dann hat damals, 1927, Muthesius heftig widersprochen. Wir wohnen ja nicht dauernd mit offenem Fenster oder mit einer Terrasse, das kann man ja nur zu bestimmten Jahreszeiten machen. Es sind alles völlig irreale Vorstellungen, die von ganz etwas anderem ausgehen als von der Notwendigkeit des Wohnens. Er hat das auch ganz schön bewiesen. Merkwürdigerweise – das erschien im Tageblatt 1927 – es ist seine letzte schriftliche Äußerung, wenige Tage später war er tot. Sie bezieht sich auf den Weißenhof und ist bis heute interessant, weil er nämlich nachweist, wie unter dem Vorwand „Wir nutzen die neue Konstruktion aus, um soviel Luft, Sonne, neues Leben in diese Häuser zu bringen wie möglich" im Grunde nichts weiter gefeiert wird als bestimmte formalistische Ideen. Ich bin bis heute überzeugt, daß der gute alte Muthesius recht hat. Ob er selbst so völlig unformalistisch war, ist eine andere Frage. Aber er hat recht gehabt, die sind viel zu schnell zum Ergebnis gekommen. Und das Komische ist, man hat es gefühlt, denn wieso soll ein junger 30er oder später 20er, wie ich damals war, das damals feststellen, wenn es nicht sehr deutlich gewesen wäre. Geholfen hat mir meine reaktionäre

Erziehung, mein Aufwachsen in einer typischen, irgendwie von Muthesius abgeleiteten Villa in Lichterfelde. Deswegen bin ich nicht Architekt geworden, so was wollte ich bauen in den 20er Jahren, ich Idiot, aber ich habe es immerhin gesehen. Ich habe gesehen, die Leute erzählen mir was: „Hier rette ich das und das", und dann sehe ich mir das Resultat an und sehe, das ist doch eine rein formalistische Konzeption, die da zugrunde liegt. Und wenn mir einer dabei recht geben würde, wäre das Corbusier, denn der hat das nie geleugnet. Da erzähl ich Ihnen mal eine kurze Geschichte: Ich habe, das muß 1933 gewesen sein, also nach meiner Auswanderung, Mitauswanderer aus Berlin in diese Villa Savoye geführt. Also ich führe die dahin und erkläre, natürlich begleitet uns die Frau des Concierge und Gärtners der ein kleines Häuschen für sich selbst hatte am Eingang. Wir kommen in den großen Living-Dining-Room im ersten Geschoß, hinter dem großen Hof im ersten Obergeschoß, das bleibt ja eine räumlich bezaubernde Schöpfung. Wir finden im Eßzimmer einen neuen Tisch, ganz hart poliert, Ecken unter 45° abgeschnitten, und ich sage (wir haben natürlich französisch geredet) zu meinem Mitemigranten „Du mußt nicht denken, daß das Corbusier ist" – da sagt die Frau hinter uns: „Er hat Feuer gespieen, als er das gesehen hat". Die Frau hat dann auch darauf bestanden, uns ihr Pförtnerhäuschen zu zeigen. Das Pförtnerhäuschen hat zum Eingang hin das große Fenster von einem Ende zum andren, und zur anderen Seite hat es gar keine Fenster: Im Schlafzimmer dieser jungen Leute gibt es kein Fenster. Der Mann, der genauso überzeugt war wie die Frau, zeigt uns, daß die Wand vom Schlafzimmer zum Wohnzimmer beiseite zu schieben geht, nachts – und dann hätten sie Licht und Luft.

Soweit war der unter dem Druck von Corbusier – ich kannte Corbusier, er war eine enorme Persönlichkeit, ohne Frage, er konnte überzeugen. – Aber ich erzähle Ihnen das Beispiel nur, damit Sie sehen, wie gewisse, besonders formal eingestellte moderne Architekten wie Corbusier und Mies hundertprozentig von der Form ausgegangen sind.

Also schon auch das Haus als Skulptur.

Ich wiederhole mich, das ist mein Lieblingsthema, ich wiederhole mich bereits seit 50 Jahren, ich behaupte, daß die Form eine ungeheure Rolle bei allen Dingen gespielt hat, bei vielem, was die Architekten von „Zweck und besseres Leben usw." geredet haben – und sie haben es ernst gemeint, das ist das Allerkomischste.

Aber sie haben es nicht umgesetzt –

Nein, es ging zu schnell.

Ja, und jetzt stehen wir eigentlich da mit einer Vielzahl von Baustoffen, mit noch viel mehr Möglichkeiten, mit noch viel mehr Transportmöglichkeiten von z.B. Tropenhölzern hierher. Das passiert ja alles real. Es gibt ja Hochhäuser mit eingeflogenen Aluminiumfassaden, die in Hongkong produziert worden sind. Und das alles mit einem irrsinnigen Energieaufwand. Und nun müssen wir uns fragen, wie wir wieder rauskommen aus dem ganzen Dilemma.

Was haben wir eigentlich für Architekten jetzt? Die werden nicht mal mehr erwähnt. Architektur ist völlig uninteressant.

Ich denke, daß sich die Idee, eine neue künstliche Welt aufzubauen, losgelöst von der Natur, noch heute auswirkt. Diese Vorstellung der Internationalität der Architektur, von Häusern, die abstrakten Formenprinzipien unterliegen und die man in China genauso bauen kann wie in Indien, Deutschland oder Afrika, wie es z.B. schon Le Corbusier gesagt hat. Und um das Haus in der jeweiligen Region bewohnbar zu machen, kann man es dann entsprechend kühlen oder heizen oder belüften oder künstlich belichten. Dieser Gedanke lebt fort, bis hin zu diesen riesigen Gesamtschulen der 70er Jahre, wo man sogar Klassenräume gebaut hat ohne irgendein Fenster: „Macht nichts, wird eben belichtet, belüftet...". Für den Prozeß der Bewohnbarmachung wird Energie reingesteckt, von der Atomkraft bis hin zur Fusionsforschung geht man noch heute davon aus, die Sache mit technischen Mitteln in den Griff zu bekommen. Wir müssen uns eben noch eine bessere Energiequelle ausdenken, damit wir unsere ganzen Zivilisationsstrukturen betreiben können. Auch da ist dieser Gedanke immer noch präsent, daß wir in der Lage seien, mit technischen Mitteln die Natur fast vollständig zu überwinden und zu beherrschen...

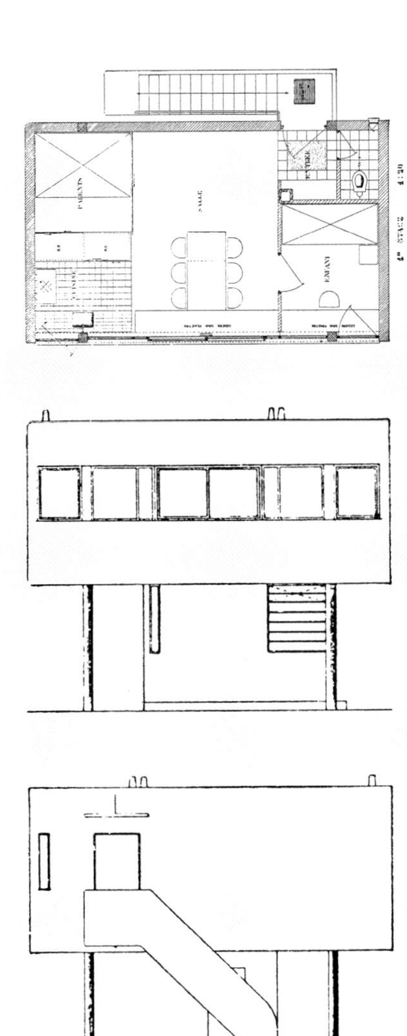

Das Haus des Gärtners der Villa Savoye in Poissy, 1929–1931 von Le Corbusier gebaut, Grundriß, Vorder- und Rückansicht

„Meine Häuser sind nicht für diese Gegenwart und nicht für diese Stadt entworfen. Sie sind gleichgeeignet für Eskimos und Sizilianer und sie werden im nächsten Jahrhundert so gültig sein, wie in diesem."
Le Corbusier

...und die Antwort ist, daß man sich der Natur ein wenig anpassen soll – dazu gehört auch, ganz primitiv, die Beschäftigung mit der Lebensform, wie lebt man also. Das wurde völlig vergessen heutzutage. „Du hast doch Räume, groß genug."

Ich denke, das ist so ein Prozeß: Indem man sagt, daß man alle Formen durch Nachdenken völlig neukonzipiert, kommt man eben dazu, daß man eine Form schafft, die auf einem Gedanken basiert, und sehr oft steht dann wirklich ein Gedanke im Vordergrund, während die ganze Komplexität irgendwie auf der Strecke geblieben ist. Also zum Beispiel: Ich denke darüber nach, ein schwebendes Dach zu bauen für die Nationalgalerie. Und dann schwebt dieses Dach wunderbar. Man hat einen fließenden Raum darunter, auch wunderbar. Aber bestimmte andere Dinge, die jedes stinknormale andere Dach berücksichtigt hätte, sind komplett weggefallen.

Das heißt, wenn ich Sie richtig verstehe, verlangen Sie vom Architekten, daß er erstens über die modernen technischen Mittel und die modernen technischen Gefahren viel mehr Bescheid weiß, als er es im allgemeinen tut, und sich danach in seiner Planung richtet, daß er zweitens sich nicht davon abbringen läßt, daß ein Haus keine Maschine ist, daß ein Haus sich gar nicht grundsätzlich zu ändern braucht, wenn man es etwas anders bauen kann, weil es ja von ganz anderen Bedürfnissen abhängt als von denen, die durch die technischen Möglichkeiten fixiert werden. Es hängt von ganz primitiven menschlichen Bedürfnissen ab, mit denen man sich – verdammt nochmal – endlich wieder beschäftigen sollte.

Architektur und Entropie. Am Beispiel der Nationalgalerie

Astrid Schneider

Heute liegt die Herausforderung der Architektur nicht mehr in der Konstruktion und der Industrialisierung des Bauprozesses, sondern in der Analyse von Energieströmen und Stoffketten, in der integralen Betrachtung von Gebautem und Natur, in der Wahrnehmung von Zeit und Energie, in der Frage, wie Menschen gesund und dauerhaft in unseren Häusern und Städten wohnen können ohne ihre eigenen Lebensgrundlagen zu vernichten.

Die Ordnungen, welche wir in Form unserer Häuser, Städte und Zivilisationsstrukturen errichten, verursachen Stoff- und Energieflüsse.

Um das Leben in einer Stadt und die gebaute Ordnung einer Stadt aufrechtzuerhalten, sind permanente Energie- und Stoffströme notwendig. Häuser müssen geheizt und belichtet werden; Strom und fossile Energien sind notwendig, um die Computer und Maschinen zu betreiben; Autos und Straßenbahnen transportieren Menschen und Waren von Ort zu Ort; Menschen müssen essen, brauchen neue Kleider und waschen ihre Wäsche mit Wasser wieder sauber.

Die Zusammenhänge zwischen Energie- und Stoffströmen und materiellen Ordnungen lassen sich mit dem Begriff der Entropie fassen.

Das Stichwort, welches in naher Zukunft aus keiner Debatte aktueller Natur-, Kultur- oder Wirtschaftsfragen mehr wegzudenken sein wird, heißt Entropie. Es wird auch die Architekturdiskussion nachhaltig beeinflussen und die Sicht der Menschen auf ihre Umwelt und die Art der Ausgestaltung unserer Zivilisation zentral berühren. Der Grund dafür liegt darin, daß die Gesetze der Entropie, welche sich vom zweiten Hauptsatz der Thermodynamik herleiten, hilfreich sind, um die Zusammenhänge zwischen künstlich geschaffenen Ordnungen und den zu ihrer Schaffung und Aufrechterhaltung notwendigen Stoff- und Energieströmen zu analysieren. Die Betrachtung von Zivilisationsstrukturen unter dem Blickwinkel der Entropie eröffnet eine neue Sichtweise. Entropie ist ein Schlüssel für eine Betrachtungs- und Wahrnehmungsweise der Zusammenhänge zwischen Gebautem, Material, Form, Ordnung und Energiefluß. Zu- und Abnahme der Entropie charakterisieren das Verhältnis zwischen einem Objekt und seiner Umgebung. Der Begriff der Entropie ist Teil thermodynamischer Überlegungen:

Der zweite Hauptsatz der Thermodynamik sagt aus, daß Wärme immer nur von einem wärmeren Körper zu einem kälteren fließt, niemals umgekehrt.

Wenn ein Körper Wärme an die Umgebung abgibt, fließt Entropie ab; der Körper exportiert Entropie. Entropie ist auch ein Maß für die Wertlosigkeit der Energie. Zum Aufbau geordneter Strukturen muß hochwertige Energie, etwa elektrische Arbeit, energiereiche Stoffe, Wärme hoher Temperatur, von einem Teilsystem importiert werden und geringerwertige Energie, z.B. Wärme, bei Umgebungstemperatur abgegeben werden. So rücken die Fragen der Stoff- und Energieströme ins Zentrum der Beschäftigung, aber auch die aus ihnen folgenden Umweltauswirkungen. Hieraus erwachsen Konsequenzen für die Architektur, Stadtplanung und Energiewirtschaft:

Es ist nicht mehr möglich, isolierte Objekte zu planen oder zu entwerfen. Man entwirft immer die Struktur der hinführenden und durchfließenden Energie- und Stoffströme mit.

Die Nationalgalerie in Berlin, 1968 von Mies van der Rohe erbaut, Wahrzeichen, Klassiker und Pilgerstätte der Moderne. Ein Gebäude, dessen Klarheit, Strenge und Wahrheit der Konstruktion geliebt wird und das wie kein zweites für eine bestimmte Zeitepoche steht. Durch die Infrarotkamera betrachtet, verwandelt sich die Nationalgalerie in eine amorphe Masse. In üblicher Sichtweise erscheint die Stahlkonstruktion des Daches wieder scharfkantig, schwarz, hart, exakt bemessen. Rechtwinklige Strukturen einer ausgereiften Konstruktion.

In der erhabenen Schlichtheit einer abstrakten Raumskulptur bieten sich auch die Ausstellungsräume dar. Lediglich eine Tür trennt die Ausstellungsflächen vom Klimakeller der Nationalgalerie. Der Formcharakter wandelt sich vollständig: meterdicke Lüftungsrohre winden sich durch den Raum. Mehrere leistungsstarke Klima-Aggregate kühlen, heizen, be- und entfeuchten die Luft, die in einem ca. 50 Meter langen Luftschacht von außen angesogen wird.

Der Klimakeller ist in diesem Beispiel ein Teilsystem, das hochwertige Energie in Form von Elektrizität und Brennstoffen importiert, um die künstliche Ordnung des Ausstellungsraumes mit einem permanenten Strom an verfügbarer Energie und

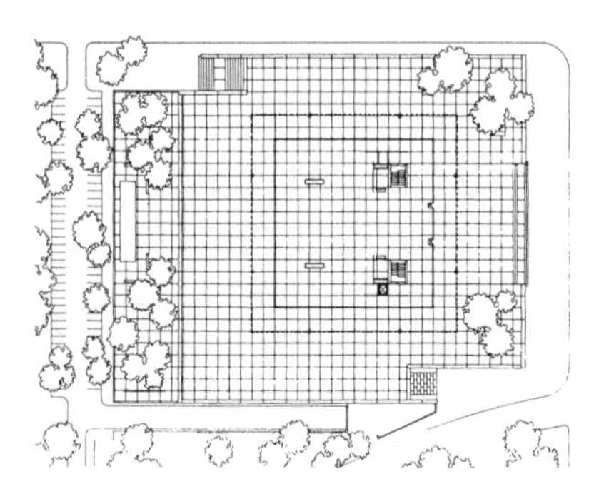

Grundriß

Nationalgalerie, Berlin, 1968 von Mies van der Rohe erbaut

Materie (saubere, befeuchtete Luft) zu versorgen. Der Ausstellungraum ist ein Teilsystem mit ständigem Entropieexport: hier fließt Wärme niedriger Temperatur an die Umgebung ab. Der Klimakeller importiert Stoff- und Energieströme in Form von frischer Luft und Öl und exportiert Abluft und Schadstoffe aus Verbrennungsprozessen. Die Planung dieser Prozesse wurde zwar in Form einer Klimaanlage bewußt vorgenommen, doch war die Frage der durchfließenden Stoff- und Energieströme kein Entwurfskriterium. Geplant wurde alleine unter dem Gesichtspunkt einer optimal „technisch" ausgereiften Konstruktion und einer abstrakten Raumkomposition. Die Forderung, daß hinter einer Einfachverglasung ein anderes Temperaturniveau dauerhaft und konstant, wie es für Museumsräume notwendig ist, gewahrt werden soll, stellt den Wunsch nach der Aufrechterhaltung einer extrem unwahrscheinlichen Ordnung dar: Es liegt ein starkes thermodynamisches Ungleichgewicht zwischen warmem Innenraum und kaltem Außenraum vor, welches in diesem Falle nur von einer Gebäudehülle mit geringem Wärmeflußwiderstand, also einem großen k-Wert, einem hohen Wärmedurchlaßkoeffizienten getrennt wird. Die Wärme des Ausstellungsraumes fließt im Winter über Glas und Stahldach sehr schnell nach außen ab; sehr wahrscheinlich wäre also, daß die Glashalle ebenso schnell auskühlte. Um einen Zustand derart künstlicher Ordnung aufrechtzuerhalten, bei dem es ohne nennenswerte thermische Trennung innen warm und außen kalt ist, wird ein permanenter Strom verfügbarer Energie von innen nach außen benötigt, der einen beständigen Entropiezuwachs des Gesamtsystems verursacht. Die Nationalgalerie ist noch immer eines der wichtigsten Gebäude für Architekturbegeisterte. Von Historikern wird die Nationalgalerie als Meisterwerk der Moderne beschrieben und verehrt. Mit Sicherheit zu recht – das Gebäude ist ein wichtiges Architekturdenkmal. Doch in der architekturtheoretischen Diskussion stehen künstlerische und konstruktive Aspekte zu sehr im Vordergrund. Unerwähnt, oft auch unbekannt ist die energetische Seite der ungedämmt von innen nach außen durchlaufenden Stahldach-Konstruktion und des fließenden Ausstellungsraumes mit Einfachverglasung: Die Nationalgalerie hat den Energieverbrauch einer Kleinstadt!

Die Infrarotaufnahme zeigt, wie warm die Fensterscheiben der Nationalgalerie sind: Bei einer Außentemperatur von -5 °C sind die Glasscheiben außen ca. 12 °C warm. Das bedeutet, daß sie permanent sehr viel Wärme abgeben. In der Infrarotaufnahme sind sie so hell wie sonst nur noch die Abgase der Autos. Durch die Thermographie zeigt sich das Verwischen der Grenzen zwischen Haus und Hintergrund. Körper und Umgebung werden eins, der Wärmefluß verbindet sie. Das klar abgegrenzte Objekt ist Teil einer vergangenen Realitätsbetrachtung. Noch immer sprechen viele Architekten von Objektplanung. Doch dies ist eine Illusion: Wir sind nicht in der Lage, klar abgegrenzte Objekte zu schaffen, denn was auch immer wir tun: Wir entwerfen – ob bewußt oder unbewußt – die Energien und Stoffströme, die zu einem Bauwerk hinfließen (z.B. als Heizöl/-energie oder als Baumaterialien) und durch ein Bauwerk hindurchfließen (Wärme, Luft, Licht, Wasser, Elektrizität), immer schon mit.

Folgen der Industrialisierung: große fossile Energie- und Materieströme

Die Industrialisierung des Bauens, des Transportwesens und der Energiewirtschaft, insbesondere der Transport von Materialien und Energieströmen über weite Distanzen im globalen Maßstab hat zur Sprengung gewohnter Maßstäbe geführt und ermöglichte die

- Trennung von Handlung und Resultat
- Loslösung von Objekt und Umgebung
- Aufteilung der Welt in „Schöner Wohnen-“ und Problemzonen
- Entstehung von Konsumgütern und sozialen Kosten.

Während die Konsumgüter als verfügbare, also steuerbare und ebenso wohlgeordnete wie auch konzentrierte Materie sehr gezielt und mit bewußter Auswahl des zu konsumierenden Objektes den Verbraucher erreichen, erreichen die aus diesem Konsum resultierenden Abfallprodukte z.B. in Form von Luftschadstoffen ganz

Infrarotaufnahme Nationalgalerie

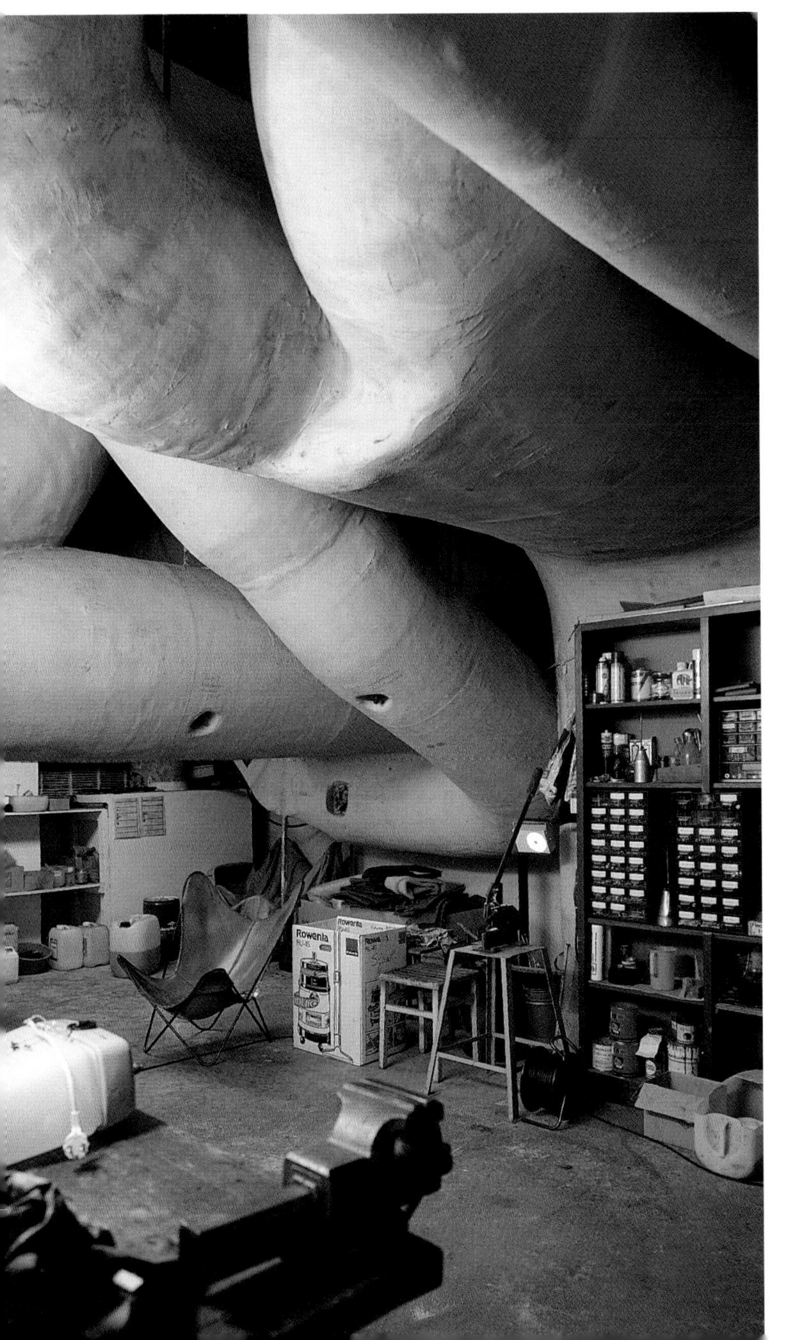

Im Klimakeller der Nationalgalerie findet sich wieder, was aus den Ausstellungsräumen verdrängt worden ist: rund, wülstig und organisch winden sich meterdicke Lüftungsrohre, Teil der versorgenden Struktur – in der Ausstellungshalle reine, abstrakte Kunst, im Keller Bedürfnisbefriedigung.

ungezielt und ungefragt gleich eine Vielzahl von Menschen. In der Konsequenz bewirken große fossile Energie- und Materieströme im Gesamtsystem Erde die Aufteilung in „Schöner Wohnen-" und Problemzonen. In einigen Teilen der Erde werden immer komplexere, „künstlichere" Ordnungen realisiert, deren Errichtung und Aufrechterhaltung immer größerer Mengen an verfügbarer Energie und Materie bedürfen. Der Betrieb dieser Zivilisationsstrukturen verursacht einen immer größeren Zuwachs an Schadstoffen aus der Verbrennung fossiler Energieträger und der Produktion.

Paradigmenwechsel

Die hohe Kunst dauerhaft überlebenswilliger Zivilisationen sollte nun darin liegen, die Lebensprozesse ausschließlich mit Sonnenenergie zu betreiben, deren Exergie schadlos genutzt und als Wärmestrahlung wieder in den Weltraum befördert werden kann, und alle benutzte Materie nur so zu verwenden, zu verbinden und zu wandeln, daß am Ende Stoffe entstehen, die nicht oder nicht dauerhaft toxisch sind, die durch die Techno- und Biosphäre wieder in ihre Grundbestandteile zerlegt werden können und so zum Wiedergebrauch unter Einsatz von Sonnenenergie zur Verfügung stehen. Die erforderliche Entropieminderung in der Architektur- und Stadtplanung führt daher zu einem Paradigmenwechsel:

- von großen Infrastrukturen hin zu kleinen, dezentralen mit geringerem Transportaufwand und -verlust
- von der Funktionstrennung in der Stadt hin zur Funktionsmischung mit dezentraler Versorgung und vermindertem Verkehr
- von der Internationalität der Baustile und Stofftransporte hin zur Berücksichtigung und Nutzung regionaler Belange und Ressourcen
- von der Abstraktion der Bauformen hin zur Konkretion, zur Angepaßtheit an vorgegebene Klimata, vorhandene und gewünschte Nutzungsstrukturen, Traditionen, Bauweisen und Kulturen
- vom Überwinden der Tradition hin zur Beachtung eines durch Erfahrung ausgereiften Wissens, bei dem aufgrund früherer Ressourcenknappheit oft Entropiemindernde Aspekte berücksichtigt sind
- vom „alles neu erfinden wollen" zur größtmöglichen Ausnutzung verfügbarer Erfahrung bei der Verminderung von Ressourcenverschwendung
- von der Wegwerfmentalität mit unnötigem Stoff- und Energieumsatz hin zur Produktion dauerhafter Qualitäten
- von Strukturen, die nur an Produktionserfordernisse angepaßt waren, hin zu Strukturen, die möglichst exakt an den Bedürfnissen der Nutzer orientiert sind.

Durch die Sonne kann auf der Erde hochexergetische Energie zum Aufbau nachhaltiger Zivilisationsstrukturen genutzt werden, ohne durch Verbrennungsprozesse fossiler und atomarer Energien Schadstoffe freizusetzen, die unsere Ökosphäre aus dem Gleichgewicht zu bringen drohen. Ein umweltschonendes Wirtschaften ist möglich durch den Aufbau einer solaren Energiewirtschaft, durch das Produzieren und Bauen mit solaren und recyclingfähigen Materialien, durch dezentrale Versorgungs- und Wirtschaftsstrukturen mit möglichst kurzen Distanzen und durch die Deckung der gesellschaftlichen Bedürfnisse mit einem möglichst geringen Stoff- und Energieeinsatz. Was folgt aus diesen Überlegungen für die Art unseres Wirtschaftens?

- Notwendig ist eine maximale Bedürfnisbefriedigung bei niedrigstem Aufwand an Energie- und Stoffströmen.
- Wir werden langfristig mit der Energie, welche die Sonne unserem Planeten täglich zur Verfügung stellt, auskommen müssen.
- Wir müssen mit der auf der Erde befindlichen Materie haushalten, da die Erde ein stofflich geschlossenes System ist.

Architektur: vom plastischen Objekt zur feldhaften Raumauffassung

Die Wahrnehmung, die Bedeutung und der Planungsgegenstand der Architektur wandeln sich durch solche neuen Anforderungen der Entropieminderung, einhergehend mit einem Wertewandel in der Gesellschaft. Die Auffassung von Architektur als visuell wahrnehmbarer dreidimensionaler „Raumskulptur", bestehend aus

Wänden, Decken, Trägern, Stützen, Säulen und Öffnungen, führte zu einer mathematisch-„rationalen", linearen, abstrakten, plastischen Raumauffassung. Diese Qualitäten von Architektur waren Gegenstand einer Planung, in deren Mittelpunkt plastisch-räumliche, technisch-konstruktive, produktionsspezifisch-wirtschaftliche und visuell-ästhetische Aspekte standen. Die herbe Bedingung der Entropieminderung erfordert einen neuen Blick auf jede neu zu errichtende räumliche Ordnung:

- Welche Stoffströme sind nötig, um sie zu errichten und zu betreiben?
- Welche Materialien stehen in näherer räumlicher Umgebung zur Verfügung?
- Wo verbleiben bei Reparatur und Abriß die Materialien?
- Welche Dauerhaftigkeit kann mit unterschiedlichen Materialien erreicht werden?
- Welche Bewegungslinien und Kraftströme wird die räumliche Struktur bewirken?
- Welche Temperaturniveaus werden im Gebäude benötigt?
- Welche Umweltenergien können zum Betrieb des Gebäudes genutzt werden?
- Welche Energieströme werden wann durch das Gebäude hindurchfließen?
- Welchen Entropiezuwachs pro Zeit- und Nutzungseinheit bewirkt die gebaute räumliche Struktur?

So wird die plastisch-konstruktive Raumauffassung um eine feldhafte Raumauffassung ergänzt werden. Temperaturbereiche, Energiefelder, Bewegungslinien, potentielle Stoff- und Energieflüsse werden die Vorstellung von räumlichen Ordnungen um die Vorstellung von Energieflüssen und Stoffströmen bereichern. Zu den visuell wahrnehmbaren Aspekten der Architektur werden sich immaterielle gesellen, zum statisch-festen Bestandteil wird die Wahrnehmung des ihn konstituierenden Prozesses hinzukommen. Wie und wann ein Raum durch angepaßte Planung mit großer Wahrscheinlichkeit „von alleine", also „passiv-solar" hell und warm wird, wird zukünftige Planung beschäftigen:

- Die Intensität und Geometrie des Sonnenscheins wird die Ausrichtung und Form des Gebäudes mitprägen.
- Die Stärke und Richtung des Windes wird sich in den Öffnungen des Hauses und der Dichtigkeit der Hülle widerspiegeln.
- Die Imagination und Simulation von Temperaturzonen wird die Grundrißgestaltung begleiten.
- Die Wärmeleitfähigkeit und die Selektivität von Materialien und Konstruktionen werden in den Entwurf der Fassade einfließen.

Passive Solarenergienutzung bedeutet: Die ihrer Umwelt ausgesetzte räumliche Struktur „mein Haus" wird ohne maschinelle Arbeit, also ohne Aufwand an gespeicherter Energie, „ganz von alleine" nur dadurch warm und hell, daß die Sonne darauf scheint. Bei der passiven Klimatisierung wird dieser Planungsansatz auf die Kühlung und Belüftung von Gebäuden angewandt, was besonders im Süden und in Bürogebäuden von hoher Bedeutung ist. Das Gebäude wird mit Lüftungsöffnungen ausgestattet, so daß die verbrauchte Luft über thermischen Auftrieb leicht abziehen kann und frische nach sich zieht und daß vorhandene Winde zur nächtlichen Kühlung des Gebäudes genutzt werden können.

Je näher also eine Energiebereitstellung zeitlich, räumlich, vom Temperaturniveau, von der Energieart und von der Energiemenge her an Art, Ort und zeitlichem Verlauf des tatsächlichen Energiebedarfs orientiert ist, desto weniger Primärenergieaufwand braucht man, um die Energienachfrage zu befriedigen.

Dezentrale Energiesysteme, die mit geringen Transportverlusten ein angepaßtes Temperaturniveau aufgrund intelligenter Regelungs- und Steuerungstechnik zum richtigen Zeitpunkt bereitstellen, sind Resultat solcher Überlegungen. Interaktivität von Meß- und Regelsystemen, Reaktionen von technischen Systemen auf Umwelteinflüsse und Nutzerverhalten sind Vorraussetzung solcher Energiesysteme.

Gestützt durch die Simulation der genannten Einflüsse, entsteht so ein interaktives System zwischen Erzeugern und Verbrauchern, Speichern und Wandlern. Gebäude werden Umwelteinflüssen optimal angepaßt und passen sich zentralen und dezentralen Versorgungssystemen an, von denen sie Energie beziehen und in die sie Energie einspeisen, während meteorologische Meßstationen frühzeitig Wetterparameter zur Regulierung der Systeme zur Verfügung stellen. Künftige Gebäude hängen so „interaktiv am Netz" der Energie- und Informationsströme.

Die Klimaproblematik und ihre Anforderungen an die Architektur

Klaus Lippold

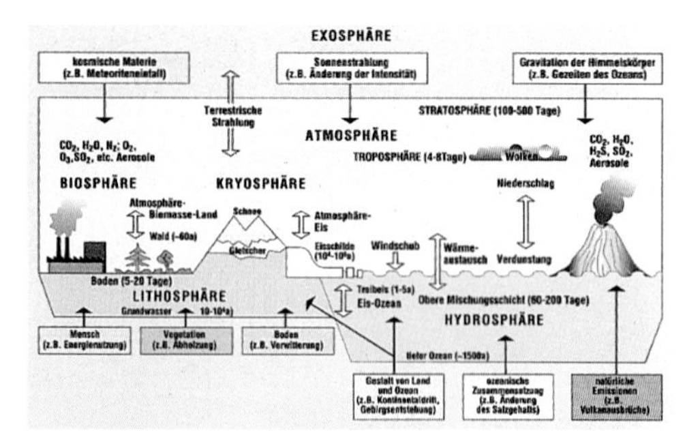

Merkmale des Klimasystemes

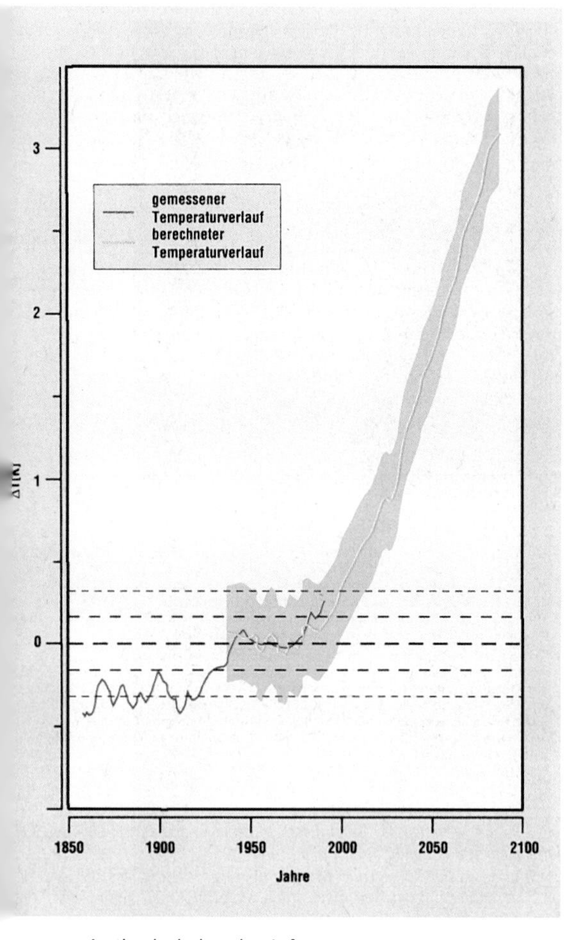

Anstieg der bodennahen Lufttemperaturen, gemessener und berechneter Temperaturverlauf

Der Treibhauseffekt – Ursachen und Wirkungen

Das Klima der Erde wird durch den Strahlungs- und Wärmeaustausch zwischen Sonne, Erdoberfläche und Atmosphäre bestimmt. Ein wesentlicher Einflußparameter sind dabei die Spurengase in der Atmosphäre, die dort in geringer Konzentration natürlicherweise vorkommen, u.a. Wasserdampf (H_2O), Kohlendioxid (CO_2), Ozon (O_3), Distickstoffoxid (N_2O) und Methan (CH_4). Diese Spurengase lassen die kurzwellige Sonnenstrahlung fast ungehindert zur Erdoberfläche vordringen, absorbieren aber die von der Erdoberfläche emittierte Wärmestrahlung und behindern damit – wie ein gläsernes Gewächshaus – den Rückzug dieser langwelligen Strahlung in den Weltraum: Die Temperatur auf der Erde steigt. Dieses als natürlicher Treibhauseffekt bezeichnete Phänomen sorgt dafür, daß auf der Erde statt ständigem Frost eine mittlere Temperatur von etwa 15 °C herrscht. Durch menschliche Aktivitäten, vor allem durch die Verbrennung fossiler Brennstoffe, durch die Intensivierung der Landwirtschaft und die Reduktion des Waldbestandes, nehmen die Konzentrationen von CO_2, CH_4, und N_2O in der Atmosphäre zu und beeinflussen damit auch zunehmend den Strahlungshaushalt der Erde. Dieser anthropogene Treibhauseffekt wird zusätzlich durch die industriell produzierten FCKW, H-FCKW und FKW sowie durch das photochemisch gebildete, bodennahe Ozon verstärkt.

Seit Beginn der Industrialisierung, d.h. innerhalb von nur ca. 100 Jahren, haben wir Menschen den Gehalt an treibhausrelevanten Spurengasen in der Atmosphäre von knapp 0,3‰ auf mehr als 0,4‰ erhöht. Diese Zunahme von 0,1‰ an Spurengasen in der Atmosphäre klingt sehr wenig, bewirkt aber sehr viel. So wurde in den vergangenen 100 Jahren bereits ein Anstieg der globalen Durchschnittstemperatur um 0,5 °C registriert. Ebenso ist die Oberfläche der tropischen Meere in den letzten 50 Jahren um 0,5 °C wärmer geworden, und die Temperaturunterschiede zwischen den Tropen und den polaren Breiten haben sich verstärkt. Als Folge dieser Veränderungen hat sich die Windgeschwindigkeit um 5 bis 10%, die Windenergie um 10 bis 20% erhöht. Dies führte insbesondere in den Tropen zu einer Häufung von Stürmen mit zum Teil katastrophalen Folgen. Klimamodelle prognostizieren bei einer weiterhin ungebremsten Zunahme der Spurengasemissionen einen mittleren Anstieg der global und jahreszeitlich gemittelten Lufttemperatur in Bodennähe um 0,3 °C pro Jahrzehnt (Unsicherheitsbereich 0,2 bis 0,5 °C). Dies entspricht einem Temperaturanstieg um 3±1,5 °C bis zum Ende des kommenden Jahrhunderts. Die Erwärmung wird dabei sehr unterschiedlich ausfallen. Auf den Kontinenten werden die Luftmassen stärker aufgeheizt werden als in den küstennahen Regionen, denn dort wirken die Ozeane als Wärmeregulator. Außerdem wird die Erwärmung zu den Polen hin deutlich stärker, in den niederen tropischen Breiten dagegen schwächer ausfallen. Diese Tendenz wird durch Beobachtungen bereits jetzt bestätigt. In der internationalen Wissenschaft gibt es keinen anerkannten Wissenschaftler, der ernsthaft die globale Erwärmung infolge der Zunahme von Treibhausgasen in Zweifel stellt. Ebenso sicher sind sich die Wissenschaftler darüber, daß die prognostizierte künftige Klimaänderung größer sein wird als die natürlichen Klimaschwankungen, wenn die Emissionen der klimarelevanten Spurengase ungebrochen weitergehen. Die Klimamodelle, die für die Vorhersagen zugrunde gelegt werden, erlauben eindeutige Aussagen über die künftige Entwicklung des globalen Klimas als Folge einer sich ändernden chemischen Zusammensetzung der Atmosphäre. Ungenau dagegen sind noch Aussagen über Änderungen des regionalen Klimas und der daraus resultierenden regionalen Folgen aufgrund unzureichender räumlicher Auflösung der Modelle und fehlender Analogien aus der Klimageschichte. Nur in diesem Punkt – also in der Vorhersage regionaler Klimaänderungen – unterscheiden sich die Aussagen der Modelle, d.h. auch nur hierin liegen Unterschiede in den Aussagen der anerkannten Wissenschaftler. Doch angesichts der großen Komplexität des Klimasystems sind regionale wie globale Überraschungen zu erwarten. Klimaveränderung bedeutet aber nicht nur eine Temperaturerhöhung, sondern auch, daß das gesamte Klima unberechenbarer wird. Einerseits werden sich, je nach Region, Trockenphasen oder ungewöhnlich heftige Regenfälle häufen. Andererseits werden

Stürme, vor allem Anzahl und Heftigkeit der Wirbelstürme, zunehmen. Ebenso wird sich bei anhaltender Erwärmung der Atmosphäre der Meeresspiegelanstieg aufgrund der Wärmeausdehnung des Wassers und des Abschmelzens der Inlandgletscher weiter fortsetzen. Dies hätte zur Folge, daß viele küstennahe Gebiete und Inseln unter den Wassermassen verschwinden, Küstenstädte und fruchtbares Land überflutet werden und küstennahe Grundwasserspeicher versalzen. Besonders für die Landwirtschaft werden durch die drohenden Kimaveränderungen Probleme von bislang nicht gekannter Größenordnung entstehen. Bedingt durch die steigende Erderwärmung wird es zu einer Verschiebung der Anbauzonen kommen. Das Pflanzenwachstum wird durch Veränderung des Niederschlags und des Bodenwasserhaushalts, durch eine Erhöhung der UVB-Strahlung und die veränderte chemische Zusammensetzung der Atmosphäre stark gefährdet. Bereits diese wenigen Beispiele zeigen, daß von den Folgen einer Klimaveränderung vor allem die ärmeren Länder der tropischen und subtropischen Zonen betroffen sein werden. Die verheerenden Folgen sind Hunger, Elend und endlose Ströme von Umweltflüchtlingen. Nach der friedlichen Beilegung des Ost-West-Konflikts drohen künftig massive Nord-Süd-Auseinandersetzungen. Die Abwanderung aus den überschwemmten oder ausgetrockneten Gebieten und die Neuansiedlung an anderer Stelle könnten sich letztendlich als die schwerwiegendsten Folgen erweisen. Auch die Industrieländer werden vor den sozialen Auswirkungen nicht gefeit sein.

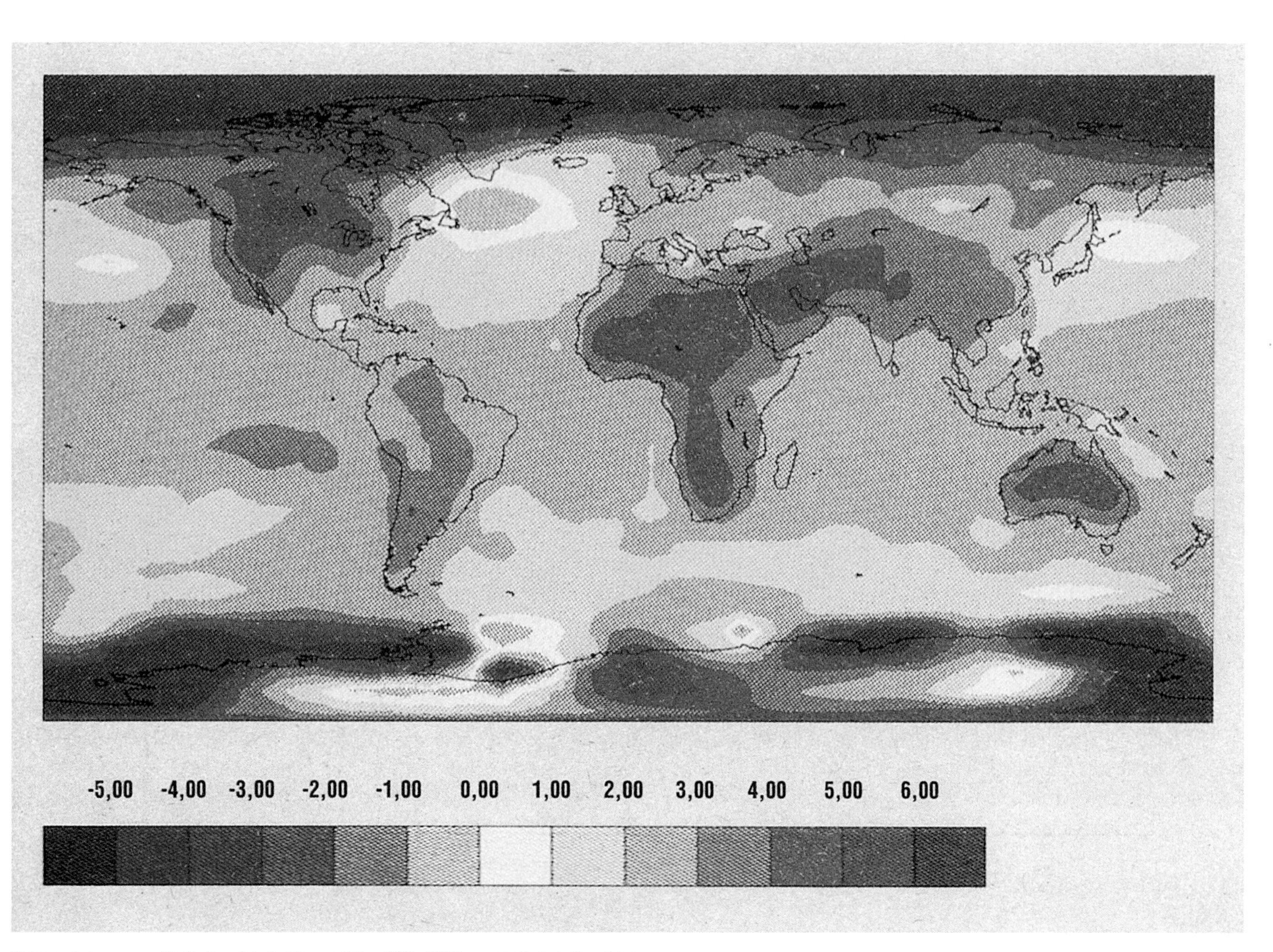

Klimaveränderungen: Die Karte zeigt die bis zum Jahre 2076–2085 prognostizierte Zunahme der bodennahen Lufttemperaturen in C°.

Maßnahmen zur Reduktion der CO_2-Emissionen

Ein Konzept zum Schutz der Erdatmosphäre und damit unseres Klimas muß darauf ausgerichtet sein, langfristig die Emissionen aller treibhausrelevanten Spurengase zu senken. Im Vordergrund steht aber die Reduktion der energiebedingten CO_2-Emissionen, deren Anteil am anthropogenen Treibhauseffekt 50% beträgt. Die Regierung der Bundesrepublik Deutschland hat sich hierbei mit ihrem Beschluß, die CO_2-Emissionen bis zum Jahr 2005 um 25% zu vermindern – bezogen auf das Emissionsvolumen des Jahres 1987 –, ein anspruchsvolles Ziel gesetzt. Um dieses Ziel zu erreichen, sind vielfältige Maßnahmen sowohl ordnungs- und preispolitischer als auch planerischer und informeller Art erforderlich. Vor allem aber muß ein Umdenken hin zum sparsamen und verantwortungsbewußten Umgang mit Energie stattfinden. Weltweit werden pro Jahr rund 22 Mrd. t CO_2 emittiert – mit steigender Tendenz. Dabei verursachen die Industrieländer 3/4 dieser Emissionen. Gesamtdeutschland trägt derzeit zu rund 4,5% zu den CO_2-Emissionen bei, das sind knapp 1 Mrd. t CO_2 oder umgerechnet 12 t CO_2 pro Kopf. Im Energiebereich ist es vor allem der Gebäudebereich, in dem die größten Emissionsreduktionen erzielt werden können. Für Heizung und Warmwasserbereitung benötigen wir rund 1/3 unserer gesamten Energie, und damit sind auch 1/3 des entstandenen CO_2 diesem Sektor zuzurechnen. Das sind über 300 Mio. t jährlich in Deutschland. Allein durch Wärmedämmung im Gebäudebereich ließen sich 20% des gesamten CO_2-Ausstoßes (rund 200 Mio. t jährlich) vermeiden. Mit der Novellierung der Wärmeschutzverordnung ist ein erster Schritt getan. Die Enquete-Kommission „Schutz der Erdatmosphäre" spricht sich darüber hinaus aber für eine Ergänzung der Wärmeschutzverordnung um eine zweite Stufe aus, die 1998 in Kraft treten soll. Diese ist dringend erforderlich. Die lange Vorlaufzeit ermöglicht der Wirtschaft dabei eine rechtzeitige Anpassung. Verbesserter Wärmeschutz darf aber nicht nur bei Neubauten eine Rolle spielen, die im günstigsten Fall 1% des Gebäudebestandes ausmachen, sondern muß vor allem bei der Altbausanierung Priorität haben. Hier könnten mindestens 70% der bisher benötigten Energie im Gebäudebereich eingespart werden. Wird bei einer anstehenden Sanierung die Gelegenheit, geeignete Energiesparmaßnahmen durchzuführen, nicht genutzt, so ist damit der Energieverbrauch für 30 und mehr Jahre fixiert. Daher ist eine Förderung der energetischen Altbausanierung im Sinne des Klimaschutzes dringend erforderlich. Ein solches Förderprogramm hätte gerade in der jetzigen konjunkturellen Situation für die Wirtschaft eine nicht zu unterschätzende Anschubwirkung. Gerade die zum großen Teil mittelständische Bauwirtschaft mit ihrem relativ hohen Arbeitseinsatz könnte so Arbeitsplätze binden und einen Beitrag leisten, Arbeitslosigkeit zu verhindern. Neben der Einführung wärmedämmender Maßnahmen soll durch die neue Heizungsanlagenverordnung die Energie im Gebäudebereich effizienter genutzt werden. Die genannte Verordnung ist dabei so ausgelegt, daß sie sowohl technisch erfüllbar als auch wirtschaftlich vertretbar ist, denn die hierfür erforderlichen Aufwendungen werden durch die eintretenden Einsparungen wieder erwirtschaftet. Die Novellierung der Kleinfeuerungsanlagenverordnung, die noch zur Entscheidung ansteht, soll ebenfalls die Energienutzung für die Raumheizung erhöhen. Ihr Ziel ist, insbesondere die Abgas-, Stillstands- und sonstigen Wärmeverluste der Feuerungsanlagen zu senken. Besonders zu berücksichtigen ist dabei die Anwendung energiesparender Heiztechnologien, wie etwa Blockheizkraftwerke. Hier drängt die Enquete-Kommission auf eine schnelle Entscheidung und außerdem darauf, daß der jeweils fortgeschrittenste Stand der Technik mitberücksichtigt wird.

Hemmnisse, die einer rationellen Energienutzung im Gebäudebereich entgegenstehen, sind der Mangel an energietechnischem Wissen und der fehlende Marktüberblick in den meisten Haushalten, in den Gebietskörperschaften, aber auch bei Planern, Architekten, Händlern und Handwerkern. Um diese Hemmnisse zu beseitigen, ist es am effizientesten, Informations- und Beratungsprogramme sowie Fortbildungsprogramme zu fördern. Das größte Hemmnis stellt allerdings die Bewertung der Investitionskosten in Energiesparmaßnahmen dar. So bewerten die Haushalte oft anfängliche Kapitalkosten schwerer als später dauernd anfallende Betriebskosten. Mit einer allgemeinen Einführung eines Energiepasses für jede Wohnung eines Gebäudes wäre ein Instrument gegeben, die Investor/Nutzer-Problematik zu lösen. Ein solcher Paß zeigt nämlich dem Nutzer einer Wohnung an, wie hoch sein Energieverbrauch durchschnittlich ausfallen wird, und hält damit den Wohnungseigentümer, der normalerweise nur an die Kaltmiete denkt, zu energiesparenden Investitionen an, wenn die Energiekennzahl seines Objektes das noch vermietbare Maß deutlich übersteigt. Ein weiterer Anreiz zur Durchführung von Energiesparmaßnahmen kann dadurch geschaffen werden, daß es Planern, also vornehmlich Architekten und Ingenieuren, honoriert wird, wenn sie sich um Energieeinsparung bemühen. Bisher ist es oft so, daß entsprechende Leistungen nicht vergütet werden. Abhilfe soll hier die anstehende Novellierung der Honorarordnung für Architekten und Ingenieure schaffen. Sie soll ermöglichen, daß Planungsleistungen honoriert werden können, die den durch die Nutzung des Gebäudes verursachten Energieverbrauch und die damit verbundenen Umweltbelastungen senken. Zur sinnvollen Verwendung von Wärme soll auch die noch in Vorbereitung befindliche Wärmenutzungsverordnung einen wirksamen Beitrag leisten. Ziel der Verordnung ist die praktikable Nutzung von Wärmepotentialen in Kraftwerken und Produktionsanlagen. Maßnahmen zur Bereitstellung von Abwärme und damit Investitionen in hierfür notwendige Anlagen werden von der Industrie in der Regel bislang nur getätigt, wenn sie sich innerhalb von zwei bis vier Jahren durch Energiekosteneinsparungen bezahlt machen. Dabei beträgt die Nutzungsdauer solcher Anlagen im Mittel 10 Jahre. Deshalb setzt die Verordnung Mindestwerte für die Amortisationsdauer an, die sich an der steuerlichen Abschreibungsfrist orientieren soll. Die Wirtschaft steht der Verordnung jedoch sehr kritisch gegenüber. Sie bewertet die Belastungen, die durch die Energieeinsparinvestitionen auf sie zukommen, höher als die günstigeren Produktionskosten und den durch verbesserte Angebote von energieeffizienten Anlagen und Apparaten entstehenden Wettbewerbsvorteil. Neben der Energieeinsparung im Wärmebereich können bei den privaten Haushalten sowie bei den Kleinverbrauchern (Gewerbe, Handel, öffentlicher Bereich) erhebliche Reduktionspotentiale beim Stromverbrauch durch rationelle Energieverwendung erreicht werden. Auf der Basis des heutigen Wissens können innerhalb der nächsten 10 Jahre rund 70% des Stroms in diesem Sektor eingespart werden. Die größten Einsparpotentiale liegen bei den Elektrogroßgeräten in den privaten Haushalten, bei der Beleuchtung, den Bürogeräten und Klimaanlagen. Um diese Potentiale zu aktivieren, ist eine Energieverbrauchs-Kennzeichnungspflicht notwendig. Eine entsprechende Rahmenrichtlinie der EU wurde inzwischen verabschiedet. Ein deutsches Gesetz zur Umsetzung der Rahmenrichtlinie ist in Vorbereitung. Energieeinsparung und rationelle Energieverwendung sind die wesentlichen Bestandteile, um die Minderung der CO_2-Emissionen zu erreichen, die zum Schutz unseres Klimas notwendig ist. Da der Gesamtenergiebedarf aufgrund des Bevölkerungs- und Wirtschaftswachstums wahrscheinlich noch ansteigen wird, erfordert der Klimaschutz auf längere Sicht ein Umschalten auf nicht emittierende, erneuerbare Energiequellen. Derzeit beträgt der Anteil der regenerativen Energien an der Gesamtenergie erst rund 2%. Daher ist die Unterstützung für eine breite Einführung dieser Energiequellen (insbesondere Solarenergie, Windkraft, Wasserkraft, Biomasse) ebenso wichtig wie die Förderung weiterer Forschung. Entscheidendes Hindernis für einen Durchbruch dieser Energiequellen ist ihre zumeist fehlende Wettbewerbsfähigkeit. Daher wären weitere Maßnahmen zur Verbesserung der Markteinführung dringlich. Eine Förderung erneuerbarer Energien bedeutet aber auch, einen Riß der bisherigen Technologieentwicklung zu vermeiden und den Standort Deutschland für zukünftige Industrien zu sichern.

Potentiale

Erneuerbare Energiequellen

Astrid Schneider

Die auf die Landflächen der Erde eingestrahlte Sonnenenergie eines Jahres entspricht etwa dem 3000-fachen des gegenwärtigen weltweiten Primärenergieverbrauches pro Jahr. Die Enquete-Kommission des Deutschen Bundestages „Vorsorge zum Schutz der Erdatmosphäre" hat auf der Grundlage zahlreicher wissenschaftlicher Studien ermittelt, daß sich unter Berücksichtigung technischer, wissenschaftlicher, ökologischer und struktureller Aspekte mindestens ein Tausendstel dieses Solarstrahlungsangebotes in Nutzenergie umwandeln ließe. Dies ist mehr als das Dreifache des heutigen Weltenergieverbrauches.

Die europäische Sonnenenergievereinigung EUROSOLAR hat im Auftrag der Europäischen Kommission im Rahmen des THERMIE-Programms eine Studie durchgeführt, in der untersucht wurde, welchen Beitrag die erneuerbaren Energiequellen bis zum Jahre 2020 in Europa leisten können, wenn Initiativen zur Markteinführung und Preissenkung ergriffen werden. Die Studie kommt zu dem Ergebnis, daß ein regenerativer Energiemix aus Wasserkraft, Wind, Biomasse, solarer Stromerzeugung und solarer Wärmeerzeugung im Jahre 2020 in Europa etwa 50% des Energieverbrauches decken könnte, sofern es gelänge, den Energieverbrauch auf dem Niveau von 1990 zu stabilisieren. Der Beitrag der einzelnen solaren Energiequellen, bezogen auf den Primärenergieverbrauch des Jahres 1990, gliedert sich dabei wie folgt auf:

- Wasserkraft und Biomasse (bereits heute): 5–6%
- Biomasse (Ausbau): 25%
- Wind: 7% (20% der Stromerzeugung)
- Solarstrom aus gebäudeintegrierten Photovoltaik-Anlagen: 7% (20% der Stromerzeugung)
- Solarthermisches Potential an Gebäuden: 6% (Substitution des heutigen Primärenergiebedarfs)

Das Deutsche Wirtschaftsministerium richtete im Rahmen der Energiekonsensgespräche 1994 einen Expertenkreis ein, der in verschiedenen energiepolitischen Gesprächszirkeln herausarbeitete, welche konkreten Ansätze für die Nutzung erneuerbarer Energien in der Bundesrepublik Deutschland bestehen. Die Experten kommen zu dem Ergebnis, daß das langfristig nutzbare Potential erneuerbarer Energien etwa bei der Hälfte des derzeitigen Endenergieverbrauches liegt. Übereinstimmend wird festgestellt, daß die stärkere Nutzung der erneuerbaren Energiequellen aus energie-, umwelt-, klimaschutz-, industrie- und entwicklungspolitischen Gründen notwendig ist. Die Potentialabschätzungen des Expertenkreises bestätigen die Ergebnisse der EUROSOLAR-Studie von der groben Größenordnung her für Deutschland.

Um zukünftig unseren Energiebedarf ausschließlich mit regenerativen Energien decken zu können, müssen wir also ca. 50% von dem, was wir heute an Energie verbrauchen, einsparen. Daß dieses für den Gebäudesektor möglich ist, bestätigen die zahlreichen Beispiele dieses Buches. Die Umstellung unseres gesamten Energieverbrauches auf erneuerbare Energien muß zwingend von rationellerer Energienutzung und einer allgemeinen Steigerung der Energieeffizienz begleitet sein. Während Biomasse und Wind typisch ländliche Energieformen sind, geht die EUROSOLAR-Studie davon aus, daß solare Stromerzeugung und die Gewinnung solarer Niedertemperaturwärme vorwiegend an Gebäuden erfolgen wird, und berechnet die hier verfügbaren Potentiale. Hieraus läßt sich dann die Rolle der Solararchitektur im Rahmen eines erneuerbaren Energiemixes in Europa abschätzen.

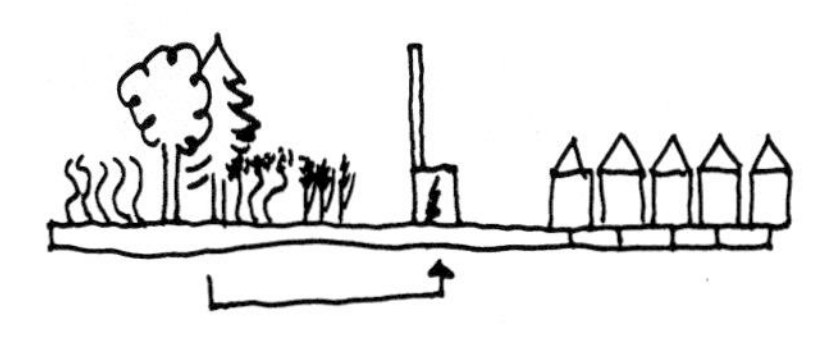

Biomassenutzung

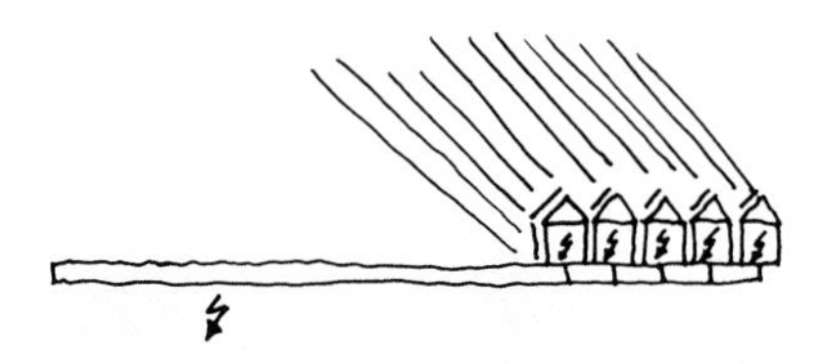

Solarstromnutzung

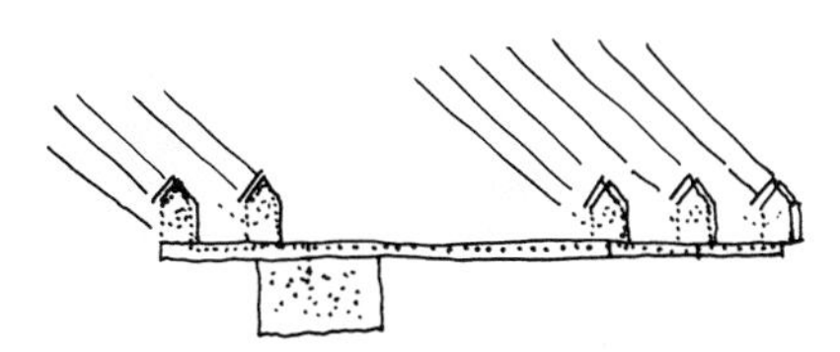

Solarwärmenutzung

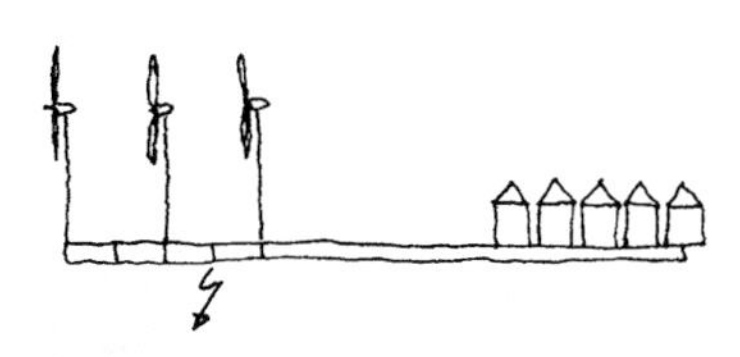

Windnutzung

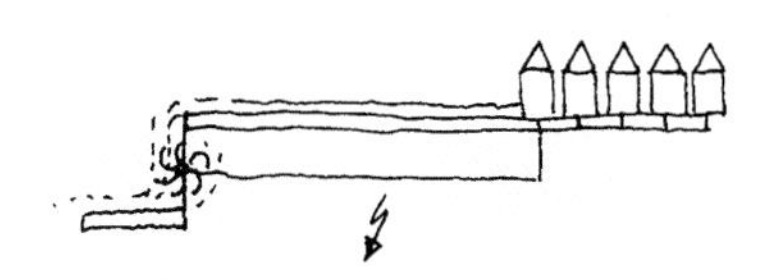

Wassernutzung

Die solare Strahlung

Stefan Krauter

Physikalisch gesehen, ist die Sonne mit einem Fusionsreaktor vergleichbar. Im Innern ist sie 100 Millionen Grad heiß, die Temperatur ihrer Außenhaut beträgt 6 000°C. Wie ein großes Stück weißglühender Stahl gibt die Sonnenoberfläche ihre Strahlung ab, Physiker reden von der „Temperaturstrahlung eines schwarzen bzw. grauen Körpers". Obwohl die Erde bereits etwa 149 Millionen km von der Strahlungsquelle entfernt ist, trifft auf jeden Quadratmeter der äußeren Erdatmosphäre ein Energiestrom von 1 353 Watt, der auch als „Extraterrestrische Solarkonstante" bezeichnet wird.

Strahlung

Jeder erhitzte Körper gibt Strahlung ab. Wenn er heißer als 2 000°C ist, ist diese Strahlung sichtbar. Je heißer er ist, desto kurzwelliger ist seine Strahlung, d.h., er erscheint bläulicher, gleichzeitig steigt auch der abgegebene Energiefluß sehr stark an. Die Abstrahlung eines heißen Körpers findet nicht nur mit einer Farbe bzw. Wellenlänge statt, sondern mit unendlich vielen; bei der Verteilung von Wellenlängen spricht man auch vom Strahlungsspektrum. Bestimmte Moleküle und Atome absorbieren – das heißt verschlucken – einen Teil der auf sie einfallenden Strahlung. Bekanntes Beispiel sind die Ozonmoleküle in unserer Atmosphäre, die den ultravioletten Teil des Sonnenspektrums absorbieren. Durch die Atmosphäre verliert die Sonnenstrahlung daher etwas von ihrer Intensität. Je tiefer die Sonne steht, desto wahrscheinlicher ist es, daß ein Sonnenstrahl mit einem Atmosphärenpartikel kollidiert. Beim Zusammenstoß wird ein Teil der Strahlungsenergie absorbiert und in Wärme umgewandelt, ein größerer Teil gestreut wieder abgestrahlt. Durch diese Streuung entsteht diffuse Einstrahlung. Da die Atmosphäre nicht alle Wellenlängen des Spektrums gleichmäßig streut oder absorbiert, wird bei tiefstehender Sonne die Strahlung nicht nur schwächer, sondern auch der Farbeindruck verändert sich („Abendrot"). Das Strahlungsspektrum und damit der Farbeindruck der Sonnenstrahlung ist abhängig vom Sonnenstand und der daraus resultierenden Weglänge eines Sonnenstrahls durch die Atmosphäre. Jedem Einfallswinkel ist also ein spezielles Lichtspektrum zugeordnet. Insbesondere für die photovoltaische Sonnenenergiewandlung ist dies sehr wichtig, weil die Solarzellen nur bestimmte Teile des Spektrums verwerten können. Dies hat zur Folge, daß sich bei verschiedenen Sonnenständen auch die relative Ausbeute pro Einstrahlung verändert.

JAHRESVERLAUF DER GLOBALSTRAHLUNG IN BERLIN

Jahresverlauf der Globalstrahlung in Berlin

Diffuse Einstrahlung

Von der durch die Atmosphäre gestreuten Strahlung wird ein Teil in den Weltraum reflektiert, der größte Teil erreicht als sogenannte „diffuse Einstrahlung" die Erdoberfläche oder die Solarwandler. Selbst bei sehr klarem Himmel beträgt die diffuse Einstrahlung rund 20% der gesamten Einstrahlung. Der Anteil der diffusen Einstrahlung ist abhängig vom sogenannten „Trübungsfaktor" der Atmosphäre; dieser setzt sich aus der Dichte von Streupartikeln (z.B. aus Abgasen), der Bewölkung und der Luftfeuchte zusammen.

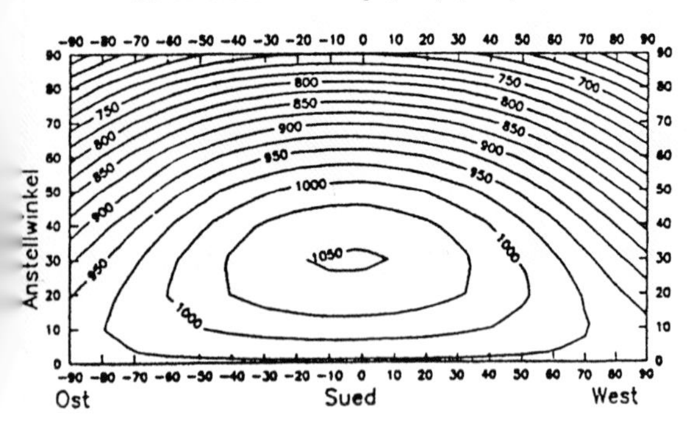

Durchschnittliche jährliche Globaleinstrahlung in Kilowattstunden je Quadratmeter auf unterschiedlich orientierte und geneigte Flächen.
Ein Anstellwinkel von 0° bedeutet waagerecht, 90° senkrechte Fläche, z.B. Fassade.

Globalstrahlung

Die Summe aus direkter Sonneneinstrahlung und diffuser Einstrahlung bezeichnet man als „Globalstrahlung". Die Globalstrahlung ist eine wichtige Bemessungsgröße für die jährlich von der Sonne eingestrahlte Energiemenge an einem Standort. Mit Hilfe der jährlichen Globalstrahlungsmenge lassen sich auch die Erträge von Sonnenkollektoren und Solarzellen an einem bestimmten Standort – abhängig von Himmelsrichtung und Aufstellwinkel – vorausberechnen. Dabei macht sich die jahreszeitlich wechselnde Intensität der täglich eingestrahlten Menge an Sonnenenergie um so stärker bemerkbar, je weiter der Beobachtungsort vom Äquator entfernt liegt. So ist in Deutschland das Verhältnis von winterlicher zu sommerlicher Einstrahlung in Freiburg 1:7, während es in Hamburg bereits bei 1:10 liegt. Durch die Ausrichtung des Strahlungsempfängers kann der jährliche Strahlungsertrag beeinflußt werden. Durch die Neigung der Absorberfläche in Richtung Äquator läßt sich der Ertrag steigern. Der höchste Jahresenergieertrag wird in Mitteleuropa bei einem Aufstellungswinkel von 30° gegenüber der Erdoberfläche erzielt. Wenn man den Aufstellungswinkel so wählt, daß dieser dem Breitengrad des Aufstellungsortes

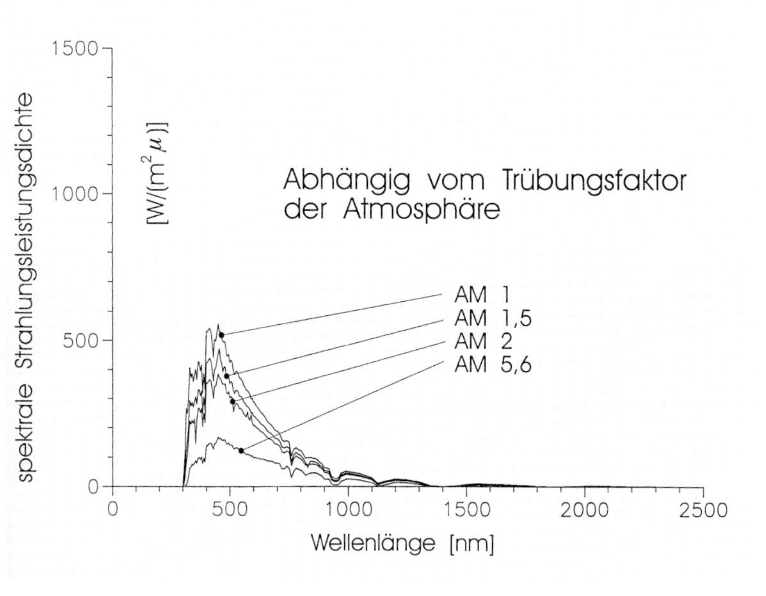

Das diffuse Strahlungsspektrum bei verschiedenen Sonnenständen. Es ist deutlich zu erkennen, daß im diffusen Licht fast gar kein Infrarotanteil enthalten ist, sondern vorwiegend kurzwellige sichtbare Strahlung.

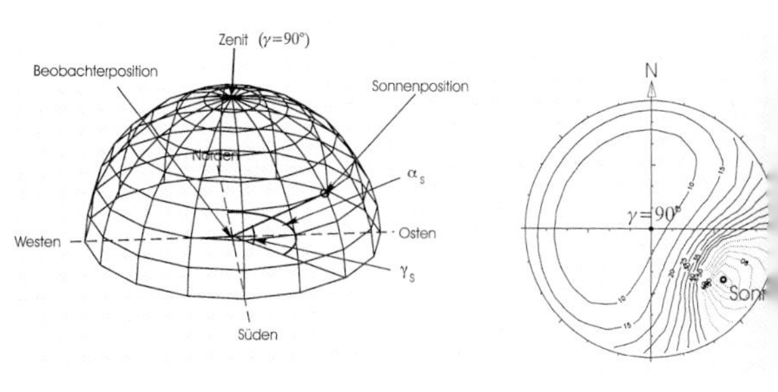

Verteilung der Himmelsleuchtdichte bei diffuser Einstrahlung für einen Sonnenstand von 30° Neigung nach Südosten

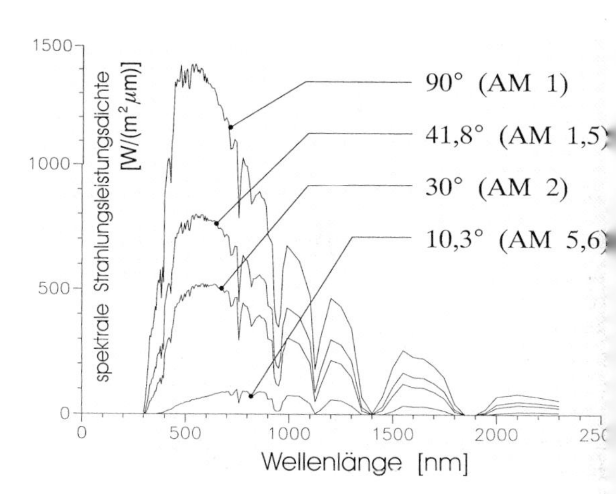

Das direkte Strahlungsspektrum bei verschiedenen Sonnenständen

entspricht, so fällt der Unterschied zwischen sommerlicher und winterlicher Einstrahlung geringer aus. Im Frühjahr und Herbst wird etwas mehr Energie gewonnen, im Sommer etwas weniger. Dabei ist der Jahresenergieertrag nur etwas geringer als bei einem Winkel von ca. 30°. So wird man z.B. bei einem Sonnenkollektorsystem, welches den Warmwasserbedarf decken soll, einen ausgeglicheneren Verlauf des Strahlungsgewinnes wünschen, da man so noch im Herbst und Frühjahr versorgt ist, während man im Sommer nicht zu verwendende Überschüsse hätte. Bei einem Solarstromsystem, welches den Strom jederzeit ins öffentliche Stromnetz einspeisen kann, wird man aus Rentabilitätsgründen eher auf einen maximalen Jahresertrag achten. Bei Gebäuden kann es nötig sein, den Strahlungseinfall bei hochstehender Sonne, d.h. im Sommer, zu reduzieren, etwa durch geeignet überstehende Dächer. Die Berechnung der Sonnenstände und Einstrahlungserträge ist mit zahlreichen Computerprogrammen möglich, aber auch mit Hilfe von Monatseinstrahlungstabellen oder dem europäischen Strahlungsatlas, der die globale Einstrahlung auf horizontale, vertikale oder anders geneigte Flächen wiedergibt.

Das Potential der photovoltaischen Stromerzeugung in Europa

Gotthard Schulte-Tigges

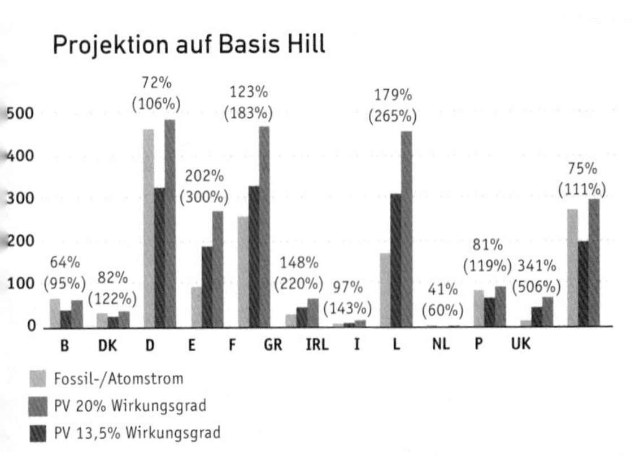

Das Potential der photovoltaischen Stromerzeugung in Europa bei verschiedenen Modulwirkungsgraden

Auf Fassaden entfallen 67% der Einstrahlung

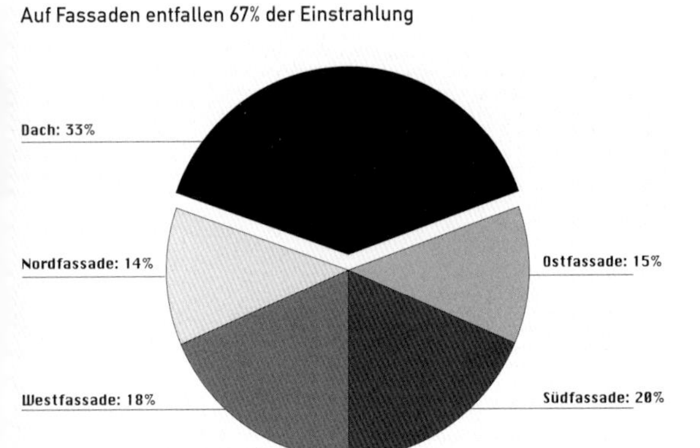

Verteilung der jährlichen Solarstrahlung auf die Ost-, West-, Süd- und Nordfassaden von Gebäuden in Großbritannien

In den meisten Potentialabschätzungen werden außer den solar gut nutzbaren Dachflächenanteilen auch große, sonst nicht wirtschaftlich genutzte Freiflächen einkalkuliert, sei es nahe beim Verbraucher, sei es in der Sahara, um fossile Energieträger weitgehend zu ersetzen. Speicherung, Transport und Umwandlung von in der Sahara solar erzeugtem Wasserstoff führten jedoch zu so hohen Energieverlusten, daß die Vorteile der höheren Sonneneinstrahlung dadurch wieder aufgezehrt werden. Neuere technische Entwicklungen auf dem Gebiet der gebäudeintegrierten Photovoltaik-Anlagen erschließen nun neue Flächen. Von einigen Firmen werden bereits Fassadenelemente und Dachpfannen jeweils mit integrierten Solarzellen als Standardprodukte angeboten und eingebaut; standardisierte Anschlußtechnik und ins Solarmodul integrierte Wechselrichter befinden sich seit kurzem auf dem Markt, und Dünnschicht-Solarzellen sind in der Entwicklung, bei denen besonders kostengünstige Herstellungsverfahren für großflächige Solarmodule zu erwarten sind. Mit diesen Entwicklungen wird die gesamte Gebäudehülle Teil des technisch nutzbaren Flächenpotentials zur photovoltaischen Stromgewinnung, sowohl Dächer als auch Fassaden. Da hierbei die Architektur in ganz entscheidendem Maße gefordert ist, nicht nur unter bautechnischen Gesichtspunkten, sondern auch gestalterisch Voraussetzungen einer breiten Nutzung dieses Potentials zu schaffen, soll im folgenden kurz die energietechnische Reichweite dieser Entwicklung skizziert werden.

Das technische Potential – neueste Abschätzungen

Solarzellen wandeln nicht nur direkt eingestrahltes, sondern auch reflektiertes, diffus auftreffendes Licht in Strom, so daß auch die nicht besonnten Fassaden zur Stromgewinnung beitragen können. Als erster hat R. Hill im Vereinigten Königreich England (UK) acht innerstädtische Gebiete sehr detailliert auf Flächen, Einstrahlung, Gebäudestrombedarf, Sommer/Winter-Lastgang und täglichen Lastgang von 9 bis 17.30 Uhr untersucht. Das Ergebnis war, daß von der gesamten, auf ein Gebäude auftreffenden Strahlung nur 33% auf das Dach, aber 67% auf die Fassaden entfallen. Hochrechnungen anhand einer detaillierten Gebäudestatistik des Instituts ETSU für das gesamte Vereinigte Königreich unter den örtlichen Strahlungsbedingungen ergaben mit einem Modulwirkungsgrad von 13%, der heutiger Technologie entspricht, ein Stromgewinnungspotential von 76% des 1989 in Großbritannien verbrauchten Stroms. Mit einem für das Jahr 2020 erwarteten 20%igen Modulwirkungsgrad ergäbe sich sogar ein Drittel mehr solare Stromausbeute, als 1989 verbraucht wurde. Nicht eingerechnet waren hierbei allerdings die Verluste der dafür nötigen Speicher.

Um diesen Ansatz auf die gesamte EU zu übertragen, wurden für die EURO-SOLAR-Studie die Einstrahlungsdaten auf Süd-, Ost- und Westfassaden des restlichen Europa (Einstrahlungswerte für Nordfassaden liegen nicht vor) mit denen von Plymouth verglichen und aus deren signifikanter Übereinstimmung auch auf die Gleichheit der Werte für Nordfassaden geschlossen. Mit den Daten über Gebäude und Wohnungen der übrigen EU-Länder wurde auf dieser Basis das Stromgewinnungspotential aller Gebäudehüllen der EU berechnet. Das Ergebnis zeigt, daß die Gesamtheit der in der EU an Gebäudehüllen zur Verfügung stehenden Fläche theoretisch ausreicht, um den gesamten heutigen Strombedarf mit Solarstrom zu decken.

Das ökonomische Potential – aktuelle Marktchancen

Ohne daß daraus die Zielvorgabe abgeleitet werden muß, tatsächlich alle Gebäude mit Solarzellen einzukleiden, weist dies doch auf die Bedeutung der gestalterischen Einbeziehung von stromgewinnenden Dach- und Fassadenelementen hin, die jetzt schon mit anderen anspruchsvollen Baumaterialien wie Marmor, Naturstein oder Metallfassaden preislich vergleichbar sind. Ihr multifunktionaler Charakter – sie können wärmedämmend, schallschützend, feuerhemmend, einbruchs-, ja sogar schußsicher sein und mit holographischen Lichtlenksystemen kombiniert werden – bietet gänzlich neue Optimierungsmöglichkeiten und kann zu neuen ästhetischen Gewichtungen führen. Interessant sind diese Entwicklungen vor allem dort, wo heute schon die Grenze der Wirtschaftlichkeit im herkömmlichen Sinne erreicht oder sogar überschritten ist, wie

Verwaltungsgebäude mit Photovoltaikfassadenintegration in Berlin

- im Bereich der Sommertourismusbranche, deren elektrischer Leistungsbedarf jahreszeitlich synchron mit der solaren Einstrahlung ist
- bei der Kühlaggregate betreibenden Industrie, die ihre Stromlastspitzen ebenfalls im Sommer hat
- bei sonstigen Kleinbetrieben, die in Deutschland den höchsten Strompreis zahlen oder
- bei abgelegenen Häusern ohne Netzanschluß (in Westeuropa leben ca. 120 000 Menschen in Häusern ohne Netzanschluß)

So ist die Frage, welche Flächen zum Einfangen der Sonnenstrahlen geeignet sind, sehr wohl eine entscheidende, auch wenn im Gegensatz zur landläufigen Meinung und zu ganzseitigen Anzeigen in vielen Zeitschriften photovoltaische Stromerzeugung weniger Fläche pro Gigawattstunde benötigt als die konventionelle thermische Stromerzeugung mit Kohlekraftwerken, bei deren Flächenbedarf auch Kohleabbau und Stromtransport berücksichtigt werden müssen. Die hohen Kosten von ca. 2,– DM pro Kilowattstunde Solarstrom stellen heute das größte Hindernis auf dem Weg zur Erschließung des solaren Stromerzeugungspotentials in Europa dar. Zur Kostensenkung sind folgende Strategien geeignet:

- industrielle Produktion von Photovoltaikmodulen
- Integration von Solarmodulen in Bauteile mit standardisierten mechanischen und elektrischen Anschlüssen
- systematische Stromeinspeisung in die öffentlichen Stromnetze.

Das thermische Potential der Solararchitektur

Harry Lehmann

Der Bedarf an Niedertemperaturwärme unter 100°C für Gebäudeheizung und Brauchwassererwärmung trägt europaweit in hohem Maße, in nördlichen Ländern bis zu 50%, zum Energiebedarf bei. Eine den örtlichen Klimabedingungen angepaßte Bauweise mit passiver Solarenergienutzung in Verbindung mit wärmetechnischen Maßnahmen kann diesen Bedarf aber unabhängig vom Breitengrad bedeutend senken. Solare Nahwärmesysteme in Verbindung mit Ganzjahresspeichern können in Abhängigkeit von

- Gebäudestruktur
- Energiebedarf
- Flächenangebot
- Besonnung

eine volle solare Versorgung von Gebäuden mit Niedertemperaturwärme übernehmen.

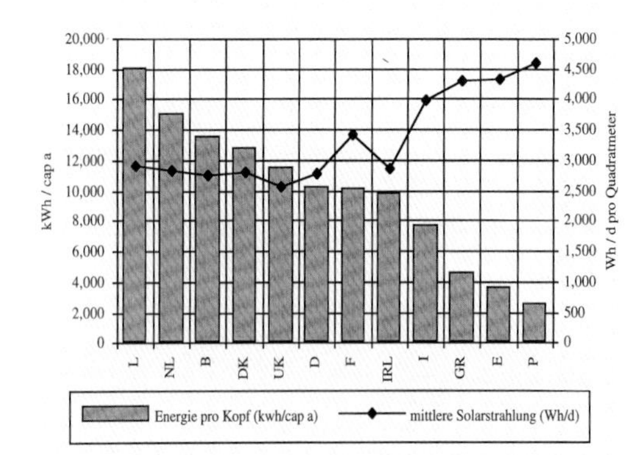

Energieverbrauch der privaten Haushalte und mittlere Sonnenstrahlung

Voraussetzungen

Stehen nicht genügend besonnte Dachflächen im Verhältnis zum Verbrauch zur Verfügung, können Biomasse-Blockheizkraftwerke den verbleibenden Bedarf langfristig problemlos decken. Die Umstellung auf eine solare Wärmegewinnng, bei der vor Ort die benötigte und kostenlos gelieferte Solarenergie gesammelt und in Nutzwärme gewandelt wird, ist stark von der Geschwindigkeit der ergriffenen Maßnahmen abhängig. Selbst wenn ab sofort europaweit alle neu zu bauenden Wohngebäude nach solaren Prinzipien errichtet würden, blieben die Effekte für den Einsatz von Primärenergie in absehbarer Zeit relativ gering, da die jährliche Neubaurate lediglich 1,2% des Wohnungsbestandes ausmacht. Eine spürbare Entlastung des Primärenergieverbrauchs und der daraus folgenden CO_2-Belastung kann nur durch ein zusätzliches ehrgeiziges Sanierungsprogramm bewirkt werden, das Schritt für Schritt den Heizenergiebedarf der ca. 128 Mio. Wohnungen der EU entscheidend senkt. Die stärksten Auswirkungen haben dabei zunächst die passive Solarnutzung in Verbindung mit wärmetechnischen Maßnahmen, da sie bei Neubauten die benötigte Heizenergie um 90% und bei sanierungsfähigen Altbauten schon jetzt mit vertretbarem Aufwand in nördlichen Breiten um 30–40%, in südlichen sogar bis 70% zu senken vermögen. Der Einsatz und Ausbau aktiver Systeme, also insbesondere von auf den Dächern montierten Kollektoren, wird zunächst für Brauchwassererwärmung genutzt werden. In Verbindung mit Ganzjahresspeichern können aktive Systeme auch kurzfristig entscheidende Beiträge zur Heizungsunterstützung leisten. Um die möglichen Einsparungen fossiler Energieträger bereits innerhalb der ersten Umstellungsphase grob einschätzen und die Wirksamkeit jetzt vorzunehmender Maßnahmen gewichten zu können, werden im folgenden die Ergebnisse von Hochrechnungen des technisch realisierbaren Beitrags zur europäischen Energieversorgung unter optimistischen Randbedingungen und einer schnellen Einführungsgeschwindigkeit dargestellt, wobei Kostenvergleichsrechnungen außer Betracht bleiben.

Rahmenbedingungen

Zu den Rahmenbedingungen ist zunächst zu sagen, daß die verfügbare statistische Datenbasis vor allem bezüglich der Gebäudedaten insgesamt unzureichend und noch dazu von Land zu Land sehr unterschiedlich ist. Einigermaßen gesicherte Erkenntnisse liegen aber über die Anzahl der Wohnungen vor, so daß die Berechnungen hierüber erfolgen. Über den Heizenergiebedarf europäischer Haushalte sind ebenfalls keine konsistenten Angaben verfügbar, so daß zur Abschätzung der private Verbrauch an festen und 80% der flüssigen und gasförmigen Brennstoffe für Heizungszwecke angesetzt wird. Als Warmwasserbedarf werden pro Kopf und Tag europaweit 50 l Wasser mit 60°C angenommen. Die Lebensdauer von Kollektoranlagen wird mit nur 15 Jahren angesetzt und einem Systemwirkungsgrad von 50% in den südlichen Ländern und wegen größerer Wärmeverluste mit 40% in den nördlichen. Dies entspricht dem heutigen Stand der Technik und läßt Systemverbesserungen außer Betracht. Zudem wird davon ausgegangen, daß zunächst der größte Teil der von Kollektoranlagen eingefangenen Energie zur Brauchwassererwärmung

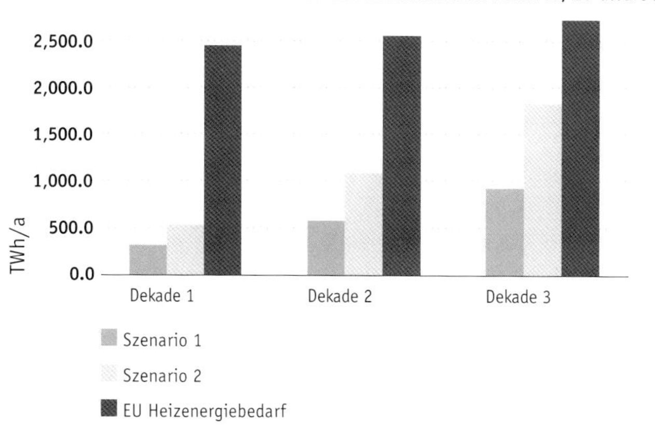

Beitrag der passiven Solarnutzung und der wärmetechnischen Maßnahmen nach 10, 20 und 30 Jahren

benutzt wird, solange bis europaweit ca. 60% des benötigten Warmwassers solar zur Verfügung gestellt wird. Erst nach diesem Zeitpunkt wird ein erhöhter Teil für Heizungsunterstützung verfügbar sein. Unter diesen einheitlichen Rahmenbedingungen werden zwei Varianten von Sanierungsraten und drei verschiedene Kollektorausbau-Szenarien betrachtet. Variante A setzt die jährliche Sanierungs- mit der derzeitigen Neubaurate von 1,2% gleich, während Variante B einen 30-jährigen Sanierungszyklus zugrundelegt und damit eine jährliche Sanierungsrate von 3,33% verlangt.

Szenarien

Die Szenarien des Kollektorausbaus sind folgende:

- Szenario I : In der ersten Dekade werden 1,5 Mio. Wohnungen jährlich (gleich der heutigen Neubaurate) mit je 8 m² Kollektoren ausgestattet; dazu wäre eine jährliche Produktion von 12 km² erforderlich, was eine ganz erhebliche, aber durchaus vorstellbare Produktionssteigerung erfordern würde. Die beiden folgenden Dekaden werden mit einer jährlichen Steigerungsrate von 10% angesetzt.
- Szenario II : Produktion und Installation werden auf 20 Jahre mit einer jährlichen Steigerungsrate von 40% angesetzt, danach mit 10%.
- Szenario III : Entsprechend der Verachtfachung der Kollektorproduktion in der Türkei in den letzten 10 Jahren wird eine einheitliche durchschnittliche Steigerungsrate von 26% angesetzt.

Unter diesen Bedingungen, die aber nur bei Start eines entsprechenden ehrgeizigen Sanierungsprogramms im Jahr 1995 geschaffen werden könnten, würden wärmetechnische Optimierung zusammen mit passiver Solarnutzung bis zum Jahr 2020 nach Variante A 28% bzw. nach Variante B 56% des Heizenergiebedarfs einsparen, was immerhin einer europaweiten Reduktion fossilen Primärenergiebedarfs von 6% bzw. 12% entspräche.

Die aktive Nutzung mittels Kollektoranlagen würde gemäß den Szenarien I bis III die 60%ige Brauchwassererwärmung europaweit in 25 (I), 20 (II) bzw. 28 Jahren (III) gewährleisten und am Ende der 3. Dekade 9 (I), 570 (II) bzw. 61 TWh/Jahr (III) zur Heizungsunterstützung beisteuern. Will man allerdings große Beiträge zur Heizung durch aktive Systeme erreichen, so müssen saisonale Energiespeicher in Kombination mit Nahwärmesystemen genutzt werden. Bei diesen Nahwärmenetzen könnten dann auch Blockheizkraftwerke auf Basis von Biomasse einen weiteren Anteil der Wärmeversorgung regenerativ abdecken.

Regenerativer Energiemix in Europa: Was kann eine mitteleuropäische Großstadt dazu beitragen?

Joachim Nitsch

Die Elemente einer regenerativen Energiewirtschaft

Zukünftige Systeme zur Energieversorgung müssen sowohl global als auch regional in eine ökologisch sinnvolle und gesellschaftlich akzeptierte Form der Energiewirtschaft eingebettet sein. Wesentlicher Bestandteil einer umweltverträglichen Energieversorgung sind die erneuerbaren Energiequellen in ihrer ganzen Vielfalt. Lokale Energiekonzepte haben dabei die Aufgabe, den Energieverbrauch und die Emissionen weitestgehend zu mindern und die regionalen Solarenergiepotentiale zu erschließen. Die bisherige Energieversorgung war angebotsorientiert. Die Energieversorger begnügten sich damit, ausreichende und möglichst preisgünstige Energieträger bereitzustellen. Die Art und Effizienz der Nutzung hingegen wurden dem Verbraucher überlassen. Umweltschonende Maßnahmen sowie die Erschließung regenerativer Energiequellen wurden von den Versorgern immer erst dann aufgegriffen, wenn öffentlicher oder politischer Druck dies erzwang. Die erkannten ökologischen Belastungen der fossilen Energiewirtschaft und die ungeklärten Probleme einer längerfristig verantwortbaren Kernenergienutzung erlauben kein weiteres Fortschreiten auf diesem Weg. Insbesondere die wachsende Nachfrage nach Energie in den Entwicklungsländern zwingt uns zum Umdenken. Zur Realisierung einer umweltgerechten und dauerhaften Energieversorgung ist es erforderlich, vorrangig und zügig folgende strategische Maßnahmen zu ergreifen:

Energieeinsparung

Grundlage aller Überlegungen zu einer regenerativen Energieversorgung ist die ernsthafte Mobilisierung der technisch und strukturell möglichen Energieeinsparungen durch intensive Energieberatung, entsprechende Anreizprogramme, neuartige Finanzierungs- und Betreibermodelle, das Anbieten von Energiedienstleistungen, auf Energieverbrauchsminimierung ausgerichtete Bebauungspläne und Verkehrskonzepte, vorbildliche energetische Gestaltung öffentlicher Gebäude und schließlich das Umsetzen integrierter Energieversorgungskonzepte statt des bloßen Verkaufs von Energieträgern.

Rationelle Energienutzung

Das zweite Grundprinzip ist die Minimierung des lokalen Energieeinsatzes durch sehr rationelle Energiewandlung im Querverbund, insbesondere durch zentrale und dezentrale Kraft-Wärme-Kopplung, durch Abwärmenutzung von Industriebetrieben, durch möglichst hohe Eigenerzeugung und durch Optimierung des Energieträgereinsatzes.

Nutzung lokaler regenerativer Energiequellen

Für den Einstieg in eine regenerative Energieversorgung ist die Erschließung aller sinnvoll nutzbaren regenerativen Energiequellen im Umfeld des Verbrauchers notwendig. Das größte städtische Solarenergiepotential bieten die sonnenexponierten Gebäudeoberflächen, hinzu kommen in geringerem Umfang organische Reststoffe. Um ausreichende Ausgleichs- und Speichermöglichkeiten für die jahres- und tageszeitlichen Schwankungen unterworfene Gewinnung der direkten Sonnenenergie zu schaffen, ist eine intelligente und effiziente Vernetzung der regenerativen Ressourcen mit der übrigen lokalen und regionalen Energieversorgung notwendig.

Erschließung überregionaler Potentiale erneuerbarer Energiequellen

Die überwiegend lokal und dezentral wirksamen Elemente stellen das Fundament für die zweite, längerfristig angelegte Etappe in eine solare Energiewirtschaft dar, in welcher die großräumigen, überregionalen Potentiale regenerativer Energiequellen erschlossen werden, wie z.B. gezielter Energiepflanzenanbau, größere solare Kraftwerke in einstrahlungsreichen Gebieten oder Windkraftanlagen im Megawatt-Bereich, deren Potentiale zusammen eines Tages die Versorgung der Welt mit umweltverträglicher Energie sicherstellen können.

Der Beitrag von Großstädten zu einer regenerativen Energiewirtschaft

Die Versorgung von Großstädten stellt sich im Rahmen einer solaren Energieversorgung als die schwierigste Aufgabe heraus, da die hohe Bevölkerungsdichte und die Konzentration von Dienstleistungen und Industrie auf engem Raum zu einem hohen flächenspezifischen Energiebedarf führen. Andererseits bietet die hohe Bedarfsdichte auch rationellere Möglichkeiten zur Energieversorgung, z.B. mit Fernwärme, die sehr effizient in Kraft-Wärme-Kopplung hergestellt werden kann. In Kleinstädten und Landgemeinden ist eine solche Wärmebereitstellung vielfach wirtschaftlich und energetisch nicht lohnend, da zu hohe Verteilkosten und Wärmeverluste auftreten. Zunächst einmal verblüffend ist die simple Feststellung, daß Energieverbrauch – sieht man einmal vom Verkehr ab – immer in Gebäuden stattfindet. Denn neben privaten Haushalten finden auch industrielle Produktion und gewerbliche Nutzungen ihren Platz in Gebäuden. Hieraus leitet sich auch die hohe Bedeutung von Architektur für Energiebedarf und -gewinnung ab. Somit ist die Kenntnis von Anzahl, Art, Größe und Verteilung von Gebäuden sowie ihres bautechnischen und energetischen Zustandes Ausgangspunkt für jede kommunale Energieplanung. In einer solaren Energiewirtschaft ist das Gebäude zugleich Standort für Kollektor- und Solarzellenanlagen, so daß auch Kenntnisse über geeignete Dachflächen, Fassaden, nutzbare Verkehrsflächen u.ä. vorhanden sein müssen. Schließlich erlaubt die Kenntnis der Energieverbrauchsdichte die Auslegung und wirtschaftliche Bewertung von Fern- und Nahwärmenetzen.

Beispiel

Immer mehr fortschrittliche Kommunen möchten heute aktiv daran gehen, ihren Handlungsspielraum zum Klimaschutz auszuschöpfen. Beim Klimagipfel der Vereinten Nationen im Frühjahr 1995 wurden von den Staatschefs keine verbindlichen Vereinbarungen zur Reduktion der Treibhausgase getroffen. Es waren die 159 Bürgermeister aus 65 Ländern, die sich auf dem zweiten Weltbürgermeistergipfel zum Klimaschutz dafür aussprachen, bis zum Jahre 2005 mindestens 20% des CO_2-Ausstoßes ihrer Kommunen einzusparen. Eine der seit Jahren in vorbildlicher Weise im Bereich des Klimaschutzes aktiven Kommunen ist Saarbrücken. Die Stadtwerke Saarbrücken gaben Ende 1992 eine Studie in Auftrag, in der geprüft wurde, wie die von der Enquete-Kommission zum Klimaschutz genannten Ziele zur CO_2-Reduktion von 80% erfüllt werden können. Dabei wurde untersucht, welche Möglichkeiten für ein kommunales Versorgungsunternehmen bestehen, sich unter den gegenwärtigen politischen und wirtschaftlichen Rahmenbedingungen aktiv an der Umsetzung der genannten Ziele zu beteiligen. Eine Arbeitsgemeinschaft bestehend aus der Deutschen Forschungsanstalt für Luft- und Raumfahrt (Stuttgart), dem Öko-Institut in Freiburg, der Prognos AG aus Basel und dem Zentrum für Sonnenenergie- und Wasserstoff-Forschung in Stuttgart wurde beauftragt, die Studie durchzuführen. Neben der Analyse von Status quo und Zukunft der Energieversorgung beinhaltet die Studie auch eine Umsetzungs- und Marketingstrategie sowie eine betriebs- und regionalwirtschaftliche Bewertung.

Die Studie über das regenerative Energiepotential für Saarbrücken

In der Studie wurde für die Stadt Saarbrücken mit 190 000 Einwohnern das Potential von Energieeinsparung und regenerativen Energiequellen mit einem hohen Detaillierungsgrad ermittelt. Alle hierfür notwendigen statistischen Angaben über Bevölkerung, Beschäftigte, Wohn- und Gewerbebauten sowie Siedlungs- und Gebäudeflächen wurden nach 57 Stadtdistrikten aufgeschlüsselt und speziellen Siedlungstypen zugeordnet. Die Möglichkeiten zur aktiven Solarenergiegewinnung hängen im wesentlichen von der Größe der geeigneten Dachflächen ab. Die Stadt Saarbrücken verfügt über 9,1 km^2 Dachflächen, auf denen insgesamt 2,1 km^2 Kollektoren oder Solarzellen installiert werden könnten. Gemäß der oben aufgeführten Prioritätenliste zum Einstieg in eine regenerative Energiewirtschaft wird von den Gutachtern ein Einsparszenario entwickelt, mit dem bis zum Jahr 2005 ca. 21% CO_2 eingespart werden sollen. Um dieses Ziel zu erreichen, ist eine Investitionssumme von 820 Millionen DM notwendig. Der Hauptteil der finanziellen Ressourcen wird in dieser Phase für Energiesparmaßnahmen und den Ausbau der Kraft-Wärme-Kopplung investiert, ca. ein Viertel der Ausgaben wird für die vermehrte Nutzung erneuerbarer Energien eingesetzt. Im Zeitraum nach dem Jahr 2005 ist ein verstärkter Ausbau der erneuerbaren Energien vorgesehen. In diese

Betrachtungen ist allerdings der Verkehr nicht einbezogen. Ohne eine aktive Verkehrspolitik auf kommunaler Ebene besteht die Gefahr, daß alle wichtigen Einsparungen wieder von steigendem Verkehrsaufkommen konterkariert werden.

Möglichkeit der solaren Stromerzeugung

Wenn die gesamten zur Verfügung stehenden Dächer mit einer Fläche von 2,1 km² mit Solarzellen heutiger Technologie belegt würden, könnte man knapp 24% des jährlichen städtischen Stromverbrauchs mit Strom von der Sonne decken. Gäbe man den preisgünstigeren Kollektoren zur Warmwasserbereitung Vorrang bei der Inanspruchnahme von Dachflächen, reduzierte sich der Beitrag der Photovoltaik auf Dächern auf etwa 7% des Strombedarfs. Doch noch ein anderes Kriterium verdient Berücksichtigung beim schrittweisen Umbau städtischer Infrastrukturen zur optimalen Einbindung regenerativer Energien. Die direkte Nutzung der Sonnenenergie ist zunächst einmal an die Jahreszeiten gebunden. Das Verhältnis von sommerlicher zu winterlicher Einstrahlung beträgt dabei etwa siebenzu eins. Will man nun einen hohen Anteil des jährlichen Strombedarfs durch die direkte Umwandlung von Solarstrahlung in Strom gewinnen, so erhält man hohe Stromgestehungsspitzen im Sommer. Hierauf müssen die Energieversorgungssysteme erst einmal vorbereitet werden. Bei einem steigenden Anteil von Solarstrom werden dann Speichertechnologien Einsatz finden, die einen Ausgleich zwischen sommerlicher Produktion und winterlichem Verbrauch schaffen. Eine Abschätzung der beherrschbaren Solarstromspitzen unter heutigen Einspeisebedingungen gestattet einen Beitrag des Solarstromes von 4% am jährlichen Stromverbrauch der Stadt. Die langsame Ausschöpfung dieses Potentials nimmt Rücksicht auf die derzeit noch hohen Stromerzeugungskosten der Photovoltaik von rund 2 DM/kWh, welche jedoch bis zum Jahr 2020 auf etwa
0,4 DM/kWh sinken werden.

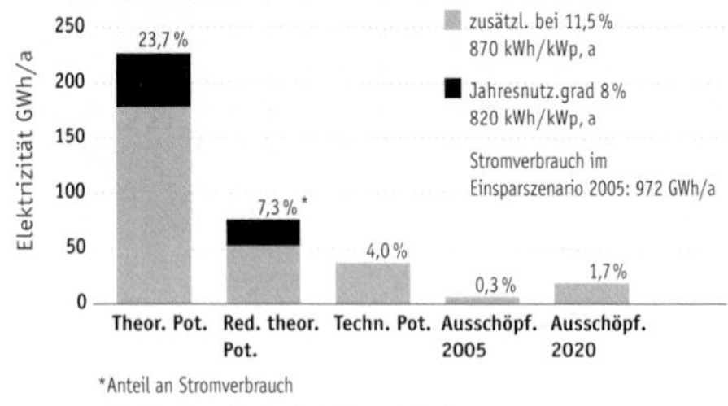

Möglicher Energieertrag der Photovoltaik in Saarbrücken bei Beschränkung auf eine anteilige Belegung der Dachflächen (Globalstrahlung 1 125 kWh/m²a bei 38° Neigung)

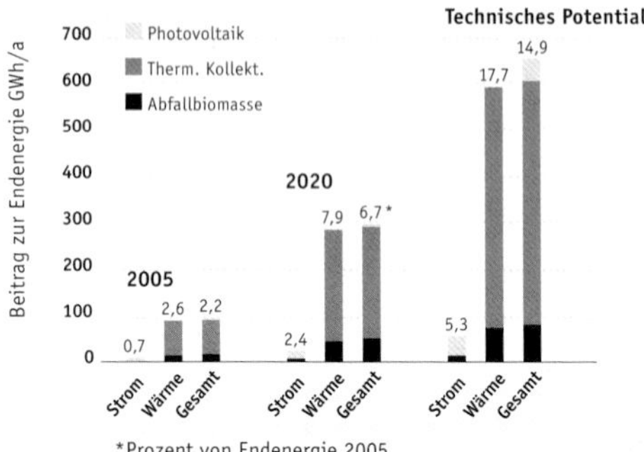

Technisches Potential und Ausschöpfung 2005 und 2020 regenerativer Energiequellen in Saarbrücken bei alleiniger Berücksichtigung der nutzbaren Flächen auf Dächern

Das Gesamtpotential erneuerbarer Energien in Saarbrücken

Jahrzehntelange, zielgerichtete Anstrengungen einer Kommune sind erforderlich, um von praktisch Null in energiewirtschaftlich relevante Bereiche vorzustoßen. Die entscheidende Phase der Anfangsmobilisierung dieser Potentiale liegt innerhalb des nächsten Jahrzehnts. Um in eine solare Energiewirtschaft einzusteigen, sind selbst engagierte Stadtwerke auf eine Veränderung der energiepolitischen Rahmenbedingungen angewiesen. Der Zeitraum bis 2005 stellt die wichtige und mühsame Einstiegsphase in eine energiewirtschaftlich relevante Nutzung erneuerbarer Energiequellen dar. Sie setzt deutlich höhere Anlagenzubauraten voraus, als dies bisher und insbesondere unter den z.Z. geltenden energiepolitischen Rahmenbedingungen „von selbst" der Fall ist. Lediglich zwei bis drei Prozent des Energieverbrauches könnten dann im Jahr 2005 solar gedeckt werden. Bis zum Jahr 2020 könnte das technische Potential erneuerbarer Energien in Saarbrücken ungefähr zur Hälfte ausgeschöpft werden. Innerhalb eines Zeitraumes von ca. 50 Jahren ließen sich insgesamt ca. 15% des durch vorhergehende Einsparungen reduzierten Energieverbrauches der Stadt Saarbrücken mit Solarenergie decken (bezogen auf das „Einsparszenario 2005"). Hierbei sind nur die Dachflächen zur aktiven Solarenergiegewinnung berücksichtigt worden. Von der Wärmeerzeugung werden dann knapp 18% solar erzeugt, während der solare Anteil an der Stromerzeugung rund 5% beträgt, hier ist die Biomassenutzung bereits einbezogen.

Die Struktur einer typischen Modellgroßstadt

Die hier vorgestellte Modellstadt wurde aus dem statistischen Datenmaterial der 31 westdeutschen Großstädte mit mehr als 200 000 Einwohnern abgeleitet. Sie repräsentiert in ihren siedlungsstrukturellen und energetischen Daten (Basisjahr 1990) mit vier weiteren Modellgemeinden das Spektrum aller Gemeinden, die der jeweiligen Größenklasse angehören. Faßt man die entsprechende Anzahl an Gemeinden einer Region oder eines Landes zusammen, erhält man näherungsweise deren Struktur- und Energieverbrauchsdaten. Die Modellgroßstadt hat rund 500 000 Einwohner [Tabelle 1]. Die in Deutschland in solchen Großstädten lebenden Menschen stellen rund 25% der Gesamtbevölkerung dar und verbrauchen rund 30% der Energie. Die 84 000 Gebäude der Modellstadt belegen eine Grundfläche von 14 km² und besitzen knapp 40 km² zu beheizende Wohn- und Nutzfläche. Die mit Energie zu erschließende Fläche ist die Siedlungsfläche, welche mit 78 km² 34% des gesamten Stadtgebietes beansprucht. Knapp 20% davon sind bebaut, den weitaus größten Anteil belegen die nicht bebauten Erschließungs- und Grundstücksflächen und die innerörtlichen Verkehrsflächen. Auch Großstädte verfügen über landwirtschaftliche Nutzflächen und Waldflächen, diese sind aber im allgemeinen deutlich kleiner als die Siedlungsfläche. Die spezifischen Kennwerte weisen auf die typischen Merkmale eines Ballungsraumes hin. Hohe Bevölkerungsdichte, überwiegend größere Gebäude, eine dichte Bebauung und die überproportionale Ansiedlung von gewerblichen und industriellen Energieverbrauchern führen zu hohen Energieverbrauchsdichten.

Tabelle 1: **Strukturdaten der Modellgroßstadt**
Flächenangaben in m²

B	Bevölkerung	507 000
BE	Beschäftigte (einschl. Einpendler)	298 000
W	Wohnungen	247 260
WG	Wohngebäude	61 770
NWG	Nichtwohngebäude	21 930
F	Gebietsfläche	228 000
FS	Siedlungsfläche	78 000
FWN	Wohn- und Nutzfläche	38 900
FG	Gebäudegrundflächen	13 900
FD	Dachflächen	15 800
	Maximal installierbare Kollektor- bzw. Solarzellenflächen	
FKD	auf Dächern	3 400
FKF	an Fassaden	1 000
B/F	Bevölkerungsdichte pro km²	6 490
FS/F	Besiedlungsdichte	34,3 %
WF/WG	Wohnfläche/Wohngebäude	305 m²
NF/NWG	Nutzfläche/Nichtwohngebäude	912 m²
G/FS	Gebäudedichte pro km²	1 070

Heutiger und zukünftiger Energieverbrauch der Modellstadt

Ohne Einbeziehung des Verkehrs – dessen wachsender Anteil am Endenergieverbrauch Deutschlands 25% beträgt – benötigt die Modellstadt derzeit 15 600 GWh/a, also 1% des westdeutschen Endenergieverbrauchs. Wichtigste Nutzungsart ist die Raumheizung mit 45% Anteil – was gleichzeitig auf die überragende Bedeutung von energiesparendem Bauen und der Anwendung der Solararchitektur hinweist –, gefolgt vom Prozeßwärmebedarf mit 29%, welcher hauptsächlich in der Industrie auftritt. Elektrizität mit insgesamt 3 400 GWh/a wird zu 75% für Kraft (Antriebe), Licht und Kommunikation eingesetzt (wo sie nicht ersetzbar ist) und zu 25% zur Wärmeerzeugung, wo sie im Hinblick auf einen möglichst effizienten Energieeinsatz zumindest im Niedertemperaturwärmebereich weitgehend substituiert werden kann. Der anteilige Primärenergieeinsatz, also der Energieeinsatz unter Berücksichtigung der Umwandlungsverluste, beläuft sich auf rund 23 500 GWh/a, woran die Stromerzeugung allein einen Anteil von 44% hat. Legt man den Mittelwert der deutschen Energieversorgung zugrunde, werden davon derzeit rund 500 GWh/a (= 2%) aus regenerativen Quellen und
2 600 GWh/a (= 11%) aus nuklearen und somit 20 400 GWh/a aus fossilen Primärenergiequellen gedeckt.

Der energetisch optimierte Verbraucher ist dreimal so effizient wie der heutige Durchschnitt.

Hohe Deckungsbeiträge an erneuerbarer Energie bei noch vertretbarem Aufwand verlangen zuvor einen „energetisch optimierten" Verbraucher. Sein Energiebedarf muß nach Höhe und zeitlichem Verlauf kritisch überprüft werden und kann im allgemeinen auf wirtschaftliche Weise deutlich verringert werden. Ausgehend von einer Reihe aktueller Untersuchungen wird angenommen, daß sich die Energieintensität unserer Volkswirtschaft – also der Quotient aus Energieverbrauch und Bruttosozialprodukt – längerfristig (z.B. innerhalb von 30 bis 40 Jahren) auf ein Drittel verringern läßt. Wächst bis dahin die gesamte volkswirtschaftliche Bruttowertschöpfung noch um das 1,9fache (und die Wohn- und Nutzflächen auf das 1,2fache bei konstanter Einwohnerzahl), so führt dies zu einem Energieverbrauch von rund 65% des gegenwärtigen Wertes, also auf rund 10 000 GWh/a. Die beträchtlichsten Energieeinsparungen lassen sich im Raumheizungsbereich erzielen. Durch deutlich verbesserte Wärmedämmung im Altbaubestand, durch den Neubau von Niedrigenergiehäusern einschließlich solararchitektonischer Elemente und durch effektivere Heizungssysteme könnte der mittlere spezifische Wärmeverbrauch in diesem Zeitraum um 45 bis 50% gesenkt werden. Der für eine solare Energieversorgung besonders interessante Bereich der Wärmeversorgung unter 100°C benötigt – nach einer energetischen „Sanierung" – trotz eines weiteren Wachstums der zu beheizenden Flächen nur noch 4 800 GWh/a Endenergie gegenüber derzeit 8 600 GWh/a. Die geringsten sichtbaren Einsparungen treten beim Stromverbrauch ein. Spezifische Verbrauchsminderungen bis zu 50% im Bereich der Elektrogeräte und -motoren erlauben hier in etwa eine Kompensation der angenommenen Wachstumstendenzen. Der typische Einwohner der Modellstadt verbraucht dann noch jährlich 5.900 kWh/m²a an Elektrizität (derzeit 6 800 kWh/m²a) und benötigt rund 14 100 kWh/m²a Brennstoffe oder regenerative Energie für Wärmezwecke (derzeit 24 000 kWh/m²a).

Lokaler Beitrag regenerativer Energien: Das solare Flächenpotential des Gebäudebestandes

Die bedeutendste regenerative Energiequelle ist die Strahlungsenergie. Ver-

Flächennutzung in der Modellstadt

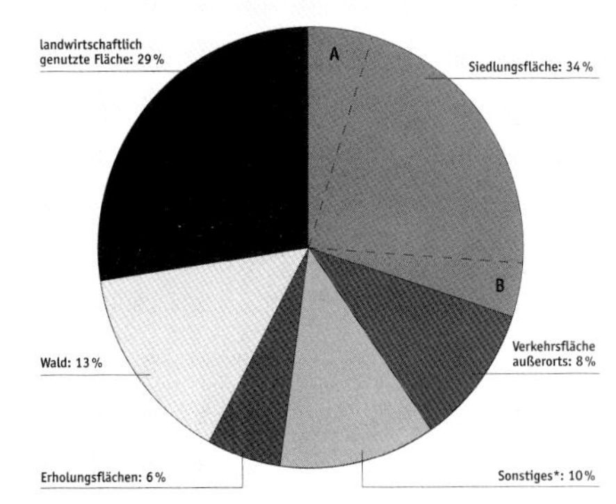

Gebietsfläche 228 km²
A: Gebäudegrundflächen: 6%
B: Verkehrsfläche innerorts: 4%
* Lagerplätze, Halden, Wasser, Deponien, u.s.w.

Flächennutzung in der Modellstadt
Anteile an der Gebietsfläche von insgesamt 228 km²
1) Lagerplätze, Deponien, Wasserflächen usw.
a) Gebäudegrundflächen 6%
b) Verkehrsflächen innerorts 8%

Tabelle 2: **Flächenbezogene Leistungsdichten von Energieverbrauch und -angeboten** W/m² 1)

Endenergieverbrauch Gebiet/Bezugsfläche	1990 Gesamt 2)	Wärme < 100°C	Strom	Effiziente Energienutzung Gesamt 2)	Wärme < 100°C	Strom
Deutschland/Gebietsfläche	0,68	0,36	0,17	0,45	0,20	0,15
Großstadt/Gebietsfläche	7,80	4,30	1,70	5,10	2,30	1,50
Großstadt/Siedlungsfläche	22,80	12,60	5,00	15,00	6,80	4,30
Großstadt/Gebäudegrundfläche	127,90	70,70	28,10	84,20	38,20	24,10
Großstadt/verfügbare Kollektorfläche 3)	404,20	289,10	88,60	265,90	156,00	76,20

Solare Einstrahlung	Angebot	Wärme 4) < 100°C (40%)	Strom 5) 13%
Jahresmittelwert	122,00	48,80	15,90
Mittelwert Juli	220,00	88,00	28,60
Mittelwert Dezember	23,00	9,20	3,00

Flächenbedarf für 100%ige Deckung	Gesamt	Wärme 4) < 100°C	Strom
absolut	32,00 km²	10,90 km²	21,10 km²
Anteil an Gebäudegrundfläche	230,30 %	78,20 %	152,10 %
Anteil an Siedlungsfläche	41,00 %	13,90 %	27,10 %

1) Flächenspezifische Jahresenergie = flächenbezogene Leistungsdichte x 8 760 h/a ÷ 1 000 [kWh/m²]
2) Endenergieverbrauch ohne Verkehr
3) nur auf Dächern (3,4 km²) und für Strom (PV) zusätzlich an Fassaden (1 km²)
4) Substituierter Brennstoff mit 85%igem Wandlungswirkungsgrad
5) Multikristallines Si; Serienfertigung

gleicht man deren flächenbezogene Leistungsdichte bzw. diejenige der daraus gewinnbaren Nutzenergien Wärme und Strom mit den charakteristischen Werten der Modellstadt, so erhält man unmittelbar aussagekräftige Hinweise für mögliche Beiträge zur lokalen Energieversorgung (Tab2). Von großer Bedeutung ist die „solare Eignung" der Gebäude, d.h. die Frage, in welchem Ausmaß auf ihren Dächern und Fassaden Kollektoren und Solarzellen untergebracht werden können. Berücksichtigt man beim Bestand an Gebäuden deren Ausrichtung, die Dachneigung und -gliederung, die Abschattung und den bauhistorischen Wert, so kann man etwa 60% der Gebäude in dieser Hinsicht als geeignet betrachten. Rund 22% der gesamten Dachfläche der Modellstadt können mit Solarsammlern belegt werden. Mit den so ermittelten 3,4 km² Kollektorfläche, wovon 60% auf geneigte Dächer und 40% auf Flachdächer entfallen, und zusätzlich etwa 1 km² Fassadenflächen hat man eher die Untergrenze einer zukünftigen Nutzung aktiver Solaranlagen ermittelt. Werden Neubauten von vornherein auf eine Solarenergienutzung hin konzipiert, so lassen sich größere Flächen für die Aufstellung von Solaranlagen erschließen. Zudem sind weitere Flächen nutzbar wie Überdachungen von Parkplätzen, Haltestellen und Straßen, Lärmschutzwände, Böschungen u.ä., wenn Solarenergienutzung selbstverständlicher Bestandteil zukünftiger Städteplanung sein wird. Nutzt man ausschließlich die verfügbaren Kollektorflächen auf Dächern, so können entweder rund 30% des Wärmebedarfs unter 100°C oder 20% des Strombedarfs (einschließlich 1 km² Fassadenfläche) mit modernen Nutzungstechniken gedeckt werden. Bei höheren Deckungsanteilen müssen also weitere Flächen innerhalb der Siedlungsstruktur in Anspruch genommen werden. Eine (theoretische) 100%ige Deckung dieses Wärme- und Strombedarfs erforderte mit 32 km² Kollektorfläche etwa 40% der Siedlungsfläche der Modellstadt. Derartig hohe Deckungsanteile sind nicht nur aus städtebaulichen Gründen unrealistisch. Wegen des in Mitteleuropa im Monatsmittel um eine Größenordnung schwankenden Strahlungsangebots würden unsinnig hohe Speicher- und Ausgleichsaufwendungen und -verluste entstehen, welche die Solarenergienutzung beträchtlich verteuern würden. Selbst eine an der Solarenergienutzung langfristig ausgerichtete städtebauliche Konzeption wird sich daher mit deutlich geringeren Anteilen an genutzter Strahlungsenergie zufriedengeben müssen. Ein längerfristig vorstellbarer „solarer" Flächennutzungsgrad könnte bei rund 10% der Siedlungsfläche (bzw. 3,5% der gesamten Gebietsfläche) liegen. Damit würde sich die Kollektorfläche gegenüber der auf Dächern verfügbaren etwa verdoppeln. Eine vom Wärmebedarf her sinnvolle Aufteilung der Dachkollektorflächen liegt bei 70% für Warmwasserkollektoren. In der Gesamtbilanz ergibt dies einen solaren Beitrag von 1 850 GWh/a „eingesparter" Brennstoffe bei der Wärmebereitstellung (= 26% des gesamten Wärmebedarfs bzw. 70% des Wärmebedarfs unter 100°C) und 380 GWh/a solare Elektrizität (= 12%). Die direkt in einer Großstadt nutzbaren regenerativen Energiequellen sind somit hauptsächlich von derjenigen Fläche abhängig, welche man im Rahmen einer langfristig angelegten Stadtplanung für solare Zwecke nutzbar machen will. Orientiert man sich an dem oben gewählten Richtwert von etwa 10% der Siedungsfläche bzw. 3,5% der gesamten Gebietsfläche, so lassen sich also 20 bis 35% des Energiebedarfs einer Großstadt – nach einer energetischen Optimierung – durch regenerative Energiequellen vor Ort decken. Für kleinere Städte und Landgemeinden sind die entsprechenden Anteile höher, vor allem deshalb, weil die mittlere Geschoßzahl der Gebäude geringer ist, also relativ mehr Dachfläche zur Verfügung steht, und weil die Anteile der Biomassennutzung deutlich steigen.

Heutiger und zukünftiger Energieverbrauch der Modellstadt (B)

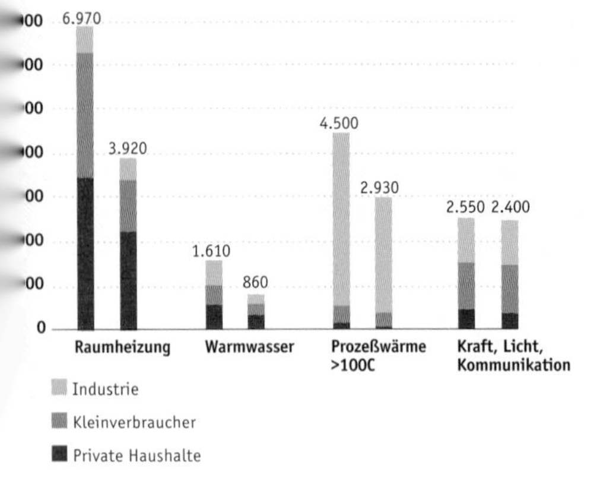

Energieverbrauch bei heutiger (linke Balken) und bei einer „effizienzoptimierten" Nutzungsstruktur (rechte Balken) mit einer Aufteilung auf Verwendungsarten und Verbrauchssektoren (ohne Verkehrsanteil)

Netzgekoppelte 100 kW_p-Solarstromanlage auf der Südtribüne des Dreisamstadions des SC Freiburg. Die Solaranlage wurde durch Anteilsscheine der Regio-Solar-Agentur finanziert.

Das Biomassepotential der Modellstadt

In jeder Stadt fallen organische Abfälle in Haushalten, Gewerbe, Schlachthöfen, der Nahrungsmittelproduktion, in Gaststätten und Hotels etc. an, welche durch Vergärung zu Biogas und weiter verwertbarem Kompost umsetzbar sind. Auch Grünschnitt aus Parkanlagen sowie Klärschlämme können dafür eingesetzt werden. Das Biogas kann nach Reinigung entweder dem städtischen Gasnetz zugeführt werden oder in an die Biogasanlage direkt angeschlossenen Blockheizkraftwerken verwertet werden. Zu einem allerdings geringen Anteil stehen in Großstädten auch landwirtschaftliche Abfälle zur Verfügung. Auch Resthölzer aus städtischen Wäldern und aus der Holzverarbeitung sowie aus der Hausmüllentsorgung (Sperrmüll) und dem Gebäudeabriß fallen in nennenswertem Ausmaß in Städten an, welche in Heizkraftwerken und Heizzentralen energetisch verwertet werden können. Im Rahmen der Müllverbrennung wird dies bereits teilweise praktiziert. Als Anhaltswert für die Modellstadt werden Potentialanalysen aus Baden-Württemberg übernommen, welche für Städte dieser Größenklasse zu einem Wert von 200 kWh pro Kopf und Jahr an verwertbarer Nettogasmenge aus organischen Abfällen und zu rund 150 kWh/a für verwertbares Restholz führen. Bei rund 175 GWh/a Endenergiepotential (= 1,7% des reduzierten Endenergiebedarfs der Modellstadt) ist ersichtlich, daß hiermit nur relativ kleine Beiträge zur Energieversorgung einer Großstadt geleistet werden können. Stark lokal ausgeprägte regenerative Energiequellen wie die Windenergie, die Wasserkraft, die Biogasgewinnung aus der Tierhaltung und Brennstoffe aus Energiepflanzenanbau sind eher dem ländlichen Bereich zuzuordnen. Ebenso wie die Geothermie können sie im Rahmen einer modellhaften Konzeption von Kommunen nicht allgemeingültig erfaßt werden. Zweckmäßigerweise werden sie im Rahmen länderspezifischer Energieszenarien überregional in die Bilanzierung einbezogen und anteilig auf die zu versorgenden Kommunen umgelegt. Diese Beiträge regenerativer Energiequellen können entsprechend der in Abschnitt 1 skizzierten Strategie längerfristig von großer Bedeutung sein und den Hauptbeitrag zu einer zukünftigen Sonnenenergiewirtschaft liefern. Die Stadt wird als hoch verdichtete Struktur von Verbrauch und Produktion auch in einer regenerativen Energiewirtschaft auf Energiebezüge aus dem ländlichen Raum angewiesen sein.

Der Grundgedanke

Astrid Schneider

Klimaveränderungen erzwingen eine regenerative Energieversorgung. Sie machen eine Umstellung unserer Energiewirtschaft auf nicht-fossile Energien unumgänglich. Nur die Sonnenenergie kommt in Frage, um dauerhafte Zivilisationsstrukturen aufzubauen. Die Nutzung nuklearer Energien ist nicht nur erschöpflich, sondern auch eine permanente Quelle von Umweltverschmutzung. Eine solare Energieversorgung basiert auf einem Mix regenerativer Energieträger. Er wird sich nach heutigem Kenntnisstand zu größten Teilen auf die direkte Umwandlung der solaren Strahlung in Wärme und Strom sowie auf die Nutzung von Biomasse und Windkraft stützen, während die umweltfreundlich nutzbaren Potentiale der Wasserkraft in Europa bereits weitestgehend ausgeschöpft werden. Die Gewinnung dieser Solarenergien setzt geeignete Flächenpotentiale voraus. Dieses Potential ist einerseits von der Intensität der Einstrahlung abhängig, andererseits von der zur Verfügung stehenden Menge und Größe absorbierender Oberflächen, an denen die Solarstrahlung in Strom oder Wärme gewandelt werden kann. Die so gewonnene Energie soll dann auf dem kürzestmöglichen Wege zum Verbraucher geleitet werden.

Gebäudehüllen bieten ein großes solares Flächenpotential und eine gut nutzbare Infrastruktur in unmittelbarer Nähe zum Verbraucher.

Gebäudeoberflächen bieten ein sehr großes Potential von Flächen, die zur Absorption von Solarstrahlung geeignet sind. Zusätzlich haben sie den Vorteil, daß die Kollektoren so in unmittelbarer Nähe zum Verbraucher untergebracht sind und nur kurze Leitungswege entstehen. Dabei ist die zur Sonnenenergienutzung notwendige Infrastruktur wie Aufständerung, Glaseindeckung, Dämmschichten, Strom- und Wärmeleitungen zum Verbraucher etc. schon in der heute üblichen konventionellen Haustechnik angelegt. Grund und Boden sind ohnehin schon versiegelt, Pflege und Schutz der Anlagen werden durch die Nähe zum Verbraucher erleichtert. So bietet die Identität von energieverbrauchenden und -erzeugenden gebauten Strukturen im Vergleich zu freien Aufständerungen große Vorteile in der Ausnutzung und Schonung von Ressourcen. Da sparsamster Ressourcenverbrauch notwendig ist, leiten die vorausgehend dargestellten Untersuchungen die erreichbaren Mengen an Solarstrom und Wärme in der Hauptsache von der Anzahl geeigneter Gebäudeoberflächen ab.

Neues Zusammenspiel von Architektur, Stadt- und Energieplanung

Ein für die Architektur und Stadtplanung neuer Anspruch ist es daher, nicht nur verbrauchsminimierte Gebäude zu ermöglichen, sondern schon in den Grundzügen jedes Entwurfes genügend viele und möglichst gut besonnte Flächen zur direkten Nutzung der Sonnenenergie vorzusehen. Aufgabe des Gebäudeentwurfes ist es dann, entsprechende Formen und Konstruktionen zu finden, die in einem ausgewogenen Verhältnis strom- und wärmeproduzierende Absorber integrieren, die optimale Führung des Tageslichtes, die passive Sonnenwärmenutzung sowie eine natürliche Belüftung ermöglichen und mit genügend Speichermassen ein angenehmes Raumklima schaffen.

Bedenkt man nun, daß allein an den Gebäudeoberflächen Europas – zumindest bei Ausschöpfung des theoretischen Potentials – mit heutiger Technologie genausoviel Strom erzeugt werden könnte, wie 1990 verbraucht wurde, so wird deutlich, daß es sich hierbei zumindest um beachtenswerte Größenordnungen handelt. Da ja aber ein Mix verschiedener regenerativer Energiequellen angestrebt wird, muß man keineswegs befürchten, daß die Umstellung auf solare Energiequellen dazu zwingen würde, alle Gebäudeoberflächen, auch bestehender Altstädte, mit Solaranlagen „zuzupflastern". Dieses ist im Rahmen eines Mixes weder notwendig noch erstrebenswert. Zugleich wird deutlich, daß die Ausgestaltung von Architektur einen energiewirschaftlich bedeutsamen Stellenwert bekommt – nicht zu vergessen, daß mehr als ein Drittel des EU-weiten Energieverbrauches zum Heizen von Gebäuden benötigt wird. Die Planung von Gebäuden wird ohne die Berücksichtigung energetischer und klimatischer Rahmenbedingungen nicht auskommen, und die an Gebäudeoberflächen gewonnene Solarstrahlung wird integraler Bestandteil eines zukünftigen regenerativen Energiemixes sein.

Überschneidungsbereiche zwischen Energie- und Baugeschehen bilden sich heraus.

Wie eng das Wechselspiel von Speichern und Gewinnen, Dämmen und solar Erzeugen ist, zeigen Betrachtungen über „integrale Energiekonzepte", in denen eine energetisch und von den Kosten her optimale Kombination von rationeller Heiztechnik und baulichem Wärmeschutz sowie der Gewinnung solarer Wärme und ihrer saisonalen Speicherung untersucht wird. Das Gebäude wandelt sich so vom einen Energieverbraucher hin zum Energiegewinner, Architektur wird unweigerlich zur Energieplanung, und die Energieplanung muß sich zukünftig mit Gebäuden intensiver beschäftigen denn je. So wird Solararchitektur zum integralen Bestandteil einer regenerativen Energiewirtschaft: Ausrichtung, Speichermassen und Absorberarten eines Gebäudes müssen mit der Energieplanung abgestimmt werden. Die Frage, ob etwa in einem Gebiet bzw. Gebäude mehr solarer Strom als Wärme benötigt wird, beeinflußt die Fassaden- und Dachgestaltung, die Art der zur Verfügung stehenden solaren Nutzenergie die Ausbildung der Heizung. Liegt z.B. bereits eine in ihrer Kapazität unausgelastete Fernwärmeleitung eines städtischen Heizkraftwerkes oder ungenutzte Abwärme aus industriellen Produktionsprozessen vor Ort vor, wird es vermutlich wenig Sinn haben, solare Wärme zu produzieren, da es aufgrund der Stromproduktion ohnehin ein Überangebot an Abwärme gibt. Die für eine solare Energiegewinnung zur Verfügung stehenden Dach- und Fassadenflächen könnten in diesem Falle besser zur solaren Stromgewinnung genutzt werden.

Eine reine Verbrauchserfassung also erfüllt die Aufgaben moderner Energiekonzepte nicht mehr. Moderne Gebäude zapfen nicht nur Strom und Wärme aus zentralen Versorgungsinfrastrukturen ab, sie speisen auch wieder selbst gewonnene Energie ein. Ebenso sollte die Ausführung der Gebäudeinfrastruktur auf die vorhandenen und nutzbaren Energiequellen Bezug nehmen. Vielleicht ist es etwa möglich, die Abwärme einer hinterlüfteten Solarstromfassade zur Vorwärmung der Frischluft zu nutzen oder Niedertemperaturwärme für eine Wandstrahlungsheizung einzusetzten. Erst eine gut wärmegedämmte Gebäudehülle mit relativ „warmen" Außenwänden und einer mechanischen Be- und Entlüftung mit integriertem Wärmetauscher ermöglicht es, mit der warmen Abluft z.B. einer Solarstromfassade zur Beheizung auszukommen. Aus solchen Überlegungen wird die Notwendigkeit einer integrierten Planung und Definition von solarer Architektur und solarer Energieversorgung deutlich: Stadtplanung, Entwurf, Konstruktion, Haustechnik und solare Energiegewinnung beeinflussen sich gegenseitig und können unter dem Gesichtspunkt der Ressourcenschonung nur wechselseitig und im Zusammenspiel optimiert werden.

Sammeln, Leiten, Speichern, Versorgen und Verbrauchen – Messen, Rechnen, Simulieren und Regeln: Interaktive regenerative Energiesysteme

Ein interaktives Wechselspiel mannigfaltiger Komponenten wird die Energiesysteme der Zukunft kennzeichnen. Gebäude werden in ihnen ebensosehr Verbraucher wie Erzeuger sein. Eine Vielzahl regenerativer Energiequellen wird in zentrale und dezentrale Energienetze einspeisen. Verbraucher werden je nach Ort, Lage, Nutzung, Jahres- und Tageszeit eigene Energie erzeugen und verbrauchen oder aber ins Netz einspeisen und aus den Versorgungssystemen wieder entnehmen. Meß- und Regelsysteme mit zentralen und dezentralen Informationsknotenpunkten und Schaltstellen werden die Verbraucher ansteuern, die Erzeugung messen, das Wetter beobachten, Verbrauchsprognosen erstellen, die Einspeicherung von Reserven vornehmen oder eingespeicherte Energie als Nutzenergie zur Verfügung stellen: vom Haussystem über dezentrale Energiezentralen, hin zu lokalen, regionalen, nationalen und internationalen Energie-Verbundsystemen. Am stärksten wird die Stromseite in einen ständig fluktuierenden Verbund eingebunden sein, während Wärme vorwiegend lokal und dezentral ausgetauscht wird und flüssige, feste und gasförmige Brennstoffe weiterhin international gehandelt werden.

Beispiele

Von der Qual der Zahl – oder: Wieviel Energie verbraucht ein Haus? Niedrig-, Null- und Plusenergiehäuser

Kennzeichnend für Solararchitektur sind Gebäude, die Gewinnung, Speicherung und Verwendung von (Sonnen-) Energie in den Entwurf miteinbeziehen: Gebäude, bei denen die Art der Lüftung, die Lage einzelner Nutzungen, die Materialien und die Planung der wärmeabgebenden Flächen gestalterisch so auf das natürliche Energieangebot von der Sonne und der Umgebung hin optimiert werden, daß ein möglichst geringer Energieverbrauch und ein hoher solarer Beitrag entsteht, Gebäude, deren Formgebung auf die Verschattung durch Bäume, die Geometrie der Sonne, die Lage zum Wind, zum Wasser und auf die sie umgebenden Ressourcen reagiert.

Fossil sparen – Solar gewinnen:
„Wir wollen die Wohnhäuser so entwerfen, daß sie möglichst viel Wärmeenergie umsonst (von der Sonne) erhalten und hiervon mit guter Wärmedämmung und vernünftiger Lüftung so wenig wie möglich wieder abgeben. Voraussetzung dafür ist eine möglichst optimale Ausrichtung der Gebäude nach den Himmelsrichtungen."

Chris Zydeveld, der ehemalige Baustadtrat von Schiedam hat zwei einfache Grundsätze für solares Bauen formuliert. Die Kernidee kann man auf den knappen Nenner bringen: „Fossil sparen und solar gewinnen". Diese Devise drückt gleichzeitig das Ziel aus: die Reduktion der Verbrennung fossiler (und atomarer) Energien.

Folgen wir diesem Ziel, Emissionen aus traditionellen Energieträgern zu mindern und mit Solararchitektur zu einer regenerativen Energiewirtschaft beizutragen, so läßt sich die diesbezügliche Qualität eines Gebäudes durchaus in wenigen Zahlen ausdrücken. Wir werden in Zukunft nicht darum herumkommen, Gebäude einer exakten energetischen Bilanzierung zu unterwerfen, sofern wir unsere Planungen wirklich energetisch optimieren wollen. Die Erfahrung aus wissenschaftlichen Begleituntersuchungen zu den Solarhäusern der vergangenen Generation hat zutage gebracht: Nicht alles, was als „solar" oder „high-tech" auftritt, ist auch wirklich energetisch nützlich, auch unscheinbare, nur vom Wärmeschutz her optimierte Gebäude können exzellent geringe Verbrauchwerte an fossiler Energie aufweisen. Solartechnisch, gestalterisch und vom Wärmeschutz her hervorragende Gebäude müssen auf der Grundlage dieser Erfahrungen gestaltet werden. Um Fehler zu vermeiden und Erfolge zu erkennen, sind genaue und vor allem vergleichbare Angaben über bereits vermessene Bauten nötig. Gleichzeitig benötigen Bauherren oder Kommunen gut handhabbare Informationen darüber, was machbar und erreichbar ist, um ihre Zielvorgaben zu definieren. Möglich und notwendig ist also die genauere Bestimmung des Energiehaushaltes von Gebäuden, das heißt des Verbrauchs an von außen zugeführter Energie, sowie die Fähigkeit, selbst über solare Energiegewinnung zum eigenen Energiebedarf beizutragen. Die Diskussion um Solararchitektur wird dabei heute teilweise dadurch erschwert, daß z.B. der Begriff „Niedrigenergiehaus" einerseits üblicherweise mit Zahlen über den Energieverbrauch verknüpft, andererseits die genaue Definition der Werte meist nicht mitgeliefert wird, auf die sich die genannten Zahlen beziehen. Dabei gibt es mehr als eine Möglichkeit, Energieverbräuche zu berechnen und zu definieren, und die daraus resultierenden Werte weichen um 10 bis 30% voneinander ab. Aber auch wissenschaftlich nachprüfbare Daten über tatsächliche oder aber zu erwartende Verbräuche fehlen meist. Daher ist für dieses Buch der Versuch unternommen worden, auf der Basis von Fragebögen Datenblätter mit vergleichbaren Angaben für jedes Projekt zu erstellen. Dieses jedoch mit dem Vorbehalt, daß nur für einen Teil der Projekte eine wissenschaftliche Begleitforschung stattgefunden hat und so wissenschaftlich gesicherte Ergebnisse vorliegen. In anderen Fällen beruhen die Daten auf Messungen der Projektbeteiligten, oder es waren gar keine gesicherten Daten verfügbar.

Wie definiert man den Energieverbrauch eines Hauses?

Die Angaben über den Energieverbrauch eines Gebäudes werden im allgemeinen in Kilowattstunden pro Quadratmeter und Jahr (kWh/m^{2}a) gemacht. Gefragt wird also danach, welche Energiemenge in einem Jahr, bezogen auf einen Quadratmeter, verbraucht wird. Nur welche Kilowattstunde, bezogen auf welchen Quadratmeter und welches Jahr? Hier fängt die Verwirrung bereits an und findet selbst unter Fachleuten kaum ein Ende. Auch diesem Buch liegen gemessene Energieverbräuche zugrunde, die mal warme, mal kalte Jahre widerspiegeln und außerdem stark vom jeweiligen Nutzerverhalten abhängen. Die wesentliche Kenngröße für die thermische Qualität eines Gebäudes ist der Raumwärmebedarf. Der Raumwärmebedarf stellt bei konventionellen Wohnhäusern den größten Anteil an der im Gebäude verbrauchten Energie dar. Bei Niedrigenergie- und Solarhäusern wird im Verhältnis dazu auch der Strombedarf für Antriebe, Pumpen und Ventilatoren bedeutsam. Hier gilt es gut abzuwägen, ob es wirklich sinnvoll ist, eine Wärmerückgewinnungsanlage oder eine elektrische Wärmepumpe mit der höherwertigen Energieform Strom zu betreiben. Denn um Elektrizität zu erzeugen, benötigt man pro Kilowattstunde ca. zwei- bis dreimal soviel fossile Primärenergie – oder solare Einstrahlung – wie zur Wärmeerzeugung. Dieses Verhältnis von Strom zu Wärme sollte man bei der Betrachtung jeder Energiebilanz von Gebäuden im Hinterkopf haben. Bei gut gedämmten Bürogebäuden überwiegt oftmals der Strombedarf für Bürogeräte, Belüftung und Belichtung, und es fällt so viel Abwärme an, daß dadurch bereits der Raumwärmebedarf erheblich gesenkt wird. Der Strombedarf läßt sich meist relativ einfach ermitteln. Schwieriger ist es jedoch, ihn genauer aufzuschlüsseln und zu bestimmen, wieviel Strom nun tatsächlich für Pumpen und Ventilatoren, wieviel für Beleuchtung und wieviel für elektrische Geräte benutzt wird. Ist eine solche Erfassung beabsichtigt, muß eine genaue Verbrauchsmessung einzelner Geräte erfolgen.

Bestimmung des Raumwärmeverbrauchs bestehender Gebäude

Zur Ermittlung des Raumwärmeverbrauchs sind Angaben über Fläche und Wärmeverbrauch notwendig. In Europa gibt es unterschiedliche Definitionen von Flächen und Energiearten, die in Betracht zu ziehen sind und alle in dem Ausdruck von Kilowattstunden pro Quadratmeter und Jahr ausgedrückt werden (kWh/m² a). Diesem Buch liegen die in Deutschland gebräuchlichen Angaben zugrunde, wie sie z.B. das Institut für Wohnen und Umwelt (IWU) in Darmstadt verwendet, wenn es vom Raumwärmeverbrauch pro Quadratmeter und Jahr redet. Abweichungen um 10 bis 20% ergeben sich gegenüber Angaben aus der Schweiz und Teilen Österreichs (Vorarlberg), die sich auf die Bruttogeschoßfläche beziehen, sowie zur Wärmeschutzverordnung 1995 in Deutschland, deren Verfahren zur Abschätzung des zukünftigen Energiebedarfs von Gebäuden bestimmt ist. Die hier getroffenen Aussagen beruhen auf folgenden Größen:

Fläche (Nettonutzfläche)

Hier ist die beheizte Nettonutzfläche (z.B. Wohnnutzfläche oder Büronutzfläche) gemeint. Das ist die Nutzfläche, wie sie z.B. in Deutschland nach der DIN 277 berechnet wird und die im Mietrecht als beheizte Nutzfläche aufgeführt ist, mit Erschließungsflächen – ohne unbeheizte Flächen wie Balkone, Schuppen etc. und ohne Konstruktionsflächen.

Energie (Nutzenergie)

Gemeint ist der Nutzenergieverbrauch des gesamten Gebäudes. Auf den Raumwärmeverbrauch bezogen, ist Nutzenergie die Energie, die von den Heizkörpern und über raumlufttechnische Anlagen, Hypokaustendecken etc. in den Raum abgegeben wird. Bezüglich des Warmwassers ist sie das in der Wohnung oder anderen Nutzflächen tatsächlich zur Verfügung gestellte Warmwasser. Beim Strom ist es der Strom, der aus der Steckdose kommt.

Um den Primärenergiebedarf zu errechnen, kommen Leitungsverluste, Speicherverluste und Wandlungsverluste z.B. eines Ölkessels oder eines Gasbrenners mit seinen jeweiligen Wirkungsgraden hinzu, sowie ggf. eines Kraftwerkes, eines Fernwärmeleitungssystemes, der Wärmeübergabestationen etc. Dieses wird hier jedoch nicht näher betrachtet, da die Effizienz der fossilen Energiebereitstellung nichts mit der thermischen Qualität der Gebäudehülle zu tun hat. Um vergleichende Aussagen über die thermische Qualität von Außenwänden zu treffen, ist es sinnvoll, nur die tatsächlich im Gebäude verbrauchte Energiemenge zu betrachten. Trotzdem ist es sehr wichtig, unterschiedliche Energieversorgungsvarianten bezüglich der Nutzenergiearten (Wärme/Strom), der Wandlungs- und Transportverluste, des Primärenergieträgereinsatzes und der hieraus resultierenden CO_2-Emissionen zu bewerten. So muß der Verbrauch von elektrischer Nutzenergie prinzipiell ca. mit dem Faktor 3 multipliziert werden, damit man den Primärenergiebedarf und die hieraus resultierenden Emissionen sowie die Effizienzbetrachtung der Energieverwendung mit Wärme vergleichen kann. Passive Energiegewinne drücken sich einfach im Nichtverbrauch an fossiler Energie aus und beeinflussen so die Energiebilanz, ohne bei realisierten Projekten (ohne Begleitforschung) zahlenmäßig genau erfaßbar zu sein, auch wenn in der Planung Simulationen wichtig sind, um passive Wärmegewinne abschätzen zu können, und diese auch in der neuen Wärmeschutzverordnung berücksichtigt werden. Bei jahreszeitlicher Solarwärmespeicherung wird in der Projektdarstellung angegeben, wieviel Prozent des Nutzenergieverbrauchs durch die Solarwärme gedeckt werden konnten, sofern exakte Werte verfügbar waren.

Ziel ist es zu ermitteln, wieviel Nutzenergie aus fossilen Quellen bzw. wieviel Strom dem Gebäude von außen zugeführt werden muß.

Entwicklung des Heizenergieverbrauchs und Nutzwärmebedarfes im Neubaubereich, Regelungen und Forschungsprojekte (Lawitzka, Jochem 1994)

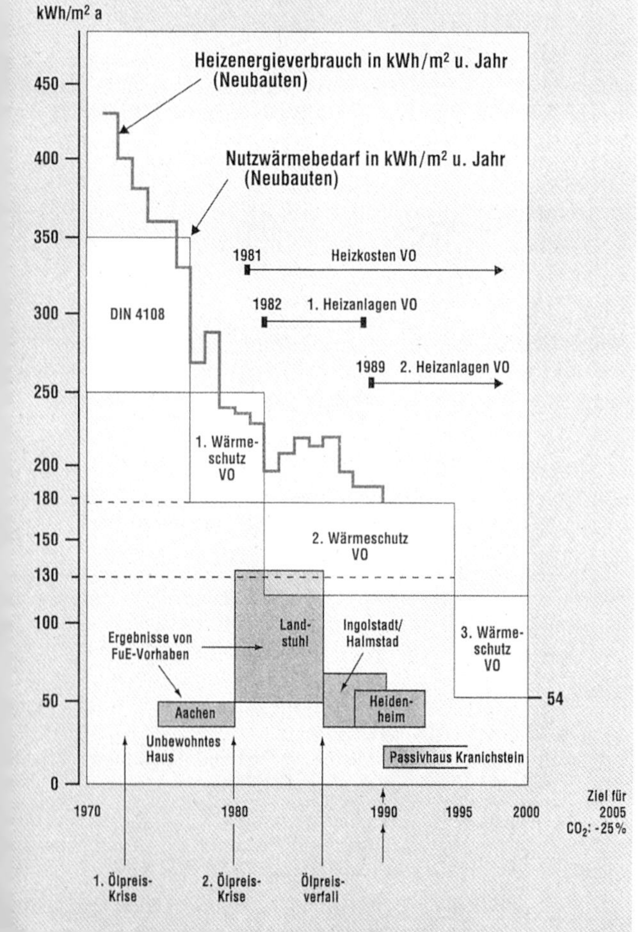

kWh/m² a

Heizenergieverbrauch in kWh/m² u. Jahr (Neubauten)

Nutzwärmebedarf in kWh/m² u. Jahr (Neubauten)

1981 Heizkosten VO

1982 1. Heizanlagen VO

1989 2. Heizanlagen VO

DIN 4108

1. Wärmeschutz VO

2. Wärmeschutz VO

3. Wärmeschutz VO

Ergebnisse von FuE-Vorhaben

Landstuhl

Ingolstadt/ Halmstad

Aachen

Heidenheim

Unbewohntes Haus

Passivhaus Kranichstein

54

Ziel für 2005 CO_2: -25%

1. Ölpreis-Krise

2. Ölpreis-Krise

Ölpreis-verfall

Niedrig-, Niedrigst-, Null- und Plusenergiehäuser

Die nebenstehende Graphik zeigt, wieviel Energie alleine durch besseren Wärmeschutz eingespart werden kann. Neubauten der 70er Jahre verbrauchen bis zu 300 Kilowattstunden Nutzenergie zum Heizen pro Quadratmeter und Jahr. Ein Gebäude, das nach der Anfang 1995 in Kraft getretenen Wärmeschutzverordnung gebaut worden ist, benötigt gerade noch ein Drittel davon. Niedrigstenergiehäuser kommen mit einem Zehntel aus.

Niedrigenergiehäuser

Als Niedrigenergiehäuser werden im allgemeinen Gebäude bezeichnet, deren Heizwärmebedarf weniger als 70 kWh/m²a beträgt. Der Niedrigenergiehausstandard kann bereits mit sehr guter Wärmedämmung, hochwertigen Fenstern und einer dichten und wärmebrückenfreien Gebäudehülle erreicht werden. Sehr häufig werden diese Maßnahmen durch kontrollierte Be- und Entlüftung – manchmal mit Wärmerückgewinnung – ergänzt. Viele Gebäude haben eine Sonnenkollektoranlage, die darauf ausgelegt ist, im Jahresdurchschnitt ca. 60% des Warmwasserbedarfs zu decken. Niedrigstenergiehäuser verbrauchen weniger als 30 kWh/m²a.

Nullenergiehäuser

Nullenergiehäuser sind Gebäude, die im Jahresdurchschnitt ihre gesamte Energie (Wärme und Strom) selbst solar gewinnen können, aber nicht unabhängig vom öffentlichen Stromnetz sind. Überschußstrom wird im Sommer in das öffentliche Stromnetz eingespeist und anderen Verbrauchern zur Verfügung gestellt, im Winter hingegen zieht das Nullenergiehaus selbst wieder Energie aus dem Stromnetz. Die Jahresbilanz ist jedoch ausgeglichen.

Auch Gebäude die „lediglich" keine weitere Energiequelle als die Sonne benötigen, um ihren Heizenergie- und Warmwasserbedarf zu decken, werden oft als „Nullenergiehäuser" bezeichnet. Sie sollten vielleicht zur Abgrenzung besser „Null-Heizenergiehäuser" genannt werden. Auch Gebäude, die weniger als 20 kWh/m²a an Heizenergie verbrauchen, werden als – zumindest fast – Nullenergiehäuser bezeichnet, da auch dieser Verbrauch beinahe nicht mehr der Rede wert ist (verglichen mit bis zu 400 kWh/m²a, die konventionelle Häuser teilweise noch benötigen).

Der Grund für diese Auffassung liegt darin, daß der Aufwand, um auch diesen geringfügigen Restbedarf über verfeinerte Speichertechniken noch solar zu decken, weder ökonomisch noch ökologisch sinnvoll erscheint.

Energieautarke Häuser

Energieautarke Häuser sind Häuser, die definitiv keinen Netzanschluß mehr brauchen. Sie gewinnen alle Energie vollständig selbst von der Sonne, ohne das gewohnte „Backup" vom Netz. Das bekannteste energieautarke Haus, das hier gattungsbildend wirkte, ist das energieautarke Haus der Fraunhofer Gesellschaft in Freiburg. Solare Energiegewinnung, Speichertechniken und sparsamster Verbrauch ergänzen sich hier zu einem völlig in sich geschlossenen Kreislauf von Gewinnen, Speichern und Verbrauchen. Die Energieautarkie, die hier aus wissenschaftlichen Gründen vorgeführt wird, ist überall dort dringende Notwendigkeit oder ergibt sich ganz von selbst, wo schlicht keinerlei Energieversorgungssysteme vorhanden sind, man aber dennoch Strom und Wärme benötigt. Der Fall tritt in Europa vorwiegend in Wald- und Ferienhäusern sowie bei Segelbooten und Campingwagen auf, aber auch in abgelegenen Bauernhöfen, Berghäusern, Telekommunikationsanlagen, Inseln und ganzen Dörfern, die bisher vom Segen eines „Netzanschlusses" verschont blieben. Vielfach zeigt sich hier, daß es kostengünstiger ist, eine in sich selbständige regenerative Energieversorgung mit entsprechenden Speichersystemen aufzubauen, als über kilometerweite Entfernungen Hochspannungsleitungen zu führen. Dies gilt insbesondere für ganze Landstriche der „Dritten Welt", in denen die Landbevölkerung noch weitestgehend ohne Elektrifizierung lebt, keine Stromnetze existieren und die weite Streuung der einzelnen Verbraucher eine zentrale Versorgung kaum zuläßt. Hier sind dezentrale regenerative Energieversorgungssysteme oft die wirtschaftlichste Lösung, da auch der Transport von Diesel über weite Strecken teuer ist und bereits einen Großteil der Fracht verbraucht.

Plusenergiehäuser

Diesen fast schon provokativen Begriff hat (der Kenntnis der Herausgeberin nach) der Architekt Rolf Disch der Debatte um energiesparende Architektur und solare Energiegewinnung beigesteuert. Es handelt sich schlicht um Häuser, die sogar mehr Energie, als in ihnen verbraucht wird, gewinnen. Häuser, die nicht als zusätzlicher Verbraucher ins Gewicht fallen, sondern die überschüssige Energie gewinnen und anderen Verbrauchern oder der Allgemeinheit zugänglich machen. Notwendig sind hierzu Häuser mit ebenfalls sparsamstem Verbrauch, die durch die Gunst der Lage (Besonnung) und ein geringes Verhältnis von Nutzflächen zu solaren Gewinnflächen tatsächlich nennenswerte Energieüberschüsse erwirtschaften. Denkbar ist in diesem Zusammenhang auch, die gigantischen Dach- und Fassadenflächen von Lagerhallen eines Gewerbegebietes nutzbar zu machen, um ein nahe gelegenes hochverdichtetes Wohngebiet mit Strom und Wärme zu versorgen.

Die Beispiele

Das Einfamilienhaus war schon zu allen Zeiten beliebter Gegenstand neuer Architekturauffassungen. So finden sich in diesem Kapitel auch die radikalsten Solarhäuser des Buches. Diese äußerst energieeffizienten Häuser zeigen, daß Nullenergiehäuser mit moderner Technik in unseren Breiten möglich sind. Verglichen mit den Ausgaben unserer Gesellschaft für konventionelle Architektur und überalterte Energiesysteme, sind sie mit relativ geringen Kapitalaufwendungen und dem Mut entschlossener Initiatoren realisiert worden und haben doch das Potential, die zukünftige Entwicklung von Architektur und Energiewirtschaft zu beeinflussen. Ideen und Techniken solarer Energieversorgung und umweltbewußter Architektur, die mit Unterstützung der Politik vielleicht erst in der nächsten Generation Mehrheiten finden, konnten innerhalb kurzer Zeit im kleinen Maßstab gesellschaftliche Realität werden. Architekten, Erfinder, Forschungsinstitute, Ingenieure, Handwerker und Bewohner haben gemeinsam die Möglichkeit genutzt, auf individuelle Weise ein Stück Utopie in die Welt zu setzen – auf daß sich die Überzeugungskraft dieser Mikrokosmen entfalten kann. Nimmt man die hier gezeigten Beispiele als Teil für das Ganze, hätten wir bereits heute kein Energieproblem mehr.

Die in diesem Abschnitt vorgestellten Häuser sind durch sehr unterschiedliche Herangehensweisen an das Thema Architektur und Energie geprägt. Sie reichen vom radikal energietechnisch ausgerichteten Entwurf über das Nullenergiehaus für jedermann bis zu den Ansätzen der Fertighausindustrie, die der Frage nachgehen, wieviel Energie ein mit konventionellen Bauteilen errichtetes Haus heute noch benötigt, wenn die Bauteile und Komponenten konsequent nach dem Kriterium der Energieeffizienz ausgewählt werden. Selbst ein erschwingliches Nullenergiehaus ist heute nicht mehr in weiter Ferne, sondern kann unter normalen wirtschaftlichen Bedingungen hergestellt werden. Die Sonnenkollektorhersteller von Solardiamant bieten gleich den Bau einer ganzen Serie an: als individuell gestaltbares Fertighaus. In der Jahresbilanz braucht auch dieses Haus fast keinen Strom aus Kraftwerken: Aus Kosten- und Praktikabilitätsgründen wird es allerdings nicht vom Netz abgekoppelt, statt dessen nutzt man den Vorteil städtischer Infrastruktur, das Vorhandensein eines öffentlichen Stromnetzes. Im Sommer werden Stromüberschüsse eingespeist und so die Kraftwerke entlastet, im Winter holt man sich den benötigten Strom ganz „normal" aus dem Stromnetz. Dieses Vorgehen entpricht dem heutigen Stand der Entwicklung unseres Energiesystems, nach dem sich Sonnenenergie und konventionelle Energieerzeugung ergänzen und so aufwendige und teure Speichertechnologien für Strom gespart werden können. Warum sollten wir auch autark sein, wo doch die Vorteile der Gemeinschaft gerade für den Einsatz erneuerbarer Energieträger nützlich sind. Die Plusenergiehäuser von Rolf Disch aus Freiburg gehen aber provokant gleich noch einen Schritt weiter: Disch zeigt, daß es ganz normal sein kann, mit einem völlig durchschnittlichen Gebäudetypus wie dem Reihenhaus mehr Strom zu erzeugen, als man selbst verbraucht. Ehemals vollklimatisierte Bürogebäude führen sicherlich die Hitliste unnötigen Energieverbrauches der Vergangenheit an.
Mit dem Sick-Building-Syndrom haben viele Bauherren die Rechnung hierfür bereits bezahlt. Sehr effiziente Lösungen sind heute realisierbar, die ohne aufwendige und raumzehrende Klimatechnik nicht nur Strom sparen, sondern auch hohe Bau- und Betriebskosten vermeiden.

Nullenergiehaus – serienreif, Wettringen (D)

Die Firma Solardiamant hat zusammen mit dem Architekten Jürgen Hornemann ein Nullenergiehaus entwickelt, das in Serie hergestellt werden soll. Der erste Prototyp ist als Doppelhaus realisiert worden und eine Hälfte seit dem Sommer '93 von einem der Firmeninhaber selbst bezogen. Mittlerweile sind weitere Nullenergiehäuser fertiggestellt worden. Aus der Produktion von Sonnenkollektoren und dem Bau von Solarfassaden für Wintergärten und Glashäuser verfügen die Ingenieure und Architekten über jahrelange Erfahrung im Umgang mit der Energie der Sonne, vor allem aber über den Ehrgeiz, einmal ein optimiertes Gesamtsystem zu verwirklichen. Ziel war dabei, ein Haus zu bauen, das aus ausgereiften und serienmäßig herstellbaren Komponenten besteht. Es ist dadurch so wirtschaftlich anzubieten, daß es einerseits den Preisrahmen eines Einfamilienhauses mit leicht gehobenem Wohnkomfort nicht verläßt und andererseits technisch so sicher funktioniert, daß auch auf die Energieerträge Garantie gegeben werden kann. Noch nicht miteinbezogen in den relativ günstigen Preis ist die Solarstromanlage. Ergebnis ist ein Haus, das seinen Energiebedarf an Strom und Wärme über das ganze Jahr weitgehend aus Sonnenenergie decken kann. Die Gebäudekubatur wurde mit Satteldach und Eingeschossigkeit so gestaltet, daß sie mit den gängigsten Bauordnungen in Einfamilienhausgegenden nicht kollidiert und ein Doppelhaus auf einem relativ kleinen Grundstück von 800 m² unterzubringen ist.

Gebäudekonzept

Variabel sind bei diesem Konzept die innere Raumaufteilung und die Größe des Hauses. Der Prototyp ist als Doppelhaus mit fast symmetrischem Grundriß und einer beheizten Fläche von 267 m² ausgeführt. Die Gebäudeform und der innere Aufbau sind so gewählt, daß einerseits möglichst viel Sonnenenergie gewonnen werden kann, andererseits die Wärmeverluste gering bleiben. Die Gebäudekubatur ist aus einem Kugelsegment entwickelt: Die gläserne Hauptfassade, die den ganzen Tag über Sonnenlicht einfangen soll, folgt dem Lauf der Sonne und ist mit ihrer gebogenen Form nach Süden hin in der Oberfläche maximiert. Das Dach neigt sich streng 45 Grad nach Süden, um im Jahresdurchschnitt die höchste Energieausbeute zu gewährleisten. Das Gebäude öffnet sich nach Süden mit einem zweigeschossigen Wohnzimmer, das wintergartenartig hinter einer sehr gut wärmegedämmten Glasfassade liegt und gleichzeitig als zentrale Erschließungsfläche des Hauses dient. Um die Wohnhalle herum gruppieren sich die einzelnen Räume. Im Erdgeschoß liegen Küche und Gäste- oder Arbeitszimmer. Durch eine offene Treppe und Galerie erschließt man das obere Geschoß, in dem sich Schlaf- und Kinderzimmer befinden. Diese Räume belichten sich durch gläserne Trennwände vollständig über die große Südfassade des Hauptraumes. Nur Küche und Kinderzimmer haben in diesem Konzept noch kleine direkte Fenster nach Süden, die in die Hauptfassade integriert sind. Das Schlafzimmer soll im Kontrast zum sonnendurchfluteten Wohnzimmer ein eher ruhiger und verschatteter Rückzugsort sein. Nach Norden hin schließt sich das Haus konsequent mit einer hochwärmegedämmten doppelschaligen Wand. Fensteröffnungen zu dieser Seite sind vollständig vermieden worden, um Wärmeverluste zu minimieren: Einerseits können selbst hochwertige Nordfenster keine so guten Dämmwerte erreichen wie die Wand selbst, andererseits erhöht das Durchbrechen der Dämmschicht immer das Risiko von Wärmebrücken. Die durch diese Beschränkung erzielten einfachen Grundformen tragen dazu bei, Aufwand und Kosten zu senken. Zusätzlich wird der Wärmeschutz auf der Nordseite noch durch die Umhüllung der Hauptwohnflächen mit unbeheizten Nebenräumen verbessert. Dies zeichnet sich vor allem im Schnitt sehr gut ab: Das eigentliche beheizte Raumvolumen bildet einen schlichten

Nachtansicht des Nullenergiehauses

Kubus, der sich nur zur Südfassade hin öffnet und ansonsten nach oben, unten, hinten, links und rechts von den geschlossenen dick wärmegedämmten Wänden umgeben ist. Auch die Bodenplatte „schwimmt" auf einer Schicht aus Dämmung. Sie besteht hier aus Polyurethanschaum, der FCKW-frei geschäumt wurde. Wahlweise ist er auch durch das teurere, aber umweltfreundlichere Schaumglas ersetzbar.* Nur der Warmwasserspeicher durchdringt die Bodenplatte zur Hälfte nach unten. Das Dach und die Garage legen sich als schützender Hut von Norden her über den warmen Kern.

Energieertrag der Solaranlage (Kollektorfläche 31,5 m^2)

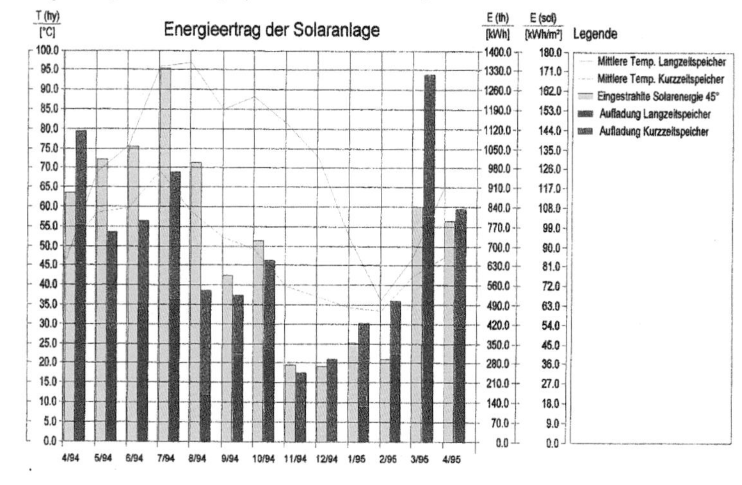

Licht, Luft und Sonne im Nullenergiehaus

Durch den hohen Wärmedämmstandard und die passiven Solargewinne über die Südfassade hat das Gebäude, bei der Annahme einer durchschnittlichen Raumtemperatur von 20°C, nur noch einen minimalen Heizenergiebedarf von ca. 17 kWh pro m^2 und Jahr beim realisierten Prototypen; das Fraunhofer Institut für Bauphysik errechnete noch günstigere Werte bei Einbau eines etwas größeren Speichers. Der Raumwärmebedarf liegt somit bei 10 bis 12% von dem, was ein Haus, das nach der alten Wärmeschutzverordnung gebaut wurde, braucht, und immer noch bei weniger als einem Viertel dessen, was die WSVO 1995 vorschreibt. Die sogenannten „passiven" Sonnenwärmegewinne durch die Südfassade sind hier schon miteingerechnet. Dynamische Computersimulationsprogramme sind heutzutage in der Lage, solche Wärmemengen und auch interne Gewinne durch Personen und Geräte (Computer, Beleuchtung, Backofen...) sehr genau zu erfassen und die zu erwartenden Temperaturen im Zeitverlauf (Jahr und Tageslauf) darzustellen. Der sehr geringe verbleibende Restheizbedarf wird durch Sonnenwärme aus dem sogenannten „aktiven" System, der Sonnenkollektoranlage, gedeckt. Die Erfahrungen der ersten Heizperiode sind trotz bestehender Verbesserungsmöglichkeiten also bereits sehr positiv: Bezogen auf die beheizte Nettowohnfläche wurden nur 17 kWh/m^2a an Heizenergie und 8 kWh/m^2a an Warmwasser verbraucht. Dieser Wärmebedarf konnte fast vollständig mit Energie aus der Sonnenkollektoranlage gedeckt werden. Hinzu kamen noch 28 kWh/m^2a an elektrischer Energie für den Haushaltsstromverbrauch, für Antriebe und zum Nachheizen des Speichers. Von diesem Strombedarf konnten wiederum fast zwei Drittel mit der Solarstromanlage auf dem Dach gedeckt werden. So bleibt im Ergebnis festzuhalten, daß nur ca. 11 kWh/m^2a an zusätzlicher elektrischer Energie aus dem öffentlichen Stromnetz nötig waren, um den gesamten Energiebedarf des Hauses zum Heizen, Kochen, Beleuchten und Duschen etc. abzudecken. Der größte Teil konnte also mit der Energie der Sonne gedeckt weden. Bei weiterer Optimierung auf Grundlage des Prototypen ist schon heute absehbar, daß der Status des echten Null(fremd-)energiehauses mit diesem Konzept erreichbar ist.

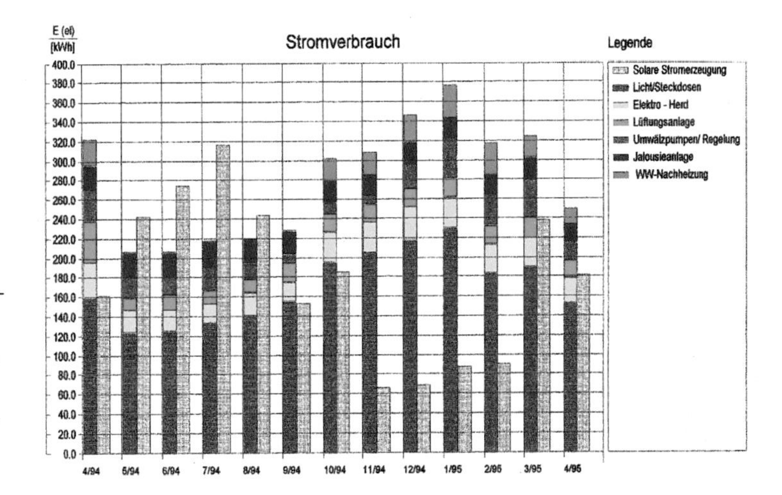

Darstellung von solarer Stromproduktion und Stromverbrauch im Jahreslauf, bezogen auf den gesamten Stromverbrauch für eine 150 m^2 Wohnung eines Vierpersonenhaushaltes bei einer Photovoltaikanlage von 3,08 kWp. Die Solarstromanlage kann ca. 60% des Strombedarfes decken. In den Sommermonaten werden Überschüsse erzielt, in den Monaten November bis Februar wird zu größeren Teilen Strom aus dem öffentlichen Netz bezogen.

Die Sonnenkollektoranlage

In das Dach sind auf einer Fläche von 32 m^2 16 Sonnenkollektoren integriert, die von einem Wärmeträgermedium durchströmt werden. Die so gewonnene Wärme wird über einen Plattenwärmetauscher an einen 15 m^3 großen Warmwassertank abgegeben. Dieser steht im Zentrum des Hauses und dient als jahreszeitlicher Langzeitspeicher für Wärme. Die senkrecht stehende zylindrische Form des Speichers minimiert einerseits die Oberfläche, andererseits ermöglicht die Höhe, daß sich im Speicher eine Schichtung des warmen Wassers auf verschiedenen Temperaturniveaus einstellt. Die Tatsache, daß warmes Wasser leichter als kaltes ist, bewirkt, daß sich im oberen Teil das wärmste Wasser sammelt und so auch gegen Ende des Winters noch warmes Wasser entnommen werden kann. Gegen Verluste ist der Speicher mit einer 80 cm dicken Wärmedämmung umgeben. Aus dem Solarspeicher wird auch im tiefen Winter sowohl der Warmwasserbedarf gedeckt als auch die Heizung versorgt. Sie besteht aus ganz konventionellen Plattenheizkörpern, die z.B. gegenüber einer Fußbodenheizung den Vorteil der schnellen Regulierbarkeit besitzen, so daß passive Solargewinne optimal genutzt werden können. Ein 2 m^3 großer Pufferspeicher ermöglicht, auch in kürzeren winterlichen Strahlungsperioden heißes Wasser zu gewinnen. Eine Nachtheizung ist im Notfall

Ansicht

Fassade von innen: Zwischen der doppelten Isolierverglasung kann die Jalousie als Sonnenschutz herabgelassen werden.

Im Technikraum unter dem Dach ist die Energiezentrale des Hauses untergebracht.

möglich. Da die zusätzlich benötigten Energiemengen sehr gering sind, lohnt sich hierfür kein Gasbrenner: Ein kleiner elektrischer Heizstab oder ein holzbefeuerter Kamin können den Restwärmebedarf abdecken.

Die Photovoltaikanlage

Der Strombedarf des Gebäudes wird zu 60% über die ebenfalls ins Dach integrierte 38,6 m^2 große Solaranlage gedeckt. Integriert heißt, daß sowohl die Sonnenkollektoranlage als auch die Solarmodule an die Stelle der üblichen Dachabdeckung treten und die Aufgaben der Gebäudehülle übernehmen. Die Photovoltaikanlage gewinnt aus dem auftreffenden Licht der Sonne elektrischen Strom. Hierzu sind 58 Module zu einer Gesamtleistung von 3 kW miteinander verschaltet worden. Der Sonnenstromertrag von 3480 kWh im Jahr reicht aus, um ca. zwei Drittel des Haushaltsstrombedarfs für Fernsehen, Beleuchtung, Belüftungssystem und den zusätzlichen Heizwärmebedarf der zwei Familien des Doppelhauses zu decken. Dies ist eine übers Jahr gezogene Bilanz. Die Solaranlage liefert Gleichstrom. Im Dachraum des Hauses befindet sich die Schalt-, Meß- und Regelzentrale des Solarhauses. Dort wird der Gleichstrom über einen Wechselrichter in Wechselstrom üblicher Spannung gewandelt und ins Hausnetz eingespeist. Da Stromverbrauch und Gewinnung des Stromes von der Sonne im Tages- und Jahresverlauf nicht immer zeitgleich erfolgen, wird aller Strom, der nicht unmittelbar im Haus verbraucht wird, über einen Stromzähler ins öffentliche Netz gespeist. Das ist insofern günstig, als tagsüber am meisten Strom verbraucht wird und so die Kraftwerke entlastet werden können. Braucht man dann nachts Strom, holt man sich seinerseits Strom aus dem Netz – vom Kraftwerk. Vermieden wird bei einem solchen Verfahren die verlustreiche und kostspielige Zwischenspeicherung des Stromes in großen Batterien, wie sie früher bei Solarhäusern häufig anzutreffen war. Nötig und sinnvoll ist dies nur noch, wenn ein Anschluß ans öffentliche Stromnetz fehlt.

Die Südfassade

Die hochwärmegedämmte Glasfassade besteht aus zwei Schichten von Isolierglas, die jeweils einen k-Wert von 1,3 haben. Die Verbundfassade erreicht so einen k-Wert von 0,7 W/m^2K. Im ca. 20 cm tiefen Zwischenraum verläuft eine automatisch gesteuerte (kann auch von Hand betätigt werden) Aluminiumjalousie. Wenn sie etwa nachts im Winter vollständig geschlossen wird, verbessert sie den k-Wert der Fassade auf 0,5 W/m^2K; im Sommer dient sie als Sonnenschutz und kann bis zu 90% der auftreffenden Sonnenstrahlung reflektieren. Werden die Lamellen waagerecht gestellt, wird Tageslicht tiefer ins Innere des Gebäudes gelenkt. Die hinteren Räume auf der oberen Galerie bleiben jedoch Nutzungen vorbehalten, für die kein volles Tageslicht benötigt wird.

Klimakonzept – der Unterschied zu Solarhäusern der ersten Generation

Der zentrale Wohnraum besitzt von der Belichtung her die Qualität eines Wintergartens, dieses jedoch ohne die üblichen Nachteile wie Überhitzung im Sommer und Auskühlung im Winter. Als Hauptwohnfläche kann er über das ganze Jahr benutzt werden. Bekannt sind Konzepte von Solarhäusern, bei denen ein Wintergarten an das Haupthaus herangeschoben wird und so einerseits als Pufferzone und andererseits als Wärmefänger für passive Gewinne dienen soll. Ein Problem dabei war oft die „falsche Benutzung" – oder mit anderen Worten die zu geringe Abstimmung baulicher Konzepte auf gängiges Wohnverhalten – weil man wissen mußte, wann nun Türen zu öffnen oder zu schließen waren, oder weil der Wintergarten doch auch im Winter als Hauptwohnfläche genutzt wurde, ohne dafür vom Wärmeschutz her geeignet zu sein. Aufgrund der starken Verbesserung der Glastechnologie und der Fassadensysteme ist man jetzt in der Lage, Glasfassaden wie diese so zu gestalten, daß man einerseits hohe Solargewinne erzielt (der Gesamtenergiedurchlaß, die sogenannte G-Zahl, beträgt 50% – also die Hälfte der von außen auftreffenden Strahlungsenergie gelangt durch die Fassade in den Raum) und andererseits eine gute Behaglichkeit, weil die Wärmeabstrahlung auch im Winter gering bleibt. Daher können heute weit effizientere und bewohnerfreundlichere Konzepte passiver Solar-

rundriß Erdgeschoß

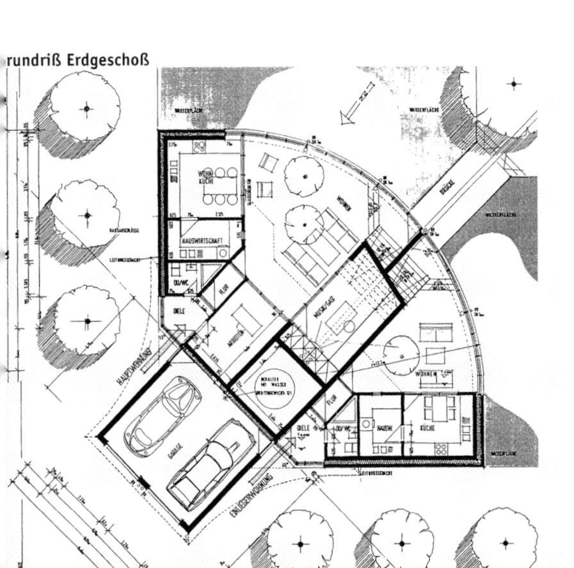

chnitt mit Darstellung der solaren Energieanlagen

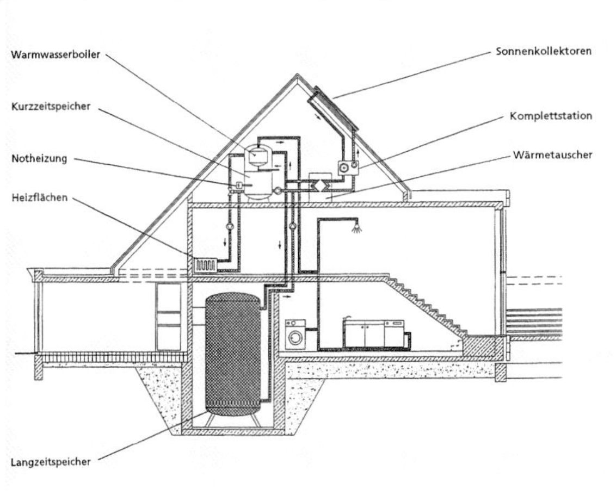

sometrie

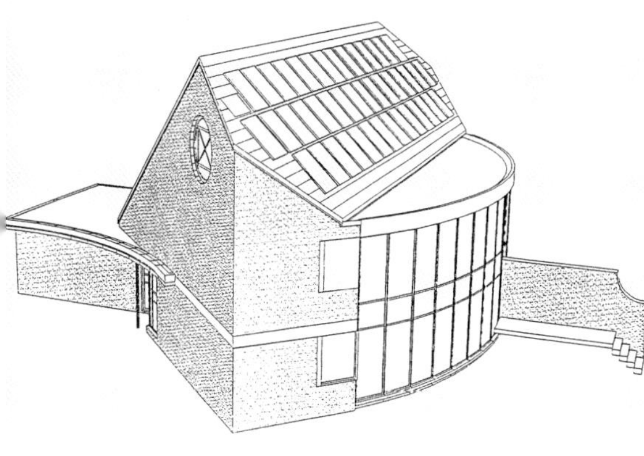

energiegewinnung realisiert werden: Der qualitätsvollste Raum kann jetzt jederzeit benutzt werden, und man spart Platz und Geld für additive Flächen. Ein weiterer Nachteil der alten Prinzipien war, daß Wintergärten, die unmittelbar vor der eigentlichen Hauptnutzfläche angeordnet wurden, oft deren Tageslichtqualität gemindert haben, so daß dort dann oft selbst an Sommertagen das Licht angeschaltet werden mußte. Für das Solardiamant-Haus rechnen die Erbauer sogar vor, daß bei bedecktem Himmel und -5°C Außentemperatur noch Wärmegewinne erzielt werden, weil in den 6 Stunden am Tag, an denen es hell ist, noch 15 kWh Strahlungsenergie in den Raum gelangen, während die Wärmeverluste in 24 Stunden nur 9 kWh betragen. Die massive Bauweise des Hauses sorgt dafür, daß die eingefangene Strahlung als Wärmeenergie von Wänden, Boden und Decken aufgenommen und gespeichert werden kann. Die sich erwärmende Luft erreicht alle Räume, da diese sich ja zum Hauptraum hin orientieren.

Lüftung

Das Haus ist so gebaut, daß gerade im Sommer gute Querlüftung über zu öffnende Türen und Elemente in der Südfassade entsteht. Für besonders intensive Lüftung sorgt eine Glaslamellentür auf der oberen Galerie, durch die man eine Treppe zum Dachraum betritt. Eine Automatik öffnet die Lamellen, ein Dachfenster und Fassadenelemente im Erdgeschoß gleichzeitig. Durch die Höhendifferenz entsteht so ein Solarkamineffekt. Frischluft strömt aus dem Garten ins Gebäude, und die warme Luft aus dem Wohnraum wird durch natürlichen Auftrieb regelrecht durch das Dachfenster abgesaugt. Wie die meisten Niedrigenergiehäuser hat auch das Solardiamant-Haus eine mechanische Be- und Entlüftungsanlage. Diese braucht man vor allem für den Winter, aber auch wegen der Räume ohne eigenes Außenfenster. Im Technikraum des Dachgeschosses ist ein Zentralgerät mit Ventilator und Plattenwärmetauscher installiert. Jedes Zimmer hat ein Abluftventil und eine Zuluftdüse, die über ein Rohrsystem mit dem Zentralgerät verbunden sind. Die von außen angesaugte Frischluft wird zuerst über den Plattenwärmetauscher geführt. Dort nimmt sie ca. 70% der Wärmeenergie der Abluft auf, die im Gegenstromverfahren ebenfalls durch den Plattenwärmetauscher hindurch nach außen geführt wird. Die Luftwechselraten kann man entweder durch die Automatik steuern oder selbst von Hand regulieren.

* PU-Schäume stehen auf der roten Liste aller Baubiologen, die neueren Produkte, die ohne FCKW geschäumt werden (statt dessen mit CO_2), sind zwar umweltfreundlicher, werden aber immer noch wegen der bei der Verbrennung entstehenden Dämpfe kritisiert. Bei der Abwägung zwischen Wärmeschutz, Kosten und Schadstoffen steht man daher gerade in sensiblen Baubereichen, in denen die Anforderungen Druckfestigkeit und Feuchtigkeitsresistenz die Auswahl beschränken, oft vor einem ökologischen Zielkonflikt.

Solar Diamant Nullenergiehaus

Fertigstellung
1993

Gebäudestandort
Ossenkampstieg
D-48163 Münster

Besichtigung
Sonnenhaus GmbH
Prozessionsweg 10
D-48493 Wettringen
Fon +49·(0)2557·93 99 42
Fax +49·(0)2557·93 99 56

Architekturbüro
Jürgen Hornemann
Königsberger Str. 21
D-48268 Greven

Energietechnik/PV
Solar Diamant Systemtechnik
Prozessionsweg 10
D-48493 Wettringen

Bruttogeschoßfläche
366,56 m²

Nettonutzfläche
267 m²

Oberflächen-/Volumenverhältnis
0,72 m^{-1}

Anzahl Wohnungen
2

Höhe über Meer
30 m

Jährliche Globalstrahlung
1 035,6 kWh/m²a

Bauteilkennwerte
Außenwand:
KS + Iso + Verblender
k-Wert 0,14 W/m²K
Fenster:
3fach Wärmeschutz
k-Wert 0,70 W/m²K
Wintergarten:
Verbundfassade
k-Wert 0,70–0,50 W/m²K
Dach:
Beton + Iso
k-Wert 0,11 W/m²K
Boden:
Beton + Iso
k-Wert 0,17 W/m²K

Thermische Solaranlage
Solar Diamant Typ NEH,
31,5 m² Sonnenkollektorfläche,
15 m³ Langzeitspeicher,
2 m³ Kurzzeitspeicher,
WW und Heizung,
Solarer Deckungsanteil WW 90%,
100% für Heizung

Photovoltaikanlage
Solar Diamant 6 PV 55 M,
56 + 32 Module,
24,2 + 13,8 m² installierte Fläche, 3 080 + 1 760 kWp installierte Leistung,
Modulwirkungsgrad (Sonne zu Gleichstrom) ≥ 15%,
Wechselrichter Solar Diamant EGIR 020,
Wirkungsgrad (Gleich- zu Wechselstrom) 94%,
Deckungsanteil am Stromverbrauch 60%,
Einspeisevergütung 16,9 Pf/kWh

Energiekenndaten
Nutzenergieverbrauch Heizung: 17,2 kWh/m²a,
gesamt: 4 600 kWh/a
Nutzenergieverbrauch WW: 8,04 kWh/m²a,
gesamt: 2 146 kWh/a
Verbrauch Elektrizität: 21,7 kWh/m²a,
gesamt: 5 800 kWh/a

Solare Eigenproduktion
Stromproduktion PV 3 480 kWh/a,
jährl. Wärmeproduktion Kollektor 9 500 kWh/a

Konventioneller Energiebezug
5 800 kWh
– 3 480 kWh
= 2 320 kWh
= 8,68 kWh/m²a

Kosten
Gebäudekosten pro m² Bruttogeschoßfläche:
ca. 3 500 DM,
Thermisches Solarsystem:
ca. 130 000 DM,
PV-Anlage:
ca. 75 000 DM

Energieautarkes Solarhaus, Freiburg (D)

Das energieautarke Haus der Fraunhofer Gesellschaft in Freiburg ist ganz die gebaute These einer zukünftigen solaren Energiewirtschaft. Es versorgt sich vollständig selbst mit Energie nur von der Sonne. Ohne Anschluß an das öffentliche Stromnetz. Entgegen allen Aussagen von konservativen Technikern und Stromkonzernen wird hier demonstriert: Es geht auch ohne Atomstrom und Kohle, wir können genügend Energie von der Sonne beziehen – und das auch in unseren Breiten. Technisch besonders interessant ist das Konzept, weil Stromüberschüsse, die die Solaranlage auf dem Dach im Sommer produziert, in Wasserstoff gewandelt und für den Winter gespeichert werden. So kann sich das Haus seine Energieautarkie auch an nebligen Wintertagen bewahren, wenn die Kraft der Sonne nicht mehr ausreicht, um den täglichen Bedarf der Bewohner nach Energie zu decken. Dann nähren sich Heizung und Stromnetz von den gespeicherten Reserven.

Im Rahmen eines Forschungsprojektes haben Wissenschaftler vom Fraunhofer Institut für Solare Energiesysteme in Freiburg das „Energieautarke Solarhaus" geplant und im Oktober 1992 fertiggestellt. Adolf Götzberger, jahrelanger Leiter des Institutes, hat mit diesem Projekt seinem Traum eines vernetzten und neue Lebensräume schaffenden Solarsystems Realität verliehen. Architektur, Baukonstruktion und Energiekonzept des Hauses wurden in einem integralen Planungsprozeß unter Einsatz von dynamischen Gebäude- und Systemsimulationsrechnungen entwickelt. Die gesamte Gebäudeoberfläche ist auf die aktive und passive Gewinnung von Sonnenenergie ausgerichtet. Neben konventionellen Maßnahmen zur Energieeinsparung sind eine Solarfassade mit transparenter Wärmedämmung, ein hocheffizientes Warmwasserkollektorsystem, eine Photovoltaikanlage und ein Wasserstoff/Sauerstoff-System zur saisonalen Energiespeicherung die wesentlichen Komponenten des Energiekonzeptes. Unter mitteleuropäischen Klimaverhältnissen beträgt die jährlich auf die Gebäudehülle eines typischen Einfamilienhauses eingestrahlte Sonnenenergie das 6- bis 8-fache des gesamten Energieverbrauches des Gebäudes für Heizung, Warmwasser und Elektrizität. Thermische und photovoltaische Systeme zur Solarenergienutzung in Verbindung mit der Architektur und Baukonstruktion eines Niedrigenergiehauses erlauben es, ein Wohnhaus energieautark, d.h. ohne konventionelle Energieträger ausschließlich mit Sonnenenergie zu betreiben. Der Verzicht auf jegliche konventionelle Energieträger bedeutet auch, daß dieses Wohnhaus nach seiner Fertigstellung – aus energetischer Sicht – ohne Schadstoffabgabe an die Umgebung bewohnt werden kann.

Ein Argument der Kritiker gegen das energieautarke Haus ist der Preis. Zu teuer sei das Haus gewesen, monieren selbst gestandene Ökologen. Wieviel Wärmedämmung hätte man statt dessen an vielen Häusern anbringen können? Diese Kritik greift allerdings zu kurz: Wissenschaftliche Forschung ist Forschung, und Prototyp ist Prototyp. In den publizierten Zahlen über die Entstehungskosten des Gebäudes sind die gesamten Kosten für das Forschungsprojekt „Energieautarkes Haus" mit inbegriffen: Forscherlöhne, Entwicklungsarbeit, Meßtechnik für die wissenschaftliche Erfassung der Energiedaten und die teilweise noch „handgefertigten" haustechnischen Anlagen wie das Wasserstoffsystem.

Das Projektteam des Fraunhofer Institutes für solare Energiesysteme in Freiburg, bestehend aus Adolf Götzberger, Karsten Voss und Wilhelm Stahl, beschreibt das energieautarke Solarhaus so:

Dachansicht: In die aufgeständerte Stahlkonstruktion sind Solarmodule zur Stromerzeugung und Hochleistungs-Sonnenkollektoren mit einer TWD-Abdeckung integriert.

Ansicht des Gebäudes von Süden:
Alle Wandflächen der Südfassade sind mit einer transparenten Wärmedämmung versehen. Um eine Überhitzung zu vermeiden, sind diese Wandbereiche zum Zeitpunkt der Aufnahme (Sommer) durch herabgelassene, hinter der äußeren Verglasungsschicht liegende Rollos mit reflektierender Aluminiumbeschichtung geschützt.

Das Gebäude

„Das Haus wurde als zweigeschossiger Massivbau errichtet und ist vollständig unterkellert. Die Bodenplatte, die Kelleraußenwände und die Geschoßdecken sind in Stahlbeton ausgeführt. Das Flachdach wird zu einem Teil von einem Gründach bedeckt, zum anderen Teil dient es als Auflager für die 40° geneigte Stahlkonstruktion zur Aufnahme der Photovoltaikmodule und der Warmwasserkollektoren. Die insgesamt 145 m² Wohnfläche enthalten ein typisches Raumprogramm für ein Einfamilienhaus (5 Zimmer, Küche, Vorrat, Sanitärräume): im Erdgeschoß wird ein Wohnraum zunächst als Vortragsraum für die Öffentlichkeitsarbeit des Instituts im Rahmen des Projektes genutzt. Das Untergeschoß beinhaltet neben dem der Wohnung zugeordneten Kellerraum die Räume für die Haustechnik und die Prozeßleittechnik. Die Stockwerke sind über ein auf der Nordseite auskragendes Treppenhaus erschlossen. Der Zugang zu den Räumen erfolgt über die an das Treppenhaus angrenzenden Flure der jeweiligen Stockwerke. Die Flure bilden einen thermischen Puffer zum unbeheizten Treppenhaus.

Die Hülle

Die Hauptfassade des Gebäudes ist als Polygonzug mit einem Rastermaß von 1 m ausgebildet. Ihre 22 Segmente orientieren sich von 53°-Südost bis 53°-Südwest. Sie beinhalten Fenster (35%) und alle transparent wärmegedämmten Flächen (65%). Mit Ausnahme der Fenster im Treppenhaus und der Eingangstür sind alle übrigen Flächen opak wärmegedämmt. Obwohl die Gebäudehülle den wesentlichen Teil der Wärmeschutzmaßnahmen enthält, wurde der beheizte Teil des Gebäudes zusätzlich thermisch von Nebennutzräumen und Verkehrsflächen getrennt (thermische Zonierung). Alle wesentlichen gebäudeinneren Umschließungsflächen des beheizten Teilvolumens weisen einen k-Wert kleiner als 1 W/m²K auf. Aufgrund der hohen Bedeutung der Fugenverluste bei Betrieb einer Lüftungsanlage mit Wärmerückgewinnung wurde besonderer Wert auf die Dichtigkeit der Gebäudehülle gelegt (Fenster mit doppelter Dichtungsebene, sorgfältige Ausführung des Innenputzes). Bodenplatte und Kelleraußenwände besitzen erdreichseitig eine Wärmedämmung aus Schaumglas. Es entsteht eine vollständige Däm-

Schematische Darstellung der Energieversorgung im energieautarken Haus

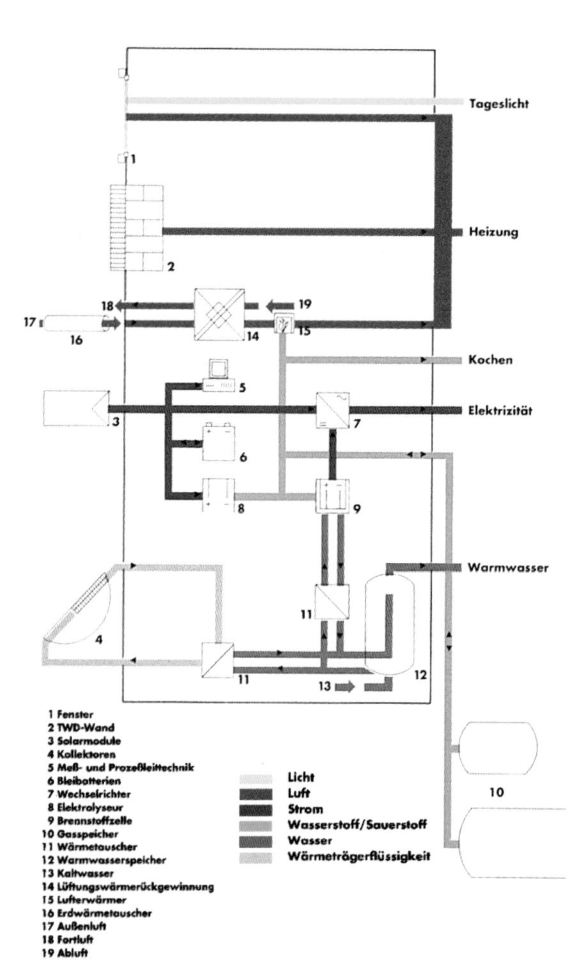

Seitenansicht mit außenliegendem Fluchttreppenhaus und aufgeständerter Dachkonstruktion

Grundriß Obergeschoß: Alle Zimmer des flachen Grundrisses sind nach Süden orientiert. Im Norden liegen ungeheiztes Treppenhaus und Flur.

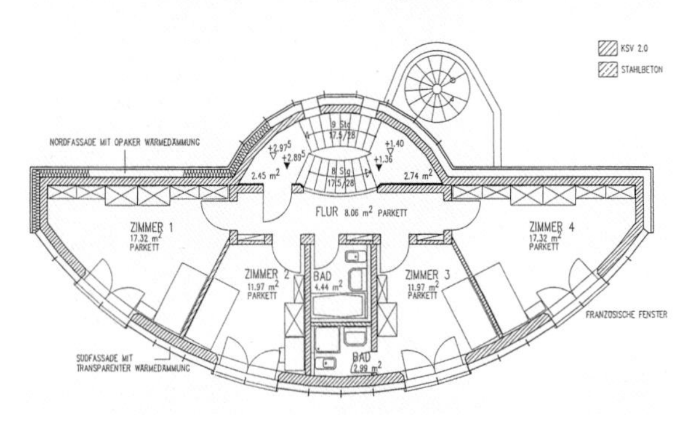

Das Prinzip der transparenten Wärmedämmung am Beispiel des Wandaufbaus: Das Licht fällt durch die transparente Dämmstruktur auf die dahinterliegende schwarz gestrichene Wand. Die Wand nimmt die Strahlung auf und erwärmt sich. Durch die Dämmwirkung des Kapillarmaterials wird die Wärme (fast) nur nach innen geleitet. An der Wandaußenseite kann die Temperatur bis auf 80°C steigen. Mit einer Zeitverzögerung von ca. 11 Stunden wird die Wärme von der Wandinnenseite quasi als Niedertemperatur-Strahlungsheizung mit einer Temperatur von 20-30°C wieder abgegeben

Die Südfassade hat einen k-Wert von 0,51 W/m²K bei geöffnetem und 0,4 W/m²K bei geschlossenem Rollo. Wandaufbau von innen nach außen mit transparenter Wärmedämmung

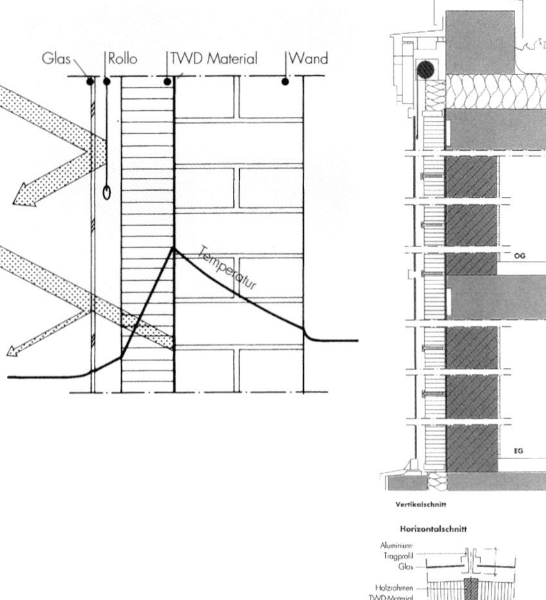

mung zum Erdreich, da alle konstruktiv bedingten Wärmebrücken vermieden wurden. Das gesamte Gewicht des Gebäudes wird durch die 26 cm starke Dämmschicht unter der Bodenplatte aufgenommen. Einzige Durchbrüche in der Dämmschicht sind die Abwasserführung und die Fundamenterdung, sowie die Außentür am Standort des Elektrolyseurs.

Das Energiekonzept

Energieeinsparung bildet die Voraussetzung für die Auswahl und Dimensionierung der Energieversorgung im energieautarken Solarhaus. Dabei wurde auf die Beibehaltung üblichen Wohnkomforts geachtet. Im Anschluß an die Ermittlung des noch erforderlichen Energiebedarfs, dessen Art (Wärme, Elektrizität) und zeitliche Verteilung wurden die unterschiedlichen Systeme zur Solarenergienutzung eingesetzt und miteinander vernetzt. Da die Raumheizung mit ca. 80% den wesentlichen Energieverbrauch durchschnittlicher Wohngebäude ausmacht, war zunächst eine energetische Optimierung der Gebäudehülle (Baukörper und Baukonstruktion) erforderlich. Dabei wird die passive Solarenergienutzung über Fenster und transparent wärmegedämmte Außenwände verwirklicht. Die stark zunehmende Bedeutung der Lüftungswärmeverluste bei hohem Wärmedämmstandard erfordert den Betrieb einer mechanischen Wohnungslüftung mit Wärmerückgewinnung. Das Gebäude ist dennoch so konzipiert, daß, mit Ausnahme der Sanitärräume, in der Regel Fensterlüftung erfolgt. Der Betrieb der Lüftungsanlage in den Wohnräumen bleibt auf den Zeitraum zwischen November und Februar beschränkt. Die Außenluft wird in 16 m Entfernung südwestlich des Gebäudes angesaugt und bei Bedarf durch einen Erdwärmetauscher vorgewärmt (3 Rohre DN200 in 4 m Tiefe). Das Lüftungssystem beinhaltet eine zentrale Zulufterwärmung mit einer maximalen Heizleistung von 1,5 kW. Die Wärme wird über katalytische, schadstofffreie Verbrennung von Wasserstoff zugeführt. Die Leistung wird über einen zweistufigen Brenner angepaßt. Die Warmwasserversorgung erfolgt über zwei Module eines neu entwickelten Kollektortyps (gesamte Aperturfläche 12,4 m²) in Verbindung mit einem Schichtspeicher von 1 m³ Inhalt. Die Flachabsorber der Kollektoren werden mit Hilfe eines in die Kollektorkonstruktion integrierten Reflektors beidseitig von der Sonne beschienen. Da somit konstruktionsbedingt keine opak gedämmte Absorberrückseite existiert, treten die sonst dort üblichen thermischen Verluste nicht auf. Die Absorber sind beidseitig selektiv beschichtet und mit transparentem Wärmedämmaterial eingefaßt. Mit diesem Kollektorsystem werden gemäß der Simulationsrechnungen 80–90% der Energiemenge bereitgestellt, die für die ganzjährige Warmwasserbereitung incl. aller Systemverluste erforderlich ist. Die verbleibenden 10–20% (ca. 300–400 kWh) werden über die Abwärmenutzung bei Betrieb der Brennstoffzelle ergänzt. Zur Dekkung des hochexergetischen Energiebedarfs stehen 84 Photovoltaikmodule (PV) mit monokristallinen Solarzellen zur Verfügung. Die rahmenlosen Module in Glas-Laminat-Technik sind in den 40° geneigten Dachaufbau mit einer Pfosten-Riegel-Konstruktion eingebunden. Das verwendete Profilsystem minimiert durch seine geringe Bauhöhe die Verschattung der Solarzellen an den Modulrändern bei Lichteinfall unter flachen Einstrahlwinkeln. Dies ist deshalb von Bedeutung, da bereits eine partielle Verschattung einzelner Zellen die Leistung eines gesamten Moduls deutlich reduziert. Die Modulfläche ist über freie Konvektion hinterlüftet, so daß die Erwärmung und der damit verbundene Wirkungsgradabfall gering bleiben. Die kurzzeitige Speicherung elektrischer Energie übernimmt ein Bleibatteriesatz mit einer Gesamtkapazität von 19,2 kWh (48 Batterien á 2 V, 200 Ah). Die saisonale Speicherung erfolgt mit Hilfe des Wasserstoff/Sauerstoff-Systems. Die damit gespeicherte Energie wird sowohl zur Elektrizitätsversorgung als auch für die Wärmeerzeugung eingesetzt. Ein Membran-Druckelektrolyseur spaltet bei Stromzufuhr durch die PV-Anlage Wasser in seine Bestandteile Wasserstoff und Sauerstoff (Wirkungsgrad 70–80%). Beide Gase werden verlustfrei in Drucktanks bei max. 30 bar außerhalb des Gebäudes gespeichert (Tankvolumen: H_2 15 m³, O_2 7,5 m³). Das gewählte Druckniveau führt zu einer Speicherdichte von 96 kWh pro m³ H_2-Gas. Bei Wärmebedarf (Kochen, Heizen) erfolgt die katalytische, schadstofffreie Verbrennung von Wasserstoff; bei Elektrizitätsbedarf wird eine Brennstoffzelle betrieben (Wirkungsgrad 50–60%). Diese Art der Energiespeicherung wurde einem rein elektrischen System vorge-

Detailaufnahme des Materials der transparenten Wärmedämmung (TWD) im Kollektorbereich: Die TWD besteht aus einer extrudierten Kapillarstruktur aus durchsichtigem Kunststoff (einem modifizierten Polymetylmethacrylat (PMMA), Fabrikat Okalux.

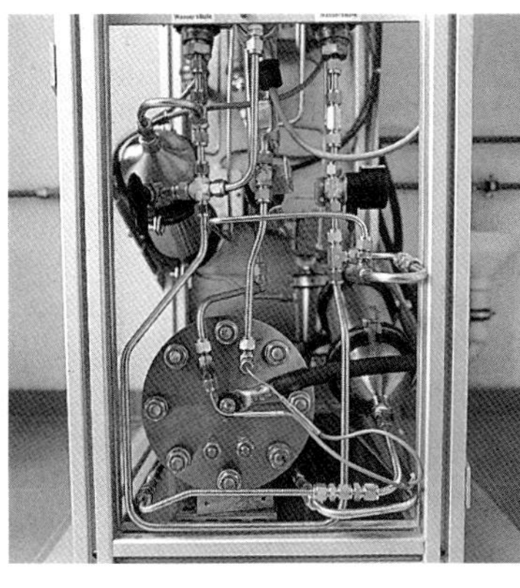

Mit einem elektrischen Wirkungsgrad von 50–60% wandelt die Brennstoffzelle den im Elektrolyseur gewonnenen Wasserstoff und Sauerstoff wieder zurück in Wasser und erzeugt so Strom für die Wintermonate.

Schnitt durch den Hochleistungs-Sonnenkollektor mit TWD: Der Absorber selbst ist von Vorder- und Rückseite mit einer Schicht tranparenter Wärmedämmung umgeben. So kann er nach hinten und vorne kaum wieder Wärme verlieren. Eine zylinderförmige Halbschale aus einem hochverspiegelten Metallreflektor spiegelt auch von hinten Licht auf den Absorber. Gegenüber herkömmlichen Sonnenkollektoren wird so die Einstrahlung auf den Absorber fast verdoppelt.

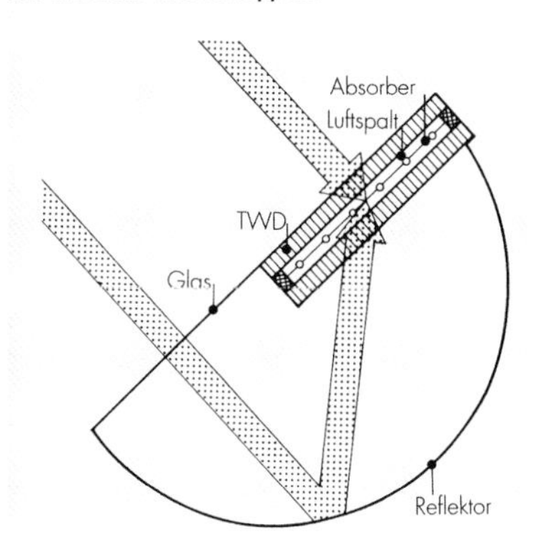

zogen, da Bleibatterien der erforderlichen Kapazität einen unvertretbaren Materialeinsatz, hohe Herstellungsenergie und auch Entsorgungsprobleme verursachen. Zudem müßte die Fläche des PV-Generators aufgrund der mit der Selbstentladung der Batterien verbundenen Energieverluste vergrößert werden. Die Haushaltsgeräte werden über einen Wechselrichter mit 230 V Wechselstrom versorgt. Der Betrieb besonders energiesparender, jedoch marktgängiger Geräte ist selbstverständlich. Alle Komponenten des Energiekonzeptes wurden mit Hilfe von dynamischen Simulationsrechnungen ausgelegt. So kann für alle Systeme ein Betrieb mit optimalem Wirkungsgrad erwartet werden. Die Steuerung und Überwachung der energietechnischen Anlagen übernimmt ein zentraler Prozeßleitrechner. Gleichzeitig dient das System zur Erfassung und Speicherung der Meßdaten von den 120 Meßpunkten, die im Rahmen der wissenschaftlichen Begleituntersuchung benötigt werden. Die gespeicherten Daten werden täglich über ein Modem zur Rechneranlage des Instituts übertragen. Die Hardware arbeitet mit 22 V Gleichstrom und zusätzlicher Notstromversorgung über einen weiteren Batteriesatz (Nennkapazität 1,65 kWh). Sie zeichnet sich durch einen vergleichsweise geringen Energiebedarf aus. Trotzdem müssen ca. 700 kWh/a allein hierfür bereitgestellt werden. Dieses entspricht dem jährlichen Energiebedarf aller elektrischen Haushaltsgeräte. Der Umfang der installierten Prozeßleit- und Meßtechnik ergibt sich aus den Forschungsarbeiten innerhalb des Projektes. Die reine Steuerung und Überwachung der energetischen Anlagen kann mit viel geringerem Aufwand realisiert werden."

Erfahrungen mit dem Projekt

Die Erfahrungen mit dem Projekt sind sehr positiv: Durch die transparente Wärmedämmung und die passiven Solarenergiegewinne durch die Fenster mußte im Winter 1994/1995 gar nicht geheizt werden. Hierzu trug auch die Lüftungsanlage mit Wärmerückgewinnung bei, die in Kombination mit der Vorwärmung der Luft im Erdreich einen Wirkungsgrad von 95% Wärmerückgewinnung aufwies. Durch groß dimensionierte Wärmetauscherflächen und Leitungsquerschnitte konnte auch der Energiebedarf für die Ventilatoren stark minimiert werden, so daß die Lüftungsanlage eine Leistungszahl von 40:1 im Verhältnis von rückgewonnener Wärme zu eingesetzter Elektrizität aufwies. Die Photovoltaikanlage reicht aus, um den Strombedarf in Kombination mit Batteriespeichern und dem Wasserstoffsystem ganzjährig abzudecken. Das Wasserstoffsystem selbst war Gegenstand intensiver Forschung und Entwicklung beim energieautarken Haus. Nach ersten Anlaufschwierigkeiten wurde in diesem Projekt weltweit erstmalig eine Brennstoffzelle mit Kraft-Wärme-Kopplung erfolgreich betrieben. Bis zum Breiteneinsatz in der Baupraxis sind hier eine weitere Ausreifung und Optimierungen erforderlich. Der Hochleistungskollektor mit TWD hat sich bewährt und liefert Temperaturen von bis zu 150°C. Zur Deckung des Warmwasserbedarfes würden bereits einfachere Kollektoren genügen, die TWD-Kollektoren könnten zukünftig überall dort zum Einsatz kommen, wo Prozeßwärme auf entsprechendem Temperaturniveau benötigt wird.

Energieautarkes Solarhaus

Fertigstellung
1992

Gebäudestandort
Christaweg 40
D-79114 Freiburg

Besichtigung
Fraunhofer Institut für Solare Energiesysteme
Abteilung Öffentlichkeitsarbeit
Oltmannsstraße 5
D-79100 Freiburg
Fon +49 · (0)761 · 458 81 51
Fax +49 · (0)761 · 458 81 32

Bauherrschaft/Auftraggeber
Fraunhofer Institut

Architekturbüro
Planerwerkstatt
Dieter Möller
Reutener Str. 4
D-79279 Vörstetten
Fon +49 · (0)7666 · 67 96

Energietechnik
Fraunhofer Institut

Nettonutzfläche
145 m²

Umbauter Raum
660 m²

Oberflächen/ Volumenverhältnis
0,76 m^{-1}

Anzahl Wohnungen
1

Anzahl Bewohner/Nutzer
3 + Seminarraumnutzung

Höhe über Meer
269 m

Heizgradtage
3400 Kd

Jährliche Globalstrahlung
1109 kWh/m²a

Bauteilkennwerte
Außenwand:
Kalksandstein/Zellulosewärmedämmung,
k-Wert 0,16 W/m²K
Fenster:
Kastenfenster 2fach Wärmeschutzverglasung,
k-Wert 0,6 W/m²K
Wintergarten/TWD:
Kalksandstein,
Vorhangfassade,
k-Wert 0,4–0,5 W/m²K
Dach:
Stahlbeton Schaumglas,
k-Wert 0,19 W/m²K
Boden:
Stahlbeton Schaumglas,
k-Wert 0,18 W/m²K

Haustechnik Heizung
Luftheizung mit H_2 1,5 kW,
Be- und Entlüftung:
Wärmerückgewinnung,
Erdwärmetauscher
(16 W elektrisch),
Warmwasser:
Kollektoren, Abwärme ca. 500 W aus BHkW-Betrieb der Brennstoffzelle,
Thermische Solaranlage

Thermische Solaranlage
Installierte Fläche Sonnenkollektor 12 m²,
Solarspeicher 1 m³,
Art der Anwendung nur WW,
Solarer Deckungsanteil ca. 80%

Photovoltaikanlage
Modul-Typ und Hersteller:
Siemens,
Installierte Fläche: 36 m²,
Installierte Leistung:
4,2 kWp,
Modulwirkungsgrad (Sonne zu Gleichstrom) 11%,
Wechselrichter Hersteller:
Top Class (CH),
Wechselrichter Wirkungsgrad (Gleich- zu Wechselstrom) 91% (gemessen),
Deckungsanteil am Stromverbrauch: 100%

Energiekenndaten
Nutzenergieverbrauch Heizung und WW 1994:
0,5 kWh/m²a (gemessen),
Verbrauch Elektrizität:
7,9 kWh/m²a (nur Wechselstrom, Haushalt),
Stromproduktion PV:
3 975 kWh/m²a
Jährl. Wärmeproduktion Kollektor:
ca. 3 000 kWh/m²a

Kosten
keine Angaben, da Experimentalgebäude

Baumhaus Heliotrop, Freiburg (D)

Das Haus eines Architekten soll mit seiner Solarstromanlage gleich fünfmal soviel Energie erzeugen, wie die Bewohner benötigen: ein Baumhaus, das sich der Sonne nachdreht – oder aber ihr den gut geschlossenen Rücken zuwendet, je nachdem, ob gerade kalter Winter ist, in dem man sich die Sonnenwärme ins Haus holen will, oder heißer Sommer, in dem die Bewohner den Schatten suchen. Ein kleines Hanggrundstück reicht aus, um das Konzept zu realisieren, die benötigte Grundfläche ist bewußt klein gehalten, um auch „Restgrundstücke" bebaubar zu machen. Architekt ist Rolf Disch, der bereits seit Jahren Solarkonzepte umsetzt und dabei seine Rolle als Architekt an der Schnittstelle zwischen Künstler, Erfinder, Ingenieur und Politiker definiert. Sein Motto: Architektur soll Spaß machen, innovativ sein, Sonnenenergie nutzen und ein gesellschaftspolitisches Zeichen setzen. So ist das Heliotrop nicht nur Wohn- und Bürogebäude, sondern steht gleichzeitig als Prototyp einer Idee für Veranstaltungen und Besichtigungen offen.

Idee und Konstruktion

Fundament und Aussteifung des drehbaren Baumhauses ist das in Stahlbeton ausgeführte Sockelgeschoß, in dem ein Seminarraum von 75 m² untergebracht ist. Hier befindet sich auch die Drehmechanik, ein Kugellager, auf dessen innerer Lagerschale die drehbare Achse des Heliotrop steht, eine 14 m hohe hölzerne Säule. Sie besteht aus einem zylinderförmigen Treppenhaus mit einer Wendeltreppe darin und bildet den tragenden Kern des Baumhauses. Die ca. 200 m² Wohn- und Büroräume des Heliotrop sind fest mit dem drehbaren Treppenhaus als Stamm des Baumhauses verbunden. Um zusätzliche Flurflächen zu vermeiden, folgen die Raumebenen spiralförmig der Wendeltreppe mit einem Geschoßversatz von 90 cm. Die verschiedenen Räume und Ebenen sind untereinander je nach Bedarf durch Glaswände, Schiebetüren

Heliotrop oder Sonnenwende

oder Holzwände getrennt, nahe der Fassade sind sie durch Türen verbunden, so daß das Heliotrop auch entlang der Fassade spiralförmig von oben nach unten wie eine große Wendeltreppe durchwandert werden kann. Der gesamte „Baumteil" des Gebäudes ist als leichte Ingenieur-Holzbau-Konstruktion in Fichten-Schichtholz ausgeführt. Die einzelnen Bauteile sind dabei computergestützt bemessen und von einem Schweizer Hersteller vollautomatisch zugeschnitten worden. Besonderes Kunststück war die Konstruktion der Treppenhauswandung, die aus senkrecht stehenden Hölzern besteht. Um einen statisch ausreichend tragfähigen Verbund zu erzielen, wurde eine spezielle Leimfuge entwickelt. Für die Wetterhaut des Gebäudes ist ein Wellblech gewählt worden.

Baumhaus Heliotrop als solarer Ausstellungsturm für die Firma Hansgrohe in Offenburg

Isometrische Darstellung der Holzkonstruktion

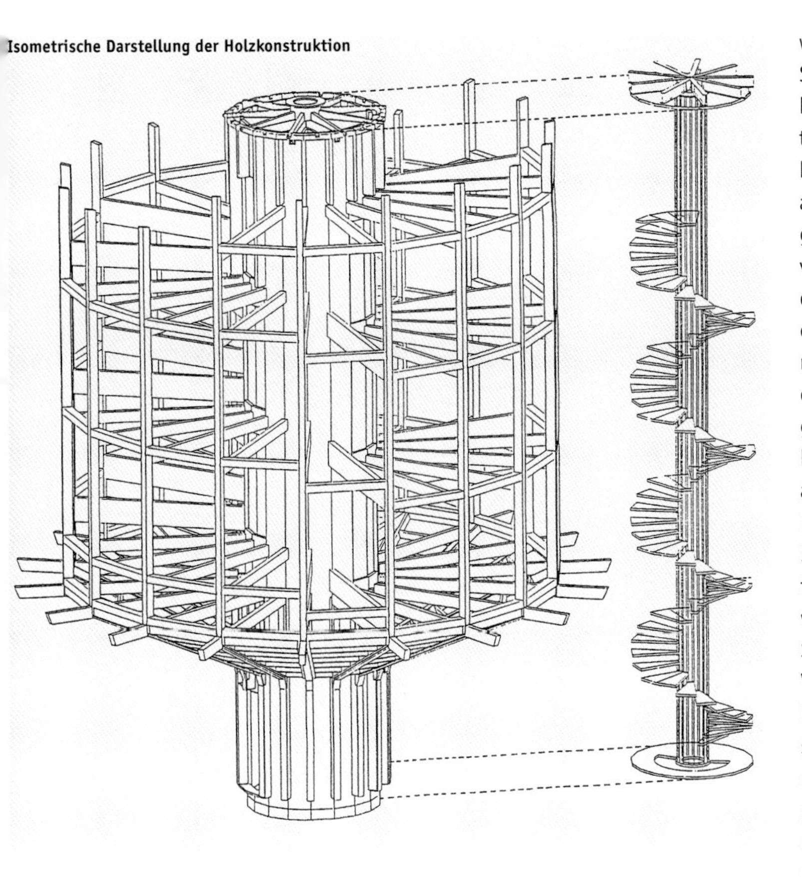

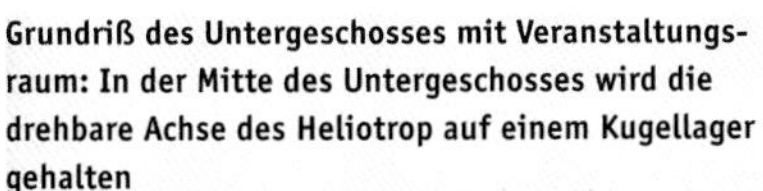

Grundriß des Untergeschosses mit Veranstaltungsraum: In der Mitte des Untergeschosses wird die drehbare Achse des Heliotrop auf einem Kugellager gehalten

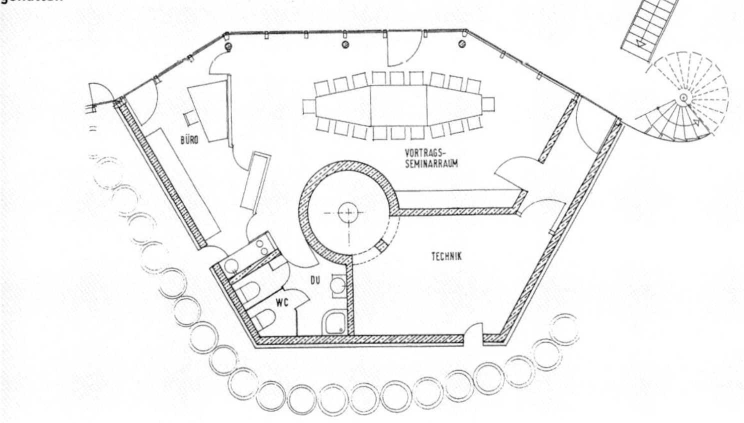

Der Antrieb

Beim lastabtragenden Großwälzlager des Drehmechanismus handelt es sich um ein einreihiges Vierpunkt-Kugellager. So trägt das Lager nicht nur die Gewichtslast ab, sondern fängt auch die Horizontalkräfte auf. Das Lager ist mit der äußeren Lagerschale auf einem Stahlbetonzylinder aufliegend montiert, auf der Innenseite steht das drehbare Haus. Am Stahlbetonzylinder ist der Antriebsmotor mit Getriebe angebracht, der über ein Ritzel die innenverzahnte innere Lagerschale und damit das Haus antreibt.

Energiekonzept

Das Heliotrop ist optimal auf die Nutzung der Sonnenenergie in jeglicher Form ausgerichtet. Wärmeverluste werden klassisch und doch ganz innovativ vermieden: Die zylindrische Gebäudeform minimiert Wärmeverluste, die Wände bieten als Holzständerkonstruktion für 28 cm Mineralwolle Platz und weisen so nur noch einen Wärmedurchgangskoeffizienten von 1,2 W/(m^{2}K) auf. Für die Fenster ist eine spezielle Dreifachverglasung aus der Schweiz mit einem k-Wert von 0,5 W/(m^{2}K) das erste Mal in Deutschland zum Einsatz gekommen. So können bis weit in den Winter hinein passive Wärmegewinne erzielt werden. Der Estrich bietet genügend Speichermasse, um Temperaturschwankungen auszugleichen, die Holzbauteile tragen zu einem angenehmen Raumklima bei. Da eine Seite des Hauses bis auf kleine Sehschlitze fast vollständig geschlossen und die andere komplett verglast ist, kann das Haus immer mit der gläsernen Seite der Sonne folgen oder aber sommerliche Überhitzung vermeiden, indem es sich aus der Sonne dreht. Zusätzlichen Sonnenschutz gewähren die aus Gitterrosten bestehenden Balkone. Auch die Ausbeute der aktiven Solarsysteme wird durch die Drehung optimiert. An den Balkonbrüstungen sind Vakuumröhrenkollektoren statt Geländern angebracht. Sie werden mit dem Haus einachsig der Sonne nachgeführt. Der Vorteil bei den Vakuumröhrenkollektoren ist, daß die Lamellen in den Röhren auch bei einer solchen Senkrechtmontage in den optimalen Anstellwinkel von 30 Grad Neigung (zur Waagerechten) gestellt werden können. Das Solarsegel auf dem Dach, eine Photovoltaikanlage mit 7 kW elektrischer Leistung, läßt sich drehen und schwenken und wird so sogar zweiachsig der Sonne nachgeführt, was Berechnungen zufolge eine 30prozentige Steigerung der Ausbeute nach sich ziehen wird. Falls im Hochsommer die Glasseite des Heliotrop aus der Sonne gedreht wird, kann sich das Sonnensegel auch unabhängig vom Haus zur Sonne wenden. Die Stromerzeugung der Photovoltaikanlage wird nach Abschätzung des Architekten ca. fünfmal höher sein als der Verbrauch im Haus. Der berechnete Energiebedarf für die elektrischen Antriebe, mit denen das Heliotrop und das Sonnensegel bewegt werden, soll übers Jahr betrachtet nur ein Drittel des Stromverbrauchs eines Energiesparkühlschrankes betragen, also sehr gering sein.

Der Antrieb für die drehbare Achse des Heliotrop

Innenraum: Die Räume sind spiralförmig aufsteigend um die Achse gelegt. Unter der Holzbalkendecke ist die Strahlungsheizung sichtbar. Sie ist ähnlich wie ein Sonnenkollektor aufgebaut. Absorberstrings werden hier zur Heizung genutzt.

Ansicht Baumhaus Heliotrop in Freiburg

Die Wärmeversorgung wird hauptsächlich von den Sonnenkollektoren gespeist, ein Latentwärmekompaktspeicher dient zur Speicherung. Die hocheffizienten Vakuumröhrenkollektoren erbringen auch im Winter noch Wärmegewinne, sobald die Sonne strahlend scheint, da sie aufgrund des Vakuums nur geringe Wärmeverluste haben.

Für die Wärmeverteilung kommen – vor allem aus experimentellen Gründen – gleich drei sich ergänzende Systeme auf einmal zum Einsatz. Eine für jeden Raum einzeln regelbare Fußbodenheizung sorgt für eine gleichmäßige Grundtemperatur.

Mit ihr können auch Wärmegewinne von der Sonnen- zur Schattenseite transportiert werden. Neuerfindung ist eine Deckenstrahlungsheizung aus Kupferlamellen. Ein Absorber, wie er aus Flachkollektoren bekannt ist, wird ans Heizsystem angeschlossen und offen unter die Decke gehängt. Mit dieser Heizung können die Räume einerseits bei Bedarf schnell aufgeheizt, andererseits aber auch gekühlt werden. Die Kupferröhrchen mit „Absorbern" werden dann bedarfsweise von warmem oder kaltem Wasser durchflossen. Die kontrollierte Lüftungsanlage des Heliotrop ist mit einer Wärmerückgewinnung ausgestattet. Ein Erdwärmetauscher soll zusätzlich die Frischluft vorwärmen bzw. im Sommer abkühlen. Im Winter kann die Luft aus dem Latentwärmespeicher nachgewärmt werden.

Die Vielfalt der aus dieser Kombination resultierenden Möglichkeiten zur Beheizung ist Programm. Da der Architekt selbst im Hause wohnt und arbeitet, möchte er am eigenen Leib ausprobieren, wie sich die Systeme bewähren und einsetzen lassen. Nach der ersten Heizperiode wird dann entschieden, ob das Heliotrop überhaupt eine weitere Heizenergiequelle braucht oder alleine durch passive Solargewinne, die Wärme aus den Sonnenkollektoren und die Wärmespeicherung im Erdwärme- und Latentspeicher über den Winter kommt. Geplant ist auf jeden Fall, daß auch dieses Haus sich einzig von der Sonne wärmt. Durch die hohen erwarteten Gewinne der Photovoltaikanlage gehen die Erbauer davon aus, daß das Gebäude deutlich mehr Energie erzeugt als verbraucht. Abgerundet wird der

Grundrisse Obergeschosse des Heliotrop

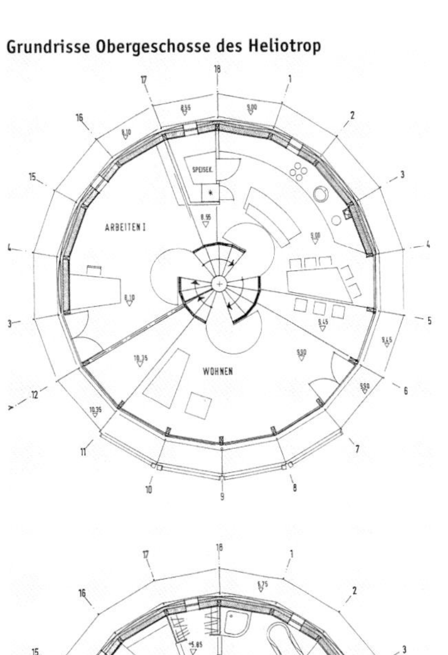

SCHLAFEN

BAD

DUSCHE

ARBEITEN II

TECHNIK

KOMPOSTER

SEMINAR- UND BESPRECHUNGSRAUM

Detailschnitt Balkongeländer mit integrierten Vakuumröhrenkollektoren

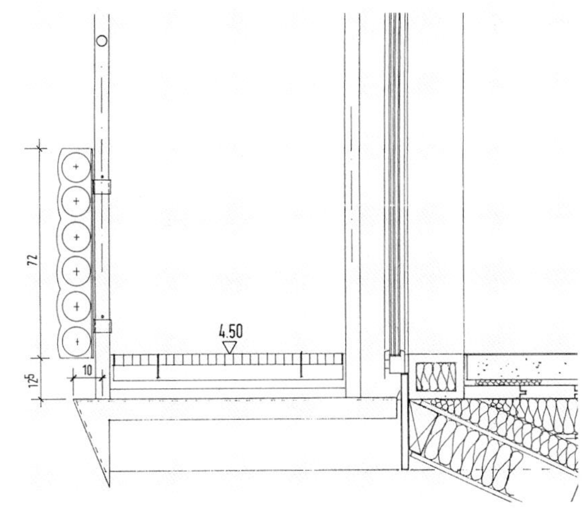

Fassadendetail mit Dreifachverglasung

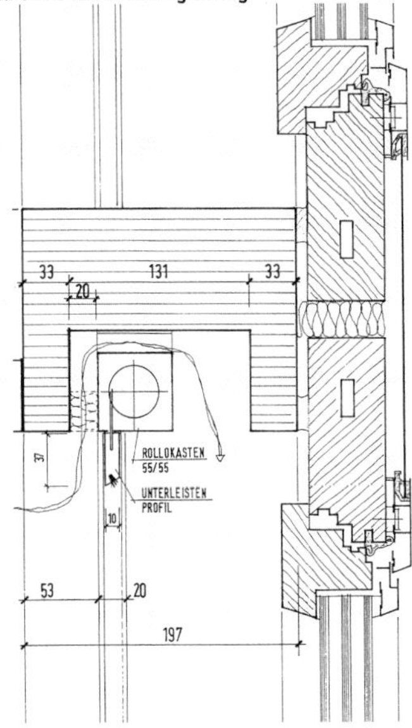

sparsame Umgang mit den Ressourcen durch die Nutzung von Regenwasser, Recyclierung von Abwasser und einer Komposttoilette.

Latentwärmespeicher

Für die Wärmespeicherung kommt im Heliotrop neben einem konventionellen Speicher mit Wasser auch ein Latentwärmespeicher zum Einsatz. Latentwärmespeicher nutzen Phasenübergänge des Trägermediums, also etwa Schmelz-, Erstarrungs- oder Sorptionsprozesse zur Energiespeicherung aus. Im Heliotrop wird Paraffin als Speichermedium verwandt, wobei die Temperatur des Phasenübergangs werkseitig zwischen 40°C und 90°C voreingestellt werden kann.

Während Paraffin bei phasenübergangfreier Erwärmung eine geringere Wärmekapazität als Wasser aufweist, kann im Bereich des Phasenübergangs, bezogen auf eine kleine Temperaturspreizung, eine wesentlich größere Wärmemenge eingelagert werden. Dies ermöglicht es, auch an Tagen mit niedrigen Kollektortemperaturen von z.B. 50°C größere Energiemengen bei vergleichsweise kleinen Volumina zu speichern, um sie später für die Bereitstellung von Brauchwasser oder den Betrieb der Niedertemperaturheizung, also bei Temperaturen von ca. 45°C zu verwenden.

Heliotrop
Fertigstellung
Oktober 1994
Gebäudestandort
Ziegelweg 28
D-79100 Freiburg
Besichtigung
Architekturbüro Rolf Disch:
Herr Kamps
Wiesentalstr. 19
D-79115 Freiburg
Fon +49·(0)761·459 44 14
Fax +49·(0)761·459 44 44
Architekturbüro
Architekturbüro Rolf Disch
Herr Miller
D-79115 Freiburg
Lignaplan AG
CH-9104 Waldstatt
Energietechnik
Krebser & Freyler
D-79331 Teningen
PV
SES Solar-Energie-Systeme
D-79100 Freiburg
Nettonutzfläche
180 m²
Oberflächen-/ Volumenverhältnis
0,6 m⁻¹
Anzahl Wohnungen
1
Anzahl Arbeitsplätze
3
Höhe über Meer
277 m
Heizgradtage
3 400
Jährliche Globalstrahlung
1 187 kWh/m²a
Bauteilkennwerte
Außenwand :
Holz: Pfosten/Riegel
k-Wert 0,12 W/m²K
Dämmung mit Abdeckungen:
Fenster: 3fach Wärmeschutzverglasung
k-Wert 0,5 (Glas) W/m²K
Dach:
Holzschalung/Dämmung/ Dichtung
k-Wert 0,10 W/m²K
Substrat/Begrünung
Boden:
Holzschalung/Dämmung
k-Wert 0,12 W/m²K
Grobspanplatte
Haustechnik
Niedertemperatur-Deckenstrahlungsheizung, gespeist aus Vakuumröhrenkollektoren, konventionelle Nachrüstung möglich,
Aktive Lüftung mit Wärmerückgewinnung, 0,074 kW,
Kühlung: Erdwärmetauscher für die Zuluft der aktiven Lüftung,
WW aus Vakuumröhrenkollektoren
Thermische Solaranlage
Viessmann Vakuumröhrenkollektoren, 31,5 m² installierte Fläche, Solarspeicher 1,0 m³ und Latentwärmespeicher (WW und Heizung), Solarer Deckungsanteil 100% (prognostiziert)
Photovoltaikanlage
Modul-Typ M 110 L von Siemens, 54 m² installierte Fläche, 6,6 kWp installierte Leistung, Modulwirkungsgrad (Sonne zu Gleichstrom) 13%, Wechselrichter 3x SPN 1000 von Siemens, 1x Top Class Grid II/6 4,0 von ASP, Wirkungsgrad (Gleich- zu Wechselstrom) 90–92/90–94%, Deckungsanteil am Stromverbrauch 500–600%, Einspeisevergütung zeitvariabler linearer Tarif 46/26/2 Pf/kWh
Energiekenndaten
noch keine Meßdaten vorhanden
Heizwärmebedarf berechnet 21 kWh/m²a
Kosten
Entwicklungskosten 15 020 DM/m² Bruttogeschoßfläche, Beabsichtigter Verkauf 4 535 DM/m²,
Thermisches Solarsystem ab 15 000 DM,
PV-Anlage ca. 100 000 DM, Nachführung + Gestell ca. 100 000 DM

Ansicht von Süden

Plusenergiehäuser, Freiburg (D)

Die Siedlung „Solargarten" in Freiburg-Munzigen wird, wenn sie fertig ist, aus 43 Solarhäusern und 15 Wohnungen bestehen. Besondere Beachtung verdient hier die variable Aufrüstungsmöglichkeit zum Plusenergiehaus, zu einem Gebäude, das mehr Energie von der Sonne empfängt, als seine Bewohner verbrauchen. Mit einer „ganz normalen" Reihenhaussiedlung wird hier demonstriert, wie sich der Übergang von der heutigen Normalität in die zukünftige Normalität gestalten könnte.

Ansicht Nordfassade

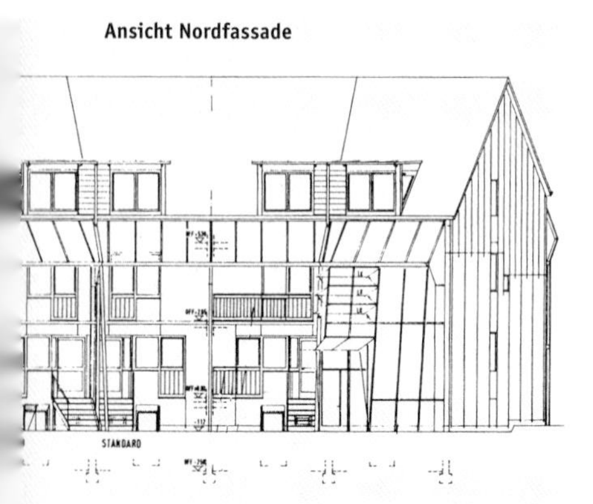

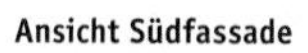

Ansicht Südfassade

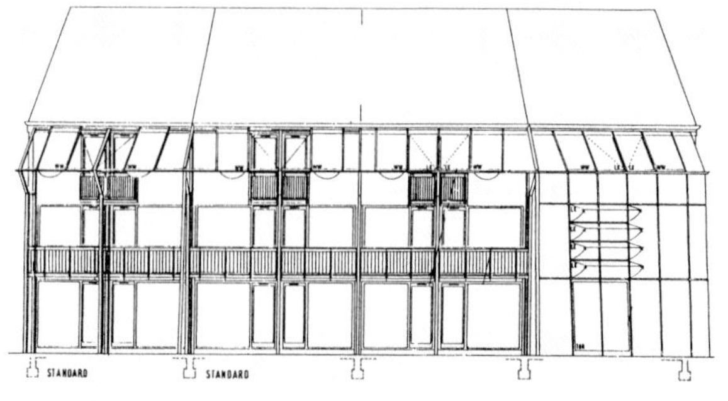

Schon die städtebauliche Anlagen ist auf eine maximale Energiegewinnung ausgerichtet. Die Gebäudezeilen sind nach Süden orientiert und folgen einem Bogen. So verkürzt sich die Nordseite und vergrößert sich die Südseite. Der Abstand ist so gewählt, daß eine möglichst geringe Verschattung auftritt. Die Gebäude selbst orientieren sich an den Prinzipien der passiven Solararchitektur und sind im Norden geschlossener und im Süden offen. In der Ausgangsversion handelt es sich um Reihenhäuser, die einen sehr guten Niedrigenergiehausstandard haben. Sie sind als Massivbauten mit Holzbalkendecken und sehr gut gedämmter Außenhülle ausgeführt. Der Keller ist thermisch abgekoppelt, um Wärmeverluste nach unten zu vermeiden. Die kontrollierte Wohnungslüftung trägt zur Verminderung der Lüftungswärmeverluste bei und wird abhängig vom Feuchtigkeitsgehalt der Luft gesteuert. Die Wohnebenen der Häuser sind versetzt angeordnet und ermöglichen freie Durchblicke und ein tiefes Eindringen der Sonne. Bei der

Lageplan: Die Hausreihen sind gebogen angelegt, sie öffnen sich nach Süden und minimieren die Oberfläche nach Norden.

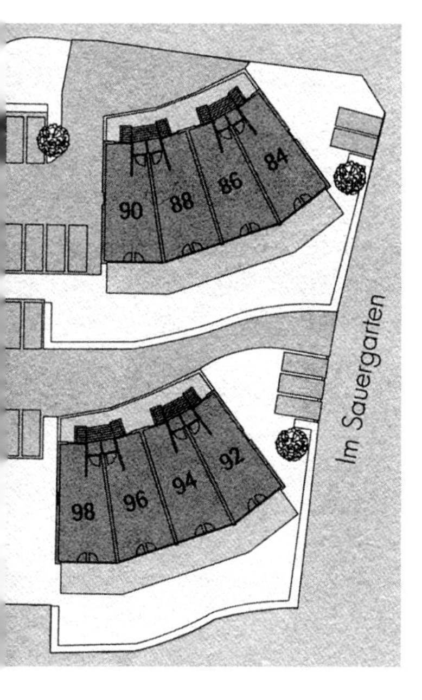

Grundriß Erdgeschoß

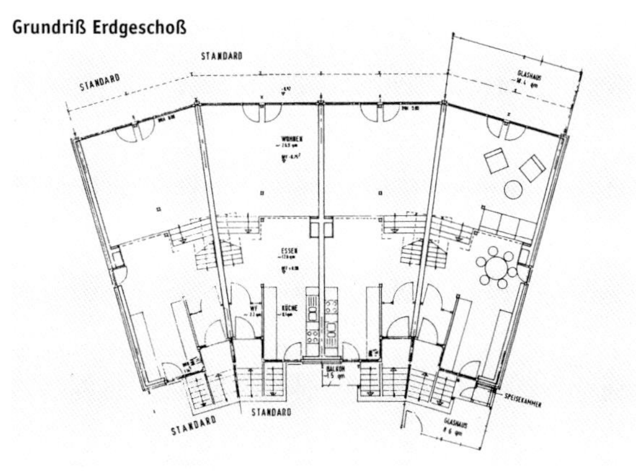

Grundriß Dachgeschoß

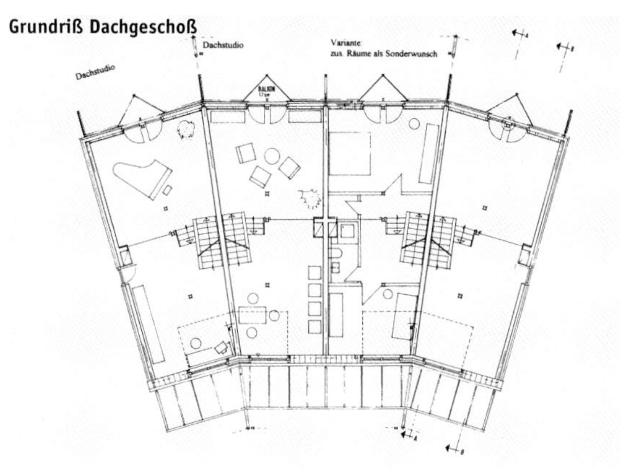

Schnitt mit Glashaus im Norden und Süden, Sonnenkollektor- und Solarstromanlage

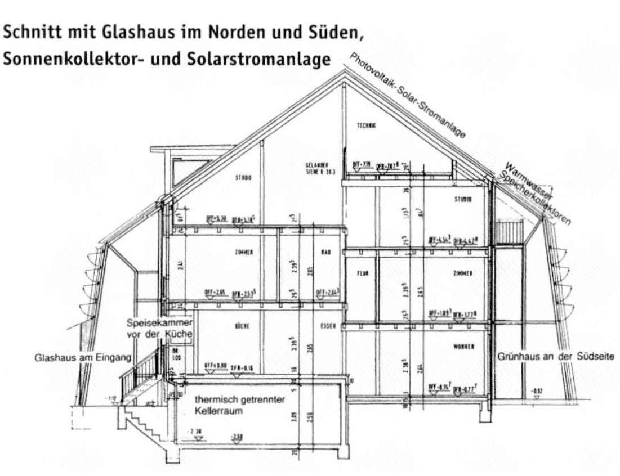

Standardausrüstung bereits mit dabei sind jeweils zwei Sonnenkollektoren pro Gebäude, die als Speicherkollektoren ausgebildet sind. Im Baukastenprinzip kann der Käufer schrittweise das Niedrigenergiehaus zum Nullenergiehaus und schließlich zum Plusenergiehaus ergänzen. Die Reihenfolge der Bausteine, die ihm hierfür zur Verfügung stehen, kann er je nach Bedarf, Geschmack und Geldbeutel selbst wählen. Diese Bausteine sind im Norden ein Glashaus als Windfang und eine Speisekammer vor der Küche. So kann der Heizenergiebedarf noch weiter gesenkt werden. Im Süden kann zur solaren Stromerzeugung eine Photovoltaikanlage auf dem gesamten, dafür eigens von allen Vorsprüngen und Aufbauten freigehaltenen Süddach montiert werden. Ein Glashaus könnte noch einmal die Wärmeverluste mindern. Für die Lüftungsanlage ist die Aufrüstung mit einer Wärmerückgewinnung vorgesehen.

Solargarten Freiburg
Vergleich des Heizenergiebedarfs (Reihenmittelhaus)

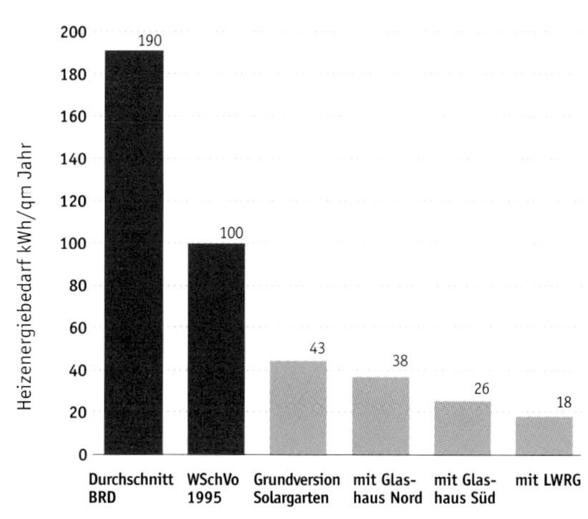

WSchVo: Wärmeschutzverordnung, LWRG: Lüftungswärmerückgewinnung

Heizenergiebedarf der Plusenergiehäuser in den Ausbauvarianten

Plusenergiehäuser
Fertigstellung
1995
Gebäudestandort
Im Sauergarten
D-79112 Munzingen
Besichtigung
Grimm Immobilien
Frau Erika Grimm
Im Letzfeld 24
D-79227 Mengen
Fon +49·(0)7664·955 57
Fax +49·(0)7664·955 58
Bauherrschaft/Auftraggeber
FSB –
Freiburger Stadtbau GmbH
Am Karlsplatz 2
D-79098 Freiburg
Fon +49·(0)761·210 50
Architekturbüro
Rolf Disch
Wiesentalstr. 19
D-79115 Freiburg
Fon +49·(0)761·459 44 0
Fax +49·(0)761·459 44 44
Ernergietechnik
Sunna – Büro für
Sonnenenergie
Christaweg 40
D-79114 Freiburg
Fon +49·(0)761·476 23 00
PV
IST-Energietechnik
Ritterweg 1
D-79400 Kandern-Wollbach
Fon +49·(0)7626·915 40
Nettonutzfläche
1 307 m²
Umbauter Raum
433,7 m²
Anzahl Wohnungen
8 Einfamilien-Reihenhäuser
Anzahl Arbeitsplätze
8 Hausarbeitsstellen
Höhe über Meer
210 m
Bauteilkennwerte
Außenwand (Nord):
Holzschalung, Luft,
Mineralwolle, Beton
k-Wert 0,135 W/m²K
Fenster:
2 Scheiben WSV Argon-Füllung
k-Wert 1,3 W/m²K
Dach:
Ziegel, Luft, Mineralwolle,
Holzfaserplatten
k-Wert 0,68 W/m²K
Boden:
Polystyrol, Beton
k-Wert 0,35 W/m²K
Haustechnik
Heizung und WW-Bereitung:
Gasbrennwertgerät
12 KW,
dezentrale aktive
Lüftungsanlage
und Speicherkollektoren
Thermische Solaranlage
Typ:
Speedwave Speicherkollektor
Installierte Fläche
Sonnenkollektor:
2 x ca. 2 m² pro Haus
Solarspeicher:
2 x 140 l (Speicherkollektor)
Nutzung:
WW und Heizung
Solarer Deckungsanteil:
je nach Ausstattung bis
100% (Gesamtbilanz)
Photovoltaikanlage
Hersteller:
Siemens Solar M 110 L,
Installierte Fläche
nach Wunsch des Käufers,
Installierte Leistung
bis max. 4,5 KW,
Einspeisevergütung
Spitzenlasttarif:
46,6 Pf/kWh
Normaltarif: 26,6 Pf/kWh,
Schwachlasttarif: 12/kWh

Luftaufnahme der Siedlung Niederholzboden in Riehen bei Basel

Siedlung „Niederholzboden" in Riehen (CH)

Die Schweizer Baugenossenschaft „Wohnstadt" zeigt in Riehen bei Basel, wie hohe ökologische Anforderungen sinnvoll und sozialverträglich billig realisiert werden können. Mit Sinn für Qualität und Standard werden hier energetische Ziele in gute Architektur umgesetzt – maßvoll und trotzdem effizient.

Riehen ist eine Landgemeinde des Kantons Basel-Stadt in der Schweiz. 1994 wurde hier von der Baugenossenschaft „Wohnstadt" im Auftrag der Gemeinde ein ökologisches und kostengünstiges Wohnprojekt durchgeführt. Geplant wurde es von der Metron AG aus Brugg, die ihre Zielvorstellungen für umweltbewußte Planung so formuliert: „Für komplexe Fragestellungen und vielfältige Kriterien suchen wir nach einfachen, kostengünstigen Lösungen. Ein Ziel der Metron-Planungen ist es, mit möglichst geringem Aufwand eine hohe Wirksamkeit zu erreichen. So verstehen wir diese Planungen nicht als kostenverteuernd, sondern als Vereinfachung und Optimierung eines Projektes." Wichtig für das Projekt war das Engagement der Gemeinde Riehen, die im Vorfeld dieses Bauvorhabens ein Programm für kostengünstigen Wohnungsbau erstellt hat. Auf dieser Basis ist zwischen den Bauherren und Metron für die Planung eine Prioritätenliste erstellt worden, deren Besonderheit ist, daß sie Ökonomie und Ökologie gleichrangig miteinander kombiniert:

- Kosten- und Preisgünstigkeit soll bei der Bebauung im Vordergrund stehen.
- Für die Siedlung ist ein Energiekonzept auszuarbeiten, das sich an umweltverträglichen Energieträgern orientiert und Grundsätze des aktiven und passiven Energieverbrauchs berücksichtigt.
- Siedlungsökologischen Vorstellungen ist in bezug auf Baumaterialien, Ausnutzung der Parzelle und des Außenraumes Rechnung zu tragen.

In weiteren Punkten werden Kriterien festgehalten, welche in den letzten zehn Jahren Allgemeingültigkeit für den geförderten Wohnungsbau in der Schweiz erlangt haben: ein sparsamer Umgang mit Flächen, Nutzungsneutralität (möglichst offene Grundstrukturen), Kombinierbarkeit (alternative Zuschaltbarkeit von Räumen) sowie behindertengerechtes Bauen.

Eine Siedlung in einem Haus

Ein langgezogener zweigeschossiger Baukörper legt sich diagonal über das schlauchartige Grundstück. Kopfbau im Norden und verjüngter Baukörper im Süden bilden die Enden der knapp 200 m langen Siedlung. Die Ausnutzung der vollen Länge und eine große Gebäudetiefe von 14 Metern bestimmen das Grundkonzept. Das so geschaffene optimierte Volumen ermöglicht kostengünstiges Bauen im Materialverbrauch, hat eine minimierte Energieoberfläche und ist im Unterhalt weniger aufwendig. Der Kopfbau beherbergt Behindertenwohnungen und Gemeinschaftseinrichtungen, der südliche Teil Reihenhäuser. Der mittlere Abschnitt besteht aus Ost-West orientierten Geschoßwohnungen. Im Osten sind die Schlafräume untergebracht, im Westen befinden sich die Wohnbereiche. Eine Besonderheit ist die Flexibilität der Grundrisse. Schiebetüren ermöglichen eine Nutzung des Westbereiches über die ganze Breite. In jedem Stockwerk befindet sich ein vom Treppenhaus zugänglicher Raum, der entweder privat oder als Gemeinschaftsfläche dazugemietet werden kann. Die räumli-

.ageplan

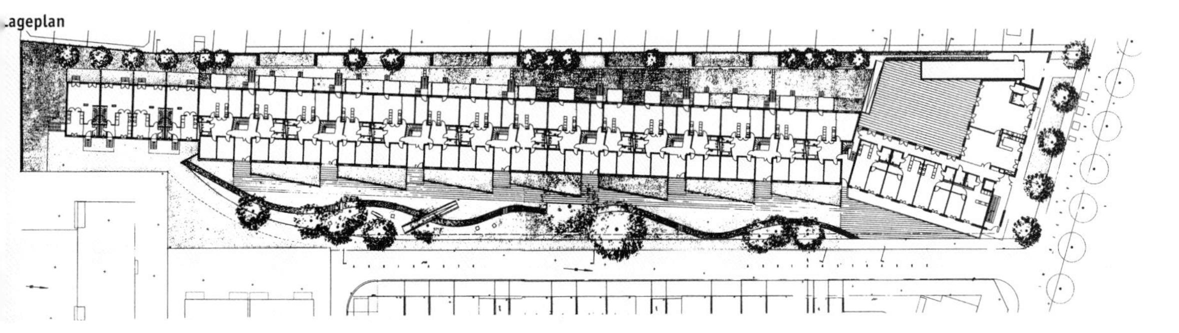

ïrundriß Erdgeschoß im Bereich der Zweispänner (Ausschnitt)

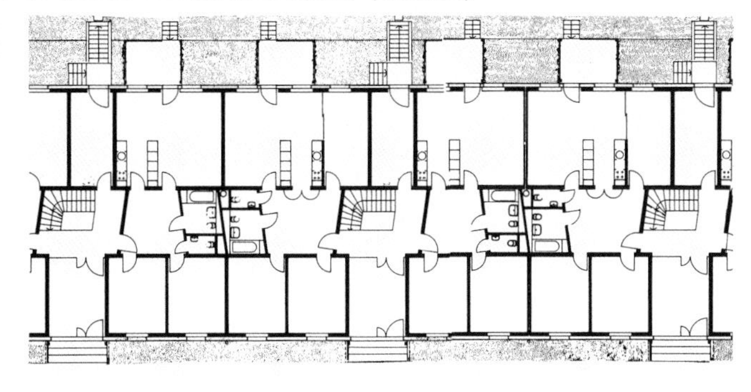

**)er Fassadenschnitt zeigt die Außenwandkonstruktion mit massiver Innen-
vand aus 20 cm Kalksandstein, Vertikal- und Horizontallattung, dazwischen
.6 cm Mineralwolle zur Wärmedämmung und Dreischicht-Holzplattenver-
:leidung. Dach: Kaltdecke über Betondecke, Isolation mit 24 cm Isofloc-
›chüttung und Begrünung**

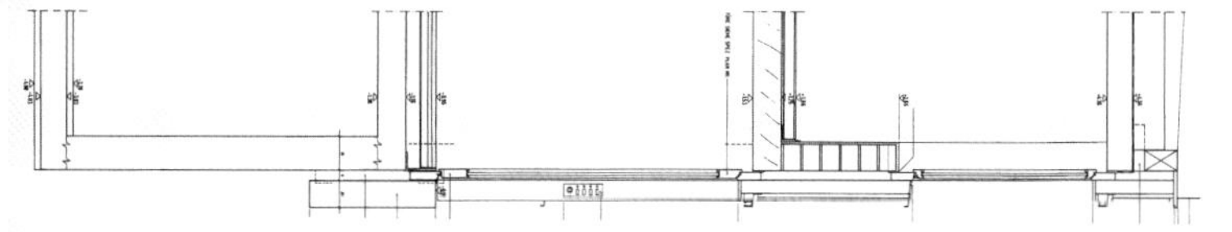

›chnitt mit Darstellung der Frischluftansaugung durch einen Bodenkanal

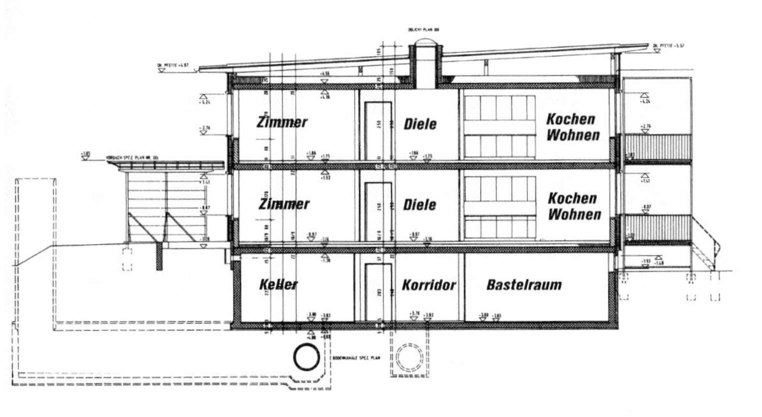

che Gestaltung der Siedlung orientiert sich am Grundthema der Schichtung und Staffelung. Im Osten des Baukörpers sind Bäume, Rasenflächen und Wege von der Straße aus ansteigend in einem wellenförmig modellierten Grünkonzept gestaffelt. Kleine Vorbauten und Beete halten Neugierige von den Fenstern fern. Im Westen bleibt durch eine feingliedrige Aufteilung der privaten und halbprivaten Freiflächen kein Zentimeter Boden ungenutzt. Jeder Wohnung ist ein großzügiger Balkon zugeordnet. Die üppige Bepflanzung dokumentiert, daß die Bewohner die angebotenen Freiräume gerne annehmen. Naturverbundenheit und Genuß der Sonnenenergie werden hier nicht durch teure Wintergärten hergestellt, sondern durch eine intensive und für jeden nutzbare Verzahnung von Innen- und Außenraum. Gebaut ist die Siedlung als konventioneller, außen gut gedämmter Massivbau aus Betondecken und Kalksandsteinwänden, der mit einer Dreischichtholzplatte verkleidet ist. Wesentliches gestalterisches Merkmal ist die intensive Farbgebung. Dieselben Holzplatten werden auch als Schiebeläden für den Sonnenschutz eingesetzt. Im Innenausbau kommen ebenfalls natürliche Materialien wie Holzböden, Glastüren und hölzerne Schiebetüren zur Geltung.

Ansicht vom Kopfgebäude aus

Gartenansicht

Energiekonzept

Der Energiebedarf des Gebäude ist außerordentlich niedrig. Er beträgt mit nur zwei bis drei Liter Heizöläquivalent pro m² nur ca. ein Viertel des sonst in der Schweiz üblichen. Folgende bauliche Maßnahmen sind dafür verantwortlich:

- einfacher und kompakter Gebäudekörper mit kleiner Oberfläche im Verhältnis zur Wohnfläche
- Sanitär- und Nebenräume im Innenbereich
- Temperaturpuffer durch das Kaltdach und den ungeheizten Keller, optimale Wärmedämmung der Außenwände, der Decke (gegen das Kaltdach) und des Bodens (gegen Keller)
- maßvolle Fensterflächen mit Wärmeschutz-Isolierverglasung
- kontrollierte Lüftung mit Wärmerückgewinnung

Diese Maßnahmen reduzieren die Wärmeverluste durch die Gebäudehülle, sie gehören heute zum Standard energetisch guter Gebäude. Die Heizwärme und das Warmwasser werden durch eine Gasheizung mit niedrigsten Schadstoffwerten und hoher Ausnutzung erzeugt. Der Luftwechsel (Lufterneuerung) und das Lüftungsverhalten werden in solchen Gebäuden zu einem zentralen Punkt der Behaglichkeit und des Energieverbrauches. Bei regelmäßiger und bewußter Lüftung wird jedoch im allgemeinen mindestens die Hälfte der Gebäudewärme über die Luft ins Freie geführt. Die kontrollierte Lüftung gewährleistet den Bewohnern eine gute Luftqualität, und gleichzeitig kann durch den Wärmetauscher im Lüftungsgerät bis 85% der Abluftwärme wieder zurückgewonnen werden.

Kontrollierte Lüftung

Jede Wohneinheit verfügt im Keller über ein eigenes Lüftungsgerät. Die Frischluft wird durch einen zentralen Zuluftkanal unter dem Kellerboden angesaugt und durch das Erdreich temperiert. Im Lüftungsgerät übernimmt die Frischluft die Wärme der Abluft (Wärmetauscher). Die auf diese Weise vorgewärmte Frischluft wird in die Zimmer eingeführt, jeweils über den Radiatoren neben der Tür. Die Luftmenge entspricht der notwendigen natürlichen Lüftung. Die verbrauchte Luft wird im Küchenbereich, dem Bad und dem separaten WC wieder abgesaugt und zur Wärmerückgewinnung durch den Wärmetauscher geführt.

Mit dem Drei-Stufenschalter kann die Intensität der Lüftung nach Bedarf gewählt werden (Abwesenheit: leichte Grundlüftung; Präsenz: normale Lüftung; intensiv: erhöhte Luftmenge während hoher Luftbelastung durch Kochen, Rauchen oder viele Gäste). Die Lüftung kann auch jederzeit abgeschaltet werden (vorgesehen: außerhalb der Heizsaison). In diesem Fall werden nur die innenliegenden Sanitärräume bei Benutzung entlüftet, die übrigen Räume müssen dann konventionell durch regelmäßiges Fensteröffnen belüftet werden.

Wohnsiedlung Niederholzboden, Riehen

Fertigstellung
1994

Gebäudestandort
Im Niederholzboden 12
CH-4125 Riehen bei Basel

Bauherrschaft
Wohnstadt Bau- und Verwaltungsgesellschaft, Basel
Jörg Hübschle, Susan Bucher

Architekturbüro
Metron Architekturbüro AG
Am Stahlrain 2, am Perron
CH-5200 Brugg
Fon +41 · (0)56 · 460 91 11
Fax +41 · (0)56 · 460 91 00
Markus Gasser, Urs Deppeler, Heini Glauser

Lüftungsplanung
Dr. Eicher & Pauli AG, Liestal

Bruttogeschoßfläche
5 763 m²

Nettonutzfläche
ca. 5 190 m²

Anzahl Wohnungen
34 Wohnungen (Riegel), 4 Reiheneinfamilienhäuser (am Ende), 12 Behindertenwohnungen (Kopfbau)

Anzahl Bewohner
ca. 120

Höhe über Meer
280 m

Heizgradtage
3348 Kd (Basis 20 °C/ 12 °C, t_a min -8 °C)

Jährliche Globalstrahlung
1142 kWh/m²a

Bauteilkennwerte
Außenwand:
3-Schicht-Platte Holz hinterlüftet,
16 cm Steinwolle,
12 cm Kalksandstein
k-Wert 0,22 W/m²K
Fenster:
Holzrahmen, Wärmeschutzverglasung
k-Wert 1,60 W/m²K
Dach:
20 cm Stahlbeton,
25 cm Zelluloseflocken überlüftet
k-Wert 0,14 W/m²K
Boden:
Stahlbeton 20 cm,
10 cm Mineralwolle

Heizung- und Warmwasserversorgung
Gasbrennwertkessel
ca. 80 kW

Lüftungsanlage
Kontrollierte Be- und Entlüftung,
bedarfsgesteuert: 3stufig
Wirkungsgrad Wärmetauscher:
85%
Verhältnis Ventilatorstrom zu rückgewonnener Wärme
1:5 bis 1:10,
im Mittel 1:7
energetische Rückzahlzeit graue Energie Lüftungsanlage:
2 Jahre

Energiekenndaten 1994
Nutzenergieverbrauch Heizung:
Wohnungen (mit Lüftungswärmerückgewinnung):
20 kWh/m²a
Kopfbau (ohne Lüftungswärmerückgewinnung):
80 kWh/m²a
Nutzenergieverbrauch WW
20-22 kWh/m²a
Verbrauch Elektrizität:
20 kWh/m²a
Verbrauch Erdgas:
34 060 m³

Kosten
Anlagekosten:
ca. 17,3 Mio. Fr.

Baukosten
ca. 14,7 Mio. Fr.
Gebäudekosten pro m² Bruttogeschoßfläche:
2 550 Fr.

Niedrigenergiehäuser, Heidenheim (D)

Im Demonstrationsvorhaben Niedrigenergiehäuser Heidenheim soll gezeigt werden, daß es mit heutigem Know-how und dem Stand marktgängiger Techniken und Produkte möglich ist, Wohngebäude zu erstellen, die deutlich weniger Heizenergie benötigen, als die gesetzlichen Anforderungen vorschreiben. Die gemeinnützige Baugesellschaft in Heidenheim wollte gerne herausfinden, welchen energetischen Standard Wohnungsbaugesellschaften im Rahmen üblicher Baupraxis mit überall käuflichen „normalen" Komponenten heute realisieren können. Das Fraunhofer Institut für Bauphysik in Stuttgart regte an, aus dem geplanten Bauvorhaben ein Forschungsprojekt zu machen, gefördert vom Bundesministerium für Forschung und Technologie.

Die Gebäude

Die Gebäude wurden als Demonstrationshäuser errichtet, um Interessenten die Möglichkeit zu geben, vor Ort Informationen und Anregungen zu erhalten. Die ersten Gebäude wurden im Herbst 1990, die letzten im Dezember 1991 fertiggestellt und bezogen. Auf der Grundlage eines vorliegenden Gebäudeentwurfes des Gerstettener Architekten Zipprich, der aus einem Wettbewerb hervorging, wurden in Zusammenarbeit mit Industrieunternehmen – quasi als „Markttest" – fünf verschiedene Niedrigenergiehauskonzepte und ein Referenzhaus realisiert. Dieses Vergleichshaus repräsentiert mit einem Wärmeschutz, der ca. 15% besser ist als der in der zur Zeit gültigen Wärmeschutzverordnung geforderte, den heute üblichen Gebäudestandard. Durch die Südhanglage des Baugebietes konnten alle Häuser zweieinhalbgeschossig errichtet werden.

Während die Schlafräume und Kinderzimmer im Dachgeschoß liegen, befinden sich der Wohn- und Eßbereich im Süden, Küche, Eingangsbereich und Garage im Norden des Erdgeschosses. Im Untergeschoß ist nach Süden hin eine Einliegerwohnung untergebracht, deren Terrasse unter dem Balkon der Hauptwohnung liegt. Die fünf Niedrigenergiehäuser und das Referenzhaus unterscheiden sich sowohl hinsichtlich der Konstruktion der Bauteile und der Anlagentechnik als auch geringfügig in der Hauskonzeption.

Alle Gebäude haben einen Nordpuffer im Eingangsbereich. Ein Gebäude (C) erhält einen Südwintergarten. Bei zwei Niedrigenergiehäusern (A,B) werden der Heizraum aus dem unbeheizten Keller in den beheizten Bereich und Nordfenster in die Ost- und Westfassade verlegt. Die Außenwandkonstruktionen stellen die breite Vielfalt am Markt gängiger Ausführungen dar. Sowohl verschiedenartig gedämmte als auch monolithische Konstruktionen sind im Vorhaben realisiert. Bei den Niedrigenergiehäusern ist ein Wohnungslüftungssystem mit Wärmerückgewinnungsaggregaten installiert. Die Wärmeerzeugung erfolgt über atmosphärische Gaskessel oder Gasbrennwertkessel bzw. -thermen. Bei einigen Systemen ist der Abgasstrom ins Wärmerückgewinnungssystem integriert. Einige Gebäude besitzen Luft-, Abgas-, Schornsteinsysteme. Bei allen Niedrigenergiehäusern erfolgt die Warmwasserbereitung über einen separaten Speicher.

In dem Doppelhaus D sollte untersucht werden, welche Beiträge bauliche und anlagentechnische Strategien erbringen. Daher wurden beide Haushälften sowohl baulich als auch anlagentechnisch unterschiedlich ausgeführt. Die Doppelhaushälfte D1 besitzt einen hohen baulichen Wärmeschutz in der Fassade, dafür aber konventionelle Anlagentechnik, die Hälfte D2 hat eine konventionell wärmegedämmte Fassade, aber eine aufwendigere Anlagentechnik.

Beim Referenzhaus mit einem Wärmedämmniveau nach Wärmeschutzverordnung machen die Transmissionswärmeverluste ca. 3/4 der Gesamtverluste aus, die Heizenergie deckt etwa 2/3 der Gewinne ab; die passiven Solargewinne machen bei diesem Dämmstandard etwa nur 20 % der Gewinne aus. Ganz anders sind die Verhältnisse bei den Niedrigenergiehäusern. Für den Fall, daß in den Gebäuden keine mechanischen Lüftungsanlagen installiert sind, sind Transmissions- und Lüftungswärmeverluste etwa gleich groß, bei den Gebäuden mit Wohnungslüftungsanlagen und Wärmerückgewinnungsaggregaten machen die Lüftungswärmeverluste etwa 1/3 der Gesamtverluste aus. Auf der Gewinnseite sind alle drei Anteile etwa gleich groß.

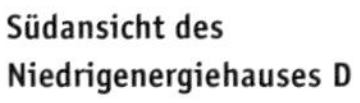
Südansicht des Niedrigenergiehauses D

Grundrisse und Schnitt Niedrigenergiehaus D

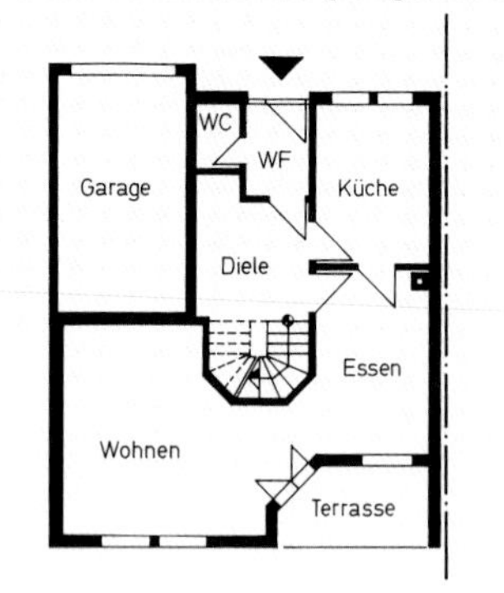

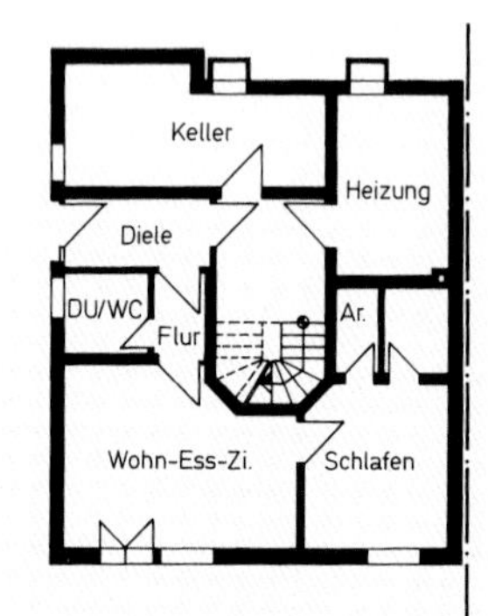

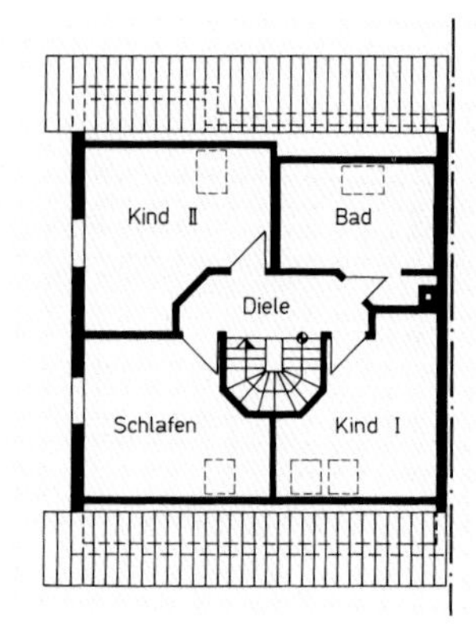

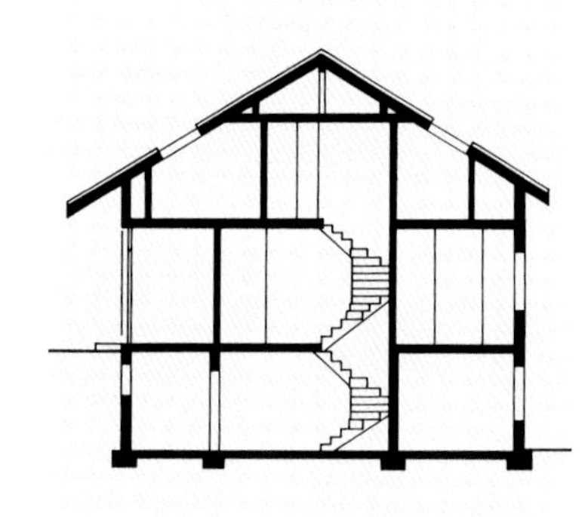

Niedrigenergiehaus A, Detail Wandaufbau und Dachanschluß

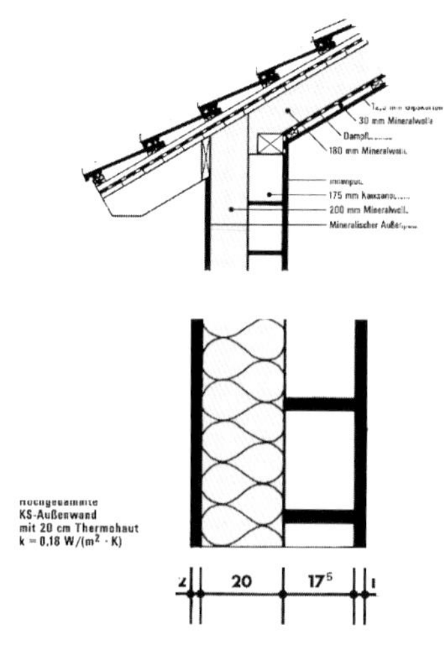

Niedrigenergiehaus B, Detail Wandaufbau und Dachanschluß

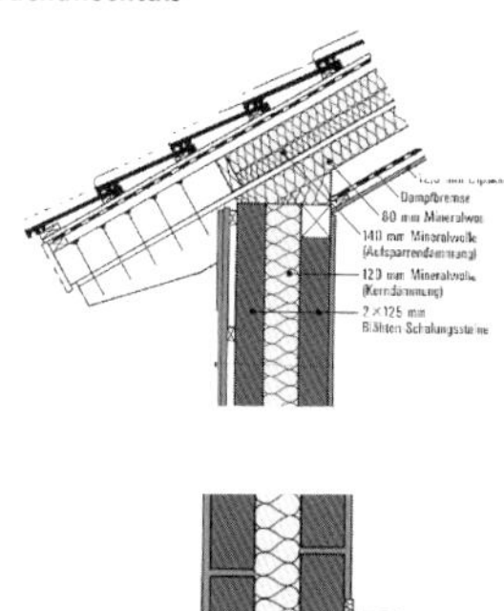

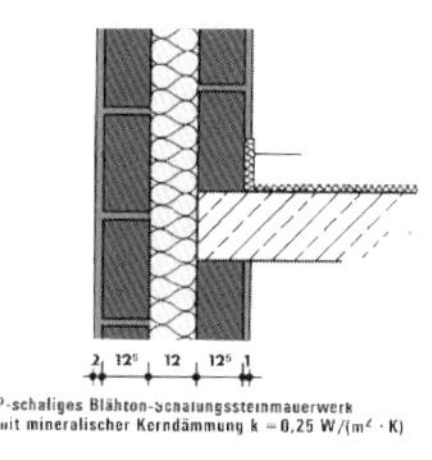

Meßeinrichtung und Meßprogramm

Die Meßeinrichtung soll in der Lage sein, jederzeit die Daten zu erfassen, die für eine vollständige Energiebilanz notwendig sind. Ermittelt werden:

- die Nettoheizenergie (Wärmemengenzähler)
- der Primärenergieeinsatz
- der Wärmeverbrauch für Brauchwasser (Wärmemengenzähler)
- die horizontale Globalstrahlung sowie Einstrahlungswerte auf der Südseite zur Berechnung solarer Gewinne
- die Außenlufttemperatur
- die Fensteröffnungszeiten (über Fensterkontakte)
- der Status des temporären Wärmeschutzes (offen / geschlossen)

Die Daten der viertelstündlichen Messungen werden zu stündlichen Mittelwerten komprimiert und in Datenerfassungsanlagen abgespeichert. Bei der Messung der Stromverbräuche erfolgt eine gesonderte Aufzeichnung für die Ventilatoren der Lüftungsanlagen. Die Luftdichtigkeit der Gebäudehüllen, die für die Effizienz von Wohnungslüftungsanlagen wichtig ist, wurde mittels Blower-Door-Messung ermittelt.

Ergebnisse

Die Referenzhäuser hatten mit 85 und 83 kWh/m²a erwartungsgemäß den höchsten Energieverbrauch. Im Durchschnitt liegen die Niedrigenergiehäuser bei 51 kWh/m²a. Den niedrigsten Verbrauch hatte die Niedrigenergiehaushälfte D1 mit 44 kWh/m²a. Dieses Gebäude ist in Holzbauständerweise als Fertighaus erstellt worden, mit einer hochwärmegedämmten Hülle. Beheizt ist es mit einer Warmwasserfußbodenheizung und Radiatoren, durch eine intelligente Fenstersteuerung werden bei geöffnetem Fenster die Heizkörperventile geschlossen. Es ist das einzige der Niedrigenergiehäuser, das ohne Lüftungsanlage ausgeführt wurde.

Die detaillierten Untersuchungen zu den Energiebilanzen der Niedrigenergiehäuser haben ergeben, daß mit etwas mehr als einem Drittel der größte Anteil der Transmissionswärmeverluste über die Fenster verlorenging, etwa ein Drittel durch die Außenwände und der Rest durch Dach, Boden und Nebenräume. Am interessantesten waren die Ergebnisse der Untersuchung der Effizienz der Lüftungsanlagen. Es stellte sich heraus, daß ohne Lüftungsanlage genausoviel freie Fensterlüftung durch die Bewohner veranlaßt wurde wie mit. Dadurch haben die Gebäude mit Lüftungsanlagen einen erhöhten Raumluftwechsel, denn die Grundlüftung durch die Lüftungsanlagen addiert sich einfach zur gewohnten und ohnehin durchgeführten Fensterlüftung. Auch stellte sich heraus, daß fast alle Anlagen zu groß dimensioniert waren und so zu unnötigen Verlusten und schlechten Wirkungsgraden führten. Dies gilt sowohl für die Gaskessel als auch für

Lageplan

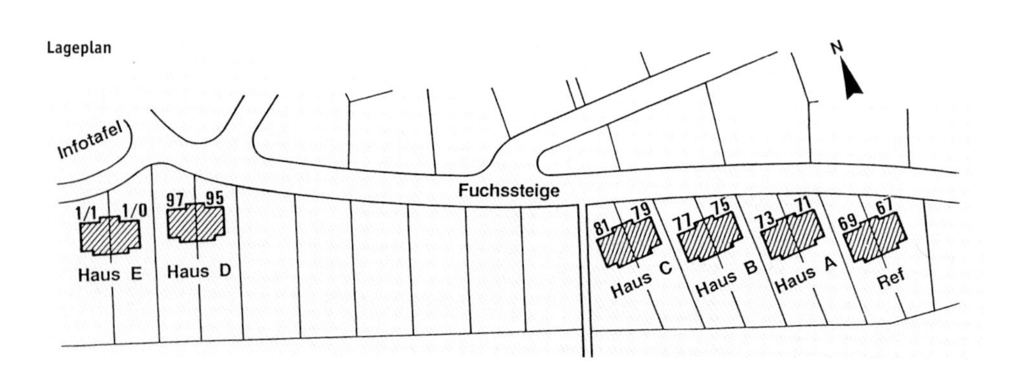

Niedrigenergiehaus C, Detail Wandaufbau und Deckenanschluß

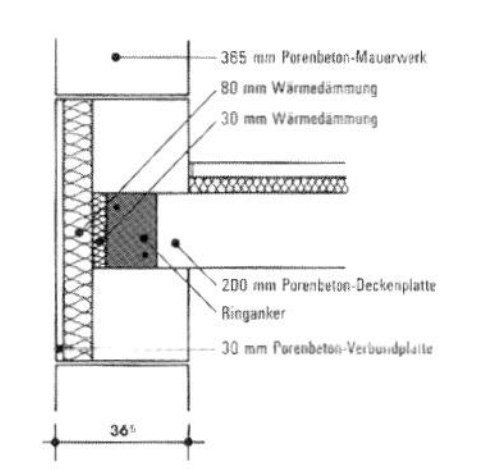

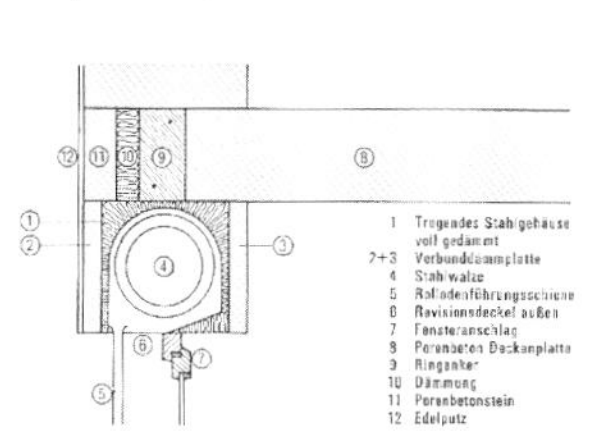

Niedrigenergiehaus D, Detail Wandaufbau und Dachanschluß

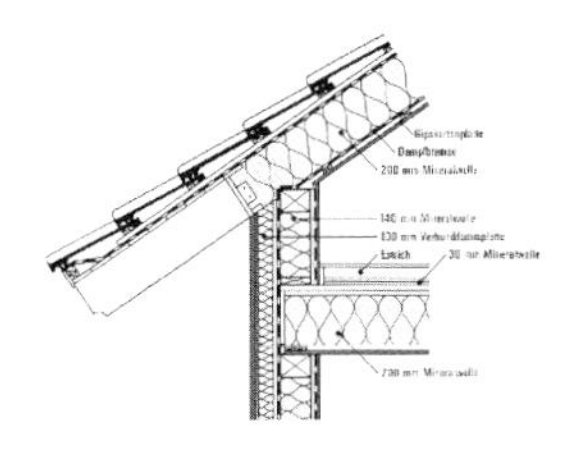

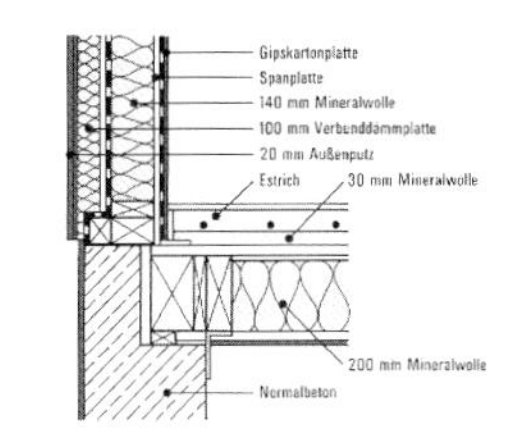

Niedrigenergiehaus E, Detail Wandaufbau und Dachanschluß

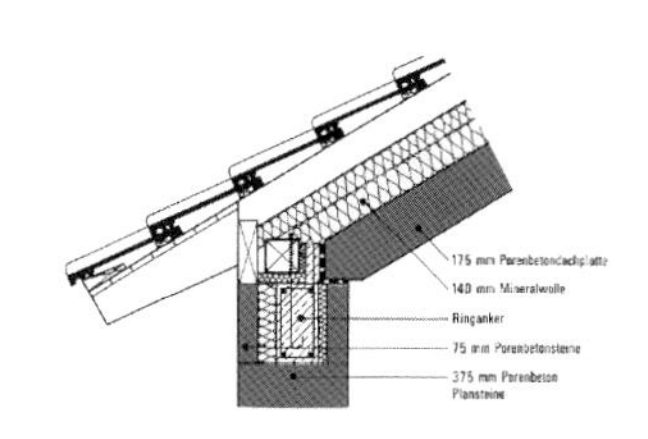

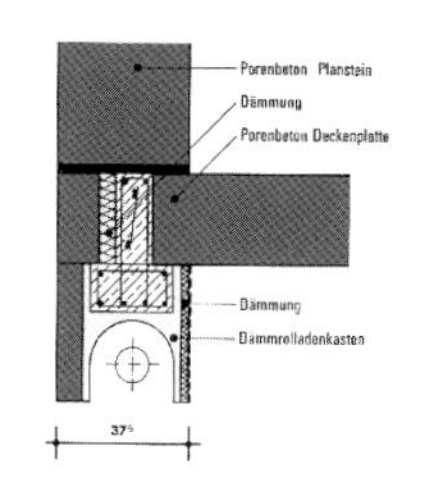

Gemessener Heizwärmeverbrauch (92/93)

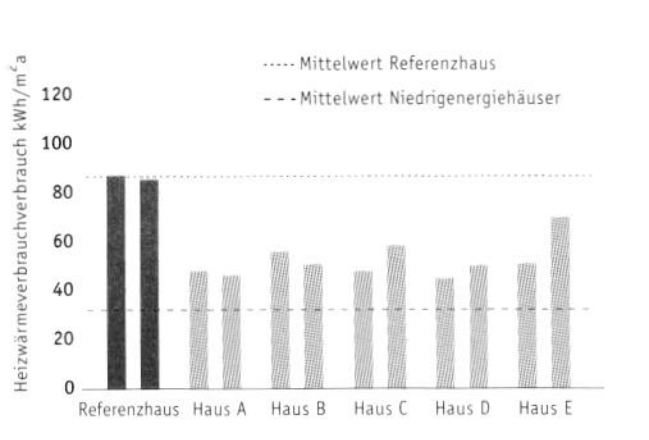

Jährlicher Stromverbrauch für Haushalt, Heizumwälzpumpen sowie Umluft-, Zu- und Abluftventilatoren

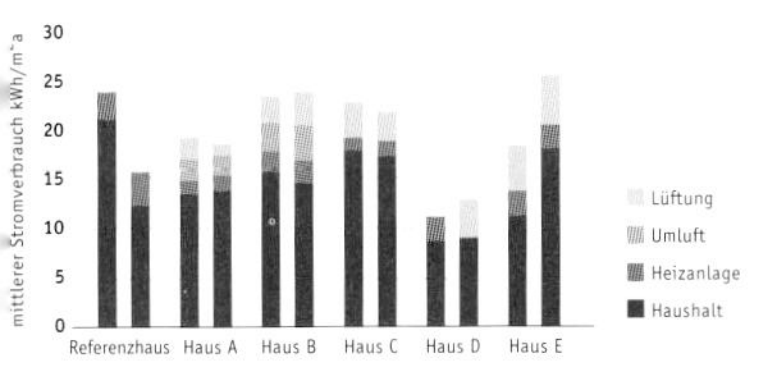

Verhältniszahlen von Energiegewinn infolge Zuluftvorwärmung zu Stromverbrauch der Ventilatoren für die Wohnungslüftungsanlagen. Nur die Lüftungsanlagen von Haus A und B erreichen die gewünschte Effizienz von gewohnter Wärme zu eingesetztem Strom im Verhältnis von mindestens 5:1.

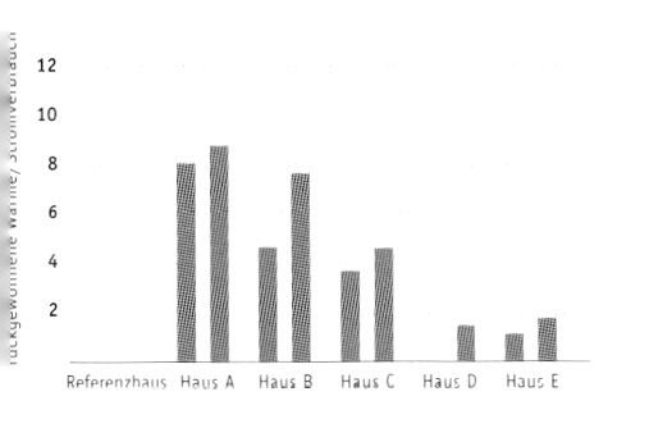

CO_2-Emissionen, die durch Warmwasserbereitung, Heizung, Heizungs- und Lüftungsantrieb, Haushaltsstromverbrauch entstanden

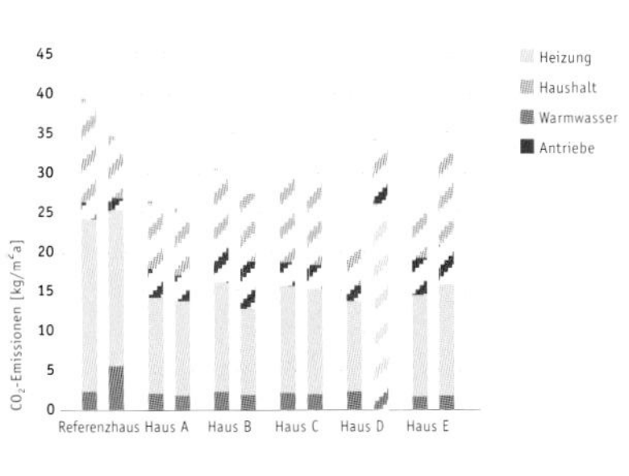

die Ventilatoren der Lüftungssysteme, die Umwälzpumpen der Heizungsanlagen und die Warmwasserversorgung. Eine Untersuchung der Kessel und Thermen ergab, daß der Jahresnutzungsgrad nur zwischen 0,9 und 0,78 lag. Das Fraunhofer Institut für Bauphysik faßt die aus dem Projekt resultierenden Empfehlungen daher so zusammen:

- Das Nutzerverhalten, insbesondere die Lüftungsgewohnheiten beeinflussen den Heizenergieverbrauch sehr wesentlich, stärker als die meisten Technologien.
- Mit am Markt verfügbaren Bauteilen können die Transmissionswärmeverluste auf ca. 50% reduziert werden, gegenüber herkömmlichen Gebäuden. Eine kompakte wärmetauschende Gebäudehülle verringert die Kosten.
- Alle Fenster sollten mindestens einen k-Wert von 1,5 W/m²K haben. Auf der Ost- und Westseite des Gebäudes betragen die Solargewinne nur 70%, auf der Nordseite nur 40%, verglichen mit der Südseite, daher sollten die Fenster möglichst südorientiert sein und im Norden noch hochwertigere Wärmeschutzgläser verwandt werden.
- Der Stromverbrauch für Heizungs- und Lüftungsantriebe ist bisher vernachlässigt worden, er kann ca. 30% des Haushaltsstromes betragen.
- Elektrizität sollte nicht zum Heizen oder zur WW-Erzeugung benutzt werden, da sie zu hohen Emissionen und Betriebskosten führt.
- Die Größe der Heizungsanlagen sollte nur am Heizenergiebedarf orientiert werden, nicht am WW-Bedarf, da die Wärmeerzeuger sonst überdimensioniert werden und zu schlechten Nutzungsgraden führen. Ein Angebot von Kesseln in der Größenordnung von 5–8 kW, die auf Niedrigenergiehäuser ausgelegt sind, fehlt noch.
- Solaranlagen für die Warmwasserbereitung sollten so groß ausgelegt werden, daß die Heizungsanlage für 4 bis 6 Monate im Jahr ganz abgeschaltet werden kann, da so der Einsatz im Teillastbereich mit schlechten Wirkungsgraden verhindert werden kann.
- Die verwandten Lüftungssysteme führten in der Regel zu zu hohen Stromaufnahmen und zu geringer Nutzerakzeptanz. Eine Effizienz von Wärmegewinn zu Stromeinsatz von 5:1 sollte mindestens erreicht werden. Eine automatische Abschaltung bei geöffneten Fenstern oder Außentemperaturen über 10°C wird empfohlen. Dabei sollte der Außenluftwechsel 0,3 bis 0,4 h^{-1} nicht übersteigen, da ohnehin ein gewisser Luftaustausch über die Fugen erfolgt. Die Lüftungsleitungen sollten möglichst kurz sein.
- Heizungen mit Thermostatventilen sollten ebenfalls über Fensterkontakte bei geöffnetem Fenster automatisch abgeschaltet werden. Auf Zirkulationsleitungen sollte generell verzichtet werden.

Niedrigenergiehäuser Heidenheim

Fertigstellung
Herbst 1990/Winter 1991

Gebäudestandort
Fuchssteige 67–81, 95/97
D-Heidenheim
Besichtigung möglich

Leitung des Forschungsprojektes
Fraunhofer-Institut für Bauphysik
Hans Erhorn, Johann Reiß
Nobelstr. 12
D-70569 Stuttgart
Fon +49·(0)711·970 00

Architekt
Herrmann Zipprich, Gerstetten

Bauträger
Gemeinnützige Baugesellschaft Heidenheim AG

Energieplanung
B.E.S.T. – Ingenieurbüro für Bauphysik und Energiespartechnik, Stuttgart

Gebäudedaten Haus D1 und D2
Fertighaus von WeberHaus GmbH & Co.KG

Beheizte Wohnfläche
183 m²

Gesamtnutzfläche
269 m²

Umbauter Raum
811 m³

mittlerer Wärmedurchgangskoeffizient
0,24/0,26 W/m²a

Hüllflächenfaktor
0,78 m⁻¹

Wandaufbau
Gipskartonplatte, Spanplatte, 140 mm Mineralwolle/Holzständerwerk, 100 mm Verbunddämmplatte, 20 mm Außenputz

Bauteilkennwerte
Außenwand:
k-Wert 0,19/028 W/m²K
Fenster:
k-Wert 1,40 W/m²K
Dach:
k-Wert 0,24 W/m²K
Kellerdecke:
k-Wert 0,17/0,37 W/m²K
Boden/Erdreich:
k-Wert 0,30 W/m²K

Anlagentechnik
Heizung:
D1: Fußbodenheizung und Radiatoren
D2: Elektroheizung, Lüftung mit Wärmerückgewinnung
Wärmeerzeuger:
D1: Gasbrennwertkessel
Warmwasserbereitung:
D1: WW-Boiler über Gaskessel beheizt
D2: elektrische Wärmepumpe

Energiekenndaten D1/D2
Heizwärmebedarf (gerechnet):
68/62 kWh/m²a
Energieverbrauch (gemessen):
Heizwärmeverbrauch:
44/48 kWh/m²a
Warmwasser:
5,1 kWh/m²a
Elektrizität Haushalt
8,6/9,0 kWh/m²a
Elektrizität Antriebsenergie
2,8/3,9 kWh/m²a

Ansicht von Süden

„Passivhaus", Darmstadt (D)

Das radikal gedämmte „Passivhaus" des Instituts für Wohnen und Umwelt setzt ganz auf Energiesparen: Es ist zum Vorreiter der Niedrigenergiehausbewegung geworden.

Die Debatte um das Niedrigenergiehaus

Das Institut für Wohnen und Umwelt in Darmstadt beschäftigt sich seit Jahren mit den Prinzipien des Niedrigenergiehauses. Auf den im hohen Norden Europas gewonnenen Erfahrungen mit hochwärmegedämmten Häusern aufbauend, entwickelte es die Philosophie des sogenannten „Passivhauses". Sein Grundprinzip ist: Wärmedämmung über alles und insbesondere vor allem – also bevor man überhaupt an aktive solare Systeme denken darf. Die wichtige Grunderkenntnis der Energiesparstrategen ist ebenso einfach wie bedeutend:

1. Ein konsequent wärmegedämmtes Haus braucht im mitteleuropäischen Klima fast gar keine Energie mehr zum Heizen.
2. Unter den verschiedenen Möglichkeiten, den Brennstoffeinsatz zur Beheizung von Häusern zu verringern, ist die Energieeinsparung durch Verbesserung der Energieeffizienz die wirtschaftlich sinnvollste Lösung. Erst wenn der Energieverbrauch entsprechend radikal gesenkt wurde, ist aus technischen und wirtschaftlichen Gründen auch der Einsatz von erneuerbaren Energiequellen zur Deckung des dann noch bestehenden Restenergiebedarfs möglich.

Diese Überlegungen und einige weniger überzeugende Erfahrungen mit Solarhäusern der ersten Generation (70er bis 80er Jahre) führten teilweise in Energiesparkreisen zu einer fast konservativen „Nur-Energiespar"-Haltung und einer immer wiederkehrenden Diskussion darüber, daß es doch reichen würde, alle Häuser besser zu dämmen, daß man über erneuerbare Energien gar nicht mehr zu diskutieren brauche, bevor dies nicht geschehen sei (in den nächsten 30 Jahren), und daß alle Investitionen in aktive Solarsysteme doch nur Geld von der vorrangigen Aufgabe der Wärmedämmung abziehen würden. Die Konkurrenz zwischen „Sparen" und „Solar gewinnen" ist allerdings mehr eine scheinbare. Ihr stehen einerseits sehr positive Erfahrungen mit den „Solarhäusern" der Gegenwart gegenüber, die schlicht erfolgreich beides tun, und andererseits integrale wirtschaftliche und energetische Betrachtungen, die zeigen, daß das Energie- und Kostenoptimum nicht immer bei einer möglichst dicken Dämmschicht liegt. Denn je dicker die Dämmschicht wird, desto weniger bringt sie dann pro Zentimeter zusätzlicher Materialstärke. Die ersten 10 cm Dämmung bringen die größte Energieeinsparung, wobei der Nutzen bei steigender Dicke (ab ca. 15–30 cm, abhängig von Dämmaterial und Bauteil) an eine Grenze kommt, ab der dann wieder kräftig nachgedacht werden darf, was die nächsten sinnvollen Schritte sind. So bringt etwa eine Sonnenkollektoranlage dann pro eingesetzter Mark mehr CO_2-Reduktionspotential auf die Beine als eine weitere Dämmung.

Das „Passivhaus" beweist auf jeden Fall eines: Energiesparen ist ganz einfach – nur konsequent muß man es machen. Es soll im folgenden als erfolgreicher Prototyp der Niedrig- und Niedrigstenergiehäuser vorgestellt werden. Allerdings ist der Name „Passivhaus" insofern etwas irreführend, als auch das Darmstädter „Passivhaus" im Sinne dieses Buches getrost zu den Solarhäusern gezählt werden kann. Auch hier tragen aktive solare und haustechnische Systeme wie z.B. die Sonnenkollektoranlage zur Energiebilanz bei, während ein großer Teil der Heizenergie durch die Fenster direkt von der Sonne gewonıen wird – eben passiv-solar. Anders-ıerum gesagt bildet das realisierte ›Niedrigstenergiehaus den idealen ›rundbaustein für ein solares Null-›nergiehaus. Schon die Nutzung der ınverschatteten geschlossenen Flächen ler Südfassade für eine Solarstrom-ınlage mit einigen Kilowatt installierter .eistung könnte es auf diesem Weg ›oranbringen.

Das Gebäudekonzept

Das „Passivhaus" wurde im Herbst 1991 bezogen. Es besteht aus vier Wohneinheiten mit jeweils 156 m² Wohnfläche, die zu einem schlichten .anggestreckten Kubus gereiht sind. Nach Süden hin öffnet sich das Haus mit ›roßen bodentiefen Fenstern, nach Nor-len schützt es sich mit einem vergla-›ten Anbau, der als Windfang und Puf-ferzone dient. Die wärmsten Räume des ›ebäudes – Küche und Bäder – sind in einer zentralen Erschließungszone angeordnet, nach Norden und Süden schließen sich die Wohnräume an. Die Gebäudeoberfläche ist bewußt glatt gestaltet, um Wärmebrücken und Oberflächenvergrößerungen durch Vorsprünge, Auskragungen etc. zu vermeiden. Selbst die Balkone wurden klein gehalten, um eine Verschattung der Südfenster zu verhindern. Die wärmeabschließende Schicht des Gebäudes fällt auch bei diesem Beispiel nicht mit der witterungsabschirmenden Gebäudehülle zusammen: Keller und Vorbau gehören nicht zum beheizten Raumvolumen. Das Energiekonzept des Gebäudes basiert auf einem außerordentlich guten Wärmeschutz. Die Nordwand besteht aus einem Mauerwerk mit 17,5 cm Dicke und einer Dämmschicht von 27,5 cm Stärke. Die Kellerdecke wird mit 30 cm Dämmung geschützt. Das Dach ist aus leichten Holzträgern nach schwedischem Vorbild konstruiert. Sie bestehen aus einem Doppel-T-Träger, dessen Steg aus einer Spanplatte besteht und genauso hoch ist, wie die Wärmedämmung dick sein soll. Der Vorteil ist, daß die Träger im Querschnitt sehr schmal sind und insofern nur eine geringe Wärmeübertragungsfläche bilden. Daher kann die Wärmedämmung, in diesem Fall Mineralwolleflocken, direkt dazwischen eingeblasen werden. Dämmschichtdicke: 45 cm. Zusätzlichen Schutz und Speichermasse bietet die extensive Dachbegrünung. Für die Fenster wurde das Beste gewählt, was der Markt zur Zeit der Planung bot, eine Dreifachverglasung mit Kryptonfüllung und selektiver Beschichtung. Der k-Wert beträgt nur 0,7 W/m²K. Zur Schwachstelle wird bei einer solchen Verglasung dann leicht der Rahmen, daher kam hier eine spezielle Konstruktion zum Einsatz.

Bei einer so gut gedämmten Gebäudehülle werden die Transmissionswärmeverluste, die unmittelbar als Wärmeleitung durch die Gebäudehülle verlorengehen, so gering, daß man der Dichtigkeit des Gebäudes Aufmerksamkeit schenkt und außerdem die Lüftungswärmeverluste zu minimieren versucht. Zu diesem Zweck kam eine Lüftungsanlage zum Einsatz, die in der mittleren Zone (Küche/Bad) die verbrauchte Luft absaugt und in den Wohnräumen frische zuführt, kombiniert auch hier mit einem Wärmetauscher, der bis zu 80% der Abwärme rückgewinnt. Die Frischluft wird zusätzlich im Winter vorgewärmt und im Sommer gekühlt, indem sie durchs Erdreich geführt wird. Auch aus warmem Dusch- oder Badewasser wird die Energie rückgewonnen. Der Warmwasserbedarf wird im Sommer mit hocheffizienten Sonnenkollektoren gedeckt, im Winter mit einem Gasbrennwertkessel. Durch den Einsatz energiesparender Haushaltsgeräte wurde der Gesamtenergiebedarf des Hauses auf 30 kWh/m²a reduziert. Das ist gerade so viel, wie normalerweise alleine für die Haushaltsgeräte verbraucht wird. Die Mehrkosten für diesen Standard belaufen sich auf ca. 19% der Bausumme, insgesamt ca. 100.000 bis 110.000 DM pro Wohneinheit.

Schnitt mit Belüftungssystem

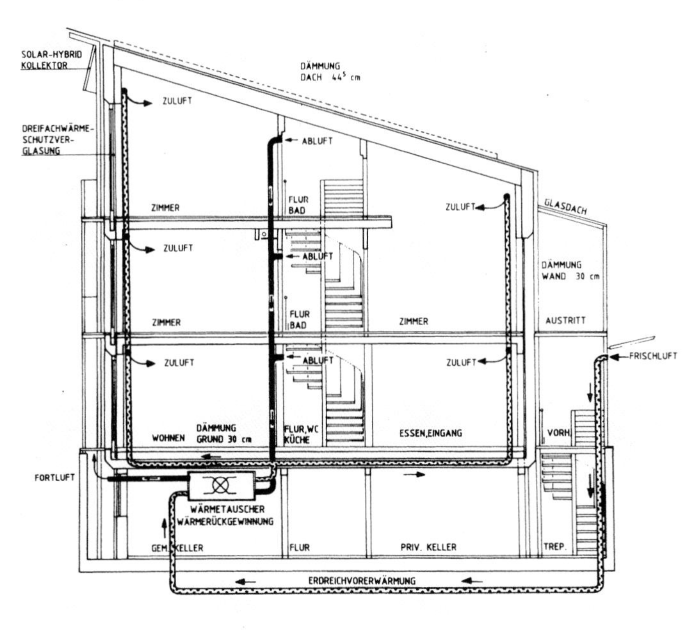

Grundriß

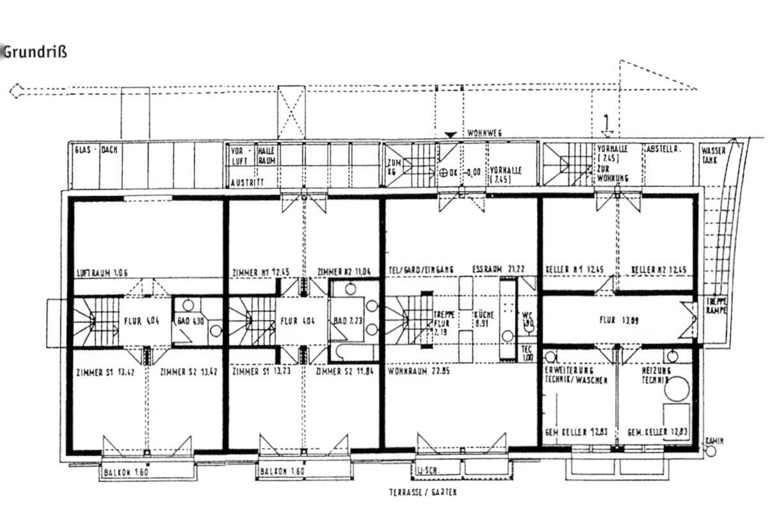

Passivhaus Darmstadt Kranichstein

Fertigstellung
Oktober 1991

Gebäudestandort
Passivhaus
Carsonweg
D-64289 Darmstadt

Besichtigung
Hessisches Umweltministerium
Herr Udo Drda
Mainzer Straße 98–102
D-65021 Wiesbaden
Fon +49 · (0)611 · 815 16 04

Bauherrschaft/Auftraggeber
Bauherrengemeinschaft Passivhaus
Carsonweg
D-64289 Darmstadt

Architekturbüro
Prof. Bott
Mitarbeiter
Ridder/Westermeyer
Jahnstraße 4
D-64285 Darmstadt

Energietechnik
Herr Stürz, ÖEB
Ökologische Energie- und Bautechnik
Berliner Str. 11
D-64319 Darmstadt

Nettonutzfläche
624 m²

Umbauter Raum
2 734 m³

Oberflächen/Volumen-Verhältnis
0,404 m⁻¹

Anzahl Wohnungen
4

Höhe über Meer
150 m

Heizgradtage
3 378 Kd

Jährliche Globalstrahlung
1 038 kWh/m²a

Bauteilkennwerte
Außenwand:
175 mm Kalksandstein und 275 mm Polystyrol, Wärmedämm-Verbundsystem
k-Wert 0,138 W/m²K
Fenster:
3-Scheiben-Wärmeschutzglas mit Kryptonfüllung
k-Wert 0,7 W/m²K
Dach:
Holz-Leichtbauträger mit 450 mm Mineralwolle
k-Wert 0,1 W/m²K
Boden:
250 mm Dämmung, Betondecke, 50 mm TSD
k-Wert 0,131 W/m²K

Haustechnik
(für alle 4 Wohnungen zusammen)
Gasbrennertherme
12 KW

Thermische Solaranlage
(für alle 4 Wohnungen zusammen)
Solarkollektortyp und Hersteller
Vakuum-Flachkollektor „Heliostar" von Thermosolar
Installierte Fläche Sonnenkollektor
24 m²
Solarspeicher
1 m³
Art der Anwendung:
nur WW
Solarer Deckungsanteil WW-Bedarf
66%

Energiekenndaten
Heizwärmebedarf, berechnet
9,7 kWh/m²a
Heizwärmebedarf, gemessen (Heizperiode 1992/93 und 1993/94)
10,47 kWh/m²a
Nutzenergieverbrauch WW
6,1 kWh/m²a
Verbrauch Erdgas '92/'93 (Alle 4 Wohnungen zusammen, für Heizung u. WW und Kochgasherde)
1 240 m³/a
Verbrauch Elektrizität '92/'93 (alle 4 Wohnungen zusammen einschließlich Kellerverbrauch und Lüftung)
6 988 kWh/a
Jährl. Wärmeproduktion Kollektor '92/'93
6 807 kWh/a

Kosten
Gebäudekosten pro Wohnung 630 000 DM

Solare Kieswerkarchitektur (D)

Thomas Spiegelhalter demonstriert einen bewußten Umgang mit Energie in den prozeßhaften Formen seiner Kieswerkarchitektur. Deren kinetische Raumskulptur stellt eine künstlerische Einheit von Energie und Materie her.

Auf dem Gelände eines ehemaligen Kieswerkes realisierte der Architekt und Bildhauer Thomas Spiegelhalter eine besonders experimentelle solare Architektur: ein Einfamilienhaus für ein zunächst experimentierfreudiges Ehepaar. Die Attraktion des Bauwerkes war jedoch so groß, daß Ort und Lage dieser Wohnidylle mit hohem Glasanteil angesichts der unliebsamen Besucherströme hier verschwiegen werden.

Das Fließen von Energien entlang von Entwicklungslinien und Kraftfeldern, gegenwärtige wie vergangene Bewegung sind die Themen, die Thomas Spiegelhalter gestalterisch umsetzt. Die Architektur ist expressiver Ausdruck einer kinetischen Raumauffassung; Recycling, Klang- und Bewegungsräume sowie Solarenergiegewinnung sind Teil des Konzeptes. Die Lage des Baugeländes in einer Kiesgrube bietet den rauhen Rahmen, aber auch den Bezugsort für die Erinnerung daran, daß Bauen verbauen bedeutet, daß die Materialien, die wir verwenden, an anderer Stelle der Erde entnommen sind. Radikales Recycling ist die Antwort des Architekten darauf. Materialien, die auf dem Grundstück vorgefunden wurden, flossen in die Konstruktion des Hauses ein. Der überwiegende Teil der Baukonstruktion ist prozeßhaft vor Ort entwickelt worden. Recyclingmaterialien und remontierte Kieswerk- und Baggerelemente sind Teile des Gebäudes geworden. Der Prozeß des Auflesens, neu Interpretierens und Andockens einzelner Fund- und Bruchstücke bleibt in seiner Dynamik am Bauwerk sichtbar. Solargenerator und Sonnenkollektoren folgen eigenen Formprinzipien und orientieren sich an ihnen gemäß den Himmelsrichtungen. Nach oben nach Süden finden sie als filigrane Strukturen ihren Platz in

Schnitt

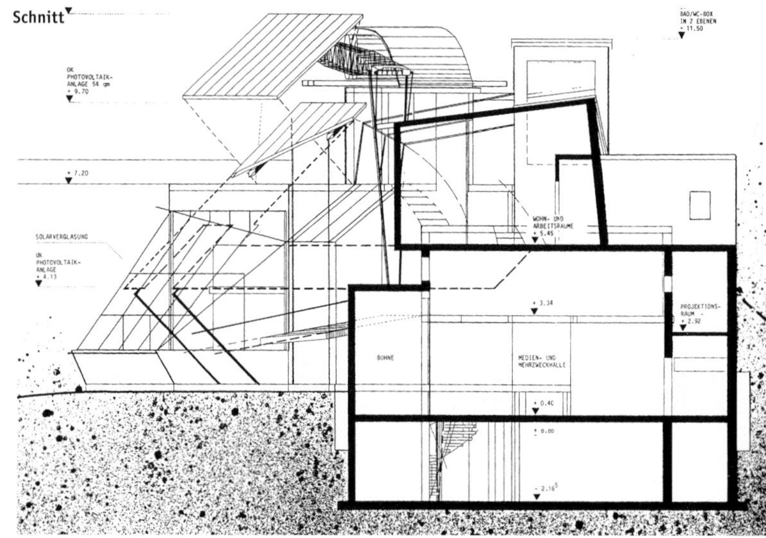

Nachtansicht

Seitenansicht

der Konzeption. Ein Wassertank bleibt offen sichtbar. Auch im Gebäude werden die Infrastrukturen offen geführt und unterliegen ihren eigenen Formbedingungen. Das Sichtbarlassen von Beton und Baumaterialien ist unabdingbarer Teil dieses gestalterischen Konzeptes. Dabei ist die Grundidee des Entwurfes einfach. Ein massives, sehr gut wärmegedämmtes Kernhaus aus Beton und Mauerwerk nimmt die zentralen Wohnfunktionen auf. Um die zentralen Räume gruppieren sich die Nebenräume und Zwischenräume. Es bilden sich vielfältige Überlagerungen von Innen- und Außenraum. Die Infrastrukturen durchdringen die Hüllen bis in den inneren versorgten Raum, auf den sich alles hinbewegt. Eine runde geschwungene Brücke markiert die Bewegung in das Haus hinein. Wie ein Magnet scheinen die Schutzraum suchenden Bewohner einzelne Bauteile um sich versammelt zu haben und hinterlassen die von der Nutzung gezeichnete Spur auf dem Grundstück.

Ansicht

Schema zur Photovoltaikanlage

ELEKTROLYSE
O_2 H_2
SPEICHER
KRAFT GAS-MOTOR
WÄRME HEIZ-KESSEL
WÄRME KATALYT. VERBRENN.
STROM BRENN-STOFFZELLE
ERWEITERUNG WASSERSTOFFTECHNOLOGIE
kWh
EINSPEISUNG
BEZUG
EVU
ELEKTRISCHE VERBRAUCHER
SOLARGENERATOR 5,4 kW_p

Schema zur Photovoltaikanlage

Solare Kieswerk-Architektur

Fertigstellung
November 1992
und Februar 1993

Architekturbüro
Prof. Dipl.-Ing. Arch.
Thomas Spiegelhalter
Postfach 5107
D-79018 Freiburg
Fon +49 · (0)761 · 397 04
Fax +49 · (0)761 · 47 46 12

Energietechnik
Krebser & Freyler
D-79331 Teningen
Fon +49 · (0)7641 · 911 10

Tragwerk
Ingenieurbüro
Egloff-Rheinberger
Brombergstr. 17
D-79102 Freiburg
Fon +49 · (0)761 · 741 61
Fax +49 · (0)761 · 70 65 27

Nettonutzfläche
613 m²

Anzahl Wohn- und Arbeitseinheiten
1

Höhe über Meer
189 m

Bauteilkennwerte Primärsystem
Außenwand:
24 cm Kalksandstein,
12 cm Thermohaut aus Mineralwolldämmplatten,
Putz
k-Wert 0,28 W/m²K
Holzleichtbau, Mineralfaser,
Schalung
k-Wert 0,21 W/m²K
Fenster und Wintergarten:
2fach Wärmeschutzverglasung
k-Wert 1,30 W/m²K
Flachdach:
22 cm Stahlbetondecke und
12 cm Dämmung,
25 cm Vegetationsschicht
mit Begrünung
k-Wert 0,20 W/m²K
Pultdach:
Holzkonstruktion,
18 cm Zwischensparrendämmung
k-Wert 0,20 W/m²K
Boden:
22 cm Stahlbetondecke,
8 cm Unitherm-Dämmung
k-Wert 0,20 W/m²K

Sekundärsystem, thermisch getrennt, kinetisch verbunden mit Primärsystem
Leichtbauelemente,
Energiegewinnsysteme,
Recyclingteile

Heizung (nur Nachheizung)
Brennwerttherme Vaillant,
24 kW

Warmwasserversorgung
Aus thermischer Solaranlage,
solarbetriebene,
heizungsseitige Pumpe
Ansteuerung in Abhängigkeit von der Brauchwasser-Temp.
Nachheizung mit Brennwerttherme

Thermische Solaranlage
Hersteller:
Klöckner Solar-Heizsystem Astron
Art der Anwendung:
WW und Heizung
Installierte Fläche:
12 m² Vakuumkollektoren
Speicher:
3 x 800 l (2,4 m³)
Warmwasserbereiter
800 l

Photovoltaikanlage
Modulhersteller:
Telefunken-System-Technik
Typ
PQ 40/50
Installierte Leistung
5,4 kWp
Installierte Fläche
50 m²
100 Module mit 50 Wp
Material
Multikristallines Silizium
Wirkungsgrad Module
12,5%
Wechselrichter:
Hersteller
SMA/Flachglas
Typ
3x PV-WR 1500 (1,5 kW)
Solare Deckungsrate Strom:
ca. 100%
(berechnet)

Steuerung Stromverbraucher im Haus
Einschaltung stromintensiver Haushaltsgeräte
(wie Wasch- und Spülmaschine)
in Abhängigkeit vom Solarenergieangebot

Kosten PV-Anlage
141 222 DM brutto
70% Zuschuß nach dem 1 000-Dächer-PV-Programm

Schema zur Warmwasseranlage und zur Regenwassersammelanlage

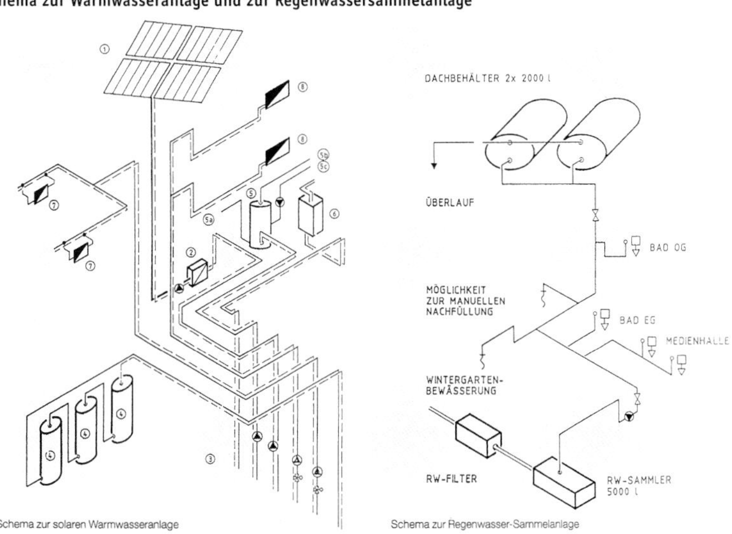

Schema zur solaren Warmwasseranlage

Schema zur Regenwasser-Sammelanlage

Ansicht vom Garten

Wohnen unterm Schirm, Lyon-Vause (F)

Die Architekten Jourda und Perraudin stellen das Raum- und Nutzungskonzept in den Vordergrund. Ihr Stichwort heißt Nomadism: Wenn es kalt wird, zieht man sich in kleine, gut abgeschirmte Innenbereiche zurück. Flexibilität soll hier nicht die Technik, sondern der Mensch zeigen: in seinen Nutzungsansprüchen.

Auch die Architekten Jourda und Perraudin wagten eine experimentelle Gebäudeform. Sie bauten ihr eigenes Wohnhaus „unterm Schirm". Ort ist der Süden Frankreichs mit seinen milderen Wintern, aber heißen Sommern. In Lyon-Vause, wo sich auch das Büro der Architekten befindet, realisierten sie auf demselben Grundstück ein Einfamilienhaus. Das Konzept ist einfach und überzeugend. Auf eine bildhafte Art und Weise symbolisieren sie das Schutzbedürfnis der Bewohner durch einen großen Schirm, der das gesamte Gebäude und die Terrasse dachartig überspannt. Zum Wohnen reicht den Architekten eine vorwiegend aus Holz errichtete boxartige Gebäudestruktur:

Schnitt

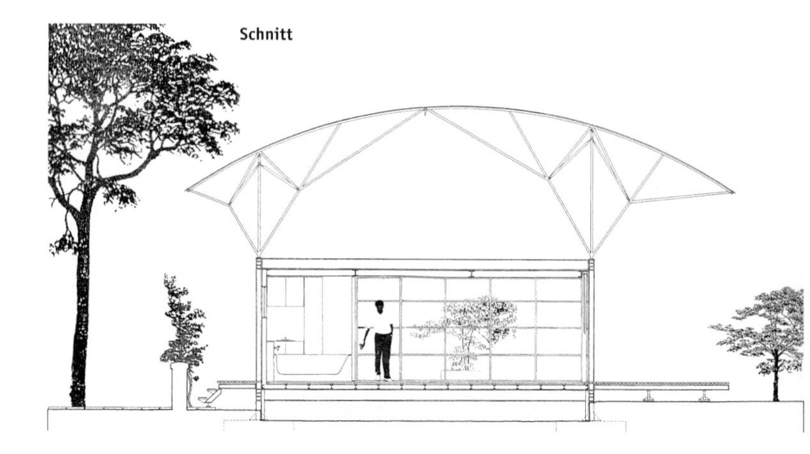

Wohnen unterm Schirm
Fertigstellung
Herbst 1987
Architekturbüro
Jourda & Perraudin
15 rue du Docteur Horand
F-69009 Lyon
Fon +33 · (0)16 · 78 47 79 94
Fax +33 · (0)16 · 78 43 42 01
Anzahl Wohnungen
1
Bauteile
Tragstruktur aus Metall
Außenwand, Dach, Boden:
Sandwichkonstruktion mit
Dämmung aus Sperrholz
Fenster als Schiebetüren mit
Einfachverglasung

schlichte rechtwinklige Räume, mit Glasfronten zum idyllischen Garten. Innere Flexibilität und einfache Konstruktion zeichnen die Wohnbox aus; große Glasfronten ermöglichen passive Wärmegewinne. Das Energiesparszenarium der Architekten beginnt beim Bedenken ihrer eigenen Lebensart. Sie schlagen vor, sich wie Nomaden mit dem Wetter auch innerhalb des Gebäudes auszudehnen oder zu reduzieren. Im tiefen Winter rückt man näher zusammen, im Sommer öffnet sich das Haus, und man geht nach außen. Der Schirm schützt das Haus vor den Einwirkungen des Klimas. Er hält Regen und Wind und Schnee fern und vermindert so die Abkühlung des Gebäudes. Ein Pufferraum entsteht zwischen Haus und Umgebung. Im Sommer beschattet er das Haus und verhindert die übermäßige Erwärmung durch die hochstehende Sonne. Tieferstehende Wintersonne kann jedoch ungehindert durch die Glasfronten ins Haus eindringen und es erwärmen.

Ansicht

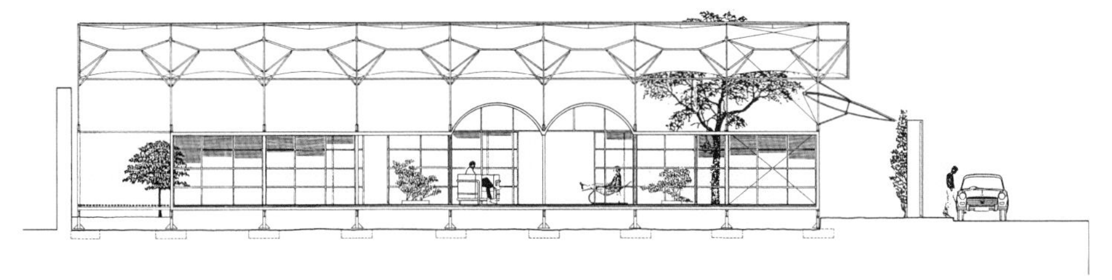

Grundriß Erdgeschoß

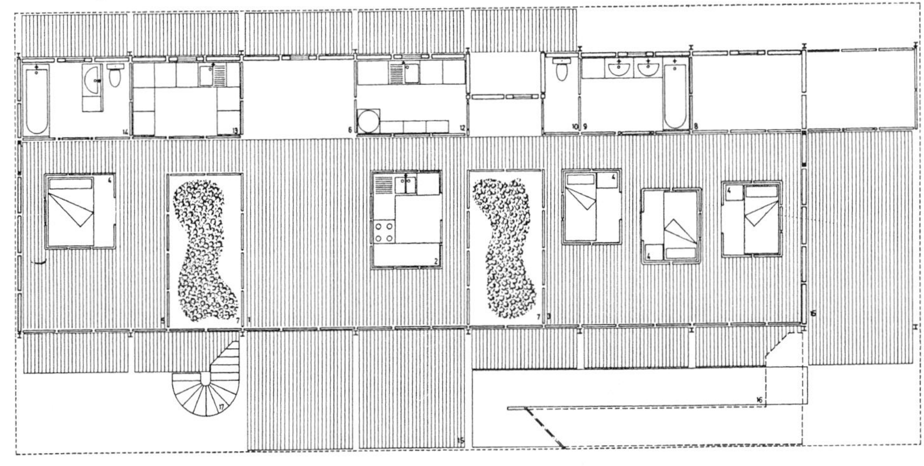

Wohngebäude mit aktiver und passiver Solarenergienutzung, Berlin (D)

Dieses Wohnhaus ist in eine innerstädtische Bebauung integriert und nimmt in seiner Gliederung Bezug auf das Nachbarhaus. Sockelzone, Erker und Dachbereich, die typischen Elemente eines Berliner Mietshauses, sind energetisch interpretiert: Die Sockelzone besteht aus „normalen" Wohnungen, die konventionell beheizt werden. Die Wohnungen der drei darüberliegenden Geschosse gewinnen aktiv und passiv Energie von der Sonne. Die Dachwohnungen haben kleine Atrien, von denen eines mit einem experimentellen Sonnen- und Wärmeschutzsystem ausgestattet ist.

„Solare" Gebäudegestaltung

Das Mietshaus entstand im Rahmen eines Forschungsprojektes der Internationalen Energieagentur (IEA) mit Unterstützung des Bundesforschungsministeriums in Bonn. 31 Wohnungen in sieben Geschossen umfaßt das Gebäude, viele von ihnen sind als Maisonettewohnungen konzipiert. Beispielhaft zeigt es die Grundsätze solarer Grundrißgestaltung: zum Norden hin, an der Rückseite des Hauses, liegen die Eingangsbereiche der Wohnungen, die Flure, internen Treppen, Abstellkammern und Schlafräume. Also alle Räume, die wenig Wärme brauchen oder als unbeheizte Pufferzonen dienen können. Die Küchen und Bäder liegen in der Mitte der Wohnungen und bilden den warmen Kern. An der Südfassade orientiert sich alles zur Sonne hin. Hier liegen die Wohn- und Eßräume, die sich um die Wintergärten gruppieren. Die Ebenen des Gebäudes sind als „split level" ausgeführt, das heißt halbgeschossig versetzt. So kann die Sonne tief in die Wohnungen fallen.

Luftkollektoren

Links und rechts neben den Wintergärten sind vor dem Mauerwerk in die Wand integrierte Luftkollektoren angeordnet. Hinter einer Isolierverglasung befindet sich ein Absorber aus schwarz verzinktem Blech. Er ist quasi als flacher schwarzer Stahlkasten ausgeführt.
Die Luft erwärmt sich im Absorber und wird in einem geschlossenen Luftkreislauf mit temperaturgesteuerten Ventilatoren vom Absorber in die als Hypokausten ausgeführten Geschoßdecken gesaugt. Die Decken bestehen aus Stahlbeton, der sehr gut Wärme speichern kann. In der Betondecke sind Stahlrohre mit einem Durchmesser von 7 cm verlegt. Sie geben die Wärme aus den Kollektoren an die als Speichermasse wirkenden Betondecken ab, so daß eine solare Fußbodenheizung entsteht, die besonders im Frühjahr und Herbst zu einer angenehmen Raumwärme beiträgt.

Wintergärten

Das Gebäude hat ein- und in den Maisonettewohnungen zweigeschossige Wintergärten zur passiven Sonnenwärmegewinnung. Durch Glaselemente können die Wintergärten je nach Temperatur vom Wohnraum abgetrennt oder zum Wohnzimmer hin geöffnet werden. Die eingestrahlte Sonne erwärmt die Fußböden und diese die Luft. Gedämmte Schiebeelemente können zusätzlich zur Verglasung den Wintergarten vom Wohnraum trennen und zum temporären Wärme- und Sonnenschutz eingesetzt werden. Die technischen Fortschritte der Glasindustrie ermöglichen heute, solch hochwärmedämmende Gläser einzusetzen, daß auch im Winter bei großen Fenstern in der Summe kaum Wärmeverluste auftreten. Die Idee der passiven Wärmegewinnung kann daher heute einfacher realisiert werden. Wintergärten dienen dann eher dem zusätzlichen Wohnkomfort und der Schaffung unterschiedlicher Temperaturzonen im Gebäude.

Südansicht:
Wie das benachbarte Gebäude gliedert sich die Fassade in Sockelgeschoß, Mittelbereich mit Erkern und Dachzone. Neben den Wintergärten sind schwarze Felder an der Fassade erkennbar. Dies sind die Luftkollektoren, deren Warmluft geschoßweise in Hypokaustendecken gezogen wird.

Blick in einen zweigeschossigen Wintergarten einer Maisonettewohnung

Im Schnitt gut sichtbar der Geschoßversatz. Durch das „Split level" kann die Sonne tief in das Gebäude fallen. Trotz gegenüberliegender Bebauung erhält das Gebäude viel Sonne, Luftkollektoren in der Erdgeschoßzone hätten sich jedoch nicht gelohnt.

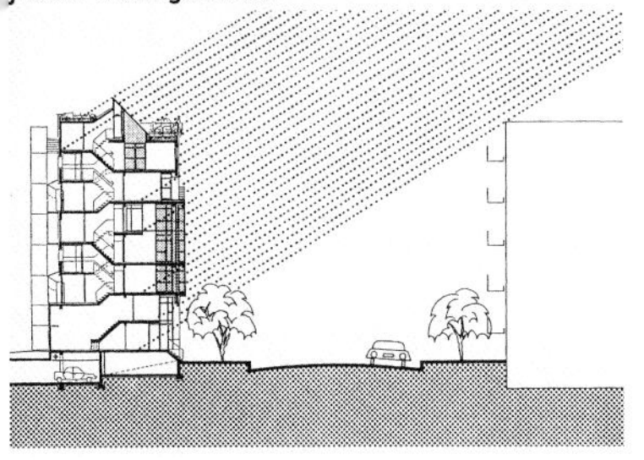

Schnitt durch den Luftkollektor: Der Kollektor besteht aus einem schwarzen, kastenförmigen Metallabsorber hinter einer Verglasung. Im geschlossenen Umlaufverfahren strömt erwärmte Luft vom Kollektor in die Hypokausten eines Deckenfeldes und abgekühlte Luft wieder zurück in den Kollektor.

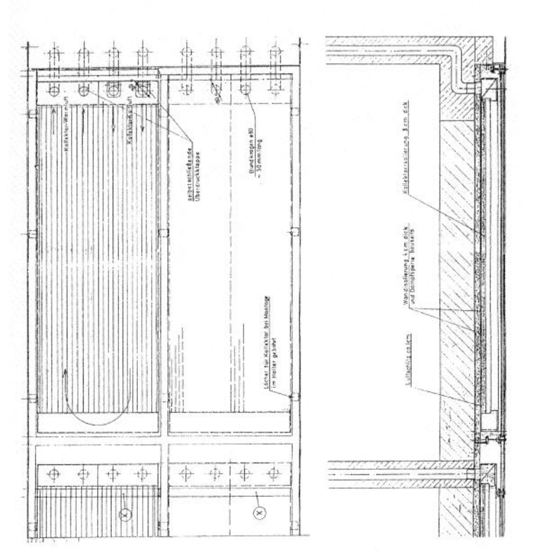

Isometrie der unteren Ebene einer Maisonettewohnung mit Wintergarten: Bei geschlossenen Glastüren wird der Wintergarten zur Pufferzone. Schiebetüren aus Wärmeschutzpaneelen ermöglichen eine vollständige thermische Trennung zwischen Wintergarten und Wohnraum, zusätzlich dienen sie als Sicht- oder Sonnenschutz.

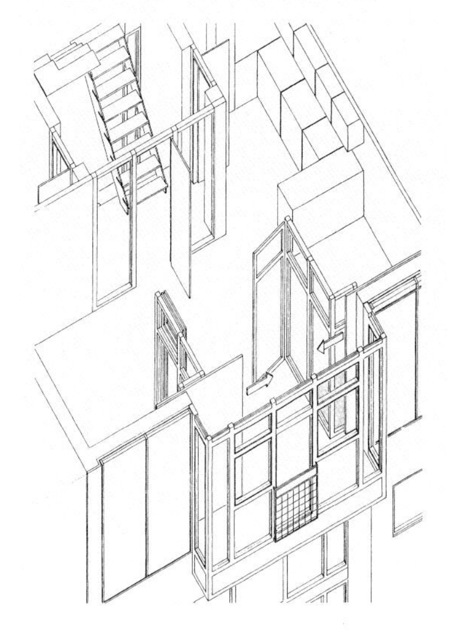

Atrien

Die Dachwohnungen haben statt Wintergärten verglaste Atrien, die von oben Licht und Wärme in den Wohnraum bringen. In zwei der Atrien wurde ein sogenanntes „Beadwall"-System eingebaut. Die Verglasung ist zweischichtig ausgeführt. In den Scheibenzwischenraum kann ein Granulat aus Styroporkügelchen eingeblasen werden. Es erhöht den Wärmeschutz auf einen k-Wert von 0,6 W/m²K, sehr gute Fenstersysteme, z.B. mit einer Dreifachverglasung, Low-E-Beschichtungen und Edelgasfüllung erreichen und unterbieten heute sogar diese Werte. Das Beadwallsystem hat aber den zusätzlichen Vorteil, daß es auch zur sommerlichen Abschirmung von Sonne und Wärme dienen kann. Durch das Granulat hindurch fällt dann ein diffuses, noch immer helles Licht.

Heizung

Das Gebäude ist an das Fernwärmenetz der Stadt Berlin angebunden und wird so mit Wärme versorgt, die aus den Heizkraftwerken der Stadt ausgekoppelt wird. Die Wohnungen sind mit einfachen Radiatoren ausgestattet. Einige Bewohner waren so mit der solaren Energieversorgung ihrer Wohnungen zufrieden, daß sie gänzlich auf den Anschluß an das konventionelle Heizsystem verzichtet und ihre Leitungen gekappt haben.

Isometrische Darstellung der Luftkollektoren und Deckenfelder mit Rohren. Jeweils 4,65 m² Kollektorfläche beheizen ein Betondeckenfeld von 11 m², in das 8 Wickelfalzrohre mit einem Durchmesser von 7 cm einbetoniert wurden.

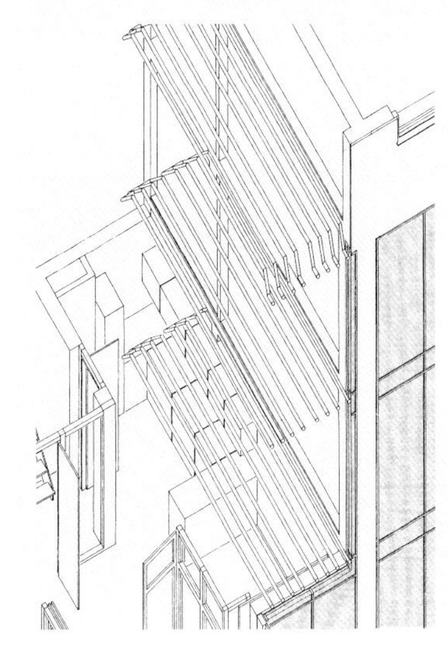

Ergebnisse der Energieverbrauchsmessung

Das Wohnhaus wurde als Forschungsprojekt zwei Jahre lang meßtechnisch begleitet. Im Durchschnitt verbrauchten die Wohnungen deutlich weniger als die Hälfte dessen, was ein konventioneller Neubau (mit ca. 120 kWh/m²a) verbraucht hätte. Die Referenzwohnung ohne Luftkollektoren benötigte ca. 70 kWh/m²a bis 80 kWh/m²a. Dieser Wert ist vor allem auf die Zonierung des Grundrisses zurückzuführen, denn der Wärmeschutz des Gebäudes entspricht dem damals üblichen Standard. Die Wohnungen, in denen genaue Messungen durchgeführt wurden, unterscheiden sich in ihrer Lage im Haus (Außenwände) und daher auch im Verbrauch. Die Luftkollektoren trugen ca. 4000 kWh Heizenergie pro Heizperiode und Wohnung bei. Je nach Verbrauch der Wohnungen waren dies zwischen 70% und 20% des Heizwärmebedarfs. Die mit diesen Solartechniken ausgestatteten Wohnungen verbrauchten nur 25 bis 45 kWh/m²a. Neben dem Heizenergiebeitrag durch die Luftkollektoren verringerten die Wintergärten Lüftungswärmeverluste und Wärmeabstrahlung und brachten passive Solarenergiegewinne. So verbrauchen die „Solarwohnungen" nur ca. ein Drittel oder ein Viertel des Heizenergieverbrauches eines konventionellen Neubaus an fossilen Energien.

Mietshaus mit aktiven und passiven Solarelementen

Fertigstellung
1988

Gebäudestandort
Lützowstraße 3–5
D-10785 Berlin

Architekturbüro
Institut für Bau-, Umwelt- und Solarforschung GmbH
Prof. Dr. Ing. H. Schreck
Planung: H. Schreck, G. Hillmann, J. Nagel, M. Güldenberg, P. Kempchen, G. Löhnert
Caspar-Theyß-Str. 14a
D-14193 Berlin
Fon +49·(0)30·891 54 74
Fax +49·(0)30·891 79 77

Energietechnische Begleitung des Projektes
Fraunhofer Institut für Bauphysik (IPB)
Nobelstr. 12
D-70569 Stuttgart
Prof. Dr.-Ing. habil. K. A. Gertis, H. Erhorn, R. Stricker, J. Reiß

Wohnfläche
2474 m²

Anzahl Wohnungen
31

Bauteilkennwerte
Außenwand:
Putz, Kalksandstein, Dämmung, Putz
k-Wert 0,52 W/m²K
Außenfenster und Wintergarten außen:
Isolierverglasung
k-Wert 2,60 W/m²K
Wintergarten innen, zur Wohnung hin:
Einfachverglasung
k-Wert 5,20 W/m²K
Dachwohnungen:
Dreifachverglasung
k-Wert 1,79 W/m²K
Dach:
Putz, Beton, Dämmung
k-Wert 0,35 W/m²K

Heizung:
Fernwärmeanschluß

Thermische Solaranlage
Luftkollektoren:
jeweils 4,65 m² pro Kollektorfeld beheizen 11 m² Bodenfläche mit 8 Rohren, von je 2 Ventilatoren angetrieben (je 2 Kollektorfelder pro Geschoß und Wohnung)
Energieertrag:
1,2 kWh/h
bei einem Stromverbrauch von 0,1 kWh/h
Solarer Deckungsanteil:
zwischen 20% und 70%

Kosten
Projektkosten:
6 498 000 DM
davon 12% Mehrkosten für Luftkollektoren, Wintergartenverglasung, Dachverglasung, Temp. Wärmeschutz, Röhrendecke, Ventilatoren = 800 000 DM
Gebäudekosten pro m² Bruttogeschoßfläche
2 627 DM

Stadthaus mit transparenter Wärmedämmung, Berlin (D)

In einem typischen Berliner Quartier der Gründerzeit wurde ein im Krieg teilzerstörtes Wohn- und Geschäftshaus wiederaufgestockt und dabei fast die gesamte Südfassade zur Sonnenenergienutzung herangezogen. Innovativste Komponente der solaren Raumwärmegewinnung ist eine transparente Wärmedämmung.

Die Architekten Günther Löhnert und Günther Ludewig vom Architekturbüro Solidar griffen die Kubatur der umgebenden Gebäude auf, mit einer Traufhöhe von 18 bis 19 Metern, vier Obergeschossen und einem ausgebauten Dach. Das im Kriege teilzerstörte Haus beherbergt in den rekonstruierten unteren Etagen Geschäfts- und Büroräume des Berliner Stuhlvertriebes, in den neu errichteten oberen Geschossen Wohnnutzungen. Das Gebäude zeigt, wie sich solares Bauen mit urbanen Mischnutzungen und vorhandener Bausubstanz verbinden läßt. Alle Wohnungen in den neu errichteten Obergeschossen sind mit einem Wohnraum an die Südseite angebunden. Die Belichtung und Belüftung dieser Wohnräume erfolgt über Wintergärten, die teils innenliegend, teils als Erker angeordnet sind. In der kalten Jahreszeit dienen sie als unbeheizte thermische Pufferzonen, in der Übergangszeit werden mit den großen Südöffnungen solare Wärmegewinne erzielt. Im Sommer können die Verglasungen weitestgehend geöffnet werden, und aus den Wintergärten werden Balkone. Bewegliche Sonnenschutzrollos verhindern eine Überhitzung. In senkrechten Streifen in einer Breite von 1,15 m ist eine transparente Wärmedämmung zur solaren Raumwärmegewinnung an der Südfassade angebracht. Sie sitzt – mit einer Glascheibe geschützt – direkt vor dem verputzten und schwarz gestrichenen Mauerwerk. Dieses absorbiert die einfallende Sonnenstrahlung und wandelt sie in Wärme um. Die transparente Wärmedämmung selbst verhindert die Abgabe nach außen, so daß die Wärme über die Wand nach innen geleitet wird und hier wie eine Niedertemperaturstrahlungsheizung wirkt. Um eine sommerliche Überhitzung zu vermeiden, ist die gesamte TWD-Fassadenfläche mit einer automatisch gesteuerten Sonnenschutzanlage ausgerüstet.

Das nach Süden orientierte Steildach wurde mit einer Sonnenkollektoranlage ausgestattet, die ca. 45% des Energiebedarfs für die Warmwasserbereitung abdeckt. Der Jahresheizenergiebedarf soll durch die solare Gebäudekonzeption und einen verbesserten Wärmeschutz in den oberen Geschossen nur noch ca. 60 kWh/m²a betragen. Das sind ca. 40% des Heizenergiebedarfs vergleichbarer Mietshäuser. Ein begrüntes Dach und die Verwendung umweltfreundlicher Materialien für den Innenausbau runden das Konzept ab. Die Architekten gewannen für das Gebäude den unter dem Motto „Solar-City" ausgeschriebenen „Berliner Solarpreis 1995" in der Kategorie passive Nutzung der Sonnenenergie.

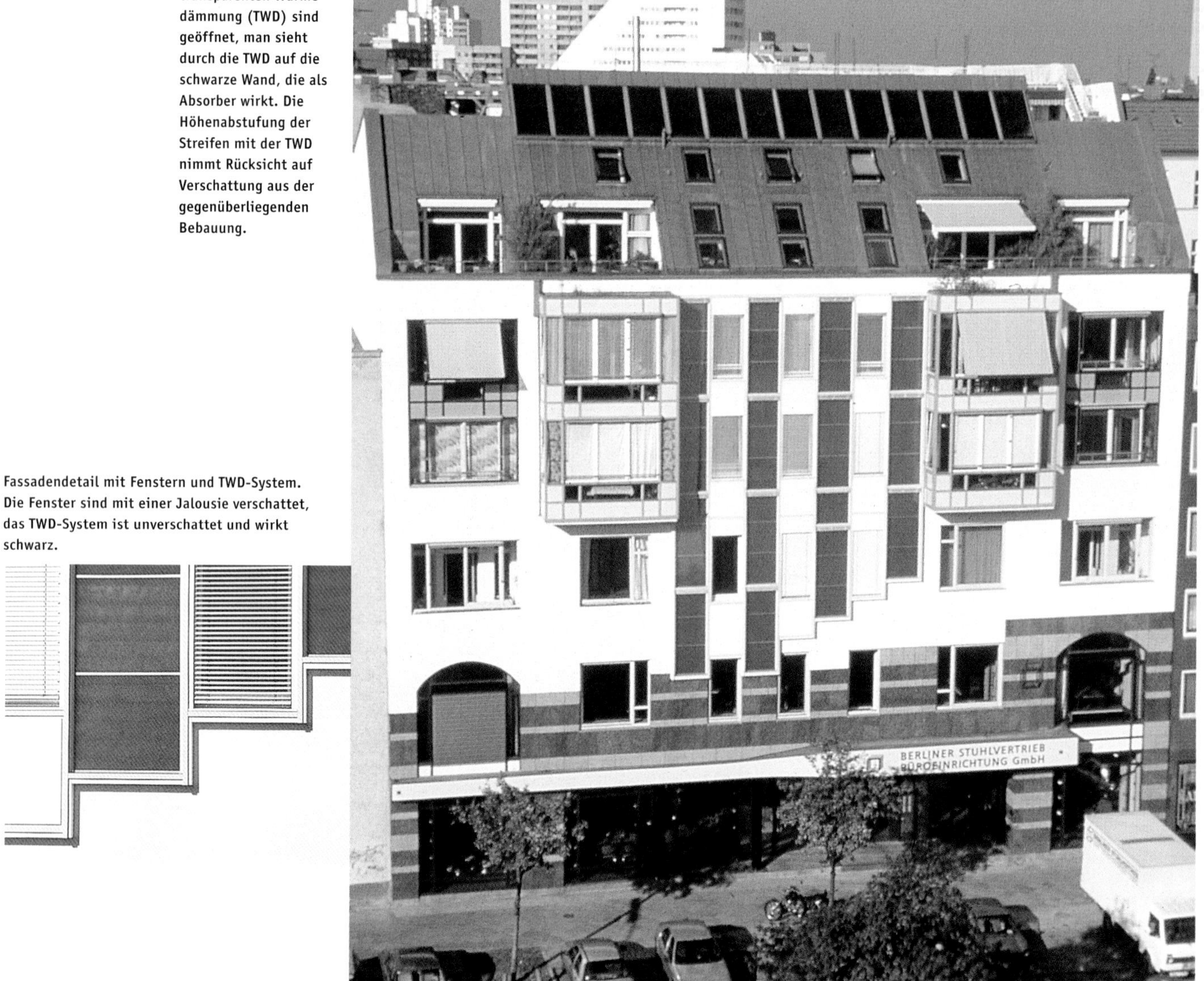

Südansicht im Winter: Die Jalousien vor der transparenten Wärmedämmung (TWD) sind geöffnet, man sieht durch die TWD auf die schwarze Wand, die als Absorber wirkt. Die Höhenabstufung der Streifen mit der TWD nimmt Rücksicht auf Verschattung aus der gegenüberliegenden Bebauung.

Fassadendetail mit Fenstern und TWD-System. Die Fenster sind mit einer Jalousie verschattet, das TWD-System ist unverschattet und wirkt schwarz.

Blick durch den Solargeometer, eine Kamera mit spezieller Zusatzausstattung. Das Foto zeigt die dem Haus in der Winterfeldtstraße gegenüberliegende Bebauung. Mit dieser Spezialoptik ist es möglich, Fotographien zu machen, die die Umgebung abbilden und anzeigen, wann für den Standort (Sichtpunkt) eine Verschattung aus der betrachteten Umgebung zu erwarten ist. Ein eingebauter Kompaß ermöglicht die Südausrichtung. Für jeden Breitengrad gibt es eine extra Maske, auf der der Tageslauf der Sonne für verschiedene Jahreszeiten eingetragen ist. Der untere waagerechte Streifen ist der Tageslauf für die Wintersonnenwende (Dez.), oben ist die Sommersonnenwende (Juni) eingetragen. Die vertikalen Striche bilden die Stunden ab, der senkrechte Strich in der Mitte markiert 12.00 h mittags. Durch diese optische Überlagerung von Umgebungssilhouette und der standortspezifischen Solargeometrie (Solarkarte) kann abgelesen werden, zu welcher Jahres- und Tageszeit der Punkt, an dem man steht, besonnt oder verschattet ist.

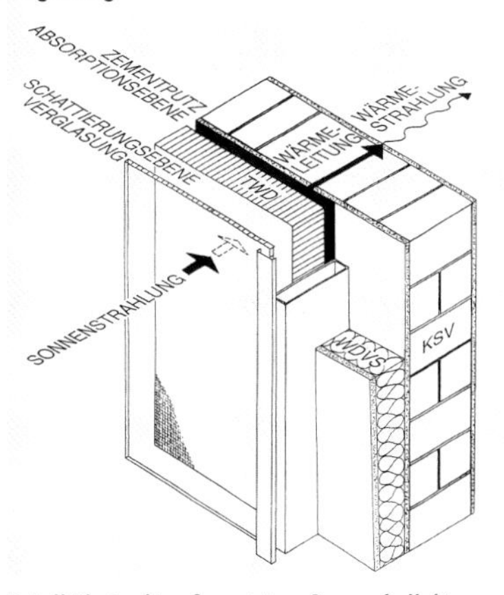

Isometrische Detaildarstellung der Wand mit der transparenten Wärmedämmung. Aufbau von innen nach außen: Putz, Kalksandstein, Zementabsorptionsputz schwarz gestrichen (fungiert als Absorber), transparente Wärmedämmung, Luftraum, in dem die Jalousie geführt wird, äußere Verglasung

Detail First mit aufgesetztem Sonnenkollektor zur Warmwassererwärmung

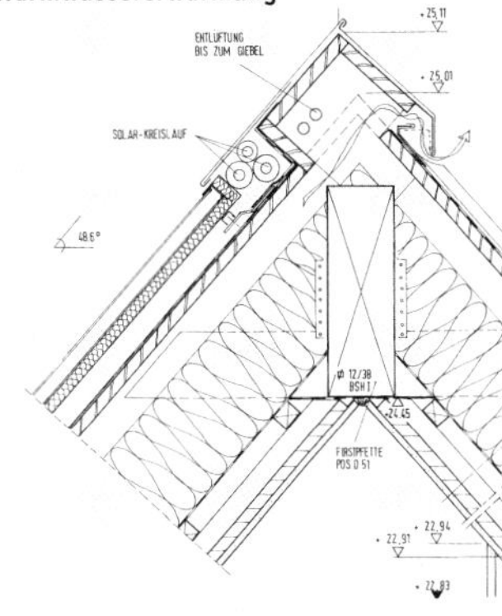

Südansicht im Sommer: Fast alle Sonnenschutzmarkisen vor den Wintergärten sind ausgefahren. Vor der transparenten Wärmedämmung sind weiße Jalousien herabgelassen, um eine Überhitzung zu verhindern.

Gebäudeschnitt mit Darstellung der Solarenergienutzung

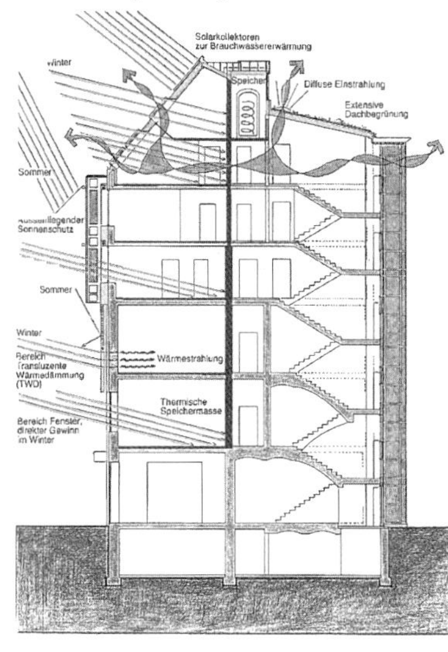

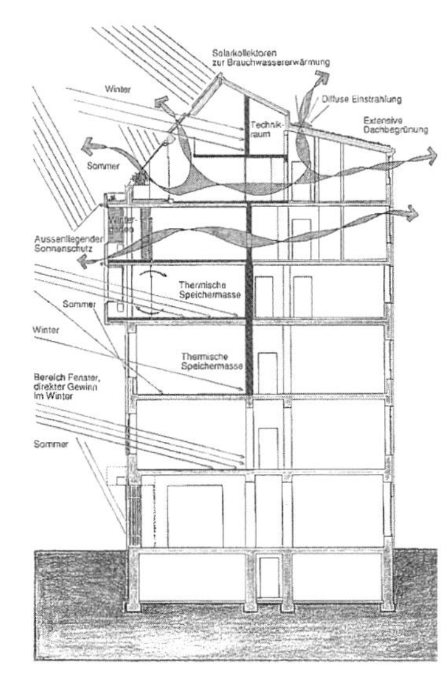

4. Obergeschoß

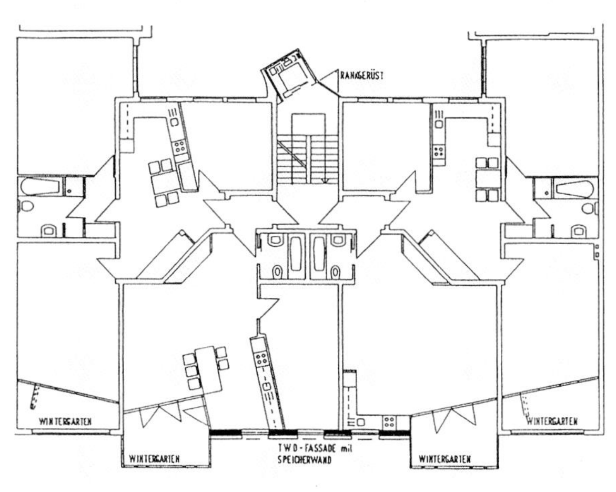

Stadthaus Winterfeldtstraße

Fertigstellung
1994/95

Gebäudestandort
Winterfeldtstraße 60
D-10781 Berlin

Architekturbüro
sol-id-ar, Löhnert u. Ludewig
Architekten und Ingenieure
Kolonnenstraße 26
D-10829 Berlin
Fon +49 · (0)30 · 782 65 53
Fax +49 · (0)30 · 784 19 10

Energietechnik
EnergieSystemTechnik
Rainer Wüst
Potsdamer Straße 105
D-10785 Berlin
Fon +49 · (0)30 · 261 91 31

Ausführung
Energie-BISS
Bouchéstraße 12
D-12435 Berlin
Fon +49 · (0)30 · 61 72 20 04

Grundfläche
717 m²

Bruttogeschoßfläche
3 855 m²

Nettonutzfläche
3 200 m² mit,
2 790 m² ohne UG

Wohneinheiten
28

Bewohner
40

Anzahl Arbeitsplätze
1 Büromöbelausstatter mit ca. 1 300 m² Nutzfläche

Bauteilkennwerte
Außenwände:
k-Wert 0,3 W/m²K
Fenster:
k-Wert 1,6 W/m²K
Wintergarten:
k-Wert 1,3 W/m²K
Dach:
k-Wert 0,2 W/m²K

Haustechnik
Heizung und Warmwasser:
49 kW u. Altanlagen für Gewerbe und Seitenflügel
Be- und Entlüftung, Ventilatoren
0,6 kW

Thermische Solaranlage
Solarkollektortyp und Hersteller:
Firma UFE solar, Typ Euro V 18
Solarspeicher:
Firma PST, Typ V4A (2 x 1,5 m³)
Art der Anwendung:
Heizung und Warmwasser
Solarer Deckungsanteil:
ca. 45%
Installierte Fläche:
34 m²
berechneter Ertrag:
11 300 kWh/a
Ausrichtung/Neigung
Süd, 49°
Systemkosten:
brutto 74 250 DM
pro m² Sonnenkollektorfläche 2 300 DM

Energiekenndaten
Raumwärmebedarf für die oberen, neu errichteten Geschosse (gerechnet):
ca. 60 kWh/m²a
Primärenergieeinsparung
16 100 kWh/a
CO_2-Reduzierung 3,2 t/a

Grüne Solararchitektur im sozialen Wohnungsbau, Stuttgart (D)

1988 hat die Stadt Stuttgart im Rahmen der Internationalen Gartenausstellung IGA '93 zusammen mit vier Wohnungsbaugesellschaften einen europäischen Wettbewerb zum Thema „Experimenteller Wohnungsbau" ausgeschrieben. Architekten aus fast allen europäischen Ländern wurden aufgefordert, für ein schwieriges, im Stuttgarter Zentrum direkt an einer vielbefahrenen Bahnlinie liegendes Grundstück Reihenhäuser und Geschoßbauten zu entwerfen. Diese ungünstigen urbanen Standortbedingungen und Umwelteinflüsse sollten durch geeignete städtebauliche und architektonische Konzepte ausgeglichen werden.

14 Architekturbüros aus 11 europäischen Ländern wurden ausgewählt, die Planung für sechs Reihenhäuser und sieben Geschoßwohnungen mit einem Volumen von 103 Mietwohnungen und 19 Eigentumswohnungen zu übernehmen. Die Tübinger Architektengruppe LOG ID, Dieter Schempp, erhielt den Auftrag für ein mehrgeschossiges Mietshaus.

Das Gebäude

Die Konzeption des Gebäudes ist eine Weiterentwicklung der Typologie des Solarhauses. Für die Architekten von LOG ID war dieser Entwurf eine besondere Herausforderung. Grüne Solararchitektur hatten sie bisher nur für Einfamilienhäuser und größere öffentliche oder gewerbliche Gebäude entworfen. Das wesentliche Element in ihrem Solarkonzept sind Glashäuser, die den Jahreszeiten entsprechend flexibel genutzt werden können und eine wichtige klimatische Funktion für das Gebäude übernehmen. Um diese Wirkung zu erzielen, brauchen die Glashäuser jedoch eine bestimmte Größe, damit sich die für das Konzept benötigte üppige Vegetation entfalten kann. Ein Hindernis für große Wintergärten sind die geringen Raumhöhen im sozialen Wohnungsbau. Daher entwickelten die Planer eine komplizierte Höhenstaffelung für das Gebäude: Die Wohnungen sind als Maisonette aufgebaut. Vor dem Massivgebäude stehen turmartig die Glashäuser mit Rechteck- und Kreisgrundriß. Sie folgen einem eigenen Rhythmus. So werden für die Glashäuser Raumhöhen von vier bis fünf Meter möglich. Der östliche Gebäudeteil ist aus der geometrischen Ordnung herausgedreht und läßt einen Innenhof entstehen, der sich nach Süden und zum Himmel öffnet. Die herausgedrehte Wand ist eine Speicherwand und nimmt alle vertikalen Verkehrselemente auf. Der Innenhof und die privaten Glashäuser sind mit subtropischer Bepflanzung versehen. Der Hof ist Aufenthaltsraum für Bewohner, Durchgang für Besucher und Zugang zu den EG-Wohnungen. Im verengten nördlichen Teil des Innenhofes terrassieren sich die Gebäudekanten

Ansicht mit Glashäusern

Blick nach oben im Treppenhaus

Blick nach oben an der Außenfassade

nach oben, nehmen die Bepflanzung auf und ermöglichen eine natürliche Belichtung der zurückliegenden Räume. Die Glashäuser öffnen sich zum Innenhof und bilden mit diesem eine energetische Einheit. Diese Zuordnung der privaten Glashäuser zum halböffentlichen Innenhof ist zugleich ein für den Geschoßwohnungsbau außergewöhnliches Wohnexperiment.

Die Wohnungen

Durch die Gliederung des Gebäudes in recht unterschiedlich aufgeteilte und gestaltete Wohnungen wurde das Thema Experiment auch beim Wohnungsangebot verwirklicht. Im Westflügel befinden sich sechs Dreizimmerwohnungen, vier mit einem anderthalbgeschossigen Innengarten und zwei weitere ohne Innengarten, aber mit Balkon. Bei den Wohnungen mit Innengarten haben alle wichtigen „Tagesräume" eine direkte Verbindung zu diesem bepflanzten Glashaus. Faltschiebeelemente ermöglichen ein Öffnen und Schließen des Grünbereichs. Die Wohnungen ohne Glashaus sind an den begrünten Innenhof über die Küche angebunden. Im Ostflügel befinden sich zwei Zweizimmerwohnungen und zwei Fünfzimmerwohnungen (Maisonetten). Die Maisonettewohnungen sind ebenfalls über den Innengarten und darüber hinaus noch über den Wohnbereich dem Innenhof zugeordnet. Zur Vergrößerung der Wohnfläche und zur Ausweitung des Wohnungsangebotes wurde auf der Nordseite ein Wohnturm integriert. Das Erdgeschoß des Turms ist als Durchgangsbereich von der Süd- zur Nordseite des Gebäudes ausgeführt. In seinem Obergeschoß befinden sich zwei kleine Maisonettewohnungen.

Grundriß

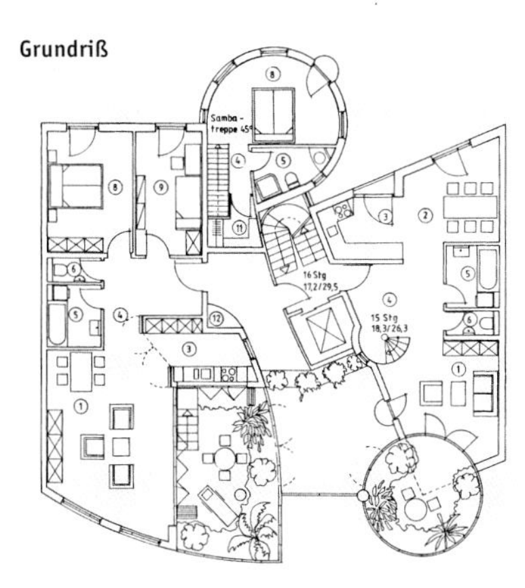

Ansicht

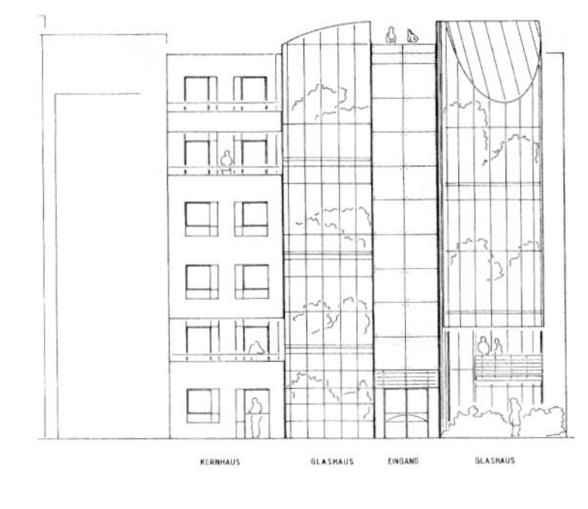

Ökologische Maßnahmen und Sonnenenergienutzung

Die Schwerpunkte dieses Projektes sind: die passive Nutzung der Sonnenenergie; die Verwendung gesundheitlich unbedenklicher Baumaterialien; eine sehr hohe Wärmedämmung; ein hervorragender Schall- und Emissionsschutz durch die den Wohnungen vorgelagerten Glashäuser; die Verbesserung der Luftqualität im Gebäude durch die Bepflanzung des Innenhofes und der Innengärten. Auch das Dach ist begrünt. Das Gebäude hat eine sehr gute wärmegedämmte Außenhülle. Zusätzliche Pufferzonen sind der Innenhof und die Innengärten. Diese Bereiche werden nicht beheizt, sondern lediglich frostfrei gehalten. Über die Südfassade des Innenhofes, die nach Süden liegenden Innengärten und die südorientierte Fensterverglasung wird passive Sonnenenergie gewonnen. Die konventionelle Beheizung der Räume erfolgt über Heizkörper. Der Innenhof verfügt über viele Speicherflächen. An der Südfassade des Innenhofs befinden sich große – über automatische Temperaturfühler gesteuerte – Lüftungsklappen. Damit wird im Sommer eine Überhitzung vermieden. Im Dachbereich gibt es zusätzliche Lüftungsklappen in Kombination mit Rauchabzugsklappen. Die privaten Innengärten lassen sich ebenfalls ins Freie (Südseite) und in den Innenhof belüften.

Ein weiterer wichtiger Punkt ist ein fließender Übergang zwischen Innenbegrünung und Außenbegrünung. So ist dieses Gebäude ein experimentelles Beispiel für die enge Verbindung von öffentlichem Außengrün, halböffentlichem Grün im Eingangsbereich und privatem Grün in den Glashäusern.

Schnitt mit Darstellung der großen Wintergärten. Um eine typische Bepflanzung realisieren zu können, muß ein ausgewogenens Verhältnis zwischen Höhe und Tiefe gegeben sein. Daher sind die Wintergärten geschoßversetzt angeordnet und einige Wohnungen als Maisonetten ausgebildet.

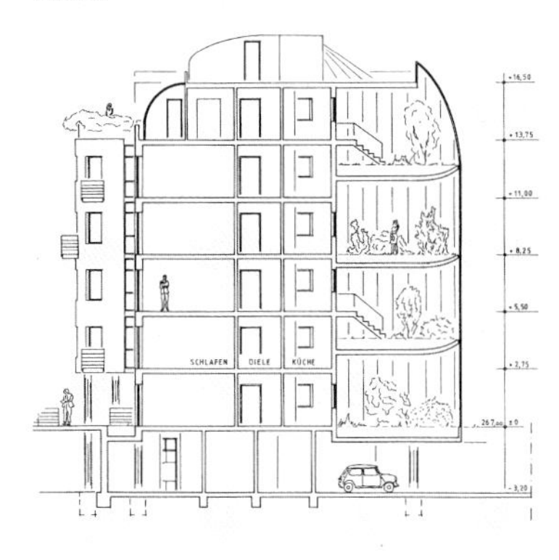

IGA 93 –
EXPO Wohnen – Haus 9

Fertigstellung
Frühjahr 1993

Gebäudestandort
Stuttgarter Zentrum

Besichtigung
Architekturbüro:
LOG ID Dieter Schempp, Fred Möllring, Rainer Lohr Tübingen

Haustechnik
PIV S. Hesslinger, Baumgärtner

Pflanzen
Jürgen Frantz

Nettonutzfläche
980 m²

Anzahl Wohnungen
12

Bauteilkennwerte
Außenwand:
Poroton 36,5 cm
Speicherwände:
speicherfähiger Beton
Glashäuser:
feuerverzinkte Stahlkonstruktion mit Isolierverglasung k-Wert 1,3 W/m²K
Geschoßdecke als Pflanzwanne ausgebildet (Tiefe 40 cm), wurzelfeste Abdichtung, Erdsubstrat nach Rezeptur
Innenhof:
Planar-Glasfassade
Dach:
Flachdächer, begrünt mit Plattenbelag
Boden:
Massivdecken aus Beton

Haustechnik
Grüne Solararchitektur, Passive Sonnenenergienutzung, Konventionelle Beheizung über Heizkörper, Lüftungsklappen über automatische Temperaturfühler gesteuert

Energiekenndaten
Nutzenergieverbrauch Heizung und WW ca. 90 kWh/m²a

Kosten
Gebäudekosten
5 120 000 DM

Auf dem abgestuften Dach des Green Building sind Solarzellen aufgeständert und drehen sich kleine Windräder zur solaren Stromversorgung. Die Geländer der Balkone sind aus Recyclingmaterialien zusammengeschweißt: verschrottete Fahrradrahmen fanden hier ein würdiges Ende.

„Green Building", Dublin (IRL)

Mitten in Dublins historischer Altstadt ist 1994 als klassische urbane Mischnutzung ein „Grünes Gebäude" entstanden. In den unteren zwei Ebenen befindet sich Einzelhandel, im ersten Stock sind Büroflächen untergebracht, der zweite bis vierte Stock bietet Wohnungen Platz, die sich teilweise als Maisonette über zwei Ebenen erstrecken. Die „Temple Bar's Street", an der das Green Building liegt, gehört zum dichtbebauten mittelalterlichen Kern der Stadt und ist geprägt durch einen engen Straßenquerschnitt mit schmalen Parzellen. Das Grundstück, auf dem das Gebäude steht, ist entsprechend schmal und tief und erstreckt sich zwischen zwei Parallelstraßen. Besonderen Wert hat das Entwurfsteam darauf gelegt, historische Umgebung, traditionelle Bautechniken und die Nutzung regenerativer Ressourcen miteinander zu verquicken. Innovativ ist dabei nicht nur der Umgang mit der Energie, sondern auch die Verwendung recyclierter Materialien in zahlreichen Variationen.

Da die Fassaden bei einem solchen innerstädtischen Standort oft verschattet sind, ist die Nutzung des Daches von zentraler Bedeutung, um die natürlichen Elemente Luft, Licht und Sonne für die Klimatisierung des Gebäudes zu gewinnen. So wird bei diesem Entwurf fast jeder Zentimeter Dachfläche zum Einsammeln und Austauschen von Energie, Strahlung, Luft, Wasser und Feuchtigkeit genutzt. Auf ca. zwei Dritteln der Dachfläche sind die aktiven Energiesysteme untergebracht. Vier kleine Windräder und frei auf dem Flachdach aufgeständerte Photovoltaikmodule erzeugen Gleichstrom, der von Batterien im Keller zwischengespeichert und über ein separates Gleichstromnetz zur Beleuchtung benutzt wird. Vakuumröhrensonnenkollektoren erzeugen einen Großteil der Energie für die Wassererwärmung für den Wohnbereich. Mit speziellen „Kühlradiatoren" auf dem Dach ist es möglich, das Wasser aus dem Heizsystem in der Nacht zu kühlen, so daß die Fußboden- und Deckenstrahlungsheizung im Sommer als Kühlsystem eingesetzt werden kann.

Wichtigstes Element zur Schaffung eines angenehmen Mikroklimas im Gebäude ist ein verglastes Atrium, dessen Dach sich im Sommer zu mehr als 50% öffnen läßt, im Winter jedoch ganz geschlossen ist. Im Winter wird dann die Luft über einen Wärmetauscher im Dach des Atriums geführt, und die einzelnen Räume werden über diese Lunge des Hauses belüftet. Kletterpflanzen sorgen im Atrium für die Regenerierung der verbrauchten Luft. Im Keller haben die Planer eine ganz spezielle Pflanzenmischung angelegt, die die angesogene Frischluft für das Gebäude vorreinigen und befeuchten soll. Durch verglaste Bürgersteige werden diese Pflanzbereiche mit Licht von oben versorgt. Auch die natürliche Belichtung des Gebäudes ist innovativ: Lichtlenksysteme in der Innenfassade des Atriums sowie an der Außenfassade sorgen für eine tiefe Ausleuchtung der Büro- und Geschäftsflächen im Erdgeschoß und im ersten Obergeschoß. Erkerfenster in den oberen Geschossen ermöglichen den Einfall seitlichen Sonnenlichtes und gestatten den Bewohnern interessante Ausblicke die Straße hinab. Hier schließt sich der Kreis zwischen innovativer Energiespar-Technik und Tradition: beide Bauformen finden sich in den Gebäuden der Umgebung, die in der Viktorianischen Zeit gebaut worden sind.

Straßenfassade

traßenansicht Green Building

rundriß Erdgeschoß

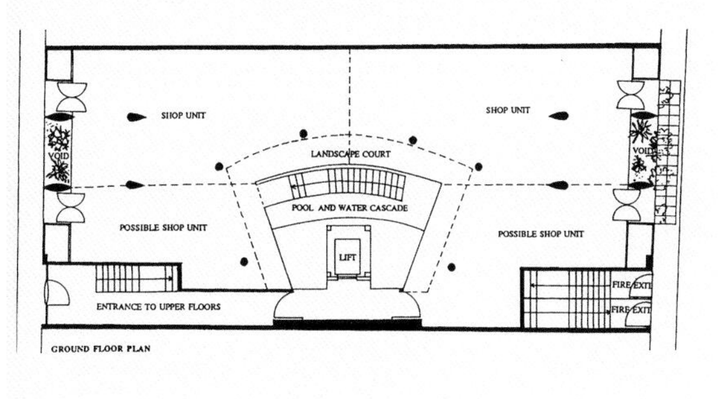

rundriß 3. Stockwerk

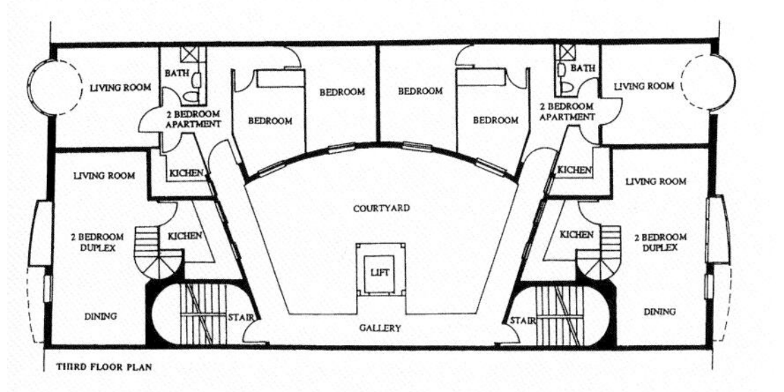

Schnitt durch das Atrium. Im Sommer: Kalte Luft tritt in 2 m Höhe über dem Grundlevel ein, wird durch das Untergeschoß geführt und dort von Pflanzen befeuchtet, bevor sie in das Atrium gelangt. Vom Atrium aus werden die Wohnungen mit kühler Luft versorgt. Das Glasdach des Atriums wird im Sommer zu mehr als 50% geöffnet.

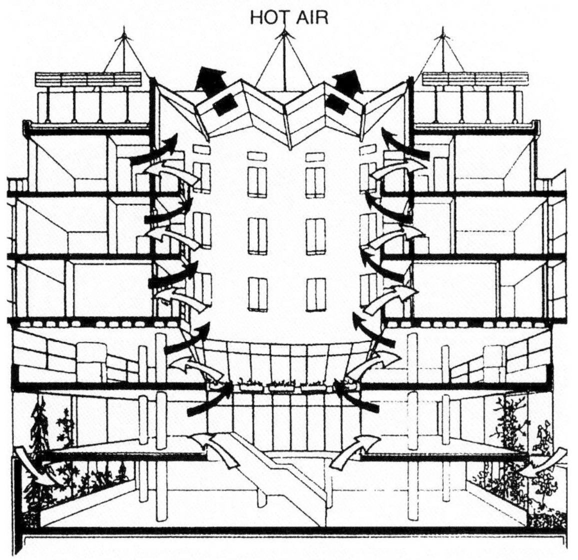

Schnitt durch das Atrium. Im Winter: Das Dach des Atriums ist nun geschlossen. Kalte Luft wird durch ein Rohr von außen angesogen und über eine Lüftungseinheit mit Wärmetauscher geführt, die die Wärme der Abluft zurückgewinnt. Durch ein hängendes Lüftungsrohr aus Stoff wird die erwärmte Luft in die Tiefe des Atriums geführt, aus dem die Wohnungen ihre Frischluft beziehen.

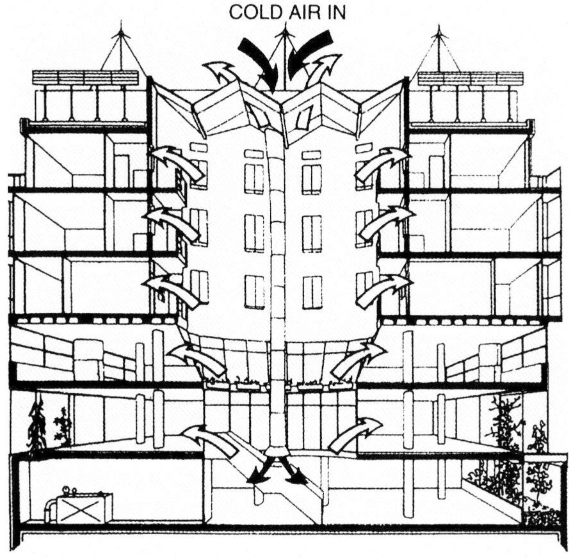

Green Building in Dublin

Fertigstellung
Frühjahr 1994

Gebäudestandort
„The Green Building"
3–4 Crow Street & 23–24
Temple Lane
Temple Bar
Dublin 2
Ireland

Besichtigung anfragen bei
Conservation Engineering Limited
Peter Boyland
Innovation Centre
Trinity College
Dublin 2
Fon +353 · (0)1 · 608 19 25

Architekturbüro
Murray O' Laoire Associates
Fumbally Court
Fumbally Lane
Dublin 8
Fon +353 · (0)1 · 453 73 00
Fax +353 · (0)1 · 453 40 62

Energieplanung/ Begleitforschung
Timothy Cooper
Director of Buildings Office
West Chapel
Trinity College
Dublin 2
Ireland
Fon +353 · (0)1 · 608 18 95
Fax +353 · (0)1 · 608 23 65

Kontakt-OPET
Energy Research-Group in Dublin
Prof. Owen Lewis
School of Architecture
University College Dublin
Richview Clonskeagh Drive
Dublin 14
Ireland
Fon +353 · (0)1 · 269 27 50
Fax +353 · (0)1 · 283 89 08

Bruttogeschoßfläche
1 370 m²

Bauteilkennwerte
Außenwände:
k-Wert 0,29 W/m²K
Dach:
k-Wert 0,25 W/m²K
Boden/Keller:
k-Wert 0,4 W/m²K
Außenfenster:
2fach-Isolierverglasung argongefüllt:
k-Wert 1,6 W/m²K

Haustechnik
Bereitstellung Heizenergie:
Wasser/Wasser-Wärmepumpe 23 kW,
gespeist aus
150 m tiefem Bohrloch mit 20 cm Durchmesser
in Kalksandsteinuntergrund mit ca. 12,5°C Temperatur,
Arbeitszahl 4,87,
Verteilung Heizenergie:
Fußboden-Niedertemperaturheizung
35/20°C Betriebstemperatur

Thermische Solaranlage
zur Warmwasserversorgung
40 Vakuumröhrenkollektoren
Typ Thermomax (UK)

Photovoltaikanlage
Modul-Typ und Hersteller:
Solarex Corp., USA,
76 polykristalline Module à 50 Wp
Installierte Leistung:
3,8 kWp
Laderegler:
2 SCI Typ SCS-24-R,
Speciality Concepts Inc.

Windturbinen
3 BCW 1500 Windräder à 1,5 kW
Installierte Leistung:
4,5 kW
Laderegler:
3 VCS-1,5 Controllers
Berger Windpower Company

Batteriespeicher
24 Batterien à 2 Volt
Kapazität 2 500 amp.h
ausreichend für 10h

Wechselrichter
Hersteller:
Trace Engineering
Typ U2624SB mit 2,6 kW

Energiekenndaten
80% weniger als ein konventionelles Gebäude

Das Projekt ist im Rahmen des THERMIE-Programmes gefördert worden

Sicht auf die Südspitze des Gebäudes, über den Fenstern die „Brise-Soleil" mit Solarmodulen

Büro- und Wohngebäude am Bahnhof, Brugg (CH)

Die Metron Planungs AG hat sich bereits seit Jahren dem sparsamen und bewußten Umgang mit Ressourcen verschrieben, kombiniert mit sorgfältiger Durcharbeitung von Projekten bis ins Detail und einer eleganten reduzierten Formensprache. Das hier realisierte Büro- und Wohnhaus ist Spiegelbild ihrer Planungsphilosophie, aus der Projekte resultieren, in denen umweltbewußte Zielsetzungen mit einem hochwertigen Standard-Repertoire unspektakulär, bescheiden und im Bewußtsein enger Finanzrahmen umgesetzt werden.

Mitte der 80er Jahre begannen die ersten Planungen für das Wohn- und Bürohaus am Stahlrain in Brugg. Die Metron Planung AG, ein interdisziplinäres Planungsbüro mit Architekten, Landschaftsplanern, Raumplanern und Ingenieuren schuf sich hier ihr eigenes „Heim". 100 Mitarbeiter und Mitarbeiterinnen finden im neuen Bürogebäude ihren Arbeitsplatz. Zwei Flügel des dreiseitigen Gebäudes werden mit Büronutzungen belegt, der ruhigere, zum Wald hin gelegene Flügel ist dem Wohnen vorbehalten. Angeregt wurde das Projekt durch die Wartmann und Cie AG Immobilien. Die Immobilienfirma besaß ein Grundstück, über dessen Nutzungsqualitäten sie sich im Zweifel befand. Das Grundstück liegt in unmittelbarer Nachbarschaft zum Hauptbahnhof Brugg und hat einen dreieckigen Zuschnitt. Es ergab sich als scheinbar nicht zu verwertende Restfläche im Schnittpunkt verschiedener städtischer Infrastrukturen. Die südöstliche Begrenzung des Grundstückes bildet die Bahnlinie nach Zürich, deren Gleisbett sich an dieser Stelle bereits zum Bahnhofsgelände weitet; im Westen trennt eine Umgehungsstraße das Gelände von der Stadt. Im Nordwesten schließen sich eine Anliegerstraße mit lockerer Bebauung und der Wald an. Nachdem das Gelände zunächst im Trichter dieser Verkehrssysteme gelegen und von der Stadt abgeschnitten erschien, entdeckten die Planer die Möglichkeit, den Zwickel über einen schmalen Steg unmittelbar an das Bahngelände anzuschließen. Direkter Zugang vom Gebäude zum Bahnsteig ist die angenehme Folge. Die Wahl eines stark emissionsbelasteten Grundstückes in der Stadt trägt zur Nutzung vorhandener Infrastrukturen bei. Öffentliche Verkehrsmittel, Erschließungsflächen, Ver- und Entsorgungsstrukturen werden so besser ausgelastet. In der Stadt wird ein ohnehin stark belastetes Grundstück aufgewertet, während Grünraum von Zersiedelung verschont bleibt.

Ansicht der Hauptfassade von Südosten

Baukonzept und Baumaterialien

Kompakte Volumen, einfache Baustandards und kostengünstige Materialien standen im Vordergrund der Planung. Wenige, dafür aber umweltverträgliche Materialien kamen zum Einsatz. Ausgewählt wurden insbesondere Baumaterialien, die einen geringen Wert an grauer Energie beinhalten, die sich also mit geringem energetischen Aufwand und minimaler Schadstoffentstehung herstellen lassen. Wichtig war die Wiederverwendbarkeit der Materialien, die lokale Verfügbarkeit und insbesondere die positive Auswirkung auf Raumklima und Wohlbefinden der Nutzer. Langlebigkeit der Produkte, gute Recyclierbarkeit und kleinste Umweltbelastung bei Unterhalt und Sanierung waren weitere Kriterien.

Eine rote Liste grenzte besonders umweltschädigende Baustoffe generell von der Verwendung aus:

- FCKW- und H-FCKW-haltige Produkte
- Polyurethan (PU)-Schäume jeglicher Art inklusive Montageschäume
- PVC (auch im Sanitärbereich, bei Kabeln und Bodenbelägen)
- lösungsmittelhaltige Farben
- Tropenhölzer (inkl. Halbfabrikate)

Aufgrund dieser Beschränkungen sind andere Materialgruppen und Produkte bevorzugt für den Bau des Wohn- und Bürohauses verwandt worden:

- Gipse und mineralische Putze
- Dach und Fassade: anorganische Materialien (Schaumglas und Faserzement)
- lösungsmittelfreie Naturharze und Leime für den Innenbereich
- lösungsmittelfreie synthetische Farben für den Außenbereich
- Verzicht auf Spanplatten
- Holzzement- und Linoleumböden
- Holzfenster

Um diese Materialwahl tatsächlich realisieren zu können, sind diese Listen als Anlagen zur Ausschreibung benutzt worden, an die sich alle Bauausführenden halten mußten. Für die Benutzungsphase mit Unterhalt, Renovation und Recycling oder Abbruch sind alle verbauten Materialien zur Information von Mietern, Benutzern und für die spätere Entsorgung als „Produkte-Deklaration" festgehalten worden.

Die tragende Konstruktion ist aus Stahlbeton; die Fenster sind aus Holz; Metallteile aus einfachem verzinktem Eisen für Außengeländer, Kabelkanäle, Lüftungsrohre und Büchergestelle; Eternitplatten sind für die äußere Wandbekleidung gewählt worden. Für den Innenausbau wurden überall rote Holzzementböden verwandt, die nichttragenden Trennwände sind aus massivem Gips. Diese Wahl massiver Materialien für die Innenräume bringt hohe Speichermassen mit sich und ermöglicht so passive Solargewinne.

Energiekonzept

Das Energiekonzept ist ähnlich unspektakulär, aber qualitätvoll wie das gesamte Projekt.

Heizung

Die Gebäudehülle wurde wärmetechnisch optimiert durch Dämmstärken von 10 cm im Bodenbereich und 16 cm bei den Außenwänden. Ein flinkes Heizsystem ermöglicht eine bedarfsgerechte Heizung der einzelnen Räume, die mit kleinen Heizkörpern versehen sind. Die Wärme wird mit Brennwertkesseln auf der Basis von Öl und Gas erzeugt. Das Warmwasser wird dezentral erzeugt und zum Teil mit einer Sonnenkollektoranlage vorgewärmt. Die Steuerung von Raumtemperaturen kann in der EDV der Energiezentrale zeitvariabel eingegeben werden, während Lüftung und Beschattungselemente automatisch geregelt werden.

Lüftung

Eine besondere Lösung verlangte die Lüftung der zu den Verkehrsadern hin orientierten Gewerbeflügel des Gebäudes. Lärm, Staub und Abgase mindern hier die Qualität der Fensterlüftung. So wurde hier die freie Wahlmöglichkeit der Fensterlüftung mit dem Angebot der mechanischen Lüftung kombiniert, die eine Grundlüftung des 0,5fachen Raumvolumens pro Stunde bereithält. Die Zuluft wird im unteren Teil der Räume eingeblasen und oben abgesaugt. Die Quellüftung wird aus einer Lüftungszentrale gespeist. Um die Emissionen außerhalb des Gebäudes zu meiden, wird die Luft im abgeschlossenen Innenhof angesaugt. Der Hof wurde speziell zu diesem Zweck mit einem Erdregister versehen, das aus 20 im Erdreich verlegten Zementrohren mit je 20 m Länge und 40 cm Durchmesser besteht. Sie liegen im Erdreich zwischen zwei begehbaren, eine Reinigung ermöglichenden Sammelrohren unter der Tiefgarage.

Die Führung der angesaugten Luft durch dieses Erdregister hat verschiedene Vorteile: Im Sommer wird die Luft leicht abgekühlt. Bei einer stärkeren nächtlichen Belüftungsstufe kann eine Nachtkühlung des Gebäudes erfolgen. Im Winter wird die kalte Außenluft durch das Erdregister vorgewärmt.

Fassadenschnitt mit „Brise-Soleil"

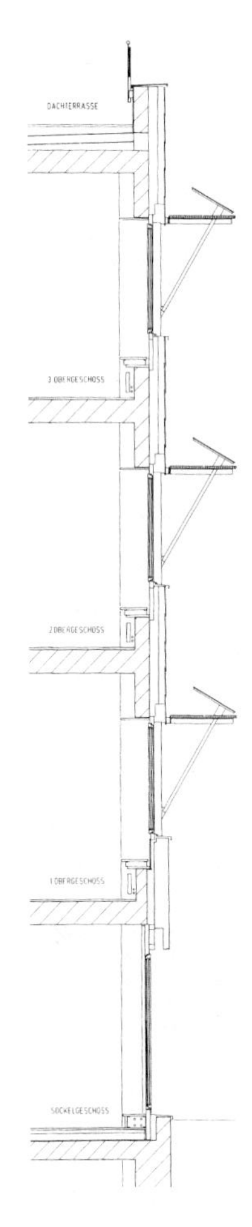

Grundriß Erdgeschoß

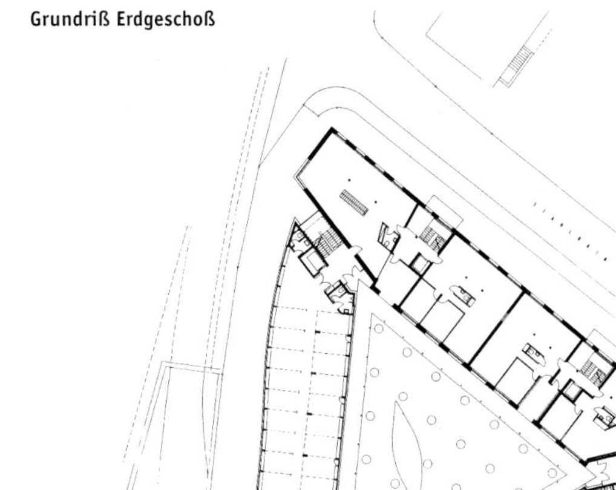

Südflügel Metron
Fertigstellung
1992
Gebäudestandort, Kontakt Besichtigung
Metron Architekturbüro AG
Am Stahlrain 2, am Perron
CH-5200 Brugg
Fon +41 · (0)56 · 460 91 11
Fax +41 · (0)56 · 460 91 00
U. Rüegg, H. Glauser, F. Fregnan
Bauherrschaft/Auftraggeber
Baukonsortium Wartman Immobilien AG und Metron Haus AG, Brugg
Generalplaner Architektur, Energie, Ökologie, Grün und Verkehr
Metron Planung AG (s.o.)
Anzahl Arbeitsplätze
ca. 126
Bruttogeschoßfläche
3 088 m²
Nettonutzfläche
ca. 2 780 m²
Umbauter Raum
Volumen SIA: 13 726 m³
Volumen netto (beheizt): 8 496 m³
Oberflächen-/Volumen-Verhältnis
0,39 m⁻¹
Höhe über Meer
352 m
Heizgradtage
(bezogen auf 20/12 °C und t_a min -8 °C)
3 510 Kd
Jährliche Globalstrahlung
1 153 kWh/m²a
Bauteilkennwerte
Außenwände:
Betonbrüstung/-sturz, Mineralwolle 16 cm, hinterlüftete Eternitplatten
k-Wert 0,30–0,36 W/m²K
Fenster:
Holzrahmen, IV-IR-Glas
k-Wert 1,6 W/m²K
Dach:
Betondecke, Schaumglas in Bitumen vergossen, extensive Begrünung
k-Wert 0,23–0,27 W/m²K
Boden:
0,4 W/m²K
Haustechnik, installierte Leistung
Heizung:
Gas/Öl-Brennwertkessel
80 kW
Warmwasser (Gas, elektrisch):
21 kW
Kühlung:
Lufterdregister
Installierte Leistung
Lüftung:
35 kW; Ventilatoren 3 kWEL
Thermische Solaranlage
Hersteller:
Schweizer Metallbau
CH-8908 Hedingen
Installierte Fläche Sonnenkollektor:
10 m²
Solarspeicher:
1 000 l
Art der Anwendung :
Warmwasser
Solarer Deckungsanteil:
ca. 25%
Photovoltaikanlage
Hersteller Solution
CH-4624 Härkingen
Installierte Fläche:
150 m²
Installierte Leistung:
17 kWp
Wechselrichter Hersteller:
SMA, Niestal 1, D-3501 Kassel
Deckungsanteil am Stromverbrauch:
ca. 10% inklusive Reprografiebetrieb,
ca. 20% exklusive Reprografiebetrieb
Einspeisevergütung:
Hochtarif: 19,2 Rp.,
Niedertarif 10,5 Rp.
Energiekenndaten
(bezogen auf Bruttogeschoßfläche, Meßdaten von 1993/94)
Nutzenergieverbrauch Heizung:
42 kWh/m²a
Nutzenergieverbrauch (WW):
4 kWh/m²a
Verbrauch Elektrizität:
31 kWh/m²a mit Reprobetrieb,
18 kWh/m²a ohne Reprobetrieb
Verbrauch Heizöl:
2 784 l
Verbrauch Erdgas:
34 553 m³
Verbrauch Elektrizität:
100 150 kWh
Stromproduktion Photovoltaikanlage:
10 204 kWh
Jährl. Wärmeproduktion Sonnenkollektor:
ca. 4 500 kWh
Kosten
Gebäudekosten pro m² Bruttogeschoßfläche
ca. 4 050 Fr.
Thermisches Solarsystem
ca. 20 000 Fr.
Photovoltaikanlage
ca. 320 000 Fr.

Innenhof mit linsenförmig ausgesparter „Baumlinse", Ansicht des Wohntrakts mit Dachgärten

Gebäudeschnitte

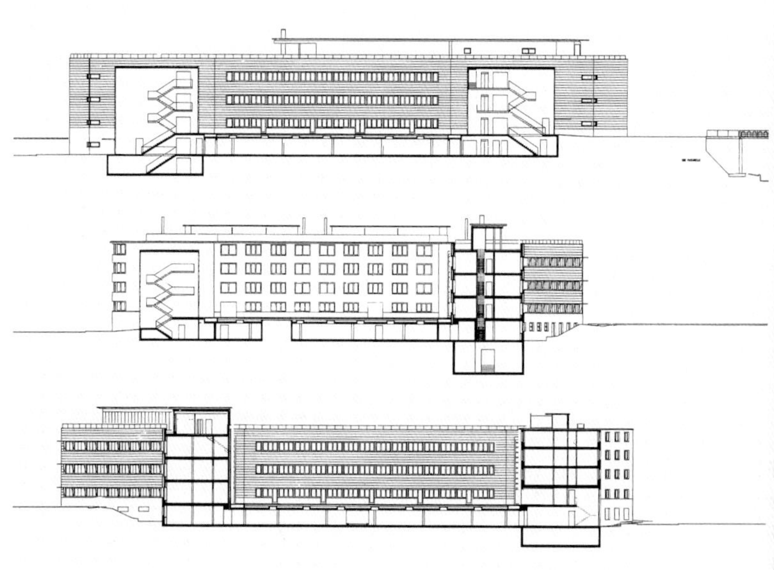

Minimierung des Stromverbrauchs

Der Stromverbrauch wurde minimiert durch eine gute Tagesbelichtung und Energiesparlampen. So werden z.B. die Flure über Glastüren zu den einzelnen Büroräumen mitbelichtet. Die Büroräume selbst sind auch untereinander mit schmalen Fenstern in den Trennwänden untereinander optisch verbunden. Eine vergleichende Stromverbrauchsanalyse zeigte, daß 1989 in den alten Räumlichkeiten noch 50% des Strombedarfs für Beleuchtung und 30% für die Reprographie verbraucht wurden. Der Strombedarf konnte durch die Tageslichtmaßnahmen auf ein Sechstel gesenkt werden.

Photovoltaikanlage

Die Photovoltaikanlage ist in ein Gitterrostsystem integriert, welches horizontal über die langgestreckten Fensterbänder der Südfassade verläuft. Kombiniert werden in diesem „Brise-Soleil" genannten Bauteil Sonnenschutz der Bürofenster, Solarstromgewinnung und Begehbarkeit für die Fassadenreinigung. Die Photovoltaikmodule sind rahmenlos mit einer rückseitigen transparenten Kunststoffolie ausgeführt, so daß ein interessantes Lichtspiel entsteht. Die direkte Befestigung durch das Glas auf einer am Unterbau entlanglaufenden U-Schiene ermöglicht eine einfache, schnelle Montage und leichte Auswechselbarkeit. Durch die filigrane Tragstruktur der „Brise-Soleil" wird die Fassade mit einem feinen Schattenwurf belebt. Die 17,5 kW-Anlage wird voraussichtlich 20 bis 30% des Strombedarfs des Südflügels bereitstellen. Auch für die Finanzierung wurden innovative Wege beschritten. Um die Last der Anfangsinvestition für die Solarstromanlage zu minimieren, wurde sie gemeinsam mit der Arbeitsgemeinschaft für dezentrale Energieerzeugung in Liestal erstellt, die die Anlage betreibt und unterhält. Die Metron AG als Nutzer bezahlt den Strompreis, der ca. 8–10mal so hoch ist wie das Angebot der öffentlichen Versorger. So entsteht für die Metron ein Mischpreis, der noch verträglich ist, aber zur Auswahl energiesparender Bürogeräte motiviert.

Grünkonzept

In dieser etwas unwirtlichen Umgebung inmitten städtischer Infrastrukturen mußte auch auf das Grün besonderer Wert gelegt werden. So sind die Dächer weitgehend begrünt. Teilweise extensiv, teilweise nutzbar und begehbar. Auf dem Dach des Wohnflügels wurden kleine Mietergärten eingerichtet, die wie kleine Schrebergärten auf dem Dach liegen. Auf dem Südflügel des Bürobaus ist die Kantine untergebracht, mit einer sommerlich nutzbaren Dachterrasse. Im Hof wurde extra eine linsenförmige Aussparung eingebaut, um die herum sich die Tiefgarage legt. So sind die dort gepflanzten Gingko-Bäume direkt mit dem Erdreich verbunden.

ebäudeansicht
on Süden mit Photo-
oltaikanlage und
ankendem Elektroauto

Bürogebäude Tenum, Liestal (CH)

Fünf Firmen aus dem Umweltbereich schlossen sich zusammen, um gemeinschaftlich das „Zentrum für Energie-, Bau- und Umwelttechnik" zu errichten. 1991 konnte das Bürogebäude eröffnet werden, das heute 36 Firmen und Institutionen aus dem Umwelt- und Baubereich mit insgesamt 150 Mitarbeitern beherbergt. Der interdisziplinäre Austausch wird durch einige Gemeinschaftseinrichtungen gefördert.

Ein kleiner Vortragssaal und eine Telefon-, Büro- und Copyzentrale im Eingangsbereich stehen allen Nutzern zur Verfügung. Ein Lichthof mit Café und Restaurant bildet den Mittelpunkt des Gebäudes, um den die Büroflächen gruppiert sind. Mit Überzeugungskraft gegenüber den Schweizer Banken und trotz des schmalen Budgets mittelständischer Betriebe gelang es den Initiatoren, ein Gebäudekonzept umzusetzen, das ihren eigenen hohen Ansprüchen in bezug auf Umweltgerechtigkeit entspricht. Beispiel Energie: Das Gebäude verbraucht nur 41 kWh Heizenergie und 27 kWh Elektrizität pro Quadratmeter und Jahr. Das ist rund ein Drittel weniger, als der Schweizerische Ingenieur- und Architektenverein seinen Mitgliedern als fortschrittlichen Standard empfiehlt und ca. die Hälfte der Schweizer Norm. Aber auch eine Vielzahl anderer Umweltaspekte ist bei diesem Bau nicht zu kurz gekommen. Besonderer Wert wurde auf die Auswahl baubiologisch unbedenklicher Materialien gelegt. So entschieden sich die Architekten von artevetro dafür, die Hülle des Gebäudes aus Holz zu machen. Der Vorteil: Holz ist recyclierbar und beinhaltet nur wenig „graue Energie" (d.h. Herstellungs- und Transportenergie). Als nachwachsender Rohstoff kann es in der Region gewonnen und problemlos wieder in den natürlichen Materialkreislauf eingefügt werden, wenn der Bau eines Tages abgebrochen oder renoviert wird. Um den Verbrauch an Trinkwasser zu minimieren, wird für die Toilettenspülung Regenwasser verwandt, das auf dem Flachdach gesammelt, in einem Betonbecken im Keller gespeichert und in einem eigenen Leitungsnetz zu den Toiletten geführt wird. Dadurch können 500 Kubikmeter Trinkwasser im Jahr eingespart werden.

Harter Kern mit weicher Schale

Das Gebäude ist als großer Quader mit eingeschnittenem Lichthof konzipiert. So wird die wärmeübertragende Außenhülle im Verhältnis zur Nutzfläche minimiert. Der Gebäudekern ist in Stahlbeton ausgeführt. Die Konstruktion aus Betonstützen und -decken verbindet den klassischen Vorteil der flexiblen Grundrißgestaltung mit hoher Speichermasse für passive Wärmegewinne. Um diesen harten Kern legt sich eine Hülle aus Holz, wärmegedämmt mit 10 cm Altpapierflocken.

Gebäudeschnitt

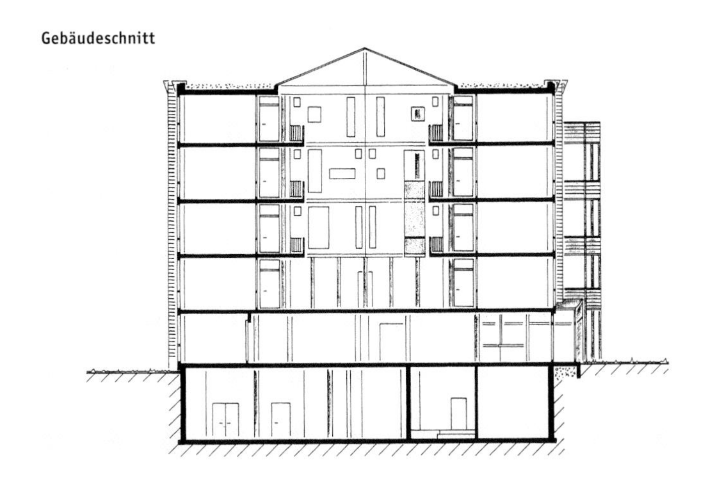

Blick in das begrünte Atrium, Verglasung mit Holzkonstruktion und Lüftungsfenstern im oberen Bereich

Die Energiezentrale mit CO_2-neutraler Holzhackschnitzelfeuerung: direkt vom Wald in den Betonsilo, von dort unmittelbar in den Brenner

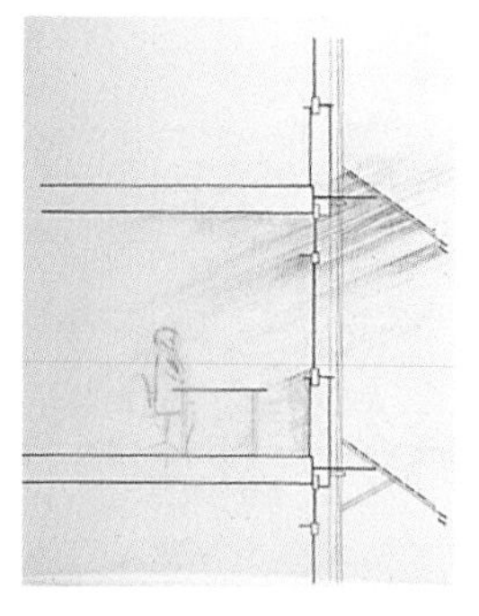

Südost-/Südwestfassade:
In Glasmodule integrierte Solarzellen als Beschattungselemente, Lichteinfall durch die Zellzwischenräume

Die Fassade: Tageslicht nutzen und Strom gewinnen

Ihr charakteristisches Aussehen erhält die Fassade dadurch, daß sie je nach Orientierung – den Himmelsrichtungen entsprechend – unterschiedlich ausgebildet ist. Die „Südecke" des Gebäudes wird zur photovoltaischen Stromerzeugung genutzt, gleichzeitig dienen die Solarzellen als feststehender Sonnenschutz. Im Südosten sind Stoffrollos angebracht, die für diffuses Licht am Arbeitsplatz sorgen, während im Südwesten vorgelagerte Balkone die direkte Sommersonne abhalten. Im Nordosten und -westen sollen senkrecht stehende Bretter das Streiflicht der Sonne einfangen. So ist es möglich, weitestgehend blendfreie, aber doch abwechslungsreich belichtete Arbeitsplätze zu bekommen. Ergänzt wird diese Tageslichtgestaltung durch ein abgestuftes Kunstlichtkonzept, das nicht den gesamten Büroraum möglichst gleichmäßig ausleuchtet, sondern das Licht ganz gezielt und sehr sparsam einsetzen will. Daher werden drei Beleuchtungsebenen geschaffen. Die rückwärtige Durchgangszone wird von festinstallierten Energiesparlampen nur so weit erhellt, wie es zur Orientierung notwendig ist. In der Arbeitszone strahlen bewegliche leistungsstarke und stromsparende Stehleuchten an die Decke und sorgen so für helles aber blendfreies Licht. Wem das noch nicht ausreicht, der kann zusätzlich die individuelle Tischleuchte hinzuziehen.

Konstruktion einer Holzfassade

Die Fassade besteht aus vorgefertigten Sandwichelementen. Schon im Werk wurde die Wärmedämmung aus Altpapierflocken eingeblasen. Sie ist ökologisch empfehlenswert und wird durch Borsalz gegen Brand und Schädlingsbefall geschützt. Der Wunsch, Holz als umweltfreundlichen Baustoff für einen mehrgeschossigen Bürobau zu benutzen, erwies sich für die Planer als gar nicht so einfach realisierbar. Pfiffige Ideen und frühzeitige Zusammenarbeit mit der Brandschutzaufsicht waren notwendig, um zur Lösung zu finden: Geschoßweise wird das Übergreifen von Flammen verhindert – durch die zementgebundenen Fassadenplatten, die Fluchtbalkone oder die vorgehängten Solarmodule. Teil des Konzeptes war, keine chemischen Holzimprägnierungen zu verwenden. Daher mußten die Holzqualitäten und -arten je nach Funktion und Wetterexponiertheit des Bauteils ausgesucht werden. Für die wichtigsten tragenden Teile der Fassade wurde witterungsbeständiges Douglasholz aus kultivierten kanadischen Beständen verwendet, einheimisches Lärchenholz war nicht schnell genug verfügbar. Für die Regenhaut wurde einfaches Fichtenholz eingesetzt – bei Bedarf recyclierbar. Die Fensterrahmen sind aus hochwertigem Fichtenkernholz gefertigt. Da die Fassade einen hohen Glasanteil von über 50% besitzt, kamen hochisolierende Gläser mit k-Werten zwischen 0,7 und 1,3 W/m² K zum Einsatz.

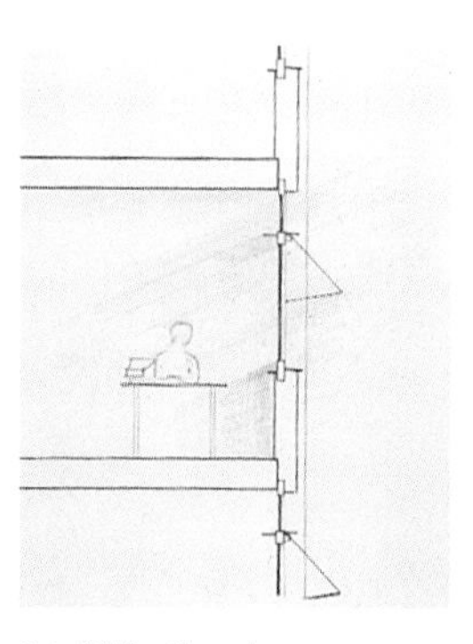

Ost-/Südostfassade:
Stoffstoren gewähren freie Aussicht und diffuses Licht am Arbeitsplatz.

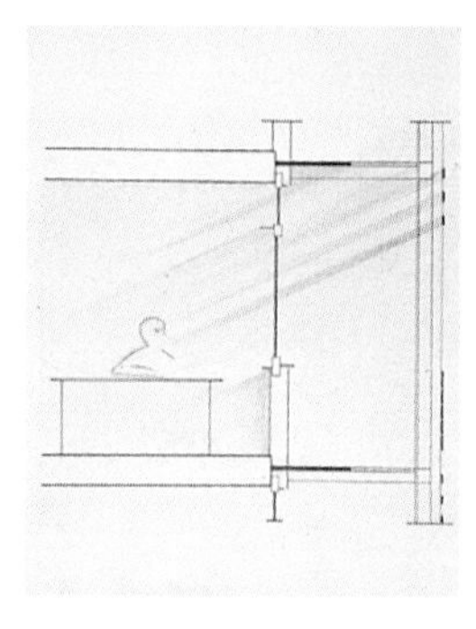

Südwest-/Nordwestfassade:
eine vorgelagerte Holz-Stahlstruktur dient als Sonnenschutz, Fluchtweg, Witterungsschutz für die Fassade und als Balkon.

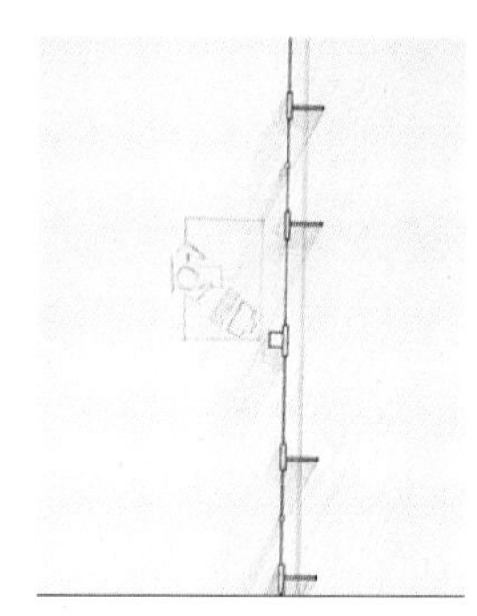

Nordwestfassade:
Senkrecht stehende Seitenbretter schützen vor blendender Südwest-Sonne und lassen seitliches Streiflicht ins Büro fallen.

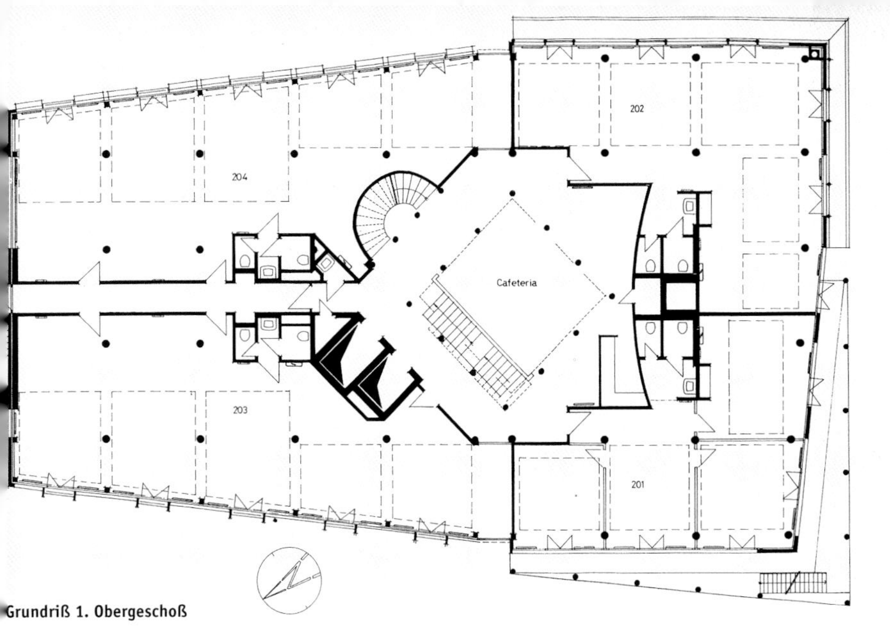

Grundriß 1. Obergeschoß

Energiekonzept

Auch bei der Energiebereitstellung verzichten die Planer des Tenum nicht auf den nachwachsenden Rohstoff Holz. Da Hans Jörg Luchsinger, einer der Initiatoren und Bauherren, Spezialist für Holzhackschnitzel ist, fiel die Wahl nicht schwer. So befinden sich im Keller des Gebäudes ein kleiner Silo für Holzhackschnitzel und eine ganz moderne Holzhackschnitzelfeuerung. Spezialastwagen greifen mit einem kleinen Kran gefällte Bäume und zerschnitzeln sie. Direkt aus dem Wald fahren sie dann mit den Holzschnitzeln zum Kunden, der sie ohne weitere Umstände direkt verwerten kann. Der Vorteil: Bei modernen Öfen kann die Verbrennungstemperatur so genau gesteuert werden, daß kaum Schadstoffe entstehen – bis auf das CO_2, das dann im natürlichen Kreislauf wieder vom nächsten Baum gebunden werden muß. Bei einer nachhaltigen Forstwirtschaft kein Problem. Geheizt wird ganz konventionell mit kleinen Plattenheizkörpern, ergänzt durch eine Be- und Entlüftungsanlage mit Wärmerückgewinnung. Nach dem Prinzip der Quellüftung werden die Büros so mit vorgewärmter Frischluft versorgt. Durch die passiven Solargewinne und die gute Wärmedämmung des Gebäudes verkürzt sich die Heizperiode auf nur dreieinhalb Monate. Da in einem Bürogebäude nur sehr wenig Warmwasser benötigt wird, gibt es nur eine kleine Sonnenkollektoranlage von 8 m², die Hausmeisterwohnung, Putzräume und das Café versorgt. Die Photovoltaikanlage soll vor allem dazu dienen, die Elektroautos der Angestellten mit Solarstrom zu versorgen. Mit der erwarteten Jahresleistung von 9000 kWh könnten 90 000 Kilometer im Solarmobil zurückgelegt werden. Jeder Mitarbeiter im Tenum könnte im Jahr 600 Kilometer solarbetrieben fahren – also an jedem Arbeitstag 2 Kilometer – wenn alle einzeln kommen. Die Ökobilanz des Tenum hat das Züricher Ingenieurbüro Baseler und Hofmann zu errechnen versucht. Die Ökobilanz von Gebäuden exakt zu bestimmen ist allerdings sehr aufwendig und wird noch kaum praktiziert. Gearbeitet haben die Ingenieure mit dem EPFL-Programm, das an der ETH in Lausanne entwickelt worden ist. Betrachtet wird bei einer Ökobilanz die Schadstoffbelastung der Umwelt durch alle Materialien und Energien sowie deren Vorstufen, die zur Erstellung des Gebäudes verwendet worden sind. Das Resultat: Selbst durch dieses überaus ökologische Gebäude werden bereits 426 Giga-Kubikmeter Luft belastet. Der größte Anteil stammt dabei von den verwendeten Materialien. Die errechnete „graue Energie" des Gebäudes beträgt nach diesen Rechnungen 18,4 TJ. Das sind umgerechnet 1286 Kilowattstunden pro Quadratmeter – das ist genausoviel Energie, wie in dem Gebäude im Laufe der nächsten 20 Jahre verbraucht werden wird. Aufgrund solcher Überlegungen wird jedes Bauteil daraufhin untersucht, wie sinnvoll es in bezug auf den gesamtheitlichen Energieverbrauch ist und ob es – betrachtet über einen längeren Zeitraum – auch wirklich zur Energieeinsparung beiträgt.

1. Anmerkung: In der Fachwelt bemißt man die Menge von Luftschadstoffen danach, wieviel Kubikmeter Luft durch eine bestimmte Menge Schadstoffe soweit verschmutzt würden, daß sie nicht mehr den Anforderungen der Luftreinhalteverordnung entsprechen.
2. Anmerkung: „Graue Energie" eines Werkstoffes, Hauses oder Produktes ist diejenige Energie, die benötigt wurde, um das Produkt herzustellen, zu transportieren und im Falle eines Hauses auch zu bauen. Das heißt, in der „grauen Energiebilanz" eines Hauses werden alle Energien betrachtet, die notwendig waren, das Haus und alle darin verwendeten Materialien herzustellen. Dabei versucht man jedes Material bis zur Rohstoffgewinnung zurückzuverfolgen.

Bürogebäude Tenum, Zentrum für Bau-, Energie- und Umwelttechnik

Fertigstellung
Oktober 1991

Gebäudestandort/ Besichtigung
Tenum Management AG
Frau Ch. Rohrer
Grammetstraße 14
CH-4410 Liestal
Fon +41 · (0)61 · 922 01 00
Fax +41 · (0)61 · 922 01 09

Architekturbüro
artevetro architekten ag im Tenum

Energietechnik
IEU AG
Ingenieurbüro für Integrale Energie- und Umwelttechnik im Tenum

Bruttogeschoßfläche
4 869 m²

Nettonutzfläche
3 900 m²

Umbauter Raum
16 400 m³

Anzahl Arbeitsplätze
120–150

Hausmeisterwohnung
1

Höhe über Meer
320 m

Heizgradtage
3 350 Kd (20/12 °C)

Jährliche Globalstrahlung
1 147 kWh/m²a

Bauteilkennwerte
Außenwand:
gipsgebundene Holzspanplatte (28mm)
Zellulosedämmung (100 mm)
gipsgebundene Zelluloseplatte (12 mm)
Hinterlüftungslattung (25 mm)
Horizontale Holzriemen (21 mm)
k-Wert 0,36 W/m²K
Fenster:
Holzrahmen mit Glastyp Silverstar Super
3fach Isolierverglasung mit 2 beschichteten Gläsern und Argonfüllung
k-Wert 1,0 W/m²K
Flachdach:
Betondecke (200 mm)
Gefällsübergang (30–100 mm)
Dampfsperre
Dämmung (120 mm)
recyclierbare Kunststoffdichtungsbahn (5 mm)
Kies (40 mm)
k-Wert 0,32 W/m²a
Boden:
k-Wert 0,40 W/m²a

Haustechnik
Heizung:
Holzschnitzelfeuerung mit Abgaskondensation
Installierte Leistung 110 kW
Lüftung:
Kontrollierte Be- und Entlüftung mit Quellüftung, 70% Wärmerückgewinnung
WW-Bereitung:
Büroräume: dezentrale Elektroboiler mit 10 l (1,25 kW)
Hausmeisterwohnung und Putzräume:
4 m² Sonnenkollektoren mit Thermosyphonprinzip

Thermische Solaranlage
Kollektortyp
Solhart
Installierte Fläche
4 m²
WW-Speicher
300 l

Photovoltaikanlage
Hersteller Module
NUKEM AG
Typ
MIS-I Multikristallin
Installierte Fläche
100 m²
Installierte Leistung
10 kWp
Modulwirkungsgrad (Sonne zu Gleichstrom)
10,5 %
Wechselrichter SMA AG
Deckungsanteil am Stromverbrauch
6 %
Einspeisevergütung
ca. 16 Rp./kWh

Energiekenndaten für 1993
Primärenergieeinsatz
Heizung:
180 m³ Holzhackschnitzel mit 800 kWh/m³
Nutzenergieverbrauch
Heizung:
berechnet 41,7 kWh/m²a
gemessen 36,7 kWh/m²a
Verbrauch Elektrizität
25,6 kWh/m²a
Stromproduktion Photovoltaikanlage
6 000 kWh/a

Kosten
Gebäudekosten pro m² Bruttogeschoßfläche
1 574 Fr.
PV-Anlage
265 000 Fr.

Sektion Unfallchirurgie, Glashaus

Sektion Unfallchirurgie, Ulm (D)

Die Sektion Unfallchirurgie an der Universität Ulm ist für eine interdisziplinäre Forschungsgruppe von Chirurgen, Ingenieuren, Biologen und medizinisch-technischen Mitarbeitern gebaut worden. Für ihre Beschäftigung mit experimenteller Traumatologie benötigen sie Laboratorien für Materialprüfung, Biomechanik, Histologie, Morphologie, Röntgen und Biologie. Zum Raumprogramm gehören außerdem Sekretariat, Arbeitszimmer für ca. 20 Mitarbeiter, eine kleine Bibliothek und ein Seminarraum für 60 Personen. Das im Frühjahr 1989 fertiggestellte Gebäude ist ein Klassiker der passiven Solarenergienutzung.

Blick in das Glashaus mit Hörsaal und Bepflanzung

Gebäudekonzept

Im Mittelpunkt des Gebäudes befindet sich ein großes Glashaus, das gleichzeitig Hörsaal, Besprechungsplätze und die Erschließung des Gebäudes beinhaltet. Um es herum legen sich U-förmig die einzelnen Laboratorien und Arbeitsräume. Die Hülle des Massivbaus ist aus 36 cm Poroton-Ziegeln konstruiert, die Glasfassade des Hörsaals besteht aus einer feuerverzinkten Stahlkonstruktion mit thermisch getrennten Profilen und einer Verglasung mit einem k-Wert von 1,3 W/(m^{2}K). Bereits 1990 wurde das zunächst rechteckige Gebäude (unser Titelbild) um 310 m^2 erweitert, die Räume des inneren Quadrates orientieren sich alle zum Glashaus, die hinzugefügten Kreissegmente im Norden und Westen nach außen. Die Architekten Dieter Schempp und Fred Möllring vom Büro LOG ID demonstrierten mit diesem Entwurf in exemplarischer Weise die Grundprinzipien der von ihnen entwickelten „Grünen Solararchitektur". Speichern und Gewinnen, Steinhaus und Grünhaus, Massivbau und Glashaus, Kernnutzung und flexible, bzw. temporäre Nutzung sind die Stichworte. Gegenübergestellt werden hierbei Technik und Natur, zivilisatorische Besitzergreifung und Integration der Umwelt. Entsprechend sind auch die Mittel. Die Architektur reagiert auf die unterschiedlichen Nutzungsansprüche der Menschen, die sich in ihr aufhalten. Erschließungszonen, die man eiligen Schrittes durchquert, müssen nicht so warm sein wie ständige Arbeitsbereiche, Hörsäle werden nur dann geheizt, wenn sie benutzt werden, Schwankungen des Wetters sind im Innenraun spürbar, nicht verdrängt.

Grundriß Erdgeschoß

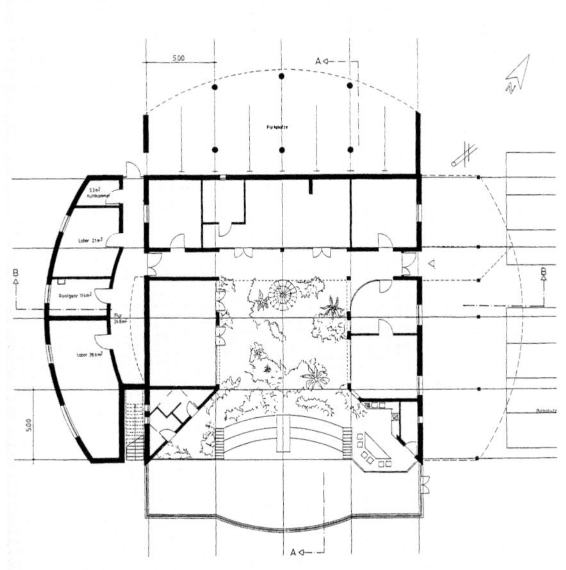

Südansicht

Sektion für Unfall-chirurgische Forschung und Biomechanik an der Universität Ulm

Fertigstellung
Frühjahr 1988
Erweiterung 1990

Gebäudestandort
D-Ulm, Universitätsgelände auf dem Eselsberg
Besichtigung
Caius Burri Stiftung, Ulm

Architekturbüro
LOG ID – Dieter Schempp
Sindelfingerstr. 85
D-72070 Tübingen
Fon +49 · (0)70 71 · 94 83 0
Fax +49 · (0)70 71 · 94 83 50
Fred Möllring,
Gerhard Steiner

Pflanzplanung
Jürgen Frantz

Haustechnik
Büro PIV S. Hesslinger, Baumgärtner

Elektroplanung
Büro Volz, Tübingen

Nettonutzfläche
690 m²

Erweiterung
310 m²

Umbauter Raum
4950 m³

Arbeitsplätze
Laboratorien, Arbeitszimmer (20 MA)
Bibliothek, Auditorium für 60 Personen

Bauteilaufbau
Außenwand:
36 cm Poroton, Putz
Decken:
Beton
Fenster:
Hochwärmegedämmtes Isolierglas
Rahmen Kiefernholz
Glashaus:
feuerverzinkte Stahlkonstruktion mit thermisch getrennten Aluprofilen und hochwärmegedämmtem Isolierglas
(k-Wert Glas=1,3 kWh/m²a)
Boden:
im Glashaus Ziegelspeicherflächen,
im Labor-Vorraum Travertin

Haustechnik
Fernwärmeversorgung
140/90 °C mit hydraulischer Trennung des Sekundärnetzes 70/50 °,
Anschlußwert 110 kW,
im Glashaus 44 kW
Passive Solarenergienutzung

Kosten
Gebäudekosten
2 000 000 DM
Glashaus
450 000 DM

Die Bedeutung der Pflanzen in der grünen Solararchitektur

Die Bepflanzung des Glashauses ist integraler Bestandteil der architektonischen Planung. Die Formenvielfalt des Grüns trägt zur Verbesserung der Atmosphäre im Gebäude bei. Auch Feigen, Wein und Guaven, die Früchte tragen, wurden verwandt. Natürliche Kreisläufe und deren komplizierte Zusammenhänge sind mit dem künstlich angelegten Biotop im Glashaus wieder Teil des Arbeitsalltages. Die Pflanzen tragen in diesem Konzept nicht nur zur angenehmeren Stimmung bei, sondern auch zur Klimatisierung und Verbesserung der Luftqualität. Sie binden Schadstoffe und Staub, verbrauchen durch ihr Wachstum CO_2 und produzieren Sauerstoff. Bei starker Sonneneinstrahlung transpirieren sie Wasser, und es entsteht Verdunstungskälte. Dadurch gelingt es, die Temperatur auch im Sommer zwei bis drei Grad unter der Außentemperatur zu halten. Die Zusammenstellung der speziell für das Glashausklima geeigneten Pflanzenarten ist eine subtropische Spezialmischung des zum interdisziplinären Team von LOG ID gehörenden Botanikers Jürgen Frantz. Die Pflanzen spenden im Sommer Schatten im Glashaus – zum Pflanzensortiment gehören aber auch Arten, die im Winter ihre Blätter verlieren, so daß in der Übergangszeit und im Winter viel Licht und Energie ins Glashaus eindringen. Klappen im unteren Bereich und im Dach des Glashauses ermöglichen große Luftwechsel. In den Übergangszeiten drücken Ventilatoren bedarfsgesteuert die warme Luft wieder nach unten. Die um den Grünbereich angeordneten Arbeitsräume sind durch hochwärmegedämmte gläserne Faltwände vom Glashaus getrennt. Im Winter wird durch thermostatisch gesteuerte Ventilatoren die vorgewärmte Luft aus dem Wintergarten entnommen. Sobald es im Frühjahr warm genug ist, werden die Faltelemente beiseite geschoben, und die Forscher sitzen im Grünen. Dieses Konzept verbindet außerdem Kommunikations- und Rückzugsmöglichkeiten. Für die Deckung des restlichen Heizenergiebedarfs im Winter sorgt ein Fernwärmeanschluß. Das Glashaus dient dann als Pufferzone und wird nur im Bedarfsfall über fünf Grad geheizt. Im Sommer öffnen sich alle Räume zum Glashaus als Zentrum des Gebäudes. Für die Vermeidung sommerlicher Überhitzung sorgen große temperaturgesteuerte Lüftungsklappen an der Südwand, der Nordwand und vor allem im oberen Bereich des Glasdaches. Auf diese Weise verwandeln sich das Innenklima des Gebäudes und mit ihm die Raumbezüge und Nutzungsmöglichkeiten im Wechsel der Jahreszeiten – genauso wie die Pflanzen.

Schnitt mit Glashaus

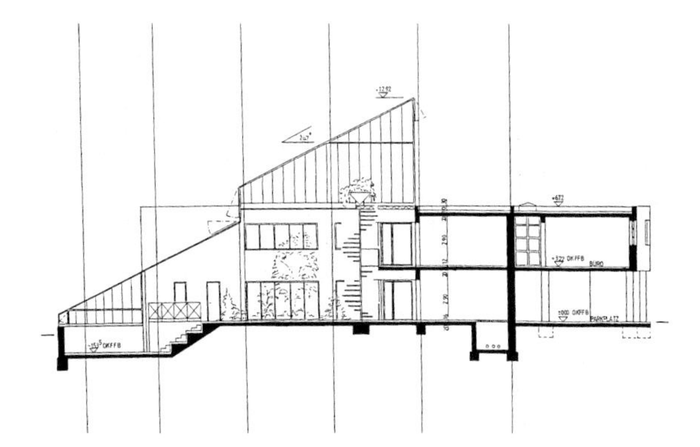

Ansicht von Südosten mit eingeschobenem Veranstaltungsraum

Verwaltungsgebäude der Deutschen Bundesstiftung Umwelt (DBU), Osnabrück (D)

1990 wurde von der Bundesrepublik Deutschland die Deutsche Bundesstiftung Umwelt gegründet, eine der größten Stiftungen Europas. Forschung, Entwicklung und Innovation auf dem Gebiet umwelt- und gesundheitsfreundlicher Verfahren und Produkte sollen von der DBU gefördert werden sowie der Informationsaustausch über Umweltfragen und die Anwendung innovativer Umwelttechniken. Für diese Umweltstiftung sollte ein Bauwerk geschaffen werden, das geeignet ist, die Ziele der Stiftung auszudrücken und anschaulich selbst darzustellen. Auf der Suche nach der angemessenen Form wurde ein Wettbewerb ausgeschrieben, aus dem der Architekt Erich Schneider-Wessling siegreich hervorging. Das von ihm vorgeschlagene Baukonzept nimmt in verschiedener Hinsicht Rücksicht auf die Umwelt und verbindet das Gebäude eng mit der umgebenden Natur.

Integration ins Gelände

Als Standort der Deutschen Bundesstiftung Umwelt wurde ein parkartiges Grundstück in einem Osnabrücker Villenviertel aus der Gründerzeit gewählt. Das Gelände ist leicht wellig, mit einem lockeren Baumbestand versehen und von zwei- bis dreigeschossiger Bebauung umgeben. Eine renovierungsbedürftige Villa und eine 160 Jahre alte Buchengruppe waren als Bestand zu berücksichtigen. Das Gebäude der DBU ist von Erich Schneider-Wessling aus den topographischen Gegebenheiten des Grundstückes heraus entwickelt worden. Die Gruppe alter Buchen bildet den zentralen Bezugspunkt, um den sich das Gebäude wie ein großes U herumlegt. Die Buchengruppe wird so Teil eines grünen Innenhofes, auf den ein Großteil der Arbeitsräume ausgerichtet ist. Als grüne Mitte werden die Bäume zum integralen Bestandteil des Entwurfes und bilden das räumliche Zentrum der Konfiguration. Der Naturraum ist plastisch in die Formgebung des Neubaus einbezogen. Auch klimatisch sind die Bäume wichtiger Teil des Entwurfes, denn sie stehen auf der Südseite des Gebäudes und spenden Schatten und Feuchtigkeit im Sommer. Als Sauerstoffspender stehen sie auch im Stoffaustausch mit den Verbrauchern im Haus, deren Atmungsprodukt Kohlendioxid wiederum von der grünen Lunge eingeatmet wird. Um das Gebäude nahe an den Baumbestand heranzusetzen, mußte der Lebensbereich der Bäume weitgehend geschont werden. Auf den Bau einer Tiefgarage oder Unterkellerung wurde daher verzichtet, da Grundwasserveränderungen unvermeidbar gewesen wären. Das Gebäude wurde statt dessen auf Punktfundamente und Pfähle gegründet, um den Eingriff in den Boden zu minimieren und Schädigungen der Wurzeln zu vermeiden.

Ansicht vom Park mit alter Buchengruppe im Zentrum der Bebauung

Gartenfassade mit multifunktionaler Stahlstruktur: Sie ist nutzbar und als Rankgerüst, Fluchtweg, Sonnenschutz und Balkon sowie zur späteren Ergänzung von Solarmodulen geeignet.

Gebäudekonzept

Das Gebäudekonzept ist der Entwurfsidee entsprechend organisch gestaltet. Um fünf Kerne herum gliedern sich zellenartig aufgereiht die einzelnen Arbeitsräume, die als Bänder die nach oben hin offenen „Augen" des Gebäudes umrunden. So entstehen dynamisch enger und weiter werdende innere Erschließungsbereiche, in denen auch Kombizonen untergebracht werden können. Die runden Kernbereiche sind als kleine Atrien ausgebildet, durch die die Erschließungszone mit Tageslicht versorgt wird. Ihre runden Oberlichter durchstoßen als abgeschrägte Glaszylinder die Dachebene des Gebäudes. Die Schnittflächen sind der Sonne zugewandt. Diese radiale Raumanordnung hat verschiedene Vorteile. Die Kreisform ermöglicht ein kompaktes Gebäude mit einem günstigen Verhältnis von Außenhülle zu Kubatur und trägt so zur Verminderung der Wärmeverluste bei. Gleichzeitig konzentrieren sich die Flur- und Erschließungsbereiche, die sich im Zentrum der Ringe befinden, auf kleine Flächen, und alle Arbeitsbereiche werden optimal mit Tageslicht versorgt. Maximaler Außenkontakt der Arbeitsräume in Relation zu minimalen Kernbereichen sind die Folge. Eine gänzlich verglaste Fassade bildet die Hülle der vorwiegend nach Osten, Westen und Süden orientierten Arbeitsbereiche und gewährleistet eine gute Tagesbelichtung der Bürobereiche. Zu 80% aller Stunden des Jahres zwischen 9.00 und 17.00 Uhr wird die geforderte Nennbelichtungsstärke von 300 Lux am Arbeitsplatz durch natürliche Tagesbelichtung gewährleistet. Ein leichtes Rankgerüst folgt der Fassade und verbindet Innen- und Außenraum. Rankgewächse sollen so einen sommerlichen Sonnenschutz übernehmen. Eine späterer wintergartenartiger Ausbau oder eine Ergänzung mit Photovoltaikelementen zur solaren Stromerzeugung sind in dieser Planung vorgesehen. Zur Straße hin, die im Norden des Geländes liegt, ist eine geschlossenere Straßenfassade ausgebildet, an der die Eingangshalle liegt. Die minimierte Nordseite des Gebäudes nimmt außerdem Serviceräume, Archive, Treppenhäuser und einen Seminarraum auf.

Innenansicht Büroraum

Konstruktion und Baumaterialien

Die Tragkonstruktion besteht aus Stahlbetonstützen und Stahlbetondecken als Speichermasse. Erstmals in Deutschland sind tragende Wände eines Hochbaus aus Recyclingbeton gebaut worden. Eine Sondergenehmigung war für dieses experimentelle Verfahren notwendig. Ca. drei bis vier Monaten nach Errichtung wurden dem fertigen Beton Bohrkerne entnommen, anhand deren die Druckfestigkeit überprüft wurde. Für den hier verwandten Recyclingbeton wurde Beton aus Abriß wieder zermahlen und dem neuen Beton als Zuschlagstoff beigemischt. Der Verband Deutscher Baustoff-Recycling-Unternehmen zeichnete 1994 den Generalsekretär der DBU, Fritz Brickwede, für die Verwendung von Recyclingbeton mit einer goldenen Baustoff-Recyclingmedaille aus. Mit Schaumglasdämmung ist ein umweltfreundlicher, belastbarer und feuchtigkeitsbeständiger Dämmstoff für die Bodenplatte gewählt worden.

Iso-floc, ein Dämmstoff aus recycliertem Altpapier, ist für die Dämmung des Daches und für die Ausfüllung der Innenwände verwendet worden. Kompostierbare Teppiche aus Naturfasern, Bodenplatten aus Recyclingmaterial und Anstriche aus Naturfarben runden die Verwendung naturnaher Baumaterialien ab.

Fassadenaufbau

Auch die Fassade wurde den Entwurfsgrundsätzen des Gebäudes entsprechend gestaltet. Sie besteht aus einer Holz-Aluminium-Konstruktion. Holzstützen bilden das tragende Element und nutzen die Vorteile von Holz: gute Wärmedämmeigenschaften bei geringem Energieaufwand für die Herstellung und bei unproblematischem Recycling. Die Stützen sind nach außen hin mit Aluminium verkleidet, um einen guten Witterungsschutz zu gewährleisten. Die Kriterien „klare Materialtren-

Verwaltungsgebäude
Deutsche Bundesstiftung
Umwelt Osnabrück

Fertigstellung

Gebäudestandort/Bauherr
Deutsche Bundesstiftung
Umwelt
An der Bornau 2
49090 Osnabrück
Projektbetreuung
Wilfried Steenblock
Fon +49·(0)541·963 30

Besichtigung nach Vereinbarung
Architekturbüro:
Prof. Erich Schneider-Wessling
Architekt BDA im
Bauturm Köln
Aachener Str. 26
D-50674 Köln
Fon +49·(0)221·574 03 50
Fax +49·(0)221·574 03 53

Bauphysik
Büro für Bauphysik Graner
Berg.-Gladbach

Heizung, Lüftung, Sanitär
HL-Technik
München

Gebäudesimulation
SUNNA, Büro für
Sonnenenergie
Freiburg

Baumschutz
Dr. Bernhardt
Osnabrück

Nettonutzfläche
3 490 m²

Bruttogeschoßfläche
4 550 m²

Bruttorauminhalt
15 060 m³

Oberflächen-/ Volumen-Verhältnis
0,41 m⁻¹

Anzahl Arbeitsplätze
80

Bauteilkennwerte
Außenfassade Verglasung:
3fach-Verglasung mit
2 IR-Beschichtungen
und Argonfüllung
k-Wert 0,8 W/m²K
Außenfassade Rahmen:
Holzrahmen mit Aluminium
Abdeckung
k-Wert 1,0 W/m²K
Dach und Boden:
Betondecke mit 12 cm
Schaumglasisolierung

Energiekenndaten (Simulationsergebnisse)
Raumwärmebedarf:
49%
Transmissionswärmeverluste
119 718 kWh/a
51% Lüftungswärmeverluste
123 735 kWh/a
Deckung Raumwärmebedarf:
26% Solare Gewinne
64 019 kWh/a
19% Interne Gewinne
46 913 kWh/a
55% Heizenergiebedarf
132 521 kWh/a
Fossiler
Nutzenergieverbrauch
Heizung
38 kWh/m²a

Brutto-Baugesamtkosten
für den Neubau und den
Umbau der Villa
incl. Nebenkosten
ca. 20 Millionen DM

Lageplan

ıung", „einfaches Recycling der Bau-
:eile" und „lange Lebensdauer" standen
auch hier Pate für die Konstruktion. Der
<-Wert der Rahmenkonstruktion ist klei-
ner als 1 W/m²K. Als Verglasung wurde
ein Dreifachglas mit Low-E-Beschich-
:ung und Argonfüllung, mit einem
<-Wert von 0,8 W/m²K gewählt. Die
Fassade erwirtschaftet einen passiven
Solarenergiegewinn von 20 kWh/m²a.

Energiekonzept

Sonnenkollektoren decken einen Teil
des Warmwasserbedarfs, Photovoltaikelemente tragen zur Stromerzeugung bei.
Niedertemperatur-Flachheizkörper und
Fußbodenheizung ermöglichen den
Einsatz von Wärme geringer Temperaturen zur Heizung. Die Belüftung erfolgt
mechanisch im Gegenstromverfahren
mit Wärmerückgewinnung, die Fenster
jeden Raumes lassen sich jedoch auch
öffnen, und es besteht von jedem Raum
aus die Möglichkeit, das umlaufende
Rankgerüst mit seinem schmalen Steg
zu betreten. In jedem Büroraum können
Aufenthaltszeiten und gewünschte Temperaturen vom Benutzer an einem Ein-
gabefeld eingestellt werden, so daß die
Regelung der Heizung und Belüftung
individuell und bedarfsgesteuert
erfolgt. Rings um die Gebäudekontur
verläuft direkt hinter der Fassade ein
Installationskanal, der sämtliche Ver-
sorgungsleitungen aufnimmt, während
die Unterverteilungen in den Trennwänden verlaufen. So können die
Räume beliebig genutzt und verändert
werden.

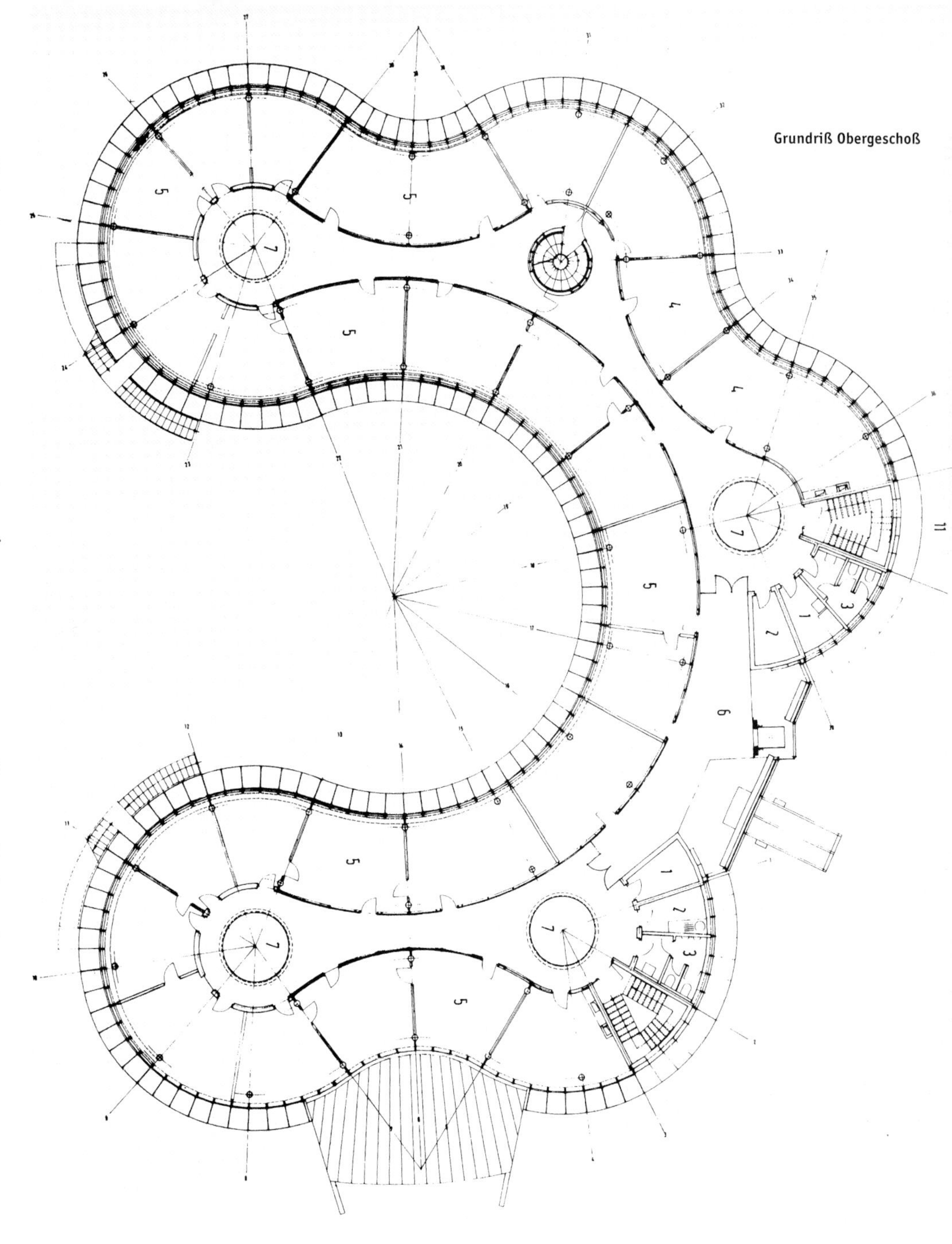

Grundriß Obergeschoß

Schnitt mit Oberlicht

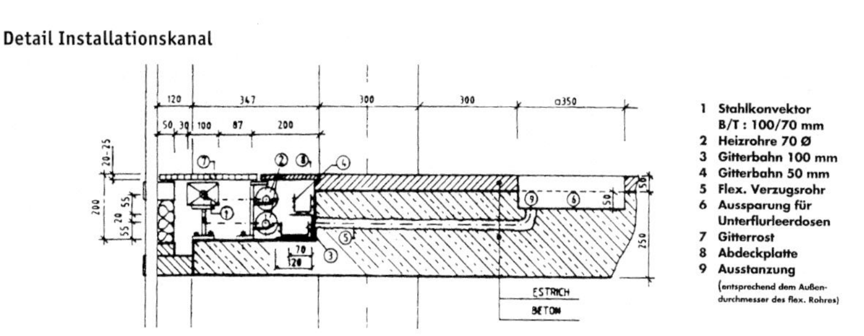

Detail Installationskanal

oben: Schnitt,
unten: Grundriß Obergeschoß

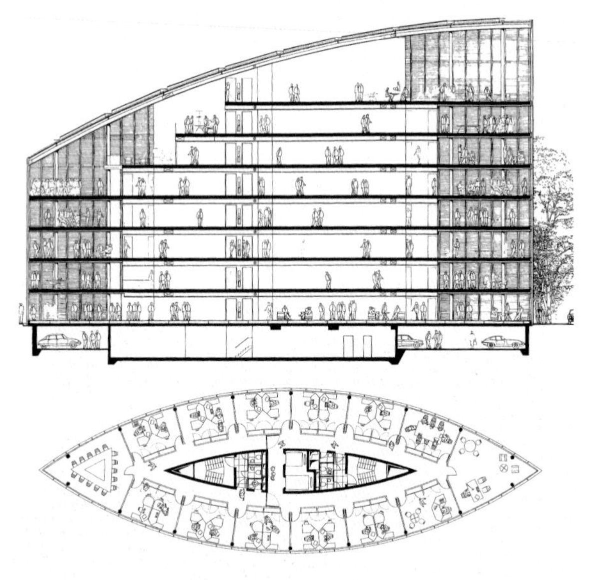

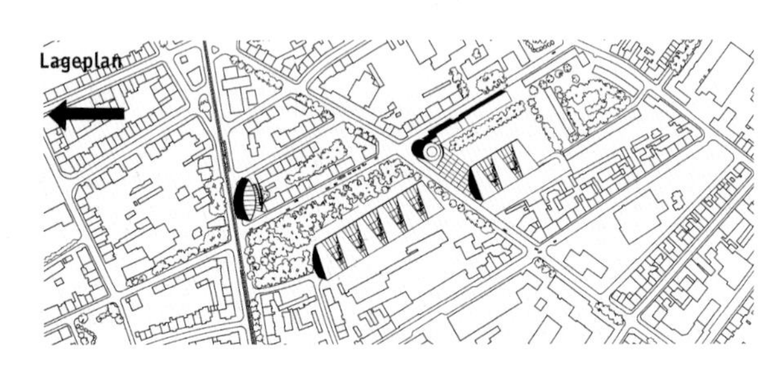

Blick auf die Westspitze des Gebäudes

Haus der Wirtschaftsförderung, Duisburg (D)

Das Haus der Wirtschaftsförderung in Duisburg wurde von Sir Norman Foster and Partners entworfen. Mit seiner Gestalt soll es gleichzeitig Symbol für technischen Fortschritt und für Strukturwandel in Duisburg sein, es ist ein Teil des Mikroelektronikparks, der in den nächsten Jahren in unmittelbarer Nachbarschaft entstehen wird. Sicherlich auch ein Grund, warum das Büro Foster angesprochen wurde, das für die konstruktive Eleganz seiner Bauten bekannt ist.

Haus der Wirtschaftsförderung Duisburg
Fertigstellung: *März 1993*
Gebäudestandort/Bauherr:
Kaiser Bautechnik
Herr Norbert Kaiser
Mülheimer Straße 100
D-47057 Duisburg
Architekturbüro:
Sir Norman Foster and Partners
Riverside Three
22, Hester Road
GB - SW11 4AN London
Fon +49 - (0)71-7 38 04 53
Projektteam:
Sir Norman Foster
David Nelson
Stefan Behling
Mary Bowman u. a.

Gebäudekonzept

Gläsern und transparent repräsentiert die geschwungene Form des Hauses der Wirtschaftsförderung als Kopfbau das Gelände des Mikroelektronikparks, deutlich sichtbar an der städtebaulich wichtigen Achse zwischen Stadt und Universität. Die Idee des Gebäudes als einer gläsernen Skulptur stand Pate für den Entwurf. Das Gebäudekonzept orientiert sich an diesem gestalterischen Grundgedanken: Das Skelett des Hauses ist als tragende Betonstruktur ausgebildet. Der Kern im Zentrum des eliptischen Grundrisses nimmt die Erschließung, Serviceräume und die Versorgungsinfrastruktur auf. Gleichzeitig wirken die Betonwände des Kernbereiches als aussteifende Elemente und Speichermassen. Um das Betonskelett herum ist die Fassade als gleichförmig umlaufende transparente Struktur gelegt. Die Glasfassade ist bilanzpositiv geplant: Mit einem k-Wert von 1,0 kWh/m^2a ist der Dämmwert der Fassade so gut, daß auch bei bedecktem Himmel mehr Energie durch die Fassade gewonnen werden als verlorengehen soll. Sie besteht aus einer doppelten Haut. Die äußere Hülle ist aus Panzerglas und bildet eine rahmenlose Glasfläche, deren einzelne Scheiben an nur wenigen Punkten aufgehängt sind. Die innere Hülle wird von einer Isolierverglasung mit thermisch getrennten Profilen gebildet. In der Luftschicht zwischen innerer und äußerer Haut hängt wettergeschützt eine Metalljalousie, die vor Überhitzung und Blendung schützen soll. Die in ihrer Position computergesteuerten Lamellen der Jalousie ermöglichen durch eine feine Perforierung gleichzeitig einen Panoramaausblick und leuchten den Raum tief und gleichmäßig mit Tageslicht aus. In der Planung vorgesehen war, daß die Abwärme, die an den Jalousien entsteht, über thermischen Auftrieb zwischen den Glasschichten der Fassade entlüftet wird.

Energiekonzept

Kaiser Bautechnik entwickelte die Energietechnik und war gleichzeitig Auftraggeber, mit eigenem Büro in der obersten Etage des Gebäudes. Da das Gebäude an einer stark befahrenen Straße liegt, entschloß man sich gleich zu Beginn der Planung, die Fassade wegen der Verkehrslärmbelästigung nicht öffenbar zu gestalten und eine Vollklimatisierung vorzusehen. Das

Fassadendetail an der Spitze des Gebäudes

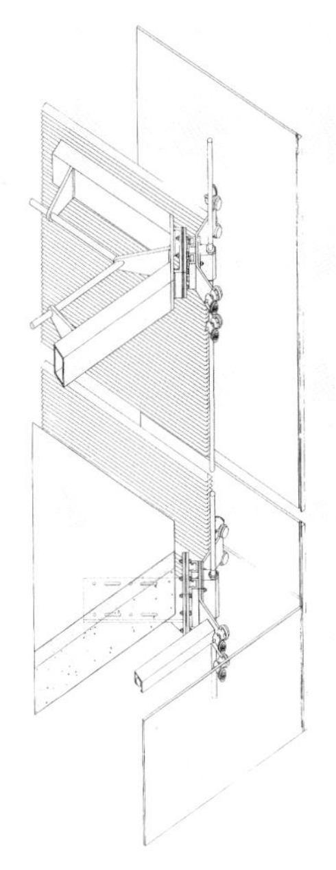

Fassadendetail mit Befestigung der äußeren Verglasung

energetische Gesamtsystem des Hauses wird von einem Zentralrechner gesteuert und optimiert. Ein Bus-System vernetzt und regelt Meßpunkte und Steuerelemente miteinander. Die Kühlung der Räume erfolgt mit Wasser als Medium über Kühldecken, die Frischluftzufuhr als Quellüftung durch klein dimensionierte Öffnungen im Boden in Fassadennähe. Hier ist auch ein ca. 60 cm breiter Streifen mit einer Fußbodenheizung untergebracht. Mit Einzelraumreglern kann die Temperierung, Lüftung und Belichtung jedes Raumes individuell bestimmt werden.

Die Energieversorgung des Gebäudes übernimmt ein gasbetriebenes Blockheizkraftwerk im Keller. Es liefert gleichzeitig – kraftwärmegekoppelt – Wärme und Strom, eine Absorptionskältemaschine wandelt die Wärme des BHKW's im Bedarfsfall in Kälte. Ergänzt werden sollte diese Grundlastversorgung mit der ersten solaren Kraft-Wärme-Kälte-Kopplung. Dieser innovativste Baustein des Energiekonzeptes, für den 300 m² Sonnenkollektoren und Photovoltaikmodule auf dem Dach integriert werden sollten, wurde leider nicht wie ursprünglich vorgesehen realisiert. Die Sonnenkollektoren auf dem Dach hätten Wärme liefern können, die von

Südfassade mit heruntergelassenem Sonnenschutz

einer mit dem Solarstrom angetriebenen Absorptionskühlanlage in Kälte gewandelt worden wäre. Je wärmer es im Sommer ist, desto mehr Energie steht in solchen Systemen zur Kühlung zur Verfügung. Im Frühjahr und Herbst könnten die Kollektoren zur Unterstützung der Heizung beitragen. Bedingt durch diesen weggefallenen regenerativen Anteil zur Energieversorgung und durch eine eher ästhetische als energetische Zielsetzung bei der Gestaltung des Gebäudekonzeptes fallen die Energieverbrauchswerte nicht so niedrig wie gewünscht aus. Meßergebnisse aus der wissenschaftlichen Begleitforschung zum Projekt, die die Universität Duisburg im Auftrag des BMFT durchführt, zeigen, daß für die Energieversorgung des Gebäudes ca. 500 Kilowattstunden Gas pro Quadratmeter und Jahr benötigt werden. Dies ist die Primärenergie, welche von Blockheizkraftwerk und Gaskessel zur Strom- und Wärmeerzeugung aufgenommen werden. Die Absorptionskältemaschine wiederum wird von diesen gespeist. Umgerechnet auf Nutzenergie sind dies 123 kWh/m²a an Strom und 177 kWh/m²a an Heizenergie, hinzu kommt noch die Kühlenergie in ähnlicher Höhe. Sichtbar wird an diesen Relationen, daß trotz der hochwertigen Verglasung mit einem k-Wert von 1,0 W/m²K größere Wärmeverluste auftreten, da die nächtliche Auskühlung durch die Verglasung immer noch weit höher ist als die einer gut gedämmten Wand mit einem k-Wert von 0,2 W/m²K. Durch die Glasfassaden und die abgehängten Decken hat das Gebäude nur geringe Speichermassen, so daß sich die eigentlich vorteilhafte Fähigkeit, passive Solarenergiegewinne zu ermöglichen, bereits im Frühjahr leicht als Kühllast bemerkbar macht.

Büroraum im obersten Stockwerk unter dem geschwungenen Stahldach

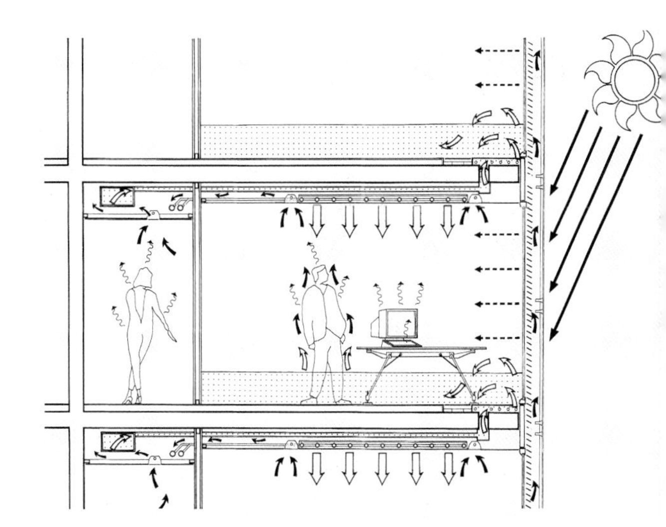

Schnitt durch einen typischen Büroraum mit allen haustechnischen Installationen

Energietechnik
Kaiser Bautechnik
Wissenschaftliche Begleitforschung Energiesystem:
Gerhard Mercator Universität Duisburg
Prof. Dipl.-Ing. V. Sperlich
Dipl.-Ing. E. Kolle
D-47048 Duisburg
Fon und Fax
+49 - (0)2 03-3 79 30 85
Bruttogeschoßfläche
4000 m²
Nettonutzfläche
3750 m²
Gebäudevolumen
14 000 m³
Oberflächen-/Volumenverhältnis
0,268 m^{-1}
Höhe über Meer
30 m
Heizgradtage Mittelwert 20 J: *3280*
Heizgradtage 1994:
3038,2

Bauteilkennwerte
Außenwand:
Glasfassade mit Aluminiumrahmenwerk
Gesamt-k-Wert 1,0 W/m²a
Energiesystem:
Blockheizkraftwerk:
Glasgefeuert und stromgeführt, für die Stromversorgung und zur Heizung und Wärmelieferung für die Absorptionskühlmaschine
installierte Leistung BHKW:
110 $kW_{elektrisch}$
200 $kW_{thermisch}$
Gaskessel:
zur Spitzenlastabdeckung
installierte Leistung:
200 $kW_{thermisch}$
Absorptionskältemaschine:
mit Rückkühlwerk
zur Kälteenergieversorgung des Gebäudes
Installierte Leistung:
250 $kW_{thermisch}$
Stromanschluß öffentliches Netz:
400 Volt

Energiekenndaten 1994:
Gasverbrauch BHKW und Gaskessel
191.093,9 m³/a (entspricht 2.086.746 kWh/a)
Stromproduktion BHKW:
455.361,78 kWh
Strombezug von den Stadtwerken:
171.696,09 kWh
Einspeisung von BHKW an Stadtwerke:
164.017,16 kWh
Stromverbrauch im Haus der Wirtschaftsförderung:
463.000 kWh/a
Nutzenergieverbrauch:
Verbrauch Heizenergie:
176,94 kWh/m²a
Verbrauch Strom:
123,48 kWh/m²a
und Kühlenergie
Gebäudekosten:
£ 5 Mill.

Nachtansicht der Lesehalle im Glashaus

Stadtbibliothek und Kulturtreff, Herten (D)

Im Zentrum der Stadt Herten wurde vom Architektenteam LOG ID eine Stadtbibliothek mit Kulturtreff realisiert. Standort für das Bauvorhaben war eine Baulücke im unmittelbaren Stadtzentrum von Herten. Die Herausforderung dieses Projektes war, in ein innerstädtisches Umfeld grüne Solararchitektur mit passiver und aktiver Sonnenenergienutzung, einer freien Formensprache und mit Pflanzen als neue städtische Qualität zu integrieren.

Eine drei- bis viergeschossige Bebauung mit Flach-, Giebel- und Walmdächern bildet die städtebauliche Umgebung. Die Bibliothek wurde als offene Ergänzung Teil einer Blockrandbebauung. Zur Fußgängerzone hin schließt die Bibliothek unmittelbar an die benachbarte Bebauung an, zum Blockinneren hin werden die Formen freier und bilden eine große gläserne Rotunde, die die Lesehalle aufnimmt, als Übergang zur ruhigen grünen Hofsituation. Ein Zusammenspiel aus Massivbau und gläsernen Gebäudeteilen macht so den Baukörper der Bibliothek aus. Die Integration von Solararchitektur in den Rahmen einer so dichten innerstädtischen Bebauung stellte die Planer vor einige Schwierigkeiten, denn durch die engen Straßen waren die Hauptfassaden des Gebäudes weitgehend verschattet. Daher bot sich vor allem das Dach des Gebäudes zum Einfahren von Solargewinnen an. Jetzt spannt sich ein vollständig gläsernes Dach über das Gebäude und überdeckt geschlossene Gebäudeteile ebenso wie das Glashaus, welches auf diese Weise in den Genuß von direkter Sonneneinstrahlung kommt. Die passiven Solargewinne, die über den massiven Gebäudeteilen erzielt werden, tragen zur Beheizung der darunterliegenden Räume bei. Ein Rastermaß von 12 Metern wurde aus der Analyse der umliegenden Bebauung abgeleitet; Gebäudehöhe, Fassadengliederung und Grundrißorganisation orientieren sich daran. Mit Café, Bistro und den öffentlichen Bereichen der Bibliothek wird die Erdgeschoßzone von den Nutzungen her in den Umraum integriert, Glasrotunde und gläsern überdachte Außenbereiche ermöglichen die Einsicht in die Bibliothek und erlauben einen angenehmen Aufenthalt in den Übergangsbereichen zwischen Gebäude und Freiraum.

Energiekonzept

Die Wärmeversorgung des Gebäudes wird über einen Fernwärmeanschluß und Sonnenenergienutzung aus dem Luftkollektor auf dem Dach gesichert. Eine ursprünglich vorgesehene Photovoltaikanlage, die in das Glasdach integriert werden sollte, wurde vorerst aus Kostengründen gestrichen und bleibt so einer späteren Realisierung vorbehalten. Im Frühjahr und Herbst reicht die in den Sonnenkollektoren auf dem Dach gewonnene Wärme aus, um das Gebäude zu heizen. Die Be- und Entlüftungsanlage des Gebäudes stellt einen Luftkreislauf zwischen Bibliothek (Frischluftzufuhr), Grünhaus (Nutzung Abwärme) und Luftkollektor (Erwärmung) her. Alle Wärmeverbraucher, also Raumheizflächen und Lufterhitzer, sind für Niedertemperatur ausgelegt.

Die Abluft aller Lüftungsanlagen strömt im Regelfall in die Rotunde und von dort in das Glasdach des Gebäudes, wo sie durch die Absorber wieder erwärmt wird. Wenn bei Sonnenschein überschüssige Wärme in der Rotunde auftritt, wird sie über die Lüftungsanlage direkt den Räumen zur Verfügung gestellt. Die Bepflanzung im Glashaus sorgt für eine Befeuchtung und Sauerstoffanreicherung der Luft, so daß die Lüftungsanlagen mit einem geringeren Außenluftanteil betrieben werden können. Diese Art von regenerativer Lufterneuerung vermindert die Energiekosten noch einmal. Auf die sonst üblichen Verfahren der Wärmerückgewinnung mit

nnenansicht der Lesehalle
nit Bepflanzung

Ansicht von der Fußgängerzone aus: sich öffnender Baukörper mit darüberliegendem Glasdach

Värmetauschern konnte so verzichtet
verden. Im Sommer und in den Übergangszeiten, in denen kein Heizbedarf
besteht, wird die Abluft direkt aus dem
Gebäude herausgeführt. Die Rotunde
vird dann über bodennahe Lüftungsklappen belüftet, während die warme
uft über Lüftungsklappen im Dach
entweicht.

Grünplanung

Die Rotunde, das gläserne Lesehaus,
st reichhaltig bepflanzt und dient als
grüne Lunge des Gebäudes. Hier wird
die Zuluft gefiltert, befeuchtet und mit
Sauerstoff angereichert. Die Bepflanzung ist Teil des Klimakonzeptes, trägt
aber nicht nur zum physiologischen
Wohlbefinden bei, sondern schafft eine
entspannte und harmonische Atmosphäre in der Bibliothek. Die Nutzer
können ihre Bücher mitnehmen und
geschoßweise die Balkone betreten, die
m Glashaus umlaufen. So ist ein kon-
zentriertes Lesen bei vollem Tageslicht
und ein Entspannen im Grünraum mög-
ich. Die Pflanzen profitieren davon,
direkt auf gewachsenem Untergrund zu
stehen. Subtropische Pflanzen, kleine
Bäume und Sträucher wurden eingesetzt. Immergrüne großblättrige
Gehölze sorgen mit ihrem Stoffwechsel
für eine ganzjährige Sauerstoffproduk-
tion. An der Südfassade des Glashauses
wurden innenliegend schnellwüchsige
Schlinger und Gehölze gepflanzt, die
m Sommer als Schattenspender dienen,
m Winter jedoch ihr Laub abwerfen und
eine tiefe Besonnung gestatten. Wein,
Kiwi und Feige wurden hier gepflanzt.
Die hohen schlanken Bäume, die die
Rotunde umgeben, wurden bereits frühzeitig ausgesucht und bereits als mehr-
ährige Bäume gepflanzt, um von
Beginn an eine ausreichende Beschat-
tung zu gewährleisten.

Stadtbibliothek und Kulturtreff Herten

Fertigstellung
September 1994

Gebäudestandort
Glashaus und Kulturtreff
Hermannstr. 16
D-45699 Herten
Fon +49 · (0)23 66 · 80 98 30
Besichtigung jederzeit möglich
(öffentliches Gebäude)

Bauherrschaft/Auftraggeber
Stadt Herten
Kurt-Schumacher-Str. 2
D-45699 Herten
Fon +49 · (0)23 66 · 30 33 13

Architekturbüro
LOG ID - Dieter Schempp
Sindelfingerstr. 85
D - 72070 Tübingen
Fon +49 · (0)70 71 · 9 48 30
Fax +49 · (0)70 71 · 94 83 50
Projektleiter W. Klimensch
Entwurf F. Möllring
Mitarbeiter W. Gans, G. Steiner, E. Sedelmaier u.a.

Pflanzplanung
Jürgen Frantz

Statik
Natterer und Dittrich, München

Heizung, Lüftung, Sanitärplanung
Bürogemeinschaft IDH/PIV, Hesslinger und Baumgärtner, D-Stuttgart

Bauphysik und Akustik
Büro Dr. Schäke und Bayer GmbH, D-Waiblingen

Elektroplanung
Ingenieurbüro Dohrmann GmbH, D-Essen

Beratung Glasfassaden
Ingenieurbüro Lankau, D-Arnsberg

Nettonutzfläche
Massivteil 3 900 m²
Glashaus 430 m²
Balkone u. Treppen 280 m²

Umbauter Raum
Massivteil 15 761 m³
Glashaus 6 024 m³
Glasdach 1 979 m³

Heizgradtage
3 169 Kd (VDI 2 067)

Bauteilkennwerte
Außenwand:
k-Wert 0,35 W/m²K
Fenster:
k-Wert 2,00 W/m²K
Wintergarten:
k-Wert 2,00 W/m²K
Dach:
k-Wert 0,35 W/m²K
Boden:
k-Wert 0,21 W/m²K

Haustechnik:
Heizung:
Fernwärme
Anschlußwert 300 kW
Lufterwärmung über Absorberdach, kontrollierte Be- und Entlüftung mit Vorheizung der Zuluft durch das Absorberdach, welches als Luftkollektor wirkt (ohne Kältemaschine, ohne Be- und Entfeuchtung)

Thermische Solaranlage
Hersteller Absorberdach:
Eigenkonstruktion
Art der Anwendung:
Lufterwärmung als Vorerhitzer
Solarer Deckungsanteil ca. 40%

Energiekenndaten
Jahresverbrauch Strom ca. 370 272 kWh
Stromverbrauch pro m² und Jahr
85 kWh/m²a

Kosten
Bauwerk 18,8 Mio. DM
Gerät: 2,3 Mio. DM
Gesamtkosten
25,67 Mio. DM

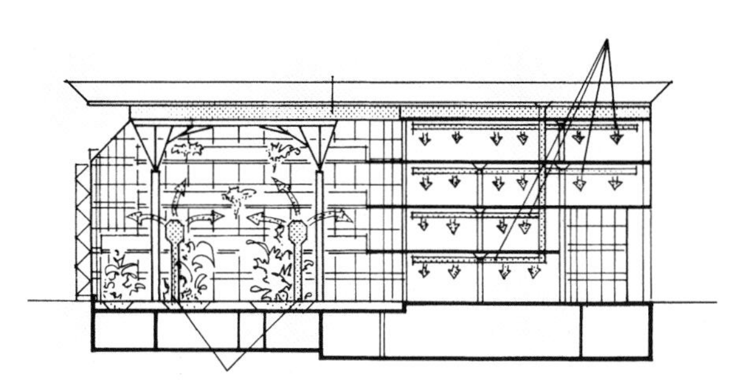

Gebäudeschnitt mit Darstellung der Sonnenkollektoranlage und ihrer Nutzung

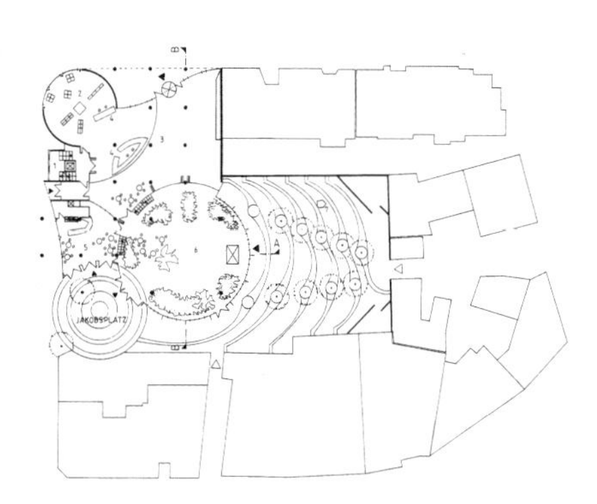

Grundriß Erdgeschoß mit Hof und umgebenden Baumassen

Südansicht mit feststehendem Sonnenschutz aus perforiertem Stahlblech

Lycée Albert Camus, Frejus (F)

Frejus liegt an der Côte d'Azur in Südfrankreich. Wegen des raschen Bevölkerungswachstums wurde von der Stadt ein Wettbewerb für eine neue Schule ausgelobt, den das Büro Foster Associates im Herbst 1991 gewann. Die Bauherren wünschten eine besonders schnelle und preisgünstige Realisierung, so daß bereits im September 92 Baubeginn war, im August 93 die Übergabe an die Nutzer und bereits im Herbst 93 der Schulbetrieb in dem 243 Meter langen und 14 500 m³ umfassenden Schulgebäude beginnen konnte. Die für 900 Schüler ausgelegte Schule umfaßt dabei sowohl normale Klassenräume als auch spezielle Räume für die Berufsausbildung. Mit passiver Solararchitektur schufen die Architekten eine dem Mittelmeerklima angepaßte Architektur.

Die Forderungen nach Schnelligkeit, Preiswürdigkeit und variabler Nutzung erwiderten Foster Associates mit einer stark repetetiven Tragstruktur aus Betonelementen, die vor Ort gefertigt wurden, und einem überaus klaren und einfachen Gebäudekonzept, das sich an den Grundsätzen passiver Solarenergiegewinnung orientiert – nicht zuletzt um auch die Energiekosten so gering wie möglich zu halten. Diese nach Betriebs- und Investitionskosten optimierte Lösung wurde in Zusammenarbeit mit den Fachingenieuren für Versorgungstechnik, Licht und Tragstrukturen erarbeitet, wobei für jede einzelne Komponente Kapitalkosten und zu erwartende Gewinne durch Energieeinsparung gegeneinander abgewogen wurden.

Das auf einem Hügel oberhalb des Meeres liegende Gebäude wurde mit seiner Längsachse Ost-West orientiert, so daß sich lange Süd- und Nordfassaden ergeben, was einen besonders einfachen Sonnenschutz ermöglicht. Die Klassenräume orientieren sich alle nach Süden und können die Aussicht aufs Meer genießen. Die Fachräume, Labore und Nebenräume sind im Norden angeordnet. Die Fassaden der Unterrichtsräume sind großflächig verglast und werden durch eine feststehende Stahlstruktur vor der heißen Sommersonne bewahrt, während die Wintersonne tief ins Innere gelangt. Um die heißen Temperaturen an Sommertagen abzupuffern und passive Gewinne im Winter aufnehmen zu können, ist die Tragstruktur des Hauses aus Beton, dessen Oberflächen sich als Sichtbeton – ohne Verkleidungen oder abgehängte Decken – unmittelbar zum Raum hin exponieren und so zur Stabilisierung des Innenklimas beitragen. Besonders die Dachelemente wurden gezielt mit mehr Masse versehen, als aus konstruktiven Gründen erforderlich gewesen wäre: Sie sind mit 10 cm Wärmedämmung ausgestattet worden. Zwischen der eigentlichen Dachhaut aus kunststoffbeschichtetem Stahltrapezblech und den gebogenen Dachelementen ist ein wechselnd großer Abstand. Diese Konstruktion ermöglicht, daß die Dachhaut quasi das Gebäude verschattet, während die entstehende Wärme durch den großen Zwischenraum nach oben hin wegventiliert. Durch verstellbare Lüftungsgitter kann die Ventilation im Sommer erfolgen, während im Winter ein Luftpolster zur Wärmedämmung beiträgt. Die zentrale Erschließungsachse des Hauses ist mit einem aufgesetzten Oberlicht versehen worden, das allerdings nur indirektes Licht von der Seite einläßt, um Überhitzung zu vermeiden. Die zylinder-

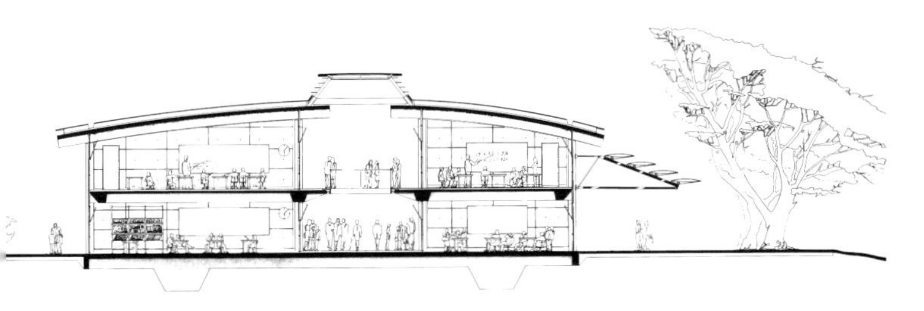

Der Schnitt zeigt den zweischaligen Dachaufbau, die schwere Konstruktion aus Sichtbetonfertigteilen und die Sonnenschutzlamellen.

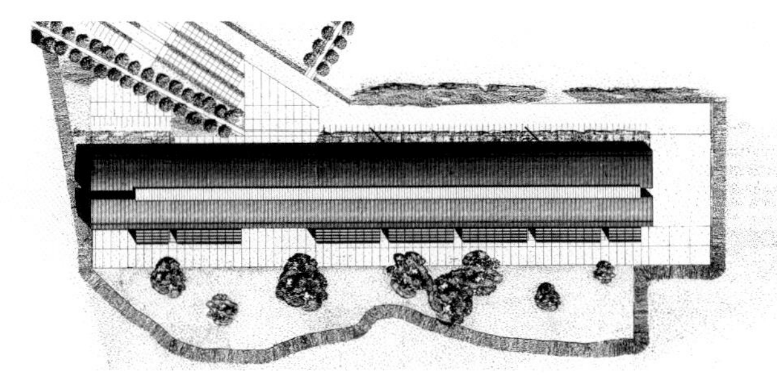

Lage: Die Schule liegt auf einer Anhöhe, die Südfassade ist zum Meer hin orientiert.

Blick in die zweigeschossige innere Erschließungsachse mit Klassenräumen (hinten) und Eingangshalle (vorne). Waagerechte, außen am Oberlicht angebrachte Lamellen verhindern den Einfall der hochstehenden mediterranen Sonne und sorgen in Kombination mit senkrechtstehenden inneren Lamellen für eine angenehme Beleuchtung des Innenraumes durch das Oberlicht. Raumseitig exponierte Betonstrukturen tragen als Speichermassen zur Temperierung bei

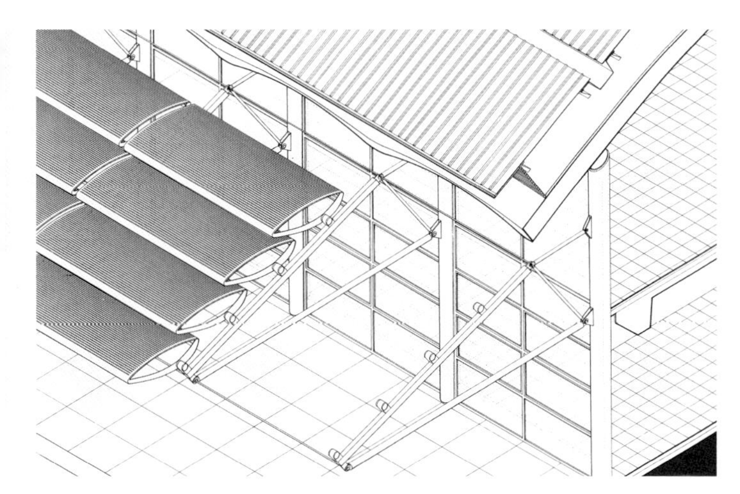

Isometrie der Südseite mit Glasfassade, Sonnenschutz und zweischaligem Dachaufbau. Die witterungsabweisende Dacheindeckung verschattet die darunterliegende Betonstruktur, die dazwischenliegende Luftschicht führt die entstehende Wärme ab.

schalenförmigen Dachelemente sorgen für eine wechselnd helle Lichtreflexion und lassen so selbst bei der Länge von über 240 Metern innerer Straße keine Monotonie aufkommen, sondern einen ruhigen harmonischen Raumeindruck entstehen. Erstaunlicherweise fanden sich auch nach einem Jahr Benutzung nicht die geringsten Spuren von Graffiti etc. auf den vielen Sichtbetonwänden, was die Worte des Direktors Lecompte zu bestätigen scheint, daß sowohl Schüler als auch Lehrer sich in ihrer neuen Schule wohlfühlen. Dies war auch eine Forderung der Stadt gewesen, die zur Minimierung der Betriebskosten in Anbetracht der intensiven Nutzung Wert auf die Robustheit der Gebäudestruktur gelegt hatte.

Das Oberlicht ist mit Glaslamellen versehen, die sich öffnen lassen. Im Verbund mit schrägstellbaren Fenstern jeweils an der Innen- und Außenfassade der Schulräume kann so die verbrauchte Luft durch natürlichen Auftrieb problemlos abtransportiert werden. Die öffenbaren Elemente sind immer auch (nicht nur) im oberen Teil der Fassaden angeordnet, damit die wärmste Luft abziehen kann. Zusätzlich haben alle Klassenräume im Erdgeschoß Außentüren, so daß sich das Gebäude über die ganze Längsachse zur Landschaft öffnet und nicht nur quer zu lüften, sondern auch frei zu durchqueren ist. Geheizt wird ganz konventionell mit Plattenheizkörpern. Künstliche Belüftung ist nur für den Küchenbereich und für die Labore vorgesehen, wo dies unumgänglich war.

Lycée Albert Camus
Fertigstellung
September 1993
Gebäudestandort/ Besichtigung
Lycée Albert Camus
Monsieur Lecompte
Quartier Gallieni
F-83600 Frejus
Fon +33 · (0)94 · 19 52 60
Bauherr
Stadt Frejus
Architekturbüro
Sir Norman Foster and Partners
Riverside Three,
22 Hester Road
GB-London SW11 4AN
Fon +44 · (0)71 · 738 04 55
Design-Team
London: Norman Foster, Sabiha Foster, Spencer de Grey, Ken Shuttleworth, John Silver, Mouzan Majidi, Max Neal, Simon Bowden u.a.
Frankreich: Alex Reid, Tim Quick, Bronagh Carey, Eric Jaffres, Kriti Siderakis
Energietechnik
J. Roger Preston
Steve Gibson
29, Broadway
GB-Maidenhead SL6 ILY
Fon +44 · (0)628 · 234 23
Fax +44 · (0)628 · 398 60
Bruttogeschoßfläche
14 500 m²
Länge
243 m
Breite
29 m
Anzahl Nutzer
900 Schüler

Bauteilaufbau
Außenwand:
Glas, Aluminiumrahmen
Dach:
Massive Betonfertigteile mit hinterlüfteten Trapezblechen
Boden:
Beton
Haustechnik
Lüftung:
natürliche Entlüftung über aufgesetztes Oberlichtband
Klimatisierung der Küchenbereiche, wo vom Benutzer gefordert
Heizung:
Gaskessel und konventionelle Radiatoren
Energiekennwerte 1994
Gasverbrauch für Heizung und Warmwasserbedarf
63 600 m³
ca. 46 kWh/m²a
Stromverbrauch
300 000 kWh
20,7 kWh/m²a
Kosten
Baukosten
5 800 FF/m²

Westfassade zur Rhone: Durch Glaslamellen läßt sich die Fassade fast vollständig öffnen.

Internationales Schulzentrum, Lyon (F)

Das internationale Schulzentrum Lyon vereint eine Grundschule, eine Mittelstufe und ein Gymnasium unter einem Dach. Die Architekten Jourda und Perraudin entwarfen das Gebäude. Die Frage des Energiesparens kann ihrer Meinung nach nicht von den anderen architektonischen Problemen getrennt betrachtet werden. Bioklimatische Aspekte gehören für sie konstitutiv zur Architektur an sich. In einer Synthese aller architektonischen Werte stellen sie diese daher in einen Zusammenhang mit der ökonomischen Organisation eines Projektes, der Form, der symbolischen Dimension von Räumen und den Bezügen zu Landschaft und Geschichte.

Für die Schule in Lyon ordneten Jourda und Perraudin alle Baukörper in einem Komplex an. Ein mehr als 300 Meter langes Gebäudeband beinhaltet die Klassenräume. Zum Kopfbau der „Schlange" hin steigt die Geschoßzahl, hier sind Wohnungen für die Lehrer untergebracht. An der Westseite, zur Rhone hin gelegen, befinden sich die Erschließung und Toilettenräume als geschlossene Betonkuben hinter einer Glasfassade. Die Fassade besteht zu weiten Teilen aus öffenbaren Glaslamellenfenstern. Die Klassenräume sind zur Innenseite des Gebäudes hin orientiert. Ihre Fassaden werden durch einen beweglichen Sonnenschutz vor direkter Sonneneinstrahlung geschützt. In den Klassenräumen läßt sich jedoch kein Fenster öffnen. Eine Vollklimatisierung sorgt für Frischluft und Temperierung.

Das gebogene Gebäude mit den Klassenräumen umschließt das Zentralgebäude des Schulzentrums. Unter einem großen begrünten Dach, welches von einem Feld hoher Betonstützen abgehängt ist, sind unterschiedliche Funktionen vereint. An einer zentralen gläsernen Erschließungsstraße reihen sich eingeschobene Baukörper mit Lehrräumen für den Fachunterricht, Sprachlaboren, Computerräumen und Büros. Bibliothek und Mehrzweckräume erhalten jeweils eigene Formen, vieleckig und rund. Zwei große Sporthallen sowie Cafeteria und Restaurant liegen an der Ostseite direkt unter der gemeinsamen Überdachung.

Dieser Bereich ist nach dem Prinzip der „total kontrollierten Schutzhülle" gebaut. Unter dem großen schützenden Dach schaffen die Architekten ein Mikroklima im Gebäude. Die öffentlichen Räume um die Glasstraße werden als Außenräume betrachtet, jedoch mit Pufferfunktion, nicht als Außenklima. Das Dach enthält entlang der Glasstraße und über die Fläche verteilt eine Reihe von öffenbaren Oberlichtern. Jeder einzelne Baukörper unter dem Dach hat wiederum sein eigenes Raumklima. Genauer betrachtet bedeutet das Prinzip der „mikroklimatisch geschützten Umgebung" und der Zonierung jedoch in der hier ausgeführten Form eine Vollklimatisierung großer Gebäudeteile. Die Verglasung der inneren Glasstraße ist feststehend, ebenso die der seitlichen Fassaden der Sporthallen. Klimarohre versorgen die eingeschobenen Baukörper unter der Schutzhülle mit frischer Luft, Klimaanlagen beatmen die Sporthallen. So bleibt die Frage, warum es nur in den Erschließungszonen möglich war, Prinzipien der natürlichen Belüftung zu wählen, und ob aus der Schutzhülle nicht leicht eine Zwangsjacke werden könnte.

Blick in die innere Erschließungsstraße des Zentralgebäudes: Links Bürogebäude, rechts Unterrichtsräume.

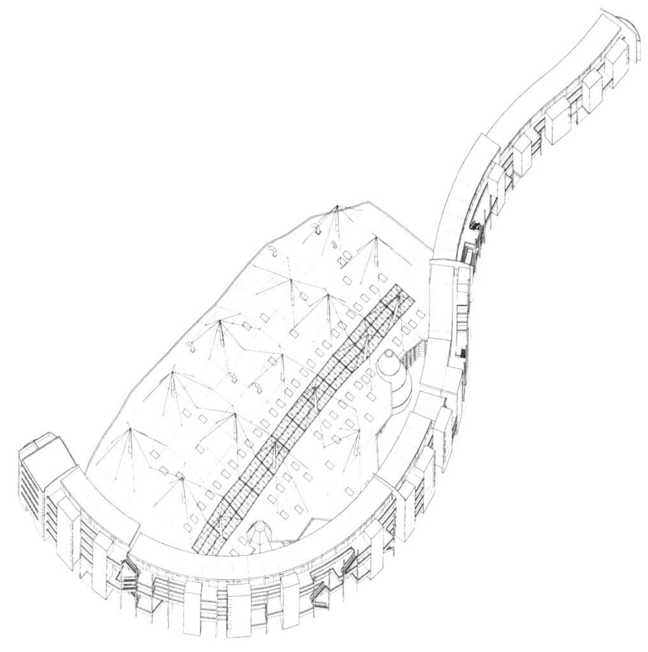

Isometrie (Dach und Westfassade des geschwungenen Klassentraktes sind nicht dargestellt, um die Erschließung sichtbar zu machen)

Gebäudeschnitt

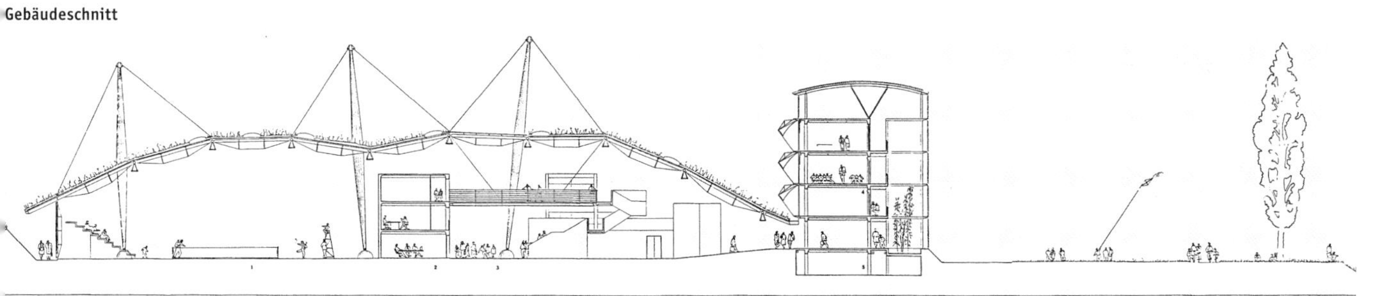

Die Fassade der Erschließungszone für die Klassenräume besteht aus Glaslamellen, die sich im Sommer ganz öffnen lassen.

Internationales Schulzentrum Lyon

Fertigstellung
1993

Gebäudestandort
Berges du Rhône
Cite scolaire internationale de Lyon
22 avenue Tony Garnier
F-69007 Lyon

Bauherr
Région Rhône-Alpes
Conseil Général du Rhône,
Ville de Lyon, Courly

Architekturbüro
Jourda & Perraudin
15 rue du Docteur Horand
F-69009 Lyon
Fon +33 · (0)78 · 47 79 94
Fax +33 · (0)78 · 43 42 01

Statik
Agibat Mti
9 bis route de Champagne
69134 Ecully Cedex

Versorgungstechnik
Cabinet Nicolas
70 Chemin des Moullies
BP 93
69136 Ecully Cedex

Kosten
150 Millionen Franc

Hauptverwaltung der Scandinavian Airlines Systems, Stockholm (S)

Das Headquarter der Scandinavian Airlines Systems in Stockholm ist Ausdruck eines modernen Firmenkonzeptes. Wärme und Kälte aus einem unterirdischen Aquifere tragen zur Energiebereitstellung bei. Es ist die erste größere Anlage dieser Art in Schweden. Für ein gutes Betriebsklima schuf der Architekt Niels Torp außerdem Räume, die auch zwischenmenschliche Energien zum Wohle der Firma aktivieren.

1982 entschloß sich die Leitung der SAS, ein neues Hauptquartier zu schaffen, in dem alle Abteilungen vereint sein sollten, und begann mit einer intensiven Standortsuche. 1984 wurde ein Wettbewerb ausgeschrieben, den der norwegische Architekt Niels Torp gewann. Das Management der SAS setzte eine Projektsteuerungsgruppe ein und begleitete mit ihr den gesamten Planungsprozeß durch Innovationsfreude und die kritische Überprüfung eingefahrener Standards.

Das Konzept von Niels Torp beinhaltet vor allem eine Vielzahl von sozialen Komponenten, die in einem freien und demokratischen Staat den Umgang der Menschen miteinander bestimmen sollten. So soll das Gebäude einem offenen Arbeitsprozeß Raum geben. Es ist nicht Ausdruck von Hierarchie, sondern von freier Begegnung und Kommunikation. Die Menschen sollen sich darin auch zufällig sehen und treffen können. Der SAS-Komplex ist darum dezentral organisiert. Um eine glasüberdeckte innere Erschließungsstraße gruppieren sich die verschiedenen Gebäudeteile und Funktionen des Betriebes. Alle internen Wege des Hauses kreuzen diesen Bereich. In lockerer Atmosphäre können sich hier Angestellte verschiedener Abteilungen, Besucher und höheres Management begegnen. Auch Außendienstmitarbeiter wie Stewardessen und Flugkapitäne, die normalerweise gar nicht am Ort der Firma sitzen, finden ein angenehmes Klima vor, wenn Schulungen oder Arbeitstreffen anstehen. Die Konzeption des Gebäudes orientiert sich an der Idee der Stadt. Die Schichtung des 64 000 Quadratmeter umfassenden Komplexes ist vertikal. Von der Erdgeschoßzone aus erschließen sich die öffentlichen Funktionen wie Konferenzräume, Vortragssaal, Läden und Klubraum. Restaurants, Cafés und ein Hallenbad bieten den Mitarbeitern Abwechslung für Pause und Freizeit. In den zentralen Erschließungsbereich ist darüber hinaus eine Vielzahl von öffentlichen und halböffentlichen kleineren Räumen integriert. Vorspringende Erker beinhalten Besprechungsplätze und Pausenbereiche, von denen aus die innere Straße überblickt werden kann. Kurz unter dem Glasdach sind sie terrassenförmig in den Raum geöffnet. In den oberen Stockwerken befinden sich die eigentlichen Büros und Arbeitsräume. Die gläserne Straße hat darüber hinaus auch passiv solare Funktionen. Sie verringert die Wärmeverluste durch Außenfassaden und ermöglicht gleichzeitig eine gute Tagesbelichtung der anliegenden Arbeitsbereiche. Klappen im oberen Teil der Verglasung ermöglichen eine natürliche Belüftung. In den Übergangszeiten kann mit der verglasten Straße Wärme gewonnen werden, im Winter dient sie als Puffer. Bäume, Hängepflanzen und ein Bach runden das angenehme Innenklima ab.

Glasdächer und Innenfassade der gläsernen Erschließungsstraße

Blick entlang der inneren Erschließungsstraße: Bäume, Terrassen und Stege lockern die Atmosphäre auf.

Energiekonzept: Der Aquifere

Schon im Stadium des Wettbewerbes hatte das Ingenieurbüro AIB ein ungewöhnliches Energieversorgungssystem auf der Basis eines Aquiferes vorgeschlagen. Als die Entscheidung zur Realisierung des Entwurfes von Niels Torp fiel, schrieb die Projektsteuerungsgruppe weitere Wettbewerbe aus, einen für die Innenarchitektur und einen für die Haustechnik. Gesucht wurde die beste Lösung für die Versorgung mit Elektrizität und für ein sparsames Heizungs- und Lüftungskonzept. Den Zuschlag bekamen ebenfalls die Ingenieure von AIB. Ein Aquifere ist ein natürliches unterirdisches Grundwasserreservoir, in dem Wärme und Kälte gespeichert werden können. Bedingung für die Speicherung von Energie im Grundwasser ist, daß der Grundwasserfluß gering ist, daß das Wasser eine reine Qualität hat – schlammiges Wasser wäre z.B. ungeeignet, da dann die Rohre und der Wärmetauscher leicht zusetzen würden – und daß es dem Untergrund leicht entzogen und wieder zugeführt werden kann. Dazu ist ein Grundwasserreservoir notwendig, das sich in einer hoch wasserdurchlässigen Bodenschicht befindet. Möglich ist z.B. eine Sand- und Kiesschicht, wie in diesem Beispiel, oder eine Schicht aus Tuff- oder Sandstein. Umgeben ist dieser Bereich dann von unten und von der Seite von wasserundurchdringlichen Bodenschichten aus Fels und Lehm. Wenn diese Bedingungen gegeben sind, ist ein Aquifere ökonomisch und technisch sinnvoll machbar. Der Standort des SAS-Gebäudes ist sehr geeignet für eine solche Grundwassernutzung. Der Untergrund gehört geologisch zum Gebirgskamm von Stockholm, einer Endmoräne aus der Eiszeit. Die Moräne besteht aus felsigem Gestein und aus seeartigen Ablagerungen von Sand und Kies. Der felsige Untergrund formt zwischen dem Gebäude und einem Hügel ein Tal, in dem sich die eiszeitlichen Ablagerungen aus Sand und Kies befinden. Mehr als 30 Probebohrungen mit einem Durchmeser von nur fünf Zentimeter wurden gemacht, um den Untergrund und die Qualitäten des Grundwassers zu analysieren, 20 davon sind noch heute in Benutzung, um Grundwasserbewegung und Temperatur zu messen. Dabei wurde festgestellt, daß die Schicht aus Sand und Kies zwischen 100 und 200 Meter breit und 15 bis 30 Meter tief ist. Sie beinhaltet ein Speichervolumen von eineinhalb Millionen Kubikmetern, mit einem Anteil von fünfundzwanzig Prozent Wasser. Die durchschnittliche natürliche Temperatur beträgt sieben bis acht Grad Celsius. Das Grundwasser läßt sich leicht extrahieren und wieder einbringen, und die Wasserqualität ist sehr rein. Da die Schicht von unten mit Fels und seitlich von Lehm umgeben ist und sich das Grundwasser kaum darin bewegt, waren alle Voraussetzungen zur Einrichtung eines Aquiferes gegeben.

Die Nutzung des Aquiferes

Die Funktionsweise des Aquiferes ist relativ einfach. Sie basiert darauf, daß das Wasser im Aquifere sich kaum von alleine bewegt, sondern stehend ist und man somit Wärme oder Kälte darin speichern kann. Dabei wird mit sehr großen Wassermassen und einer relativ kleinen Temperaturspreizung gearbeitet, so daß nur geringe Wärmeverluste des Speichers entstehen. Nach oben ist der Aquifere durch die natürliche Erdschicht abgedeckt und wärmegedämmt, die im südlichen Bereich bis zu acht Meter dick ist. Im Bereich des Aquiferes wurden an fünf Stellen Bohrungen mit Rohren zur Wasserentnahme und Wassereinspeisung angelegt. In der Fachsprache werden sie „Quellen" genannt. Sie reichen in eine Tiefe zwischen acht und achtundzwanzig Metern. Zwei von ihnen werden für Wärme und drei für Kälte genutzt. Der Bürokomplex der SAS hat im Sommer Bedarf nach Kühlung und im Winter nach Heizung. Wird im Sommer Kälte benötigt, so wird im Aquifere aus einer kalten Quelle kaltes Wasser (zwischen 6 und 8 °C) entnommen. In der Energiezentrale des SAS-Gebäudes befinden sich Pumpen und ein Wärmetauscher. Das kalte Wasser wird zur Energiezentrale gepumpt und über den Wärmetauscher geführt. Dort kühlt es direkt das Wasser des Kühlkreislaufes und die Frischluft, mit der die Büros versorgt werden. Das so erwärmte Wasser aus der kalten Quelle wird nun über eine der warmen Quellen in den warmen Bereich des Aquiferes abgegeben, so daß im Bereich der warmen Quellen die Temperatur des Speichers ansteigt. Im Winter wird Heizenergie benötigt. Dann wird aus den warmen Quellen Wasser mit einer Temperatur von vierzehn bis siebzehn Grad entnommen. Es wird ebenfalls über den Wärme-

Gebäude der Scandinavian Airlines Systems
Fertigstellung
1987
Gebäudestandort/Bauherr
Scandinavian Airlines Systems
Headquarter
Frösundaviks alle 1
S-16187 Stockholm
Schweden
Fon +46 · (0)8 · 797 00 00
Fax +46 · (0)8 · 797 20 00
Architekturbüro:
Niels Torp a.s. Architekten
MNAL
Industrigaten 59
N-Oslo 3
P.B. 5387 Maj
N-0304 Oslo
Fon +47 · (0)2 · 60 18 40
Fax +47 · (0)2 · 60 94 30
Energiekonzept
AIB-Ingenieure
Begleitforschung
Sam Johansson
Bruttogeschoßfläche
64 000 m²
Anzahl Arbeitsplätze
1 500
Anzahl Büroräume
1 450
Energieversorgung
Strom:
aus dem öffentlichen Stromnetz
Wärme und Kälte:
aus einem Aquifere(Wärme wird mit Hilfe einer Wärmepumpe entnommen)
Aquifere (saisonaler Wärme-/Kältespeicher)
Grundwassersee in Sand-/Kiesschicht
Breite
100–200 m
Tiefe
15–30 m
Volumen
1,5 Millionen m³
davon 25% Wasser
Durchschnittliche Temperatur
7–8 °C
Entnahme-/Einspeisestellen
2 für Wärme
3 für Kälte
Entnahmetemperatur Wärme
14–17 °C
Entnahmetemperatur Kälte
6–8 °C
Wärmepumpe
3 elektrische Wärmepumpen
Effizienz Aquiferenutzung
Verhältnis Strom für Wärmepumpe und Umwälzpumpen Wasser für den Aquiferebetrieb zu Nutzenergie:
Wärme 1:3
Kälte 1:15
Jahresdurchschnitt 1:7
Energiekenndaten
Raumwärme- und WW-Bedarf
55 kWh/m²a
Nutzenergieverbrauch Kühlung
50 kWh/m²a
dafür benötigter Verbrauch Elektrizität
20 kWh/m²a (elektrisch)
Kosten
jährliche Einsparung
ca. 150 000 DM

Das Gebäude der SAS liegt auf felsigem Grund nördlich von Stockholm an der Bucht von Brunnsviken. Unter dem Parkplatz vor dem Gebäude befindet sich ein Grundwassersee in eiszeitlichen Ablagerungen von Sand und Kies, er wird als Aquifere genutzt.

Schnitt durch einen Büroraum: Die Frischluftzufuhr der kontrollierten Be- und Entlüftung erfolgt im Winter mit bereits vorgewärmter Luft über eine Sammelleitung aus dem Gang. Die verbrauchte Luft wird hier ebenfalls abgeführt. Die Kühlung erfolgt unmittelbar mit Wasser aus dem Aquifere, bei Bedarf kann hier auch elektrisch nachgeheizt werden.

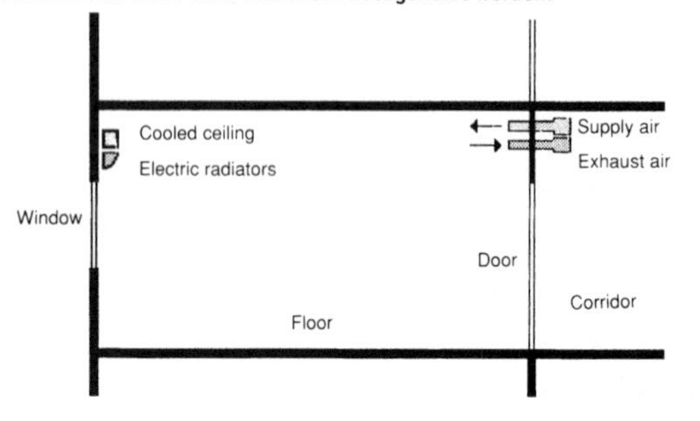

Funktionsschema Aquifere im Sommerfall, bei dem Kühlung gewünscht wird: Aus dem kalten Bereich des Aquiferes wird kaltes Wasser entnommen, in der Energiezentrale über einen Wärmetauscher geführt und dann erwärmt im warmen Bereich eingespeichert. Da der Wasseraustausch im Aquifere nur gering ist, bilden sich relativ stabile unterschiedliche Temperaturzonen im Aquifere aus.

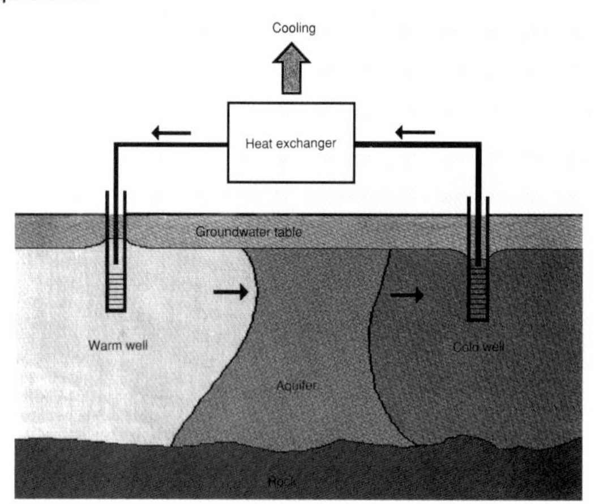

Geländeschnitt: Deutlich sichtbar der Grundwassersee, dem mit Hilfe von Bohrungen aus „Quellen" Wasser entzogen und zur Energiezentrale des Gebäudes geleitet wird.

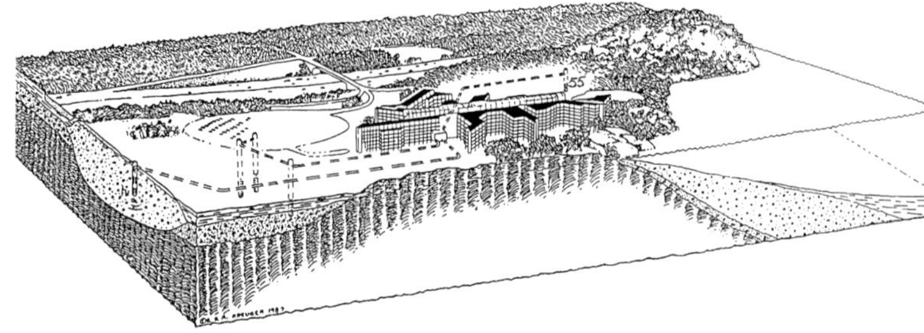

tauscher geführt und gibt seine Energie an den Heizkreislauf ab. Um es auf die benötigte Heiztemperatur zu bringen, wird es mit Hilfe einer Wärmepumpe nachgeheizt. Im Laufe des Sommers dehnt sich also der warme Bereich im Aquifere aus, während der kalte Bereich kleiner wird, im Winter wird das Wasser vom warmen zum kalten Bereich bewegt, und dieser wird größer. Durch die Durchlässigkeit des Speichermaterials fließt im Sommer warmes Wasser in kältere Bereiche und im Winter kaltes Wasser in warme. Daher muß zwischen den Quellen genügend Abstand sein, in dem ein mittleres Temperaturniveau vorherrscht, damit die Bereiche sich nicht zu sehr vermischen. Über das Jahr betrachtet bleibt die durchschnittliche Temperatur im Aquifere konstant. Besonders wichtig ist aber, daß die Grundwassermenge immer gleich bleibt. Das Wasser wird nur über den Wärmetauscher von einem Bereich im Aquifere zum anderen gepumpt.

Die Wärmepumpe

Die Wärmepumpe ist in der Lage, unter Einsatz von mechanischer Energie aus einem niedrigen Temperaturniveau Wärme höherer Temperatur zu machen. In unserem Fall nimmt im Wärmetauscher ein Ethylen-Glykolgemisch die Wärme des Grundwassers von ca. 14 bis 17 °C auf, und drei elektrisch betriebene Wärmepumpen erhöhen die Temperatur auf 55 °C für den Warmwasserbedarf, bzw. zur Nachheizung der Raumluft im Winter. In der Wärmepumpe befindet sich im geschlossenen Kreislauf ein Kältemittel, das schon bei geringen Temperaturen (ab 2 °C) verdampft. Im Verdampfer nimmt es die Wärme niedriger Temperatur, in diesem Fall die von 14 bis 17 °C, aus dem Aquifere auf und wird dabei gasförmig. In einem Kompressor wird das Gas mit Hilfe mechanischer Energie dann verdichtet. Dadurch erhöht sich seine Temperatur auf ca. 60 °C. Im nächsten Schritt gelangt das Gas in den Kondensator. Hier kommt es über einen Wärmetauscher mit dem zu erwärmenden Wasser aus dem Heizkreislauf in Berührung. Dadurch kondensiert das Gas, wird wieder flüssig, gibt dabei seine Wärme an das Wasser ab und wird selbst wieder so kalt wie vorher. Die Wärmepumpe nimmt also an zwei Stellen Energie auf: zuerst Umweltwärme auf einem niedrigen Temperaturniveau, dann mechanische Energie im Kompressor, so daß höhere Temperaturen entstehen. Das Verhältnis von eingesetzter elektrischer Energie zu Nutzwärme beträgt in dieser Anwendung 1:3. Das bedeutet, daß man für jede eingesetzte Kilowattstunde Elektrizität drei Kilowattstunden Wärme bekommt.

Die Energieversorgung im Gebäude

Das Klima jedes Büroraumes kann individuell geregelt werden. Die Frischluft wird zentral aufbereitet. Jeder Büroraum hat eine eigene Zu- und Abluftdüse. Im Sommer wird die Luft vorgekühlt, im Winter erwärmt. Die Abluft aus den Büroräumen wird genutzt, um die gläserne Straße damit zu klimatisieren. Der größte Anteil des Kühlbedarfs wird jedoch nicht über die Luft, sondern mit Kühlradiatoren gedeckt. Sie befinden sich in Kombination mit einer Elektroheizung über den Fenstern. Die Kühlradiatoren werden von kaltem Wasser durchströmt, das mit Hilfe des Aquiferes gekühlt wurde. Durch natürliche Konvektion verteilt sich die kalte Luft im Raum und sinkt zum Arbeitsplatz herab. Die Elektroheizung soll nur im Notfall benutzt werden. Während der Bürozeiten sollte die vorgewärmte Luft in Kombination mit der Wärme von den Bürogeräten ausreichen.

Der schwedische Rat für Gebäudeforschung hat das Energiesystem des SAS-Komplexes begleitend erforscht. In seiner abschließenden Stellungnahme nach Beendigung einer mehrjährigen Meßphase kommt er zum Ergebnis, daß sich das Aquifere-System sehr gut

ewährt hat und mit anderen Arten der nergieversorgung wettbewerbsfähig st: Die Effizienz des Energiesystems äßt sich im Verhältnis von eingesetzter lektrizität zu gewonnener Nutzenergie usdrücken. Dabei ist zu berücksichtien, daß die Verwendung von Elektriziät in Schweden aufgrund des hohen nteils von Wasserkraft und den dezenraleren Siedlungsstrukturen einen nderen Stellenwert als in Deutschland at. Das Verhältnis beträgt im Winter :3, ist also genausogut wie der Wirungsgrad der Wärmepumpen. Im Somer kann die Kälte aus dem Aquifere hne Aufbereitung genutzt werden, und ede eingesetzte Kilowattstunde Elektriität bringt bis zu fünfzehnmal soviel utzenergie. Im Jahresdurchschnitt ist as Verhältnis 1:7. Der Nutzenergieverrauch im SAS-Gebäude beträgt 55 kWh ür Heizung und 50 kWh für Kühlung pro uadratmeter Bruttogeschoßfläche. Der insatz von Elektrizität zum Heizen und ühlen beträgt also nur ca. 20 kWh pro uadratmeter und Jahr. Das ist ein sehr eringer Verbrauch.

Die Investitionskosten für das Aquieresystem waren ungefähr genauso och wie für eine konventionelle Anlage it Fernwärmeanschluß und Klimaanage. Die Energiepreise sind jedoch nur napp halb so hoch, so daß jährlich ca. 150 000 DM Energiekosten eingespart erden.

Das Energiesystem: Ein Computer überwacht, regelt und steuert die Betriebsweise des Energiesystems auf der Basis täglicher Meßwerte, abhängig von Außentemperatur und Energiebedarf

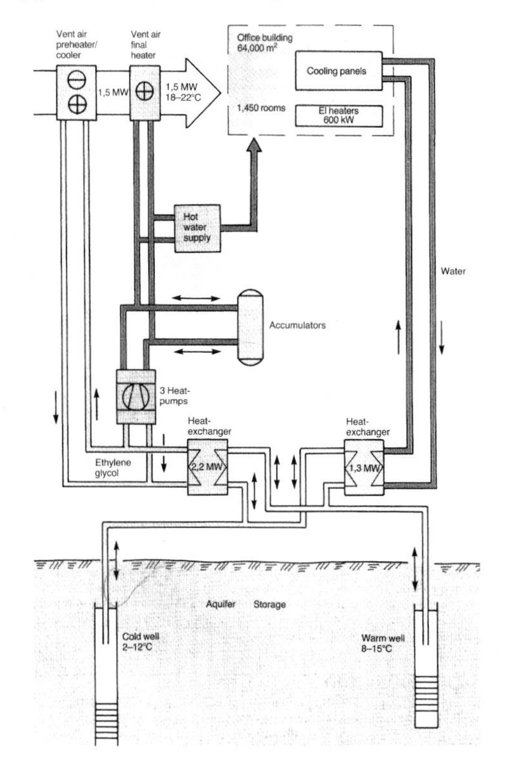

Grundriß

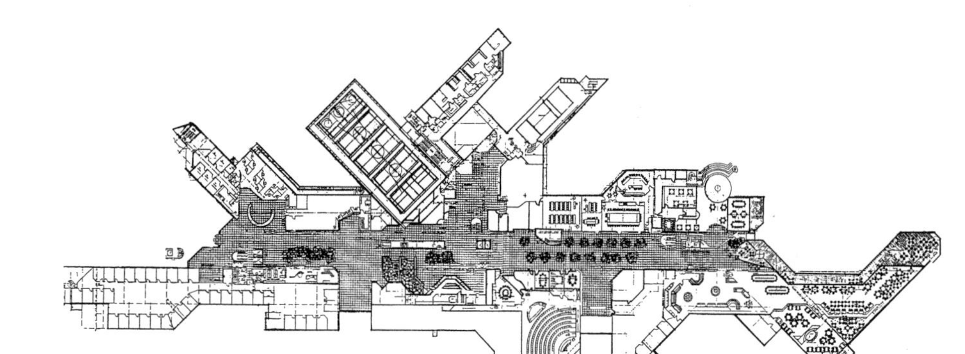

Schnitt

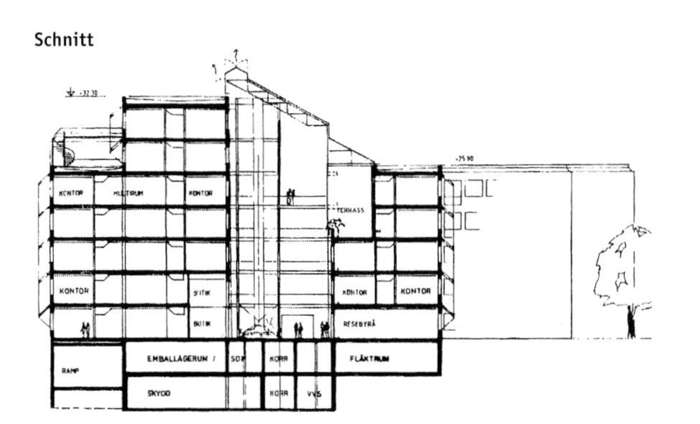

Farsons-Brauerei in Malta:
Lüftungstürme mit geöffneten Klappen

Farsons-Brauerei, Malta (M)

Moderne Industriebetriebe wurden meist als leichte Hallen mit großen Kühllasten im Sommer gebaut. Die Farsons-Brauerei, entworfen vom Architekturbüro Short, Ford und Partners aus London, greift dagegen die Prinzipien traditioneller mediterraner Bauweise auf und wurde 1992 mit dem „High Architecture, Low Energy Award" ausgezeichnet.

Malta zählt zu den südlichsten Zipfeln Europas. Das Klima ist von der heißen Mittelmeersonne und trockener, steiniger Landschaft geprägt. Traditionell sind hier Häuser entstanden, die an das heiße Klima angepaßt sind, dicht zusammengedrängt, mit viel Speichermasse und gegenseitiger Verschattung.

Das Gebäude arbeitet mit einfachen Mitteln architektonischer Gestaltung, um ein angenehm kühles Innenklima zu erzeugen: Massive Bauweise aus örtlichem Naturstein trägt zur Abpufferung der Tag-/Nacht-Temperaturschwankungen bei und reduziert den Energieaufwand für Herstellung und Transport von Baumaterialien. Zentrales Entwurfsthema ist die passive Kühlung und Belüftung des Gebäudes. Eine doppelte Haut und „Kühltürme" nach altem arabischen Muster sorgen für natürliche Ventilation, die die Temperatur in der Prozeßhalle nicht über 27 °C steigen läßt.

Grundlage für dieses Lüftungsprinzip ist, daß warme Luft leichter als kalte ist und nach oben steigt. Das zu den Türmen hin stufenweise ansteigende Dach erleichtert der warmen Luft auch bei geringeren Temperaturunterschieden das Abziehen durch die Lüftungstürme. Direkte Sonneneinstrahlung wird vermieden, die Belichtung der Brauerei erfolgt indirekt über Oberlichter in der zweiten Haut.

Auch bei brennender Sonne und langanhaltenden Hitzeperioden mit 35 °C Außentemperatur funktioniert diese Art der Temperierung, denn selbst dann sinkt die Außentemperatur nachts auf ca. 22 °C ab. Durch Öffnen der Klappen an den Türmen und vom umlaufenden Gang zur Prozeßhalle wird die kältere Luft nachts quer durch die Prozeßhalle gezogen und kühlt das Gebäude. So bleibt die Innentemperatur sehr konstant und schwankt im Tag-/Nacht-Wechsel nur zwischen 25 °C und 27 °C an den heißesten Tagen (bei 35 °C Außentemperatur). Tagsüber bleiben die Klappen zum Innenraum geschlossen, und der einmal rings um die Halle laufende Flur wirkt als Pufferzone, während mit den Türmen die sich erwärmende Luft des Flures permanent weggelüftet wird. So bleibt der Innenraum möglichst kühl.

Gesamtansicht von Süden mit vorgelagerten Biers

Die Bauweise dieses alten Weingutes im Umland lieferte Anregungen für die Formgebung der Brauerei.

Blick in den Gang, der die Prozeßhalle umgibt: Schlanke Stahlprofile tragen schwere Stein- und Betonstrukturen, um Speichermassen zu schaffen. An der Innenfassade sichtbar: Klappen zur Entlüftung in den Gang. Von dort zieht die luft ab in die Lüftungstürme.

Dachaufsicht mit Lüftungsturm im Norden. Das Dach treppt sich zum Turm hin auf, damit die erwärmte Luft leichter abziehen kann.

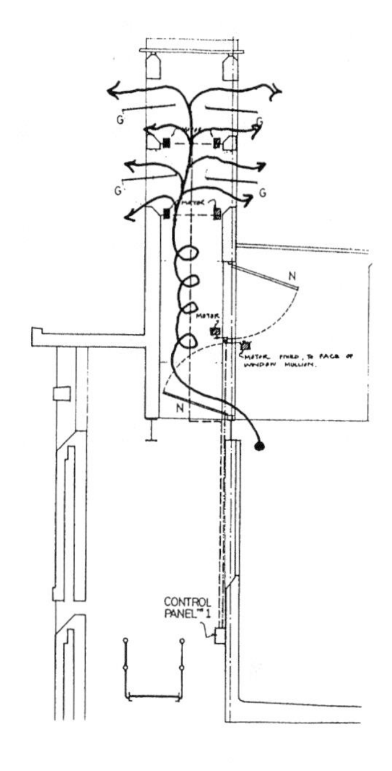

Rauchtests haben gezeigt, wie die Luft in den Kaminen aufsteigt und von nachkommender Luft hinausgedrückt wird.

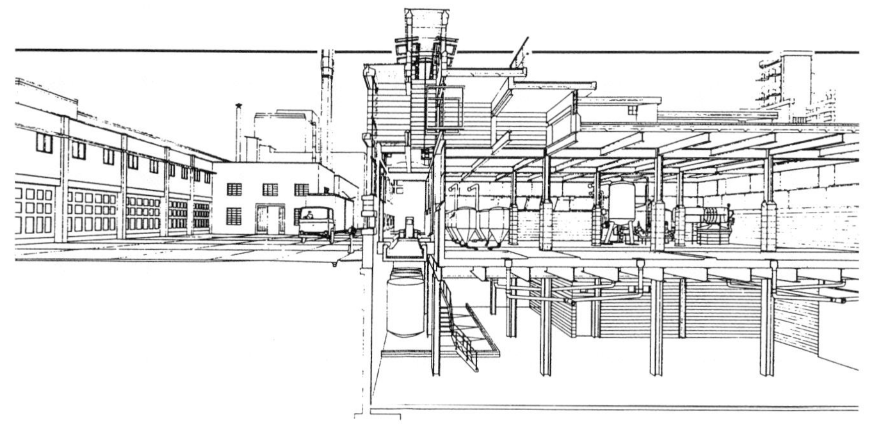

Perspektivischer Schnitt durch das Gebäude

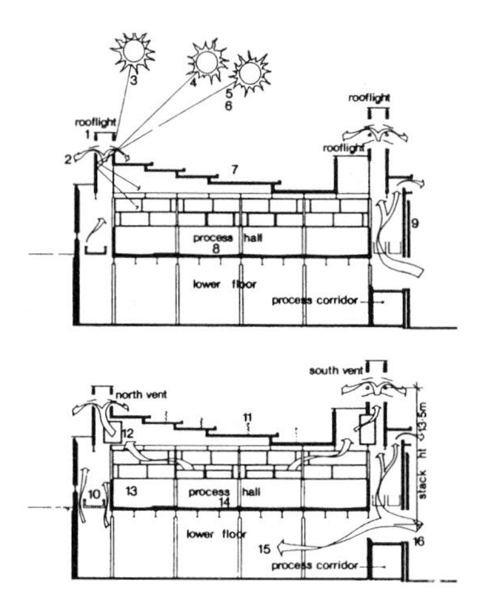

Lüftungsstrategie für das Gebäude im Sommer
Oben: Tagsüber bleiben die Fenster zur Prozeßhalle geschlossen, die sich erwärmende Luft steigt im Flurbereich auf, und die Wärme wird weggelüftet.Unten: Nachts werden die Fenster zur Halle geöffnet. Die kühle Nachtluft wird durchs Gebäude geführt und kühlt die Konstruktion aus.

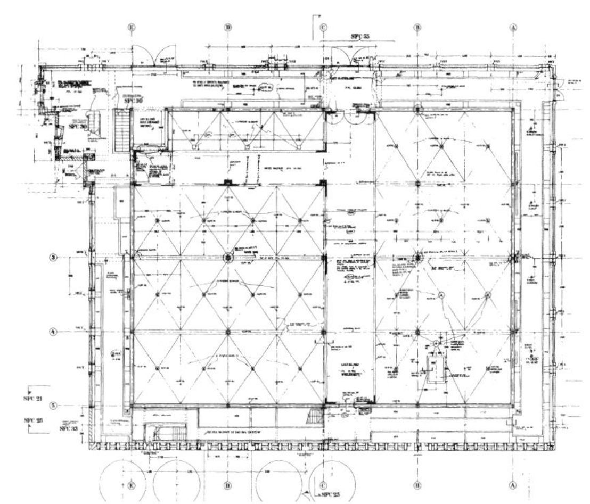

Grundriß Brauereigebäude

Farsons-Brauerei auf Malta

Fertigstellung
1990

Besichtigung
nach Vereinbarung möglich

Gebäudestandort/Bauherr
Simonds Farsons Cisk LTD
The Brewery
Mriehel BKR 01,
Malta
Fon +356·44 03 31
Fax +356·44 03 38

Architekten
Peake Short and Partners
Design Team
Alan Short, Brian Ford,
Anthony Peake,
and others

Energietechnische Beratung
Nick Baker
Cambridge University
Department of Architecture

Projektentwicklung
Farsons Brauerei
Mark Miceli-Farrugia,
Albert F. Calleja,
David Cefai, Paul Micalef,
Ben Muscat,
Paul Schembri, Ray Sciberras

Aufbau Außenwand
(von innen nach außen)
230 mm Sandstein,
75 mm Hohlraum,
150 mm Sandstein

Innenwände
230 mm Beton

Decke erster Stock
270 mm Beton
(für 25 kN/m² Traglast)

Dach
120 mm Betondecke
mit 120 mm Isolierung

Bruttogeschoßfläche
2300 m²

Kosten:
Gebäudekosten
1,8 Millionen £
Mit Brauereianlage
8,0 Millionen £

Straßenfassade
mit Lüftungsfenstern und
nordbelichteten Ateliers

Rückwärtige Fassade mit einer Reihe von Lüftungsschornsteinen

Universitätsgebäude, Leicester (GB)

Alan Short und Brian Ford, die Architekten der Brauerei in Malta, entwarfen für die De Montford Universität in Leicester ein neues Polytechnikum, bei dem sie die Erfahrungen aus Malta weiter entwickelten und ebenfalls ein passives Belüftungskonzept realisierten.

Die Universitätsleitung hatte einen Neubau beschlossen, um hier einen interdisziplinären Studiengang für Elektroingenieure und Maschinenbauer einzurichten. Das Gebäude sollte elektrische und mechanische Labore, Vorlesungssäle, Computerarbeitsplätze, Zeichenräume für die Studenten, Motortestzellen und Räume für Gruppenunterricht und Lehrer beinhalten. Diese Nutzungen verursachen hohe Wärmelasten durch die Abwärme von Studenten, Computern, Motoren und Laboreinrichtungen. Daraus resultiert die Notwendigkeit eines hohen Luftwechsels und der Kühlung. Die Vorstellung der Universität ging zunächst dahin, für diese Anforderungen das in den letzten Jahrzehnten übliche Konzept einer abstrakten Hülle zu wählen, die vollklimatisiert und mit allen Medien ausgestattet ist.

Bei der Brauerei in Malta war deutlich geworden, daß es auch bei geringen Temperaturdifferenzen möglich ist, den thermischen Auftrieb von Luft zum Weglüften von unerwünschten Wärmegewinnen zu nutzen. Alan Short und Brian Ford entwickelten deshalb zusammen mit Edith Blennerhasset vom Ingenieurbüro Max Fordham Associates das Konzept einer passiven Belüftung des Gebäudes. Es findet in Baustruktur und Details Ausdruck. Wo es möglich war, wurde das Prinzip natürlicher Querlüftung angewandt. Um jedoch die großen Raumtiefen des zentralen Baukörpers mit den Hörsälen und mechanischen Laboren mit Frischluft zu versorgen, war ein besonderer Ansatz erforderlich. Entlang der inneren Erschließungsstraße der Universität ist eine Reihe von Kaminen gesetzt, durch die die warme verbrauchte Luft mit natürlichem thermischem Auftrieb abgeführt wird. Falls besonders geringe Temperaturdifferenzen da sind, unterstützen Ventilatoren den Prozeß. Die Frischluft tritt über eine besondere Art von Fenstern in das Gebäude ein, die auch der Fassade ihr spezifisches Aussehen geben. Es handelt sich um reine „Lüftungsfenster", die aus feststehenden schrägen, ziegelbedeckten Lamellen bestehen. Hinter dieser Schicht befinden sich ein Filter und eine Vorrichtung zum Verschließen von Innen. Mit diesem Mechanismus wird die Menge der nachströmenden Frischluft bestimmt. Am raffiniertesten ist die Art der Zuluftführung bei den Auditorien. Die Luft gelangt durch die beschriebene Art von „Lüftungsfenstern" in einen Hohlraum unter den Sitzen des Hörsaales. Dort verteilt sie sich und strömt gleichmäßig durch Lüftungsgitter unter den Sitzreihen in den Raum. Die Zeichenstudios und Labore sind durch große Raumhöhen bestimmt. Für gute Durchlüftung und Belichtung sorgen hier Oberlichter, die mit Klappen versehen sind. Die natürliche Temperierung des Gebäudes wird dabei durch die Wahl einer schweren Bauweise mit viel Speichermassen und einer weitgehen-

Innere Erschließung mit Lüftungskaminen: Blick auf die untere Öffnung des Kamins, in den die gebrauchte Luft einströmt.

Modellfoto eines Strömungsversuches

den Belichtung durch Nordfenster unterstützt, so daß ein gleichmäßiges und überhitzungsfreies Innenklima entsteht.

Schnitt durch das Hauptgebäude mit Laboratorien, zentraler Erschließung und Hörsaal. In einen Hohlraum unterhalb der Sitzbänke strömt Frischluft durch ein äußeres Lüftungsfenster als natürliche Quellüftung ein und wird durch den Lüftungskamin mit natürlicher Thermik abgeführt. Nur bei besonderen Wetterlagen muß hier ein Ventilator zugeschaltet werden.

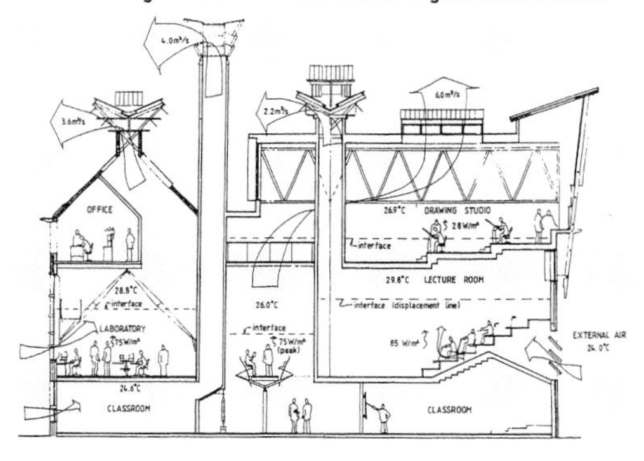

Natürliche Querlüftung für die elektronischen Labore. Überhitzung wird durch einen Geschoßvorsprung, der als Sonnenschutz wirkt, vermieden.

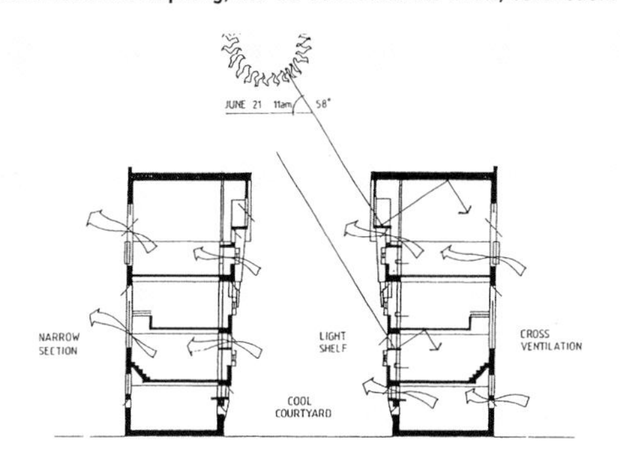

Isometrische Darstellung des Gebäudes. Die Zeichenateliers über den Hörsälen sind hier weggelassen, um die Lüftungskamine sichtbar zu machen.

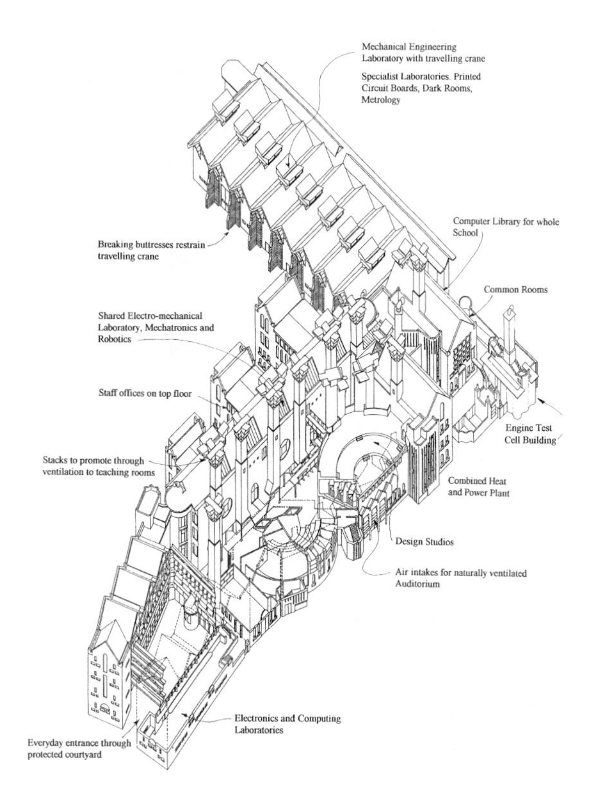

De Montford Universität

Fertigstellung
August 1993

Gebäudestandort
The Gateway
GB-Leicester LE1 9BH
Fon +44 · (0)533 · 57 70 13
Fax +44 · (0)533 · 57 70 24
Ansprechpartner:
Professor David Chiddick
Executive Pro Vice-Chancellor

Architekten
Short Ford und Partners
Alan Short und Brian Ford
Presscott Studios
15 Presscottplace
GB-London SW4 6BS
Fon +44 · (0)171 · 720 99 94
Fax +44 · (0)171 · 720 88 57

Energieplanung
Max Fordham Associates
Edit Blennerhusset,
Bart Stevens
42/43 Gloucester Crescent
GB-London NW1 7PE
Fon +44 · (0)171 · 267 51 61
Fax +44 · (0)171 · 482 03 29

Bruttogeschoßfläche
10 000 m²

Nettonutzfläche
ca. 9 000 m²

Gebäudevolumen
32 000 m³

Anzahl Studienplätze
1 200

Höhe über Meer
50 m

Bauteilkennwerte
Außenwand:
k-Wert Ziegel, Luftraum, Dämmung
0,25 W/m²K
Fenster:
k-Wert Zweifachverglasung
3,0 W/m²K
Dach:
k-Wert Dachziegel, Hinterlüftung, Dämmung,
0.2 W/m²K
Boden:
k-Wert Beton, Dämmung
0,2 W/m²K

Lüftung
Lüftungsschornsteine und Lüftungsfenster für natürliche Lüftung durch thermischen Auftrieb

Heizung
Gasbrenner und Blockheizkraftwerk:
1 050 kW installierte Leistung,
davon 80 kW für Warmwasser

Energiekenndaten
Nutzenergieverbrauch Heizung 81 kWh/m²a
Nutzenergieverbrauch WW 15 kWh/m²a
Verbrauch Elektrizität 43 kWh/m²a
Gasverbrauch: 80 000 m³/a
Stromverbrauch: 430 000 kWh/a

Kosten
Gebäudekosten pro m² Bruttogeschoßfläche
ca. 900 £

Dachspoiler mit geöffneten Lüftungsklappen

Design-Center, Linz (A)

Für das Design-Center in Linz interpretierte Thomas Herzog den Gebäudetyp des Glaspalastes mit moderner Technik neu. Gebäudeform und Hülle gewähren die Qualität der Kristallpaläste des 19. Jahrhunderts: volle Tageslichtausbeute im ganzen Raum und Helligkeit wie unter freiem Himmel. Eine speziell für dieses Gebäude entwickelte Glashülle mit integriertem Lichtlenkraster und besseren thermischen Eigenschaften bewahrt vor den Schwächen der traditionellen Bauform: Blendung und Überhitzung im Sommer und zu starke Auskühlung im Winter. So entstand unter dem tonnenförmigen Glasdach ein zu jeder Jahreszeit wohltemperiertes Ausstellungs- und Kongreßzentrum.

Gebäudekonzept

1988 gewann das Büro Herzog den Wettbewerb für eine Ausstellungs- und Kongreßhalle mit Hotel in Linz. Der Komplex gliedert sich in drei Gebäudeteile: Das Hotel schirmt das Gelände als senkrecht stehende Scheibe zur Straße hin ab, das Restaurant orientiert sich als flaches Dreieck zur inneren Erschließungsstraße. An dieser entlang erstreckt sich in Nord-Süd-Richtung die Ausstellungs- und Kongreßhalle. All ihre Funktionsbereiche sind unter einem 204 Meter langen und fast 80 Meter breiten Dach aus Glas und Stahl vereint. Die Wölbung des Daches ist bewußt flach gehalten, um das zu beheizende Luftvolumen zu minimieren. An der höchsten Stelle ist der Raum 12 Meter hoch, ausreichend auch für besondere Messebauten. Durch den Rhythmus der Konstruktion gliedert sich die Halle entlang der Hauptachse in sechs Abschnitte. In den drei südlichen Segmenten liegt die Ausstellungshalle mit einer Fläche von viereinhalbtausend Quadratmetern. In der nördlichen Hälfte befindet sich der Kongreß- und Veranstaltungsbereich mit zwei Sälen. Der Veranstaltungssaal (1200 Plätze) besetzt ein Hallensegment und ist genauso wie der Ausstellungsteil gestaltet. Das Glasdach bietet ihm volles Tageslicht und die Möglichkeit natürlicher Belüftung. Für Veranstaltungen, die eine Verdunklung benötigen, ist der Kongreßsaal (650 Plätze) gedacht. Als introvertierter Raum ganz ohne Fenster konzipiert, wird er im Kontrast zur Halle vollständig künstlich beleuchtet und klimatisiert. Er liegt als geschlossenes Raumvolumen in den beiden mittleren Hallensegmenten. Da er nicht die gesamte Höhe der Halle ausschöpft, sondern zum Teil in das Untergeschoß abgesenkt ist, entsteht auf seinem „Dach" ein Emporengeschoß, das bei Bedarf Ausstellungshalle und Veranstaltungssaal miteinander verbindet und selbst für vielerlei Zwecke nutzbar ist. Links und rechts von ihm sind die zwei Hauptfoyers, so daß an dieser Stelle eine sehr großzügige und abwechslungsreiche Empfangssituation auf zwei Ebenen entsteht. Die Foyers lassen sich variabel den Hallen zuordnen. Die Nebenräume sind als eingeschossige Zonen mit interner Erschließung unter die Randbereiche des großen Hallendaches geschoben. Im Untergeschoß sind – ebenfalls in linearer Anordnung – Technikräume und kleinere Seminarräume sowie eine Tiefgarage untergebracht. Seine Spannung bezieht der Entwurf aus der Durcharbeitung von zwei zunächst einfach erscheinenden Elementen: Dach und Boden. Aus der Zielsetzung, eine für die unterschiedlichsten Zwecke nutzbare Halle zu schaffen, die auch bei hohen Besucherzahlen möglichst natürlich klimatisiert und belichtet werden soll, resultieren vielfältige Ansprüche an die Bauteile sowie an die technische Ausrüstung des Gebäudes.

'orbereitungen zu einer Großveranstaltung in der Ausstellungshalle

Blick von außen auf die Glaspaneele der Dacheindeckung mit reflektierendem Lichtlenkraster

Das Glasdach

)as entwurfsbestimmende Element des)esign-Center in Linz ist das Dach, der ıut des Hauses, wie Thomas Herzog ·inmal formulierte. Es hat einen Groß-eil wichtiger Klimafunktionen für das ;ebäudeinnere zu erfüllen: brillante ageslichtqualität, Schutz vor Blendung ınd Überhitzung, thermischen Komfort Schutz vor zu großen Wärmeverlusten) ınd natürliche Lüftung der Hallen.)iese Kriterien waren Grundlage der ;estaltung. Das Tragwerk der gläsernen ıülle besteht aus einer flachen stähler-ıen Bogenkonstruktion, die über '6 Meter frei spannt. Zugseile zwischen len Auflagern nehmen die Bogenkräfte ıuf. Die Hauptträger haben einen Ab-;tand von 7,20 Metern zueinander. In .ängsrichtung verlaufen Nebenträger m Abstand von 2,70 Metern. Zwischen hnen spannen sich in thermisch ;etrennten Stahlprofilen gefaßte Glas-)aneele, die die Wetterhaut bilden. In liese integriert ist ein Lichtlenkraster, velches auch das silbrige Aussehen der ıülle erzeugt. Es ist speziell für das)esign-Center in Linz entwickelt wor-len, um eine hohe Lichtdurchlässigkeit)ei gleichzeitig optimaler Sonnen-;chutzwirkung zu erreichen.

Das Architekturbüro Herzog zog für lie gemeinsame Lösung dieser Aufgabe las innovative Lichtplanungsbüro :hristian Bartenbach aus Aldrans hinzu. \uf der Basis verschiedener vorhande-ıer Lichtlenksysteme, die bereits vom 3üro Bartenbach erfunden waren, ›ntstand aus der gemeinsamen Weiter-›ntwicklung für die Glaspaneele ein ıeuartiges retroreflektierendes Mikro-;piegelraster mit einer Höhe von 16 mm. Es wird in ein Sandwich aus :solierglas eingebaut. Die obere Ab-leckung besteht aus einfachem Sicherheitsglas, so daß die durch das Raster zurückgespiegelte Strahlung leicht wieder austreten kann, die untere Lage ist ein Verbundsicherheitsglas aus zwei Scheiben. Das Lichtlenksystem besteht aus Kunststoff und ist hauchdünn mit Aluminium beschichtet. Sein Raster ist aus kleinen eng aneinandergereihten „Lichtschächten" zusammengesetzt. Die „Lichtschächte" sind so zur Sonne orientiert, daß diffuse Strahlung eintreten kann, während direkte Strahlung reflektiert wird. Da es sich um ein feststehendes Beschattungssystem handelt, ist es in genauem Bezug auf die Geometrie des örtlichen Sonnenverlaufes geformt. Alle Lamellen des Rasters müssen mehrfach gekrümmt sein, um das direkte Licht aus den verschiedenen Einfallswinkeln wieder herausspiegeln zu können, die aus unterschiedlichen Höhen- und Seitenwinkeln der Sonne zu den verschiedenen Jahres- und Tageszeiten resultieren.

Als zweiter formgebender Faktor kommt die Geometrie des Gebäudes selbst hinzu. Beim Design-Center in Linz wechselt einerseits die Neigung der Glaspaneele zur Sonne mit ihrer Lage in der zylinderförmigen Gebäudehülle, andererseits weicht die Gebäudeachse deutlich von der Nord-Süd-Achse ab, so daß sich unterschiedliche Sonneneinfallswinkel für die linke und die rechte Seite ergeben. Damit das feststehende Beschattungssystem in verschiedenen Positionen wirksam werden kann, hat das besagte Lichtlenkraster eine eigene Zuschnittsgeometrie für jeden horizontalen Glaspaneelstreifen von 2,70 Meter Breite. Mit leistungsstarken Rechnern ist es möglich, auf Grundlage der genannten Einflußfaktoren die geforderte Geometrie des Rasters für viele Neigungen und Ausrichtungen zur Sonne zu bestimmen. Zusätzlich wird durch das reflektierende Lichtlenksystem auch die Wärmedämmung und das Brandverhalten der Glaspaneele verbessert.

Der Fußboden

Bodenkanäle im Fußboden übernehmen die Aufgabe der möglichst flexiblen Versorgung der gesamten Ausstellungshalle mit den Medien, die etwa bei Messen fast an jedem Punkt frei verfügbar sein müssen. Quer zur Längsachse der Halle enthält der Boden daher Installationskanäle. Im Abstand von 4,80 m befinden sich z.B. Lüftungsschienen mit Drallüftern für die Zuluft im Boden. Dazwischen wechseln sich Schienen mit Anschlüssen für Strom, Telefon und Fax, Wasser, Abwasser und Druckluft ab. Für den Belag wurde ein strapazierfähiger und säurebeständiger Kunstharzfußboden gewählt.

Blick unter das Hallendach mit Lichtlenkraster und geöffneten Lüftungsklappen im unteren Bereich

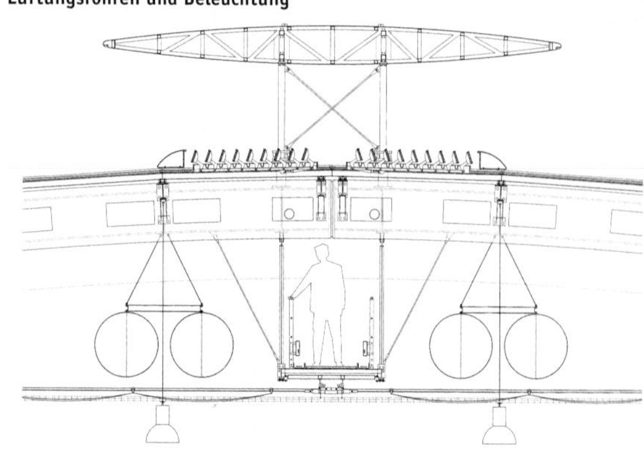

Firstpunkt der Halle mit Dachspoiler, Lüftungsklappen, Revisionssteg, Lüftungsrohren und Beleuchtung

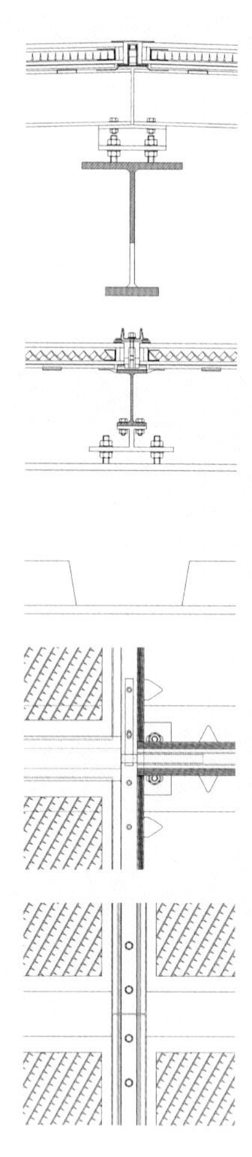

Aufbau der Gebäudehülle im Detail: Glassandwiches mit Lichtlenkraster und Stahlkonstruktion

Die Klimatisierung des Gebäudes

Das Gebäude teilt sich in drei unterschiedliche Arten von Räumen: die Hallenräume, die Nebenräume in den seitlichen Hallenbereichen und die innenliegenden Räume. Die innenliegenden Räume, also z.B. der Kongreßsaal und die Seminarräume im Untergeschoß, werden vollständig künstlich mit Licht, Luft und Wärme oder Kälte versorgt. Die Nebenräume in den seitlichen Hallenbereichen bekommen zwar Tageslicht, aber in diesem Falle ohne Tageslichtlenkung und Schutz vor sommerlicher Überhitzung, so daß der westliche Bereich im Sommer auch schon mal mit der Klimaanlage gekühlt werden muß. Das größte Raumvolumen des Gebäudes machen die Hallenräume mit Ausstellungs-, Foyer- und Veranstaltungsbereich aus. Für diese Bereiche gibt es eine hervorragende Tagesbelichtung. Sofern das Außenklima es gestattet, werden diese Bereiche auch natürlich belüftet. Dafür befindet sich am Scheitelpunkt der Halle ein Streifen mit Lüftungsklappen. Um diese vor Regen zu schützen und die Durchlüftung zu fördern, gibt es einen über die ganze Länge des Gebäudes durchlaufenden spoilerförmigen Dachaufsatz. Am Höhenversatz des Dachtragwerkes befinden sich ebenfalls Klappen, so daß ein optimaler Luftaustausch stattfinden kann. In maximal 10 Minuten kann bei Öffnung der Klappen ein durch thermischen Auftrieb bewirkter einfacher Luftwechsel in der Halle stattfinden. Abhängig von der Windrichtung können die Klappen auch nur auf einer Seite geöffnet werden. Im Sommer kann auf diese Weise der gesamte Hallenbereich nachts gekühlt werden, im Frühling und Herbst, wenn die Außentemperaturen angenehm sind, wird die Halle vollständig natürlich belüftet, belichtet und erwärmt. Im Winter wird die Klimaanlage zugeschaltet, in seltenen Fällen auch im Sommer, falls große Personenzahlen bei heißem Wetter eine Kühlung erforderlich machen. Die Zuluft kommt über die Zuluft im Fußboden, die Abluft wird von großen Rohren am Scheitelpunkt der Halle aufgenommen. Die Leichtbauweise des Gebäudes ermöglicht ein Aufheizen der Räume vor einer Veranstaltung in ca. fünf bis sechs Stunden.

Die gesamte Haustechnik wird von einer zentralen Leitstelle überwacht und gesteuert, für die mehrere Techniker verantwortlich sind. Hier laufen alle Informationen über zukünftige Veranstaltungen, Wetterdaten und mögliche Störungen zusammen. 2500 Meßpunkte für Druck, Temperatur und Luftgüte sind über das ganze Gebäude verteilt und liefern Informationen an die zentralen Rechner. Von hier aus wird dann das Licht eingeschaltet, ein Raum vorgeheizt oder gekühlt. Hier läßt sich feststellen, wieviel Strom gerade verbraucht wird, und kann anhand aktueller Klimadaten festgestellt werden, ob für eine Veranstaltung am nächsten Tag geheizt, gekühlt oder nur gelüftet werden muß. Hier ist auch der Ort, an dem die Techniker den Energieverbrauch optimieren und wo man bemüht ist, Stromspitzen aus Kosten- und Umweltgründen zu vermeiden. Die zentralen Rechner können automatisch das Innenklima anhand von eingegebenen Nutzungen und gewünschten Temperaturen regulieren und steuern die Klimazentrale im Keller an. Ein Techniker kann das Klima jeden Raumes individuell kontrollieren und regeln. Dabei werden die ersten Betriebsjahre zum Einregeln und Optimieren der ausgesprochen komplexen haustechnischen Anlagen genutzt. Die

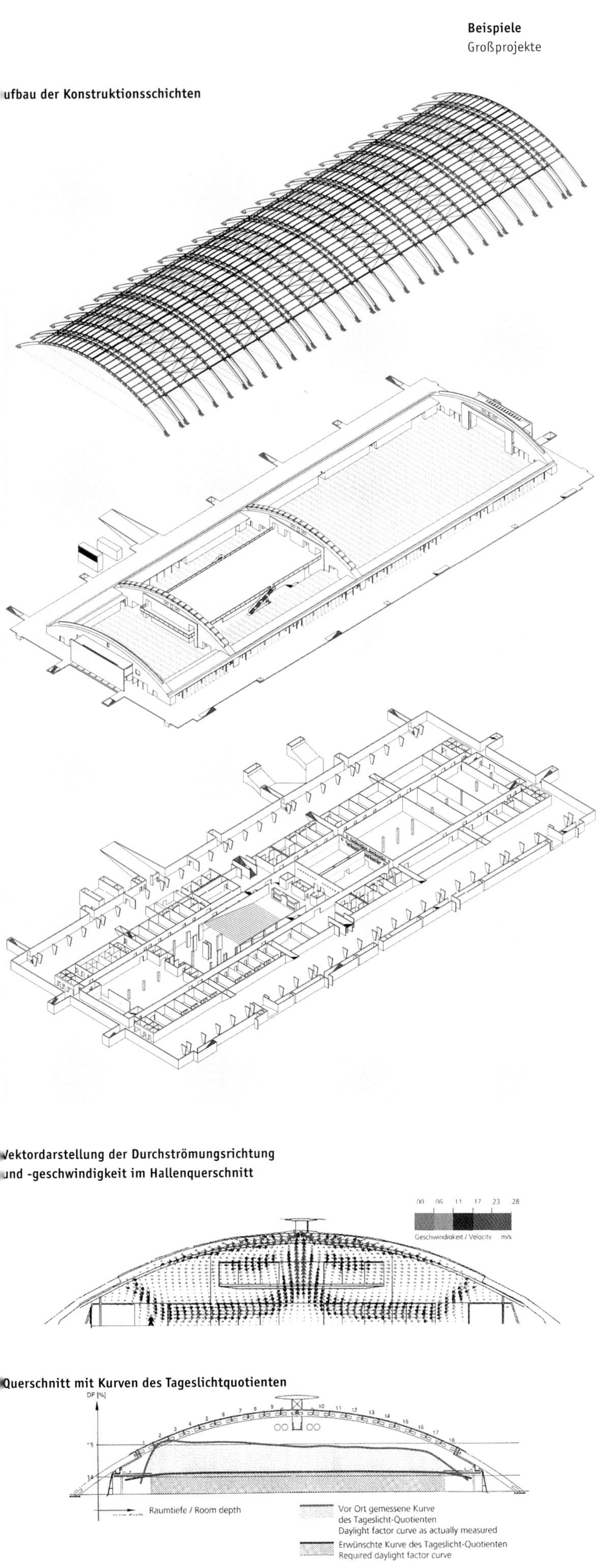

Das Design-Center in der Stadtlandschaft von Linz

intelligente Gebäudeleittechnik wird dabei quasi „eingelernt“. Die Erfahrungen mit dem thermischen Verhalten des Gebäudes z.B. an heißen Sommer- oder kalten Wintertagen spiegeln sich in den gesammelten Meßdaten wider. Die mit der Zeit gesammelten Datensätze können modulartig in die zukünftig zumindest teilautomatisierte und vorausschauende Steuerung der Gebäudetechnik durch das Rechnersystem verwandt werden. So werden z.B. die Motoren der Lüftungsklappen im Dach zur Zeit noch mechanisch – das heißt nach einer entsprechenden Entscheidung durch den Techniker – angesteuert. Geplant ist zukünftig eine automatisierte Regulierung.

Im Klimakeller stehen zwei Kältemaschinen mit jeweils 750 kW Leistung bereit. 24 turbinenartige Ventilatoren bewegen die Luftmassen. Vier Rotationswärmetauscher gewinnen die Wärme der Abluft mit einem Wirkungsgrad von 73% zurück. Frischluft mit einer Temperatur von 4°C kann so im Gegenstromverfahren von der Abluft, die mit 21°C weggelüftet wird, bereits bis auf 17 Grad erwärmt werden. Zum Nachheizen dient ein Fernwärmeanschluß mit 3000 kW maximaler Anschlußleistung.

Design-Center Linz

Fertigstellung
Oktober 1993

Bauherr
Landeshauptstadt Linz

Gebäudestandort
Design-Center Linz
Direktor Hans P. Mixner
Europaplatz 1
A-4020 Linz
Fon +43 · (0)70 · 696 60
Fax +43 · (0)70 · 696 66 66

Architekten
Herzog + Partner
Prof. Thomas Herzog
Hanns Jörg Schrade
Dipl. Ing. Architekten BDA
Imhofstr. 3a
D-80805 München
Mitarbeiter:
Roland Schneider
Arthur Schankula
Klaus Beslmüller
Andrea Heigl
Oliver Mehl
Innenraumgestaltung:
Verena Herzog-Loibl
Landschaftsarchitektur:
Annelise Latz

Tragwerksplanung
Fritz Sailer + Kurt Stepan, München und Ingenieurbüro Kirsch-Muchitsch und Partner, Linz

Haustechnik
Mathias Bloos, München und Ökoenergie Greif, Wels

Akustik
Müller BBM, Planegg

Bauphysik
Nils Valerie Waubke, Schwaz

Tageslichttechnik
Lichttechnik Christian Bartenbach, Aldrans

Energiesimulation
Heinz Stögmüller
Fraunhofer Institut für solare Energiesysteme, Freiburg

Windkanal-Untersuchungen
Rudolf Firmberger
Technische Universität München
Lehrstuhl für Fluidmechanik

Versorgung Elektrizität
über das öffentliche 10 kV-Netz
mit 5 (6) Transformatoren à 630 kVA
Notstromaggregate 2 x 200 kVA

Belüftung Halle
freie Lüftung:
Zuluft über Zuluftöffnungen im unteren Bereich des Daches,
Abluft über Öffnungen im Firstbereich,
Mechanische Belüftung:
Zuluft 60% über Bodenauslässe,
40% über Deckenauslässe,
Ablufterfassung im Firstbereich,
max. Luftmenge 360 000 m^3/h

Energiekenndaten
Gesamtanschlußwert Heizung 3 000 kW,
Installierte Leistung Kälteanlage 1 530 kW, ausbaufähig auf 2 295 kW,
maximale Kühllast (berechnet): 134 W/m^2

Der Umbau des Reichstages und die Idee eines solaren Regierungsviertels, Berlin (D)

Der Umbau des Reichstages in Berlin hat seit den Ausschreibungen zum Wettbewerb im Juni 1992 eine bereits heute wechselhafte Entwicklung hinter sich. Der Reichstag ist Symbol des Hauptstadtumzuges und der deutschen Geschichte und zukünftiger Sitz des Parlamentes in Berlin. Wie kein zweites Bauprojekt steht daher der Umbau des Reichstages im Mittelpunkt öffentlichen Interesses.

Dies war ein Grund, warum EUROSOLAR – ein auf europäischer Ebene gegründeter Verein zur Förderung der Sonnenenergienutzung – noch während des Wettbewerbes zum Umbau des Reichstages und zur städtebaulichen Konzeption des Spreebogens im Herbst 1992 im Reichstag ein Symposium zum Thema „Das solare Regierungsviertel" organisierte. Eingeladen waren alle wichtigen Entscheidungsträger der Baukommission, des Bundesbauministeriums und der Berliner Seite sowie Architekten und Ingenieure, die aufzeigten, daß Solarenergie einen nennenswerten Anteil des Energieverbrauches im neuen Regierungsviertel decken könnte und daß Solarenergienutzung an einem so prominenten Ort mit vielen internationalen Gästen ein wichtiges Zeichen für die Umorientierung zu einer umweltfreundlichen und solaren Energiewirtschaft wäre: Wo sonst könnte eine Trendwende einsetzen, wenn nicht an einem Bauprojekt, das mit einem so hohen Etat ausgestattet ist und auch städtebaulich neu geplant werden kann. Der Ältestenrat des Bundestages beschloß aufgrund dieser Initiative, daß 15% der Energieversorgung im neuen Regierungsviertel aus regenerativen Quellen gedeckt werden sollen. Das Büro Sir Norman Foster and Partners aus London griff diese Anregungen auf und gewann mit einer solaren Konzeption zusammen mit zwei weiteren Büros den Wettbewerb. In dieser ersten Phase überspannte beim Entwurf von Sir Norman Foster and Partners ein großes Dach das Reichstagsgebäude. Es sollte mehrere Funktionen erfüllen: das neue Wesen des Parlamentes in Verbindung mit der Tradition symbolisieren, den alten Reichstag aus der vollständigen Symmetrie rücken und unter dem Dach ein öffentliche Ebene entstehen lassen, von der aus man nach unten auf das Parlament sehen kann und nach außen auf die Stadt. Das Dach selbst sollte darüber hinaus auch eine Fülle klimatischer Aufgaben übernehmen: Es unterstützte die Möglichkeit zur natürlichen Belüftung des Reichstages und war mit Techniken zur Tageslichtlenkung und solaren Stromerzeugung ausgestattet. Das Gebäude sollte zu diesem Zeitpunkt 33.000 m² Hauptnutzfläche umfassen. Die drei Gewinner des Wettbewerbes wurden dann zu einer Überarbeitung aufgefordert – nach einer entscheidenden Veränderung der Vorgaben durch die Bundesregierung. Der Reichstag sollte nun nur noch zwischen 9000 m² und 13.000 m² Hauptnutzfläche umfassen. Dies machte große Erweiterungen und eine innere Entkernung überflüssig. Das Büro Foster gewann diese letzte Ausscheidung. Das große Dach fiel beim neuen Entwurf aufgrund der veränderten Vorgaben weg, denn nicht nur das Raumprogramm war geschrumpft, auch der mittlerweile entschiedene städtebauliche Wettbewerb für den Spreebogen veränderte die räumlichen Anforderungen. Die neue Variante sah zunächst ein verkleinertes Dach, dann ein „Lighthouse" statt einer Kuppel vor, bis der Bundestag als Bauherr sich im Sommer 1994 wieder für eine – moderne – Form der alten Kuppel entschied. Die endgültige Entscheidung sieht eine Kuppellösung vor, die nicht nur historische, sondern auch praktische Funktionen übernimmt. Die Kuppel soll die natürliche Entlüftung des Plenarsaales ermöglichen und enthält ein multifunktionales Lichtlenkelement. Die Luft wird durch thermischen Auftrieb nach oben geführt, nicht mit Ventilatoren. In die Kuppel wird ein Lichtlenkelement integriert, das Überhitzung und Blendung verhindert und für eine natürliche Belichtung des Plenarsaales mit Tageslicht sorgt. Durch das verkleinerte Raumprogramm ist es jetzt möglich, die alte Substanz mit ihren meterdicken

Nachtansicht des Reichstages mit neuer Kuppel (Montage)

nergiekonzept für den Reichstagsumbau: Kraft-Wärme-Kälte-Kopplung ıit bioölbetriebenem Blockheizkraftwerk und Erdspeicher

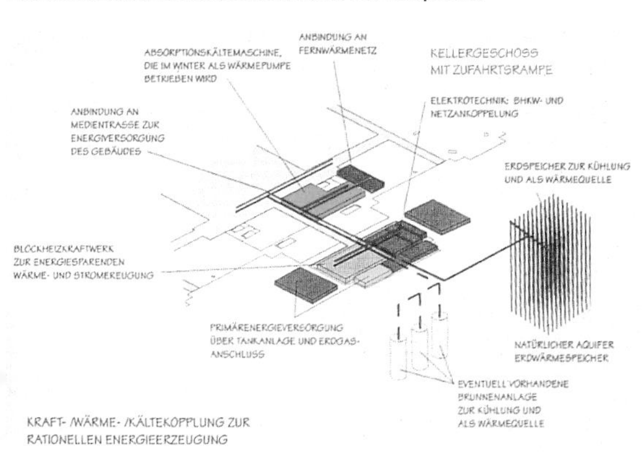

:nergieflußschema der Energieversorgung des Reichstages vor dem Umbau: ;roße Mengen der fossilen Energien Öl und Strom sind zur Klimatisierung ınd zum Betrieb des Gebäudes notwendig.

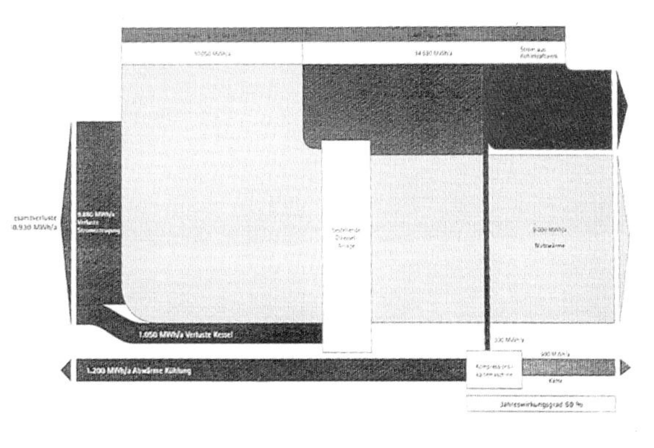

:nergieflußschema Neuplanung: Bereitstellung des stark verringerten ·lektrischen und thermischen Energiebedarfs mit einem bioölbetriebenen 3lockheizkraftwerk

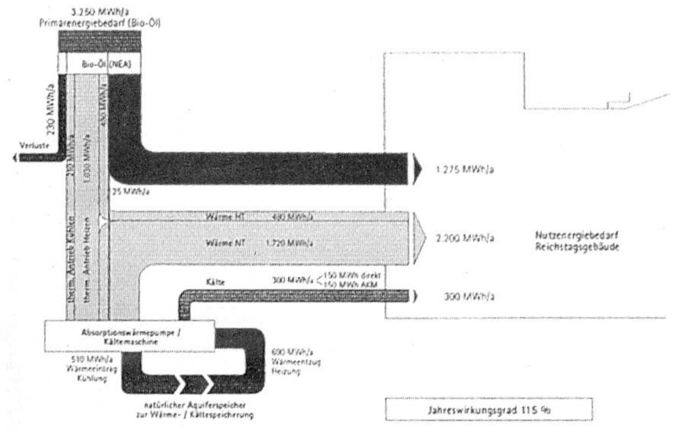

Gebäudeschnitt

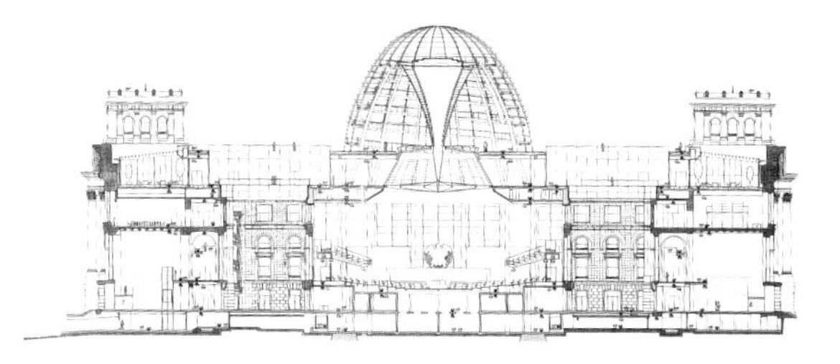

Wänden weitestgehend zu erhalten. Durch die ungeheuren Speichermassen tragen die Wände zu einem ausgeglichenen Raumklima bei. Besonders interessant ist, daß Sir Norman Foster and Partners und Norbert Kaiser, der das Energiekonzept für den neuen Reichstag konzipiert hat, heute auf die historischen Anlagen im Haus zurückgreifen können. Denn als 1894 der Reichstag nach einem Entwurf von Wallot gebaut wurde, schuf der Amerikaner David Grove ein für die damalige Zeit sehr fortschrittliches Energiekonzept. Große Kanäle und Schächte ermöglichen, frische Luft mit wenig Energieaufwand im Gebäude zu bewegen. Unter dem Plenarsaal ist ein großer Hohlraum, in den die Luft von außen angesaugt wurde. Eine Fontäne vor dem Reichstag trug dazu bei, daß die eintretende Luft bereits befeuchtet war, über Kühl- und Heizschlangen im Untergeschoß wurde sie dann temperiert. Heute wird moderne Technik eingesetzt, um einen höheren Komfort und größere Flexibilität des Systemes zu erreichen. Genutzt werden die alten Kanäle und Schächte, um die Frischluft über die Türme ins Gebäude zu führen und mit geringem Energieaufwand in den Plenarsaal zu bringen. Die Energieversorgung des Gebäudes soll ein mit Bioöl-Diesel betriebenes Blockheizkraftwerk übernehmen. So soll ein CO_2-freier Reichstag entstehen. In einen Erdspeicher sollen Überschüsse aus der Wärmeproduktion des BHKWs eingespeichert und ihm im Bedarfsfall wieder entzogen werden. Dies erhöht die Ausnutzung und energetische Effektivität der Energiegewinnung. Auch Kühlenergie kann aus diesem Erdspeicher entzogen werden.

Reichstagsumbau

Fertigstellung
im Bau

Gebäudestandort
Reichstagsgebäude
Platz der Republik
D-Berlin

Bauherr
Bundesbaugesellschaft
Berlin mbH
im Auftrag der
Bundesrepublik Deutschland

Architekturbüro
Sir Norman Foster and
Partners
Ebertstr. 27
D-10117 Berlin
Fon +49·(0)30·20 19 50
Fax +49·(0)30·20 19 51 07
Projektteam:
Sir Norman Forster
David Nelson
Mark Sutcliffe
Mark Braun

Energiekonzept
Kaiser Bautechnik

Planungsgemeinschaft Technik
Kuehn Associates
Müller BBM GmbH
LZ Plan Team für
Verpflegungstechnik
Jappsen und Stangier
Claude and Danielle Engle
Wolfram Klingsch
Leonhardt Andrä und
Partner
Ove Arup und Partners
Fischer Energie- und
Haustechnik
Amstein und Walthert
Planungsgruppe Karnasch -
Hackstein

Energieversorgung
Strom und Wärme:
4 Blockheizkraftwerk-
Module,
gefeuert mit Pflanzenöl,
stromgeführt,
Nutzung Abwärme der
BHKWs
im Winter:
für statische u. dynamische
Niedertemperatur-Heizung
im Sommer:
als Antriebsenergie für
Kühlung mit
Absorptionswärmepumpen
Überschußwärme:
Speicherung der Abwärme
im Erdreich mit einem
Aquifere-/Erdsondenspeicher

Heizsystem
Großflächige Bauteilheizung
und -kühlung mit Fußboden-
heizung und Kapillargitter-
elementen

Belüftung
weitgehend natürlich

Block 103: Blick entlang der Photovoltaikanlage auf den Dächern der sanierten Häuser in der Oranienstraße 3–6 in Berlin-Kreuzberg

Ansicht von der Oranienstraße

Autobahnplanung von 1963 mit großem Autobahnkreuz am Oranienplatz: Der „Block 103" verschwindet unter der geplanten Autobahn, die entlang der gesamten Oranienstraße die Breite eines ganzen Blockes einnimmt.

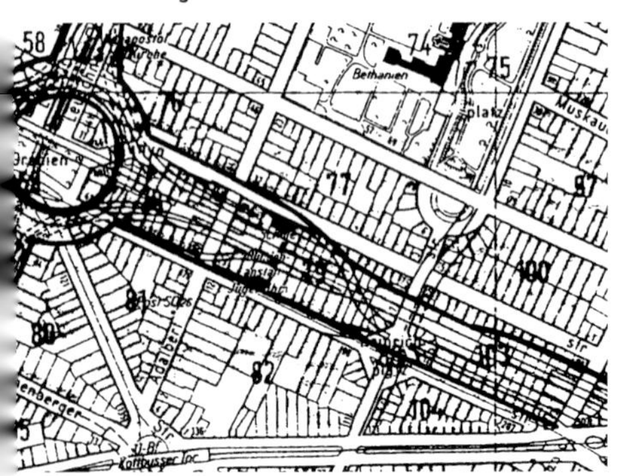

Ökologische Sanierung, Block 103, Berlin (D)

Der Block 103 in Kreuzberg hat eine wechselhafte Geschichte hinter sich. Gebaut gegen Ende des 19. Jahrhunderts, wurde er von den berühmten Planern Schinkel und Lenné mitgeprägt, die in diesem ältesten Teil Westberlins Stadtgrundriß und Haustypologie mitgestalteten. Er ist nun als ökologisches Modellvorhaben saniert worden.

Die autogerechte Stadt

Die Leitlinien des Städtebaus nach 1945 verfolgten die in der Charta von Athen 1932 vorgestellten Ideen der aufgelockerten Stadt. Die aufgelockerte, autogerechte und entmischte Stadt sollte geschaffen werden, in der die Funktionen Verkehr, Wohnen, Arbeiten und Erholung sauber voneinander getrennt waren. 1957 wurde ein neues Verkehrswegenetz zur Grundlage der Stadtentwicklung gemacht: Ein Autobahnraster durchschneidet den gesamten historischen Kern der Stadt. Der von Friedrich Spengelin gewonnene Hauptstadtwettbewerb desselben Jahres sah entsprechend vor: Große Teile der noch in Trümmern liegenden Stadt werden gänzlich entfernt, bestehende Quartiere sollen abgerissen werden. Entlang der Oranienstraße war eine Autobahn vorgesehen, die die Breite eines ganzen Häuserblockes einnehmen sollte. Einer davon war der Block 103. 1963 wurden die entsprechenden Planfeststellungsverfahren durchgeführt. Seitdem wurden Grundstücke im „Interesse der Allgemeinheit" enteignet oder aufgekauft.

Abrißsanierung, Verfall und Hausbesetzung, behutsame Stadterneuerung

Häuser wurden nicht mehr renoviert und verfielen, Wohnungen wurden entmietet, ein Teil der Bewohner verließ freiwillig das Quartier. Viele Ausländer, Studenten und Freaks zogen in das Quartier, das billigen Wohnraum bot. Entlang der Oranienstraße verfielen die Häuser allmählich. Anfang der 80er Jahre begann eine große Welle der Hausbesetzungen und Straßenschlachten, verbunden mit einem Regierungswechsel. Die Autobahnpläne wurden als illusorisch und stadtfeindlich erkannt. Die Bewohner setzten sich dafür ein, die alten und gewachsenen Strukturen zu erhalten. Allmählich wurde die Stadtbaupolitik umgestellt. Die internationale Bauausstellung 1984 brachte eine Wende in der Stadtentwicklung. Das neue Stichwort hieß behutsame und ökologische Stadterneuerung. Viel Eigeninitiative und Selbstbeteiligung der Bewohner an der Sanierung öffneten den Weg zu einer sozialverträglichen ökologischen und baulichen Erneuerung in kleinen Schritten.

Die Energieversorgung der 13 Häuser im Block 103

Die Genossenschaft Luisenstadt besitzt 13 ehemals besetzte Häuser im Block 103. Das Land Berlin und das

Blockschema mit Darstellung des Energieverbundes

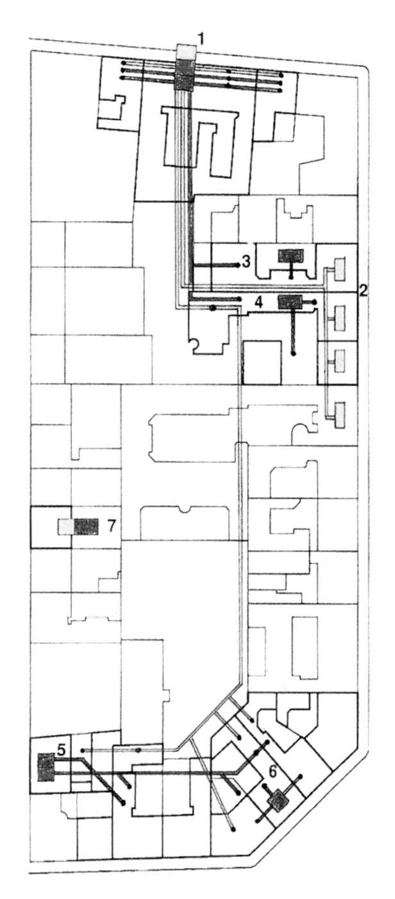

Heizung und Warmwasser
Heizzentrale Naunynstr. 77: Gaszentralheizung mit Brennwertkessel (350 kW), zentrale Warmwasserbereitung; **Heizzentrale Manteuffelstr. 40/41:** 2 Blockheizkraftwerksblöcke (2 x 55 kW thermische Leistung), Gaszentralheizung mit Brennwertkessel (750 kW), zentrale Warmwasserbereitung; **Heizzentrale Oranienstr. 12:** Gaszentralheizung mit Brennwertkessel (750 kW), zentrale Warmwasserbereitung; **Einzelheizung Oranienstr. 198:** Kernheizung mit Niedertemperaturkessel (55 kW), zentrale Warmwasserbereitung; **Zusätzliche Warmwasserzentralen:** Oranienstr. 3 (50 kW), Oranienstr. 4/5 (25 kW), Oranienstr. 14 (50 kW)

Bundesministerium für Forschung förderten eine modellhafte ökologische Sanierung mit 6,3 Millionen Mark. Die Bausteine der ökologischen Sanierung sind:

- Trinkwassereinsparung und Grauwasserrecycling
- Dach- und Fassadenbegrünung zur Verbesserung des Kleinklimas
- Verwendung umweltverträglicher Baumaterialien
- umweltfreundliches Energiekonzept

Ziel der Energieversorgung im Block 103 ist es, den Verbrauch zu senken und die benötigte Energie möglichst billig und schadstoffarm herzustellen. Aus diesem Grunde wurde eine dezentrale, Kraft-Wärme-gekoppelte Energieversorgung favorisiert, die mit erneuerbaren Energieträgern kombiniert werden sollte. Hierzu war eine Eigenversorgung mit Energie notwendig, jenseits der zentralen Kraftwerke. Eine solche Eigenversorgung mehrerer Häuser mit Strom und Wärme zu realisieren war sogar für ein Modellvorhaben ausgesprochen schwierig, da die Monopole der Stromwirtschaft dies gesetzlich nicht zulassen.

Kombination von Blockheizkraftwerk und solarer Stromerzeugung

Daher ließen die Bewohner die Genossenschaft Luisenstadt als eigenständiges Energieversorgungsunternehmen eintragen. Das Energiekonzept, das die ehemaligen Hausbesetzer realisierten, ist ungewöhnlich innovativ:

Fließschema der biologischen Grauwasserreinigung. Die Grauwasserzentrale ist im Keller der Häuser Manteuffelstr. 40/41 in einem ca. 16 m² großen Kellerraum untergebracht

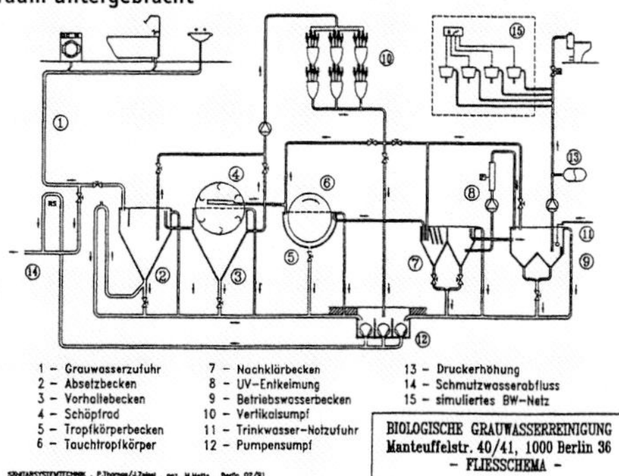

Erstmalig in Deutschland wurden ein Blockheizkraftwerk und eine Photovoltaikanlage zur solaren Stromversorgung miteinander kombiniert. Zu 65% versorgen die Bewohner die 12.000 m² Wohn- und gewerbliche Nutzfläche selbst mit Strom. Die Solargeneratoren tragen zu ca. 5% zum Strombedarf bei. 240 m² Solarzellen mit einer Leistung von 20,8 kW peak sind dafür installiert worden. Das gasversorgte Blockheizkraftwerk liefert den größten Teil der Energie. Eine Nahwärmeleitung verbindet die Häuser blockübergreifend miteinander. Dezentrale Gaskessel unterstützen zusätzlich die Warmwasserbereitung. Strom aus dem öffentlichen Netz deckt den Spitzenbedarf ab.

Die Gebäude wurden nacheinander renoviert und auch energie- und gebäudetechnisch saniert. Dabei wurde auch das Abwassersystem durch ein weltweit erstmalig praktiziertes Grauwasserrecycling-System ergänzt. Geeignet für ein solches Recyclingverfahren sind die Abwässer von Dusche, Waschbecken und Waschmaschine, also Abwässer mit einem geringen Urin- und Nährstoffgehalt. Das Abwasser von 4 Gebäuden wird hierfür gesammelt und im Keller aufgefangen. Nach einem Sedimentationsbecken wird das Grauwasser über einen „Rotationstauchkörper" geführt, ein mit Bakterien und Mikroorganismen besiedeltes Rad aus einem Plastikgitterwerk. Die Bakterien „fressen" die organischen Verunreinigungen. Nach dieser biologischen Reinigung und einer zusätzlichen UV-Bestrahlung, die das Wasser von möglichen Keimen befreit, wird das Wasserzurück in die Wohnungen geleitet und zur Toilettenspülung benutzt. Hof- und Dachbegrünungen, Gemeinschaftsanlagen, Glashäuser und Kleinkunst sind weitere Bausteine, mit denen die ehemaligen Besetzer ihren Block renovierten.

Block 103
Häuserblock in Berlin, ehemals Kreuzberg 36
Standort
umgeben von den Straßen: Manteuffelstr./Oranienstr./Heinrich Heine Platz/Mariannenstr./Naunynstr., Energiezentrale mit BHKW: Manteuffelstr. 40
Eigentümer der Häuser
Genossenschaft Luisenstadt Ansprechpartner Gertrud Trisolini
Mariannenstr. 48 (HH)
Fon +49 · (0)30 · 618 96 74
Sanierungsträger
Stadtbau Stadtentwicklungsgesellschaft mbH
Urbanstr. 116
Berlin
Energietechnik
A. Brockmöller, Ch. Lange
Nettonutzfläche
12 000 m²
Anzahl Wohnungen
103
Anzahl Gewerbebetriebe
15
Energieversorgung
Blockheizkraftwerk: 2 Gasmotoren mit jeweils 27,4 kW elektrischer Leistung und 58 kW thermischer Leistung
Globalstrahlung
1 023 kWh/m²a
Photovoltaikanlage
160 Solarmodule von Siemens, monokristallin SM 144-18, Installierte Fläche: 240 m², Installierte Leistung 20,8 kW peak, Wechselrichter von Siemens Solar, Typ Simoreg-K, Deckungsanteil am Stromverbrauch ca. 5%
Kosten
Bei einer Förderung von 75% sind solare Strompreise von 0,40 DM pro Kilowattstunde entstanden.

Reihenhäuser mit Wintergärten und Dachterrassen. Auf der Dachterrasse sin die Sonnenkollektoren untergebracht. Direkt hinter der Verglasung liegen ei Pufferspeicher und eine Gasbrennwerttherme zur Nachheizung des Speichers

Stadterweiterung in Niedrigenergie-Hausbauweise, Schiedam (NL)

In Schiedam, nördlich von Rotterdam, wurde in den 80er Jahren die Stadterweiterung Spaland mit ca. 16.000 Wohneinheiten in Niedrigenergie-Hausbauweise errichtet. Auch weitere Umweltaspekte wie öffentliche Verkehrsmittel, Fahrradfreundlichkeit und saubere Luft durch Grünanlagen wurden hier von Anfang an berücksichtigt.

Schlüssel zum Erfolg war eine konsequente Ausrichtung aller Beteiligten auf die gemeinsamen Ziele. Ausgangsbasis war ein Gemeinderatsbeschluß, der diese Ziele zunächst recht allgemein festlegte. Zuerst machten die Bauunternehmer nur mit, weil die Gemeinde es so wollte, doch nach und nach wurde deutlich, daß es möglich war, Niedrigenergiehäuser ohne Mehrkosten zu bauen. Der nebenstehende Plan zeigt, daß bereits der Städtebau so angelegt ist, daß sich möglichst viele Gebäude nach Süden orientieren. Dadurch ist eine optimale Voraussetzung zur Nutzung der Sonnenenergie geschaffen. Die neueste Initiative geht dahin, daß heute jeder Neubau einen Sonnenkollektor bekommt. Das städtische Energieversorgungsunternehmen bietet den Kunden die Sonnenkollektoren sogar zum Mieten an, doch es zeigte sich, daß die Bewohner meist nach kurzer Zeit ihren Sonnenkollektor selbst besitzen wollten und kauften. Die umweltfreundliche Versorgung mit Strom und Wärme wird dabei auch durch den bevorzugten Einsatz von Blockheizkraftwerken begünstigt. Im Bewußtsein, daß auch diese Umweltbelastungen wieder kompensiert werden müssen, wurde bei der städtebaulichen Planung darauf geachtet, noch unbebaute Flächen zum Pflanzen von Bäumen zu nutzen und möglichst wenige Flächen durch Straßen zu versiegeln. Statt dessen prägen Fuß- und Radwege das Bild der Siedlung. Für den Anschluß des künftigen Stadtteils an das Straßenbahnnetz wurde daher schon vor Beginn des Siedlungsbaus gesorgt.

In etwas mehr als 10 Jahren gelang es der Stadt Schiedam, den Verbrauch einer durchschnittlichen Wohnung von 3000 m^3 Gas auf 600 m^3 Gas zu verringern – ohne Baukostensteigerung. Hierzu waren konsequente kommunalpolitische Bemühungen notwendig, forciert und umgesetzt von dem jahrelangen Stadtrat Chris Zydeveld. Eine der Voraussetzungen des souveränen kommunalen Handelns war, daß bereits seit fünfzig Jahren nur noch Land zur Bebauung freigegeben wird, welches der Gemeinde gehört. Die Gemeinde selbst bestimmt dann in der städtebaulichen Planung die Anlage von Straßen, Fahrradwegen, öffentlichem Nahverkehr und Grünzonen. Die meisten Häuser werden von Investoren gebaut, die größere Häusergruppen zum Mieten oder Weiterverkaufen bauen. Mit diesen Investoren schließt die Gemeinde einen Pachtvertrag, der ihnen den Bau von Häusern unter Beachtung vorgegebener Rahmenbedingungen gestattet:

Maximaler Energieverbrauch von 600 bis 700 m^3 Gas pro Haus und Jahr (ca. 6000 bis 7000 kWh pro Haus, also etwa 50 bis 70 kWh/m^{2}a). Um den Energiebedarf abzuschätzen, werden von der Gemeinde Angaben über den Baustandard, die Raumaufteilung und die Anteile von nord-

Überblick über das Neubaugebiet Spaland in Schiedam: Alle Reihenhäuser haben Sonnenkollektoren auf den Dächern.

Stadterweiterung Spaland
Stadtverwaltung Schiedam
Stadskontoor
Sjaak Poppe
Emmastraat 1
NL-3111 GA Schiedam
Fon +31 · (0)10 · 246 55 55
Verantwortlicher Baustadtrat
(aus dem Dienst ausgeschieden, heute als Berater tätig)
Chris Zydeveld
Anzahl Wohnungen
16 000
Thermische Solaranlagen
vorgeschrieben
Energiekenndaten:
Nutzenergieverbrauch Heizung und WW nicht mehr als 600–700 m^3 Gas pro Gebäude ca. 60–70 kWh/m^2a
Kosten
ohne Mehrkosten

Städtebau in Spaland in Schiedam: Die Bebauung wurde soweit wie möglich südorientiert, um eine optimale Solarenergienutzung zu gestatten.

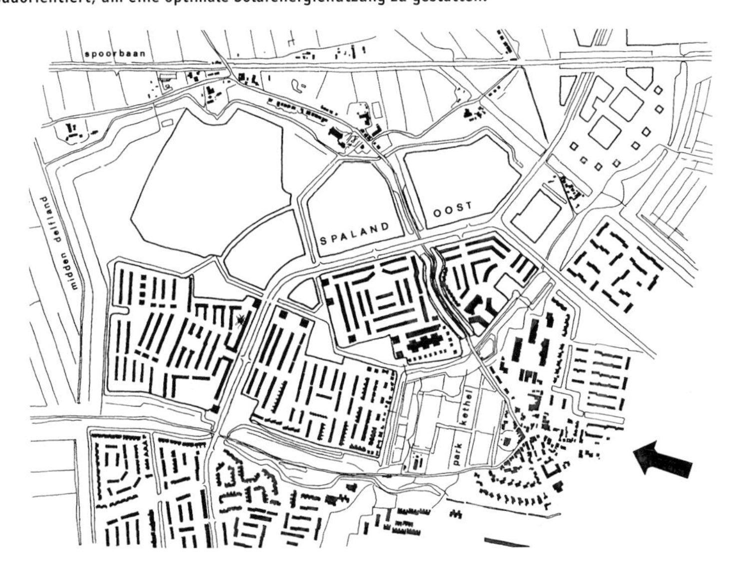

Außenansicht Schiedam

und südausgerichteten Glasflächen verlangt. Die Überprüfung des Verbrauches erfolgt ganz einfach über die Gas- und Stromrechnungen.

- Der Einbau von Sonnenkollektoren wird vorgeschrieben.
- Es darf nur umweltfreundliche Farbe auf Wasserbasis oder mit Naturölen verwandt werden.
- Es darf kein Tropenholz verbaut werden.
- Es müssen an den Grundstücksgrenzen kleine Bäume oder Büsche gepflanzt werden, um große Zäune zwischen nachbarlichen Gärten zu verhindern, die kleine Tiere in ihrer Bewegungsfreiheit einschränken würden.
- Vermeidung von Bauabfällen

Da die Gemeinde das Bauland besitzt, ist sie auf der Grundlage dieser Verträge in der Lage, über das allgemein in den Niederlanden gültige Maß hinaus Investoren zu bestimmten Maßnahmen zu verpflichten. Die Investoren wiederum streben eine gute Kooperation mit der Gemeinde an, da sie wissen, daß bei schlechten Erfahrungen andere Unternehmen bevorzugt würden. Nicht zuletzt jedoch kaufen und mieten die zukünftigen Bewohner besonders gerne umweltfreundliche Häuser mit geringem Energieverbrauch.

Fast jeder Neubau im Vorarlberger Land bekommt heute eine Solaranlage. Österreich liegt mit mehr als 1.000.000 m^2 Kollektorfläche europaweit an Spitzenposition.

Die Werktische werden vom Verein gestellt und von Baugruppe zu Baugruppe weitergereicht.

Innerhalb von nur zwei bis drei Monaten werden die Solaranlagen im Selbstbau realisiert.

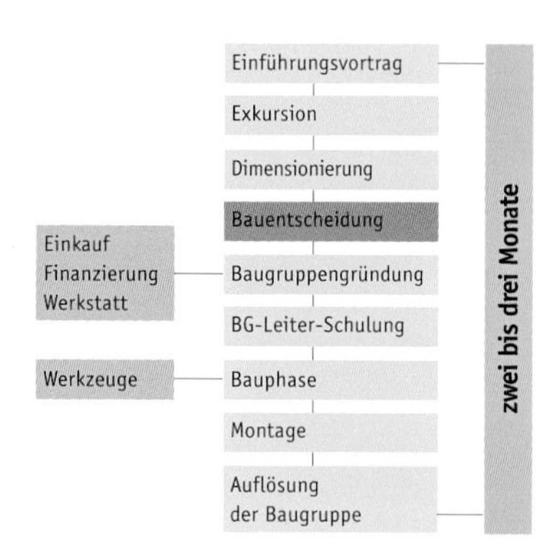

Sonnenkollektoren im Selbstbau (A)

Österreich hat mit über 1.000.000 m^2 installierter Kollektorfläche mittlerweile die größte Sonnenkollektordichte in ganz Europa – noch vor Griechenland – mit steigender Tendenz. Allein 1993 wurden über 100.000 m^2 Sonnenkollektoren installiert, davon mehr als 50% im Selbstbau. Die Arbeitsgemeinschaft erneuerbare Energien hat in Österreich bereits 24.000 Solaranlagen im Selbstbau realisiert. Im Schneeballprinzip wurden Erfahrungen und Erkenntnisse weitergegeben und immer mehr neue Selbstbaugruppen gegründet. Diese Initiative hat erheblich zur Kostensenkung und Belebung des kommerziellen Solaranlagenmarktes beigetragen.

Eine Selbstbaugruppe besteht aus 10 bis 20 Mitgliedern, von denen jedes eine eigene Solaranlage haben möchte. Man versucht, in jede Gruppe Teilnehmer mit verschiedenen handwerklichen Fähigkeiten zu integrieren. Die notwendigen Werkzeuge wie z.B. die Arbeitstische, auf denen die Kupferrohre geschweißt und gebogen werden, stellen die Arbeitsgemeinschaft und ihre mittlerweile breit gestreuten Beratungsstellen. Sie bringen auch über Informationsveranstaltungen und Schulungen das notwendige Know-how ein. Nach beendeter Arbeit werden wiederum Wissen und Werkzeuge weitergegeben. Die Materialien und andere Komponenten können von den Selbstbauern gemeinsam zentral und dadurch billiger bezogen werden. Installation und technische Abnahme der Anlage werden von einem professionellen Installationsbetrieb durchgeführt. Jeder einzelne Sonnenkollektorbauer wird dadurch entlastet, daß er sich über die Rahmenbedingungen vor der Realisierung im klaren ist: Von der Antragstellung für Fördermittel bis hin zur fertigen Anlage wird alles gemeinsam gemacht. Vereinfachend wirkt, daß alle Anlagen nach einem einheitlichen Baumuster erstellt werden. Innerhalb von wenigen Tagen werden die Kollektoren gebaut, von der Antragstellung an dauert es nur drei Monate, bis reihum alle Anlagen montiert sind.

Zum Erfolg der Initiative hat auch die Förderpolitik der Bundesländer beigetragen. Zuschüsse für Sonnenkollektoren werden z.B. in Vorarlberg nicht auf die Investitionskosten, sondern auf den erzielten Erfolg bezogen. Sie richten sich nach der Anzahl der Personen, die mit der Solaranlage versorgt werden, und dem Anteil am Warmwasserverbrauch, der mit der Solaranlage abgedeckt wird, dem sogenannten Deckungsgrad, der zwischen 50% und 100% schwanken kann. Dadurch ist der Anreiz groß, die Kosten durch Selbstbau zu senken, denn der zu bezahlende Eigenanteil wird immer geringer. Darüber hinaus ist mit dem Förderantrag für jeden Selbstbauer auch eine Energieberatung beim Energiesparverein Vorarlberg verbunden, bei welcher der Energieverbrauch des Haushaltes bestimmt wird und bei der Auswahl und Auslegung der Solaranlage geholfen wird. Ein Vierpersonenhaushalt braucht z.B. ca. 6 bis 8 m^2 Sonnenkollektorfläche und einen Pufferspeicher für Warmwasser von 400 Litern, um damit 60% seines Warmwasserbedarfs zu decken. Kommerziell errichtet hätte die Anlage ca. 11.000 DM gekostet. Bei knapp 7000 DM Kosten, die beim Selbstbau für eine solche Anlage entstehen, gibt es eine Förderung des Landes Vorarlberg von ca. 2400 DM. Darüber hinaus zahlen 67 von 96 Vorarlberger Gemeinden noch eine zusätzliche Förderung von z.B. 25% (in diesem Beispiel also 600 DM) der Landesförderung oben drauf. So bleiben dann nur noch Kosten in Höhe von ca. 4000 DM für den Selbstbauer einer Solaranlage. Das amortisiert sich innerhalb weniger Jahre. Sicherlich ein Grund für die rasche Verbreitung der Gruppen.

Sonnenkollektorselbstbaugruppen
Arbeitsgemeinschaft Erneuerbare Energie
Gartengasse 5
Postfach 142
A-8200 Gleisdorf
Fon +43 · (0)3112 · 58 86
Fax +43 · (0)3112 · 58 86 18

Energieberatung und Förderung
Energiesparverein Vorarlberg
Helmut Krapmeier
Bahnhofstrasse 19
A-6850 Dornbirn
Fon +43 · (0)5572 · 312 02
Fax +43 · (0)5572 · 312 02 4

Stadtwerke rüsten solare Nahwärme nach, Göttingen (D)

Bei einer Renovierung ihres Heizkraftwerkes aus der Zeit der Jahrhundertwende nutzten die Stadtwerke in Göttingen die gesamten südausgerichteten Dach- und Fassadenflächen, um einen 785 m² großen Warmwasserkollektor und einen 343 m² großen Luft-Fassadenkollektor zu integrieren. Resultat der ersten beiden Betriebsjahre: rund 200 MWh Solargewinne im Jahr. Besonders wichtig ist dieses Beispiel, weil es für viele Industriebauten mit großen geschlossenen Dach- und Fassadenflächen Schule machen könnte.

Aus Fossil wird Solar

Seit dem Frühjahr 1990 verfolgen die Stadtwerke Göttingen die Idee, alternative Energien – insbesondere Solarenergie – zur Einspeisung in das vorhandene Nahwärmenetz zu nutzen. Als eine Renovierung der asbestverseuchten Gebäudehülle ihres alten, aus Backstein und Stahl erbauten Heizkraftwerkes notwendig wurde, nahmen die Stadtwerke in Göttingen dieses zum Anlaß, ihre Idee zu konkretisieren. Das Heizkraftwerk liefert Strom ins öffentliche Netz und versorgt über eine 12 Kilometer lange Leitung 140 Großobjekte, insbesondere Verwaltungsgebäude, kommunale Einrichtungen und Universitätsgebäude mit Wärme. Die aktuelle Leistung des Kraftwerkes hängt vom jahreszeitlich schwankenden Wärmebedarf der Kunden ab. Beim niedrigen sommerlichen Bedarf bleibt die Turbine ausgeschaltet, und die Kessel produzieren nur Wärme. Dann kann jede eingespeiste Kilowattstunde von der Sonne fossile Energie ersetzen. Gemeinsam mit dem Institut für Thermodynamik und Wärmetechnik der Universität Stuttgart und dem Institut für Solarenergieforschung in Hameln/Emmerthal wurde das Solarkonzept entwickelt. Als auch das Land Niedersachsen und das Forschungsministerium das Projekt unterstützten, fiel der Startschuß für dieses besondere Vorhaben: Völliges Neuland ist die solare Vorwärmung der Verbrennungsluft für die Gaskessel mit einer Luftkollektorfassade. Die großflächige Anwendung der Flachkollektoren auf dem Dach ermöglicht Systemkosten, die mit 640 DM bei weniger als der Hälfte der bei Kleinanlagen üblichen ca. 2000 DM pro Quadratmeter liegen. Im Jahr 1993 war die Sonnenkollektoranlage des Heizkraftwerkes Göttingen die größte gebäudeintegrierte thermische Solaranlage in Deutschland. Die Größe der Anlagen und ihre Einbindung in ein bestehendes Wärmeversorgungssystem ermöglichen in ihrer Kombination deutlich geringere Investitionskosten (geringere Kollektorinstallationskosten und Einsparungen bei der Systemtechnik) und reduzierte Betriebskosten.

Solare Vorwärmung von Prozeßluft

Erstmals in Europa wird bei der Pilotanlage der Stadtwerke Göttingen eine ganze Gebäudefassade zur Erzeugung solarer Prozeßenergie genutzt. Der Trick: In der Absaugfassade wird die Frischluft für die Kessel des Heizkraftwerkes vorgewärmt. Dadurch wird der Feuerungswirkungsgrad erhöht und

Stadtwerke Göttingen: Bei einer Sanierung wurde die Hülle dieses Heizkraftwerkes der Jahrhundertwende in einen großen Sonnenkollektor umgewandelt.

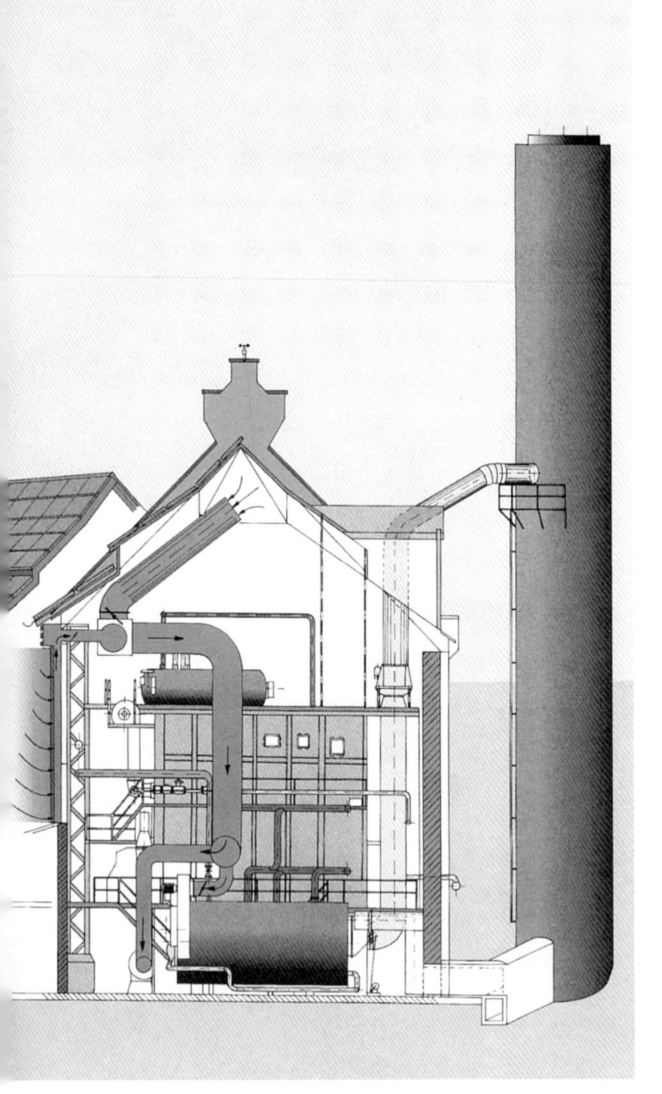

Die von der Sonne erwärmte Luft aus der Luftkollektorfassade wärmt die Heizluft des Kraftwerkes vor und trägt so zur Senkung des benötigten Brennstoffes bei. Die Wärme aus der Sonnenkollektoranlage auf dem Dach dient direkt zur Unterstützung des Fernwärmesystems.

Beispiel für eine SOLARWALL® „Energiesparfassade"

① Tragkonstruktion
② Innenwand-Kassetten
③ Wärmedämmung
④ Diffusionsoffene Folie / Konvektionssperre
⑤ Perforierte Außenschale
⑥ Sammelkanal
⑦ Erwärmte Luft

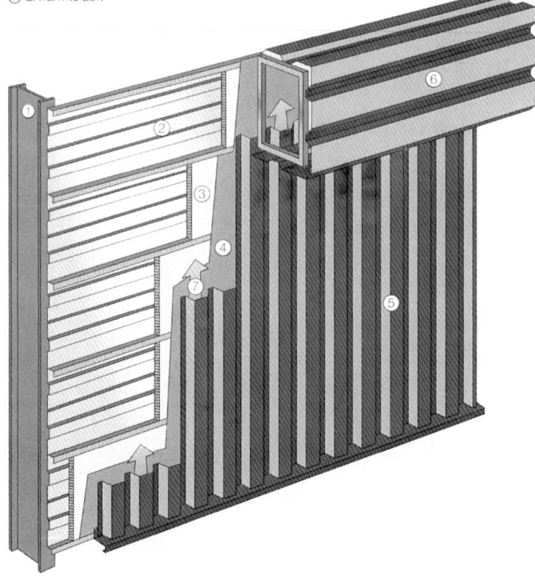

Solarwall: Die Zeichnung zeigt den Aufbau der Luftkollektorfassade: Vor eine wärmegedämmte Fassadenkonstruktion wird eine perforierte Verkleidung aus Aluminium-Profiltafeln gesetzt. Durch die kleinen Löcher der Perforierung strömt die kalte Luft an der Fassade entlang, erwärmt sich beim Durchströmen, steigt durch thermischen Auftrieb nach oben und wird in einem Sammelkanal abgesaugt.

Brennstoff eingespart. Zum Einsatz gekommen ist eine neuartige kanadische Fassadentechnologie, die seit 1988 unter dem Namen „Solarwall" bekannt ist. Im Grunde genommen handelt es sich dabei um eine „ganz normale" hinterlüftete Metallfassade. Die Verkleidung besteht aus einem dunkelbraunen, gelochten Aluminiumtrapezblech und ist mit einem Abstand von 2 bis 4 cm vor die gedämmte Stahlunterkonstruktion gesetzt. Von allgemein gebräuchlichen Industriefassaden unterscheidet sich die Solarwand nur durch die Perforation des Aluminiumbleches mit winzig kleinen Löchern von einem Prozent Lochanteil. Die Funktionsweise ist einfach: Die dunkle Aluminiumfassade absorbiert die Sonnenenergie und erwärmt sich. Ventilatoren erzeugen einen Unterdruck in der Luftschicht zwischen Fassade und Wand. Die Frischluft nimmt beim Durchströmen der Perforierung die Wärme auf und steigt an der warmen Fassade – unterstützt durch natürliche Ventilation – nach oben. Dort wird die vorgewärmte Verbrennungsluft in einem Kanal gesammelt und über Rohre aus gewickeltem Blech den Heizkesseln des Kraftwerkes zugeführt.

Da die Absorberfassade ohne transparente Abdeckung ausgeführt ist, konnten die Mehrkosten allein für den fassadenintegrierten Kollektor unter 200 DM/m² gehalten werden. Durch den einfachen Aufbau des Kollektorfeldes sind sowohl eine kostengünstige Herstellung als auch ein unkomplizierter Betrieb gewährleistet. Diese einfache Bauweise steht allerdings hohen Wirkungsgraden nicht entgegen, da der Kollektor ja nur zur Vorwärmung der aus der Umgebung angesaugten Frischluft verwendet wird und die Temperaturerhöhung der Luft lediglich 10–15 Grad betragen soll. Durch diese geringe Temperaturdifferenz treten wenig Wärmeverluste auf, und der Kollektor kann auch bei niedrigen Außentemperaturen noch zur Vorwärmung der Brennerluft beitragen. Dadurch werden Kollektorwirkungsgrade von bis zu 70% erreicht. Eine winterliche Einstrahlung von 100 Watt pro m² Wandfläche reicht aus, um das System zu aktivieren.

Die Flachkollektoranlage

Die auf dem Dach des Heizkraftwerkes installierte, 785 m² große Kollektoranlage ist in drei Felder aufgeteilt, die sich auf verschiedenen Dachflächen mit unterschiedlicher Neigung und Ausrichtung befinden. Zum Einsatz kommen großflächige Module hocheffizienter Flachkollektoren mit selektivem Absorber und einer Kunststoffolie zur Minderung der Konvektionsverluste. Die Einspeisung der in den drei Feldern erzeugten Wärme erfolgt über einen Wärmetauscher in den Rücklauf des Fernwärmenetzes. Das einzige Problem: Noch ist das Temperaturniveau im Fernwärmenetz viel zu hoch. Zur sinnvollen Ausnutzung der solaren Wärme müßte die Rücklauftemperatur der Fernwärme, also die Temperatur, mit der die Heizenergie von den Verbrauchern wieder zurückkommt, möglichst niedrig sein. Daher zieht der Entschluß, die Sonnenenergie zu nutzen, – wie so häufig – weitere Energiesparmaßnahmen nach sich. Die Stadtwerke Göttingen haben jetzt die noch viel schwierigere Aufgabe, ihre kommunalen Kunden zum Einbau moderner Niedertemperaturheizungen und zu einem besseren Wärmeschutz zu überreden. Ganz im

Aufbau des Solardachs: Das Sonnenkollektorfeld auf dem Dach des Kraftwerkes wurde direkt als wetterfeste Dachhaut statt einer Dacheindeckung auf die Dachsparren gebaut.

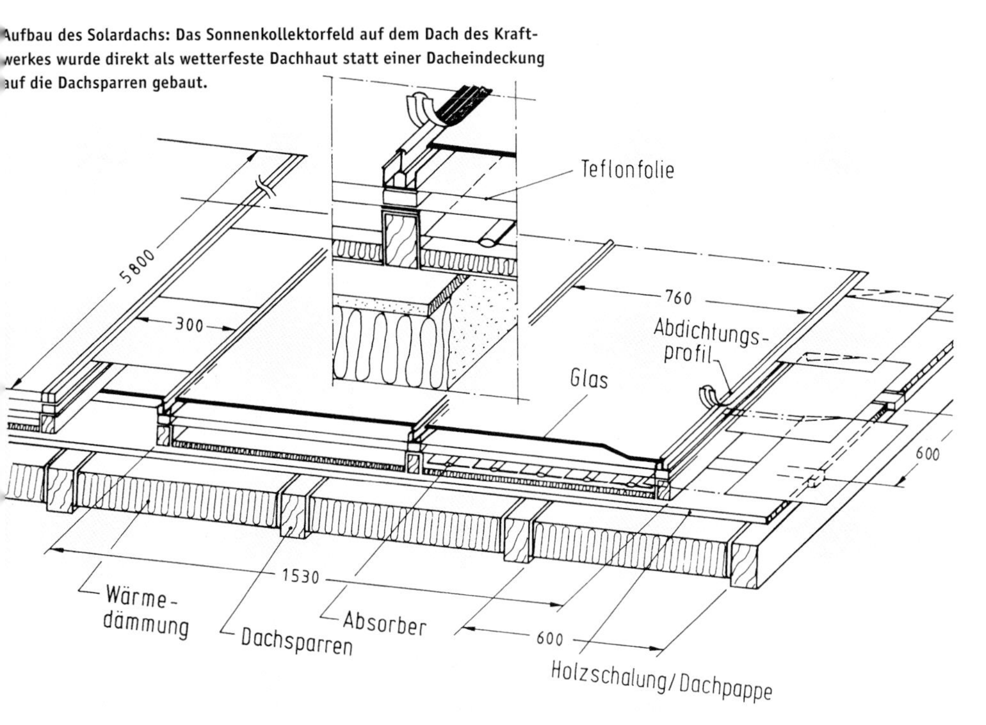

Sinne eines modernen Energiedienstleisters. Denn nur wenn die Verbraucher mit geringeren Temperaturen im Fernwärmenetz auskommen, kann die Sonnenenergie sinnvoll ausgenutzt werden. Schon eine Modernisierung der Wärmeübergabestationen für die Kunden ermöglicht niedrigere Fernwärmetemperaturen. Angestrebt wird eine sommerliche Rücklauftemperatur von ca. 40°C. Zur Zeit liegt die Rücklauftemperatur bei ca. 60°C bis 70°C und der Kollektorertrag nur bei ca. 260 kWh/m²a. Bei einer angestrebten Rücklauftemperatur von 40°C könnte der Ertrag aus der Solaranlage um ca. 30% gesteigert werden. Simulationsrechnungen haben ergeben, daß unter diesen Bedingungen die dachintegrierte Solaranlage eine jährliche Ausbeute von 300 bis 400 kWh/m² erreicht.

Die Kostenreduktion, die aus der großflächigen Bauweise und der vereinfachten Systemtechnik resultiert, führt bei der Kollektoranlage zu einem Wärmepreis von 21 Pf/kWh (bei 8% Zinsen, 1,5% Betriebskosten und 20 Jahren Lebensdauer).

Resümee

Den Charme des Gebäudes macht heute das Nebeneinander von solarer und fossiler Energieversorgung aus. In absoluten Zahlen beeindruckt das Resultat zunächst nicht so sehr: Bei optimalen Rahmenbedingungen ist mit der Hülle des Heizkraftwerkes ein jährlicher Solarwärmegewinn von ca. 360 MWh möglich. Das sind „nur" ca. 0,36% von ungefähr 100.000 Megawattstunden Versorgungsleistung des Kraftwerkes im Jahr. Zur Erzeugung dieser Wärme werden zur Zeit im Heizkraftwerk ca. 36.000 m³ Erdgas verfeuert. Durch Einsparung dieser fossilen Energie werden nicht nur ca. 360.000 m³ Rauchgas pro Jahr weniger erzeugt, sondern auch ca. 75.000 kg CO_2 weniger in die Atmosphäre geleitet. Wenn im Zuge weiterer Sanierungen auch die kommunalen Gebäude, die an dieser Wärmeleitung hängen, saniert würden, ließe sich sicherlich noch einmal ein Vielfaches dieser Energiemenge einsparen. Darüber hinaus verspricht das Beispiel solarer Nahwärme Schule zu machen: „Schon jetzt", so sagten die Stadtwerksbetreiber zur Einweihung der Anlage im Mai '93, „geben aber besonders die Einfachheit der Anlage und ihre bereits im Stadium des Pilotprojektes niedrigen Kosten Anlaß zu der Hoffnung, daß sie gerade auf kommunaler Ebene Nachahmung finden und einmal den Verbrauch fossiler Brennstoffe zur Wärmeerzeugung gänzlich ablösen wird."

Umbau Heizkraftwerk Göttingen

Fertigstellung
16. Juni 1993

Gebäudestandort/ Projektleitung
Stadtwerke Göttingen
Hildebrandtstraße 1
D-37081 Göttingen
Fon +49·(0)551·30 13 10
Fax +49·(0)551·30 12 01

Wissenschaftlich-technische Betreuung

Flachkollektoranlage (Dach)
Institut für Solarenergieforschung Hameln/Emmerthal (ISFH)
Am Ohrberg 1
D-31860 Emmerthal
Fon +49·(0)5151·99 90
Fax +49·(0)5151·99 94 00

Luftkollektorfassade
Institut für Thermodynamik und Wärmetechnik (ITW)
Universität Stuttgart
Pfaffenwaldring 6
D-70569 Stuttgart
Fon +49·(0)711·685 35 36
Fax +49·(0)711·685 35 03

Flachkollektoranlage (Dach)
Sonnenkollektortyp:
„Solar Roof"
Sonnenkollektoren als Dacheindeckung mit selektivem Absorber
Hersteller:
Solvis Energiesysteme, Braunschweig
Installierte Fläche Sonnenkollektor:
785 m²
Art der Anwendung:
Einspeisung in den Rücklauf des Nahwärmenetzes

Luftkollektorfassade
Sonnenkollektortyp:
„Solar wall"
perforiertes Aluminiumtrapezblech als Fassadenverkleidung
Installierte Fläche:
343 m² Fassadenfläche
Art der Anwendung:
Vorwärmung Brennerzuluft des Heizkraftwerkes

Jährl. Wärmeproduktion Kollektoren:
(Summe Dach und Fassade)
1. Betriebsperiode
4/93–7/94
200 MWh/a
(ca. 360 MWh/a bei reduzierten Temperaturen des Fernwärmerücklaufs)

Jährliche Wärmeabgabe Heizkraftwerk
100 000 MWh

Versorgungsgebiet Fernwärme
12 km Fernwärmenetz
mit 140 Großkunden

Solarer Deckungsbeitrag
0,2%

Sonnenkollektorfeld in Nyckvarn: mit 7500 m² das größte Europas

Solare Nahwärme in Nord- und Mitteleuropa

Jan Olof Dalenbäck

In den nord- und mitteleuropäischen Ländern wie in Schweden, Dänemark, Deutschland, Polen, den baltischen Staaten und Finnland gibt es ein großes technisches Potential für den Einsatz von solarer Nahwärme. Die lange Tradition von zentralisierten Heizungssystemen für Wohngebiete erlaubt, auch existierende Gebäude in eine solare Wärmeversorgung einzubeziehen.

Bei allen Sonnenkollektoranlagen ist es wichtig, Wärme von einem sonnigen Tag bis zur Nacht zu speichern oder von einigen sonnigen Tagen bis zu einigen Tagen mit geringerer Sonneneinstrahlung: in einem Kurzzeitspeicher. Bei Systemen solarer Nahwärme ist es darüber hinaus üblich, einen saisonalen Speicher zu betreiben, in dem Wärme aus dem Sommer bis in den Herbst und Winter gespeichert wird. So ist es möglich, selbst in den nördlichen Ländern Solarwärme zum Heizen von Wohngebäuden zu nutzen. Die Entwicklung solarer Nahwärme findet dort seit mehr als fünfzehn Jahren statt. Die ersten großen experimentellen Anlagen wurden in Schweden bereits in den späten siebziger Jahren gebaut. In den frühen achtziger Jahren folgten ähnliche Systeme in weiteren Ländern. Eine zweite Generation großer Forschungsanlagen wurde in Schweden (Lyckebo, Nyckvarn und Särö) und Dänemark (Ry) Mitte und Ende der achtziger Jahre eingeführt, eine dritte Generation großer Anlagen ist jetzt in Dänemark (Skörping) und Deutschland (z.B. Hamburg) gebaut worden.

Wärmenetze

Eine Voraussetzung für die Anwendung von solarer Nahwärme ist, daß mehrere Häuser oder eine größere Anzahl von Wohnungen von einer Heizzentrale versorgt werden. Sowohl verbesserte Wärmeverteilungstechniken als auch die Möglichkeit einer effizienteren und flexibleren Wärmeversorgung haben das Interesse an Nahwärmenetzen allgemein steigen lassen. Schweden hat ebenso wie Dänemark eine sehr lange Tradition von Fern- und Nahwärmesystemen. Die meisten Gebäude in Städten und größeren Dörfern werden von Wärmenetzen versorgt, die auf relativ niedrigem Temperaturniveau arbeiten. Das ist einer der Hauptgründe dafür, daß diese Länder an Solarwärme zum Heizen größerer Wohngebiete interessiert gewesen sind und deren Einsatz entwickelt haben. Die meisten Gebäude sind mit Zentralheizung ausgestattet und haben entweder einen eigenen Brenner oder können mit einer Wärmeübergabestation an ein Wärmenetz angeschlossen werden. Der jährliche Wärmebedarf in Schweden beträgt etwa 100 TWh. Gegenwärtig werden etwa 35% über Fern- und Blockheizungen gedeckt. Das kurzfristige (10–15 Jahre) Potential für solare Nahwärme beträgt etwa

Großmodulige, bodenmontierte Kollektoren

Dachintegrierter Kollektor, seit den frühen achtziger Jahren auf einer Anzahl schwedischer Mehrfamilienhäuser in Benutzung

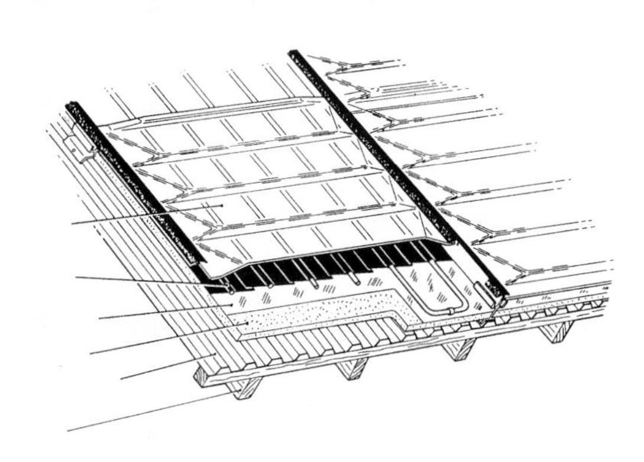

TWh, das langfristige (25–30 Jahre) önnte etwa 10 TWh betragen, ähnlich vie das kurzfristig erschließbare Potenial in Deutschland.

Marktchancen

Für Anwendungen im großen Maßtab sind spezielle Kollektortypen entvickelt worden, trotzdem ist die Solarechnologie vom Preis her noch nicht ganz gegenüber Öl- oder Gasheizungen onkurrenzfähig. Deshalb müssen diese Kollektorsysteme, insbesondere auch lie Speichertechnologien, weiter entvickelt und getestet werden. Doch ereits heute profitieren solare Nahwärnesysteme von ihrer Größe und sind erglichen mit Kleinanlagen dicht an er wirtschaftlichen Konkurrenzfähigeit; insbesondere die Aussichten bei er Kostenentwicklung sind vielversprehend. Dementsprechend sind in den ergangenen Jahren einige zusätzliche Pilotanlagen neuer Bauart entstanden nd getestet worden, um die Kosten zu enken. Diese neue Entwicklung wurde n Schweden eingeleitet, aber Dänemark nd Deutschland sind nun auch sehr ktiv. Steigendes Interesse, speziell in Deutschland und Österreich, hat zu iner Belebung des Marktes mit neuen irmen und Komponenten geführt.

Systeme

Die allgemeine Systemanordnung roßer Solarheizungssysteme ist im rinzip ähnlich wie bei kleineren Anlaen. Der wichtigste Unterschied besteht arin, daß es möglich und notwendig st, die Anlagen vorher professioneller u planen und zu dimensionieren. Für olarthermische Großanlagen gibt es vor allem zwei Einsatzgebiete: zum einen Systeme mit Kurzzeitspeicherung, die 10–20 % des jährlichen Gesamtwärmebedarfs (entspricht 40–50 % des Warmwasserverbrauchs) decken können, und zum anderen Systeme mit Langzeitspeicherung (saisonaler Speicherung), die 50–80% des jährlichen Gesamtwärmebedarfs (Raumheizung und Warmwasserbereitung) decken können. In beiden Fällen ist das Wasser das gebräuchlichste Speichermedium. Bis auf den Speicher ist die Auslegung der Solaranlage für beide Anlagentypen ähnlich. Die einfachsten solaren Anwendungen sind gegenwärtig: Warmwasservorheizung für Mehrfamilienhäuser, Institutionen und z.B. Krankenhäuser. Hierfür werden Kurzzeitspeicher (gut gedämmte Wassertanks) verwandt. Man erreicht so einen solaren Wärmedeckungsgrad von etwa 40% am Warmwasserverbrauch. Nah- und Fernwärmenetze mit saisonalem Speicher können sowohl für bestehende als auch für neue Wohngebiete einen solaren Wärmedeckungsgrad von etwa 70% erreichen. Der Restwärmebedarf wird mit Zusatzkesseln gedeckt. Diese Systeme ermöglichen die größten Einsparungen an fossilen Brennstoffen.

Sonnenkollektoren

In Großanlagen können größere und effizientere Kollektoren verwendet werden als der bei Einfamilienhäusern übliche kleine Modultyp. Die verbreitetste Anwendung in Europa sind dachintegrierte Kollektoren. Dieser Kollektortyp ist in einer Anzahl von Systemen mit Kurzzeitspeicher entwickelt worden. Die linke Abbildung zeigt den Kollektortyp, der gewöhnlich in Schweden verwendet wird. Ähnliche dachintegrierte Kollektorsysteme sind auch in Deutschland entwickelt und auf einigen Gebäuden installiert worden, z.B. in Ravensburg. Die heutigen typischen Investitionskosten liegen in der Größenordnung von 2000 SEK/m² (500 DM/m²) Dach-/Kollektorfläche, das entspricht weniger als 100 SEK/m² (25 DM/m²) beheizter Nutzfläche.

Eine andere Möglichkeit besteht darin, großflächige Flachkollektoren zu benutzen. Große auf dem Erdboden montierte Kollektorfelder sind in Schweden und Dänemark eine mehr oder weniger etablierte Technik. Die rechte Abbildung zeigt den Typ großmoduliger, bodenmontierter Kollektoren (12,5 m²), der von ARCON vermarktet und in Schweden und Dänemark verwendet wird. Zur Zeit liegen die typischen Kollektorsystem-Investitionskosten in der Größenordnung von 1200–1500 DKK/m² (300–400 DM/m²). Eine Reihe deutscher Firmen ist in der Lage, ähnliche Kollektortypen (etwa 8 m²) anzubieten, die auf Dächern montiert werden.

Eine interessante neue Entwicklung bei großen, bodenmontierten Kollektorfeldern ist die Einführung einfacher Reflektoranordnungen zwischen den Reihen, die jetzt in Schweden und Dänemark getestet werden. Dadurch kann die Einstrahlung auf die Kollektoren erhöht werden. Die Entwicklung dachintegrierter Kollektoren ist bisher in den Händen der Solarindustrie gewesen. Gegenwärtig wird ein neues, verbessertes Kollektor-Dach-Konzept von einer schwedischen Baufirma in Zusammenarbeit mit

Dachintegrierte Sonnenkollektoren tragen zu ca. einem Drittel zur Wärmeversorgung einer Siedlung in Särö bei.

der schwedischen Solarindustrie entwickelt. Diese Verbesserungen sollten zusammen mit einem gewachsenen Markt spezifische Investitionskosten deutlich unter 4 SEK (1 DM) pro jährlicher kWh Nettowärmeerzeugung ermöglichen. Wenn man diese Investitionskosten auf zehn Jahre umlegt, ergeben sich solare Wärmekosten in der Größenordnung von 400 SEK/MWh (weniger als 100 DM) bei einer angenommenen Abschreibung von 0,1.

Wärmespeicher

Normale isolierte Wassertanks sind sowohl als kleine (10–50m^3) wie auch als große (1000–5000 m^3) Kurzzeit-Wärmespeicher geeignet und werden in Verbindung mit Solarheizungen als solche eingesetzt. Die Konstruktion von weiteren experimentellen Anlagen ist eine notwendige Voraussetzung für die Preissenkung von Solarheizungen mit saisonalen Speichern. Das Haupthindernis für Kosteneffektivität bei solaren Nahwärmesystemen kleiner und mittlerer Größe, d.h. für etwa 100–1000 Wohneinheiten, bilden zur Zeit die Speicherinvestitionskosten. Eine Reihe neuer kleiner Projekte in Särö und Malung (Schweden), Rottweil (Deutschland) und Skörping (Dänemark), die neuartige Typen von Warmwasserspeichern einsetzen, weisen auf mögliche künftige Speicherkonstruktionen hin. In denselben Ländern gibt es auch fortlaufende Experimente mit Erdboden-Hochtemperaturwärmespeichern. Die ständige Weiterentwicklung und zunehmende Verbreitung von solaren Nahwärmesystemen wird in den kommenden Jahren zu steigender Wettbewerbsfähigkeit führen.

Sonnenkollektorfeld in Nyckvarn (S)

In Nyckvarn gibt es mit einer Kollektorfläche von 7500 m^2 das größte Kollektorfeld Europas. Es deckt den sommerlichen Wärmebedarf dieser Kleinstadt ab.

In zwei Bauabschnitten wurde 1985 zunächst ein Kollektorfeld von 4000 m^2 und 1991 noch einmal von 3500 m^2 errichtet. Die Kollektoren haben eine Fläche von jeweils 12,5 m^2, dadurch sinken die Systemkosten und steigt die Effizienz. 600 solcher Sonnenkollektoren sind mit einem Winkel von 42° zum Boden montiert. An sonnigen Tagen liefern sie bis zu 85°C warmes Wasser. Das lokale Energieversorgungsunternehmen Telge Energie speist die gewonnene Wärme unmittelbar in ein Nahwärmenetz ein, mit dem die nahegelegene Kleinstadt Nyckvarn versorgt wird. In einem isolierten überirdischen Stahltank kann die Wärme bis zu 24 Stunden zwischengespeichert werden. Das System ist so ausgelegt, daß es den sommerlichen Wärmebedarf abdeckt und die erzeugte Wärme sofort verbraucht wird. Daher fällt kaum die Notwendigkeit zur Speicherung an. So werden ca. 12% des Jahreswärmeverbrauchs vom Nyckvarn gedeckt.

Jahreszeitlicher Speicher in Lyckebo (S)

Seit 1983 versorgt in Lyckebo, nördlich von Stockholm, ein Kollektorfeld von 4300 m^2 Größe ein neues Wohngebiet mit Einzel- und Reihenhäusern. Im Unterschied zu Nyckvarn gibt es hier einen sehr großen jahreszeitlichen Speicher, mit dem die Sonnenwärme zum Heizen für den Winter gespeichert wird.

Den jahreszeitlichen Speicher bildet eine Felskaverne mit einem Volumen von 100.000 m^3. Sie ist künstlich in den Fels gesprengt worden. Ein Speicher dieser Größe kann ohne zusätzliche Dämmung genutzt werden, denn das große Volumen und der Fels verhindern die Wärmeabstrahlung weitestgehend. Aus experimentellen Gründen simuliert zur Zeit ein Elektroboiler ein weiteres 20.000 m^2 großes Sonnenkollektorfeld.

in unterirdischer Felsspeicher mit 100.000 m³ speichert saisonal Wärme ür die Stadt Lyckebo.

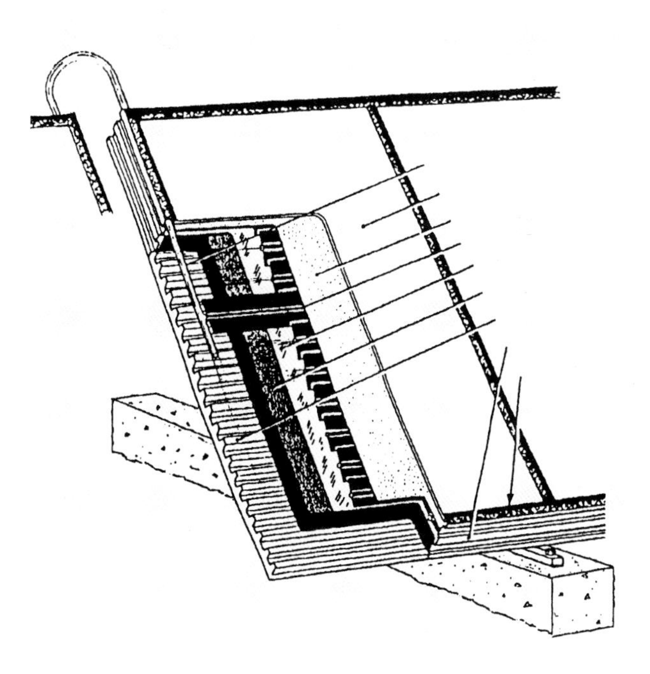

Detail Sonnenkollektoren

)amit soll die Möglichkeit einer 100-rozentigen Wärmeversorgung durch onnenkollektoren getestet werden. ieplant ist, den Elektroboiler durch onnenkollektoren zu ersetzen, wenn onnenwärme günstiger sein wird als lektrizität.

)achintegration von Sonnen-ollektoren in Särö (S)

In Särö, einem kleinen Wohngebiet üdlich von Göteborg, wurden Sonnen-ollektoren direkt beim Bau in die Dach-lächen integriert. Auf zehn Häusern der iedlung sind insgesamt 740 m² Son-enkollektorflächen angebracht. Sie rsetzen die konventionelle Dachein-eckung und decken so 35% des Jahres-edarfs an Heizwärme für die 48 Woh-ungen der Siedlung.

Die Sonnenwärme wird in Särö in inem 640 m³ fassenden, gut isolierten tahltank vom Sommer in den Winter espeichert. Der Speicher ist zur Hälfte n den Fels gebettet. Wenn der Speicher oppelt so groß wäre, könnten auch ber 60% des Heizwärmebedarfs mit en Sonnenkollektoren gedeckt werden. er solare Deckungsgrad hängt stark on der Größe der zur Verfügung ste-enden Speicher ab.

Forschungsprojekte solare Nahwärme
Jan-Olof Dalenbäck
Chalmers University of Technology
Department Building Services Engineering
S-41296 Gothenburg
Fon +46·(0)31·772 10 00
Fax +46·(0)31·772 11 52

Projekte:
Sonnenkollektorfeld in Nyckvarn
Installierte Fläche Sonnenkollektoren
7500 m²

Betreiber:
Energieversorgungs-unternehmen
Telge Energi AB
Gunnar Hanson
Box 633
151 27 Södertälje
Schweden
Fon +46·(0)8·55 02 20 00
Fax +46·(0)8·55 01 88 01

Solare Deckungsrate
ca. 13% des jährlichen Heizenergiebedarfs im Nahwärmenetz der Gemeinde Nyckvarn (Vorort der Stadt Södertälje)

Wirkungsgrad Sonnenkollektoren
im Jahresdurchschnitt
35%

Solar-Energieertrag im Jahr
2,6 GWh

Kosten
1. Bauabschnitt 1985
10 Millionen SEK
2. Bauabschnitt 1991
7,7 Millionen SEK
Finanzierung durch Swedish National Council for Building Research
ca. 90%

Solare Nahwärme mit saisonalem Felsspeicher in Lyckebö
Betreiber:
Energieversorgungs-unternehmen
Uppsala Energi AB
Ingvar Wahlander
Bolandsgatan 16
Box 125
S-75104 Uppsala
Fon +46·(0)18·27 27 00
Fax +46·(0)18·14 66 57

Sonnenkollektorfeld
4 500 m²

Simulation eines weiteren Sonnenkollektorfeldes
20 000 m²

Saisonaler Speicher
Felskaverne
100 000 m³

Deckungsrate
100%

Dachintegration von Sonnenkollektoren in Särö
Betreiber:
Städtische Wohnungsbaugesellschaft EKSTA
Fon +46·(0)300·140 60
Fax +46·(0)300·117 08

Sonnenkollektoren
dachintegriert
Installierte Fläche
740 m²

Saisonaler Speicher
640 m³

Solare Deckungsrate
35%

Montage großmoduliger Flachkollektoren in Neckarsulm

Integrale Energiekonzepte in Deutschland

von Anton Lutz und Norbert Fisch

Die Versorgung ganzer Wohnanlagen mit solarer Nahwärme hat in den letzten Jahren ihren Weg von Schweden nach Deutschland gefunden. Hier werden zur Zeit großflächige dachintegrierte Solaranlagen mit z.B. 3520 m² Kollektorfläche in Hamburg und 4450 m² Sonnenkollektoren in Friedrichshafen realisiert. Der Preis pro m² installierter Kollektorfläche liegt mit etwas über 500 DM bei solchen Größenordnungen nur noch bei einem Viertel von dem, was Kleinanlagen kosten. Mit ca. 26 Pfennigen pro Kilowattstunde Solarwärme sind solche Anlagen schon bald im Bereich der wirtschaftlichen Konkurrenzfähigkeit.

Am Institut für Thermodynamik und Wärmetechnik (ITW) der Universität Stuttgart werden derzeit Wärmeversorgungssysteme konzipiert, über die in neuen Wohnsiedlungen bis zu drei Viertel des gesamten Energiebedarfs für Heizung und Warmwasser von der Sonne geliefert werden sollen. Erste Vorprojekte haben ermutigende Ergebnisse erbracht. Besonderer Wert wird hierbei auf die Entwicklung „Integraler Energiekonzepte" gelegt: Es wird untersucht, wie sich Energieeinsparmöglichkeiten aus unterschiedlichen Bereichen möglichst kosteneffizient kombinieren lassen.

Solarenergie kann durchaus eine wirtschaftlich interessante Alternative sein, wenn es darum geht, den Einsatz fossiler Brennstoffe einzuschränken. Im Januar 1995 ist in Deutschland eine neue Wärmeschutzverordnung (WSchVO) in Kraft getreten. Der Bedarf an Energie für Heizung und Warmwasser in einem neu gebauten Mehrfamilienhaus wird dann zurückgehen von heute jährlich 150 Kilowattstunden (kWh) pro Quadratmeter Wohnfläche auf 110–120 kWh im Jahr. Will ein Bauherr Energiesparmaßnahmen ergreifen, die die gesetzlichen Mindestanforderungen übertreffen, so bietet sich der Einsatz von Solartechnik an. Fast alle über die neue Verordnung hinausgehenden baulichen Wärmeschutzmaßnahmen führen zu Kosteneinsparungen beim Energieverbrauch, die über dem liegen, was bei einer Solaranlage zur Warmwasserbereitung berechnet werden muß – dies zumindest haben Wissenschaftler am Institut für Thermodynamik und Wärmetechnikder Universität Stuttgart ermittelt.

Im Bild rechts oben ist zusammengestellt, welche Kosten mit verschiedenen Energieeinsparmöglichkeiten verbunden sind. Betrachtet werden rationelle Heiztechnik, baulicher Wärmeschutz, der die Anforderungen der neuen WSchVO übertrifft, und Solartechnik. Die mit den einzelnen Maßnahmen verbundenen Investitionskosten werden nach der Annuitätenmethode in Jahreskosten umgerechnet. Dabei wird ein Zinssatz von 8% und eine Nutzungsdauer von 25 Jahren für bauliche Maßnahmen, 20 Jahren für Solaranlagen und 15 Jahren für die Heiztechnik zugrundegelegt. Falls erforderlich, werden noch Betriebs- und Wartungskosten dazugerechnet. Die jährlich anfallenden Kosten werden den mit der jeweiligen Maßnahme im Jahr zu erwartenden Einsparungen an fossiler Brennstoffenergie gegenübergestellt. Damit kann ermittelt werden, wieviel die mit der einzelnen Maßnahme eingesparte kWh Energie kostet, und es kann eine Reihenfolge aufgestellt werden, wie die Energiesparmöglichkeiten am kosteneffizientesten

Wärmekosten der eingesparten Energie

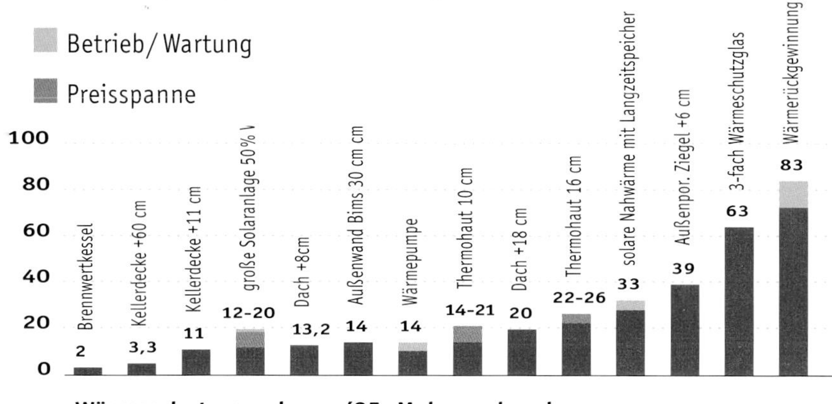

Wärmeschutzverordnung '95, Mehrgeschossbau
Zins: 8%, Nutzungsdauer 15-25 Jahre

Die Kosten eingesparter Wärmeenergie: Am billigsten ist es, mit Brennwertkesseln durch effiziente Nutzung des Brennstoffes Energie zu sparen. Heizenergieeinsparung durch Wärmerückgewinnung ist am teuersten.

eingesetzt werden können, um Kosten zu reduzieren.

Die im Vergleich zu vielen baulichen Maßnahmen günstigen Kosten der Solartechnik ergeben sich allerdings nur, wenn die Sonnenenergie mit großflächigen Kollektorfeldern – Richtgröße ist 100 m² – gewonnen wird. Das Stuttgarter Universitätsinstitut hat mehrere derartige Anlagen konzipiert – zwei davon in Ravensburg. Dort wird eine Reihenhaussiedlung über eine 120 m² große Solaranlage – untergebracht auf einem Garagendach – mit Wärme versorgt. In der zweiten Anlage wird für 107 Wohnungen in Geschoßbauten Brauchwasser über eine Kollektoranlage von 135 m² erwärmt. Weitere Anlagen dieser Art stehen in Köngen (bei Esslingen) und Neckarsulm. Die Erfahrungen nach dem ersten Betriebsjahr haben die ursprünglichen Erwartungen sogar noch übertroffen. So wurde für die Anlagen in Ravensburg ein jährlicher Solarertrag von 440 bis 550 kWh pro Quadratmeter Kollektorfläche ermittelt. Dies ist deutlich mehr, als übliche Kleinanlagen (mit vier bis sechs Quadratmetern), bezogen auf die Kollektorfläche, liefern. Zudem sind die flächenbezogenen Gestehungskosten bei großen Anlagen erheblich günstiger. Muß bei den bekannten Kleinanlagen mit Investitionskosten von 2000 bis 3000 DM pro m² Kollektorfläche gerechnet werden, so ergaben sich bei der Anlage in Neckarsulm (700 m²) Systemkosten von weniger als 600 DM pro Quadratmeter. In Neckarsulm liegen die solaren Wärmekosten mit 12 Pfennig pro Kilowattstunde bei einem Viertel von dem, was in Kleinanlagen angesetzt werden muß. Sollen die Vorschläge der Bundestags-Enquete-Kommission „Schutz der Erdatmosphäre" in die Tat umgesetzt werden, so sind Solarsysteme der bisher beschriebenen Art noch nicht ausreichend. Um 80% – so wurde vorgeschlagen – sollen die Industrieländer bis zum Jahr 2050 ihren Kohlendioxidausstoß reduzieren, bezogen auf den Stand von 1987. Dieses Ziel kann nahezu erreicht werden in zwei Großprojekten, die das Stuttgarter Institut derzeit konzipiert. In zwei Neubaugebieten – einer Siedlung mit 110 Reihenhäusern in Hamburg und einer Wohnanlage mit Mehrgeschoßbauten in Friedrichshafen – sollen solar unterstützte Nahwärmesysteme entstehen. „Heizen mit der Sonne" heißt das Ziel. Mehr als die Hälfte des gesamten Jahresenergiebedarfs für Heizung und Warmwasser soll von der Sonne bezogen werden. Die im Sommer anfallende überschüssige Energie wird mit Hilfe großer Langzeitwärmespeicher für die Heizperiode nutzbar gemacht. In Hamburg sollen Kollektoren mit einer Fläche von 3500 m² auf den Dächern der Häuser installiert werden. Die dort gewonnene Wärme wird in einem eingegrabenen 6000 Kubikmeter großen Betontank mit Wasser als Speichermedium in den Winter „gerettet". Das System in Friedrichshafen soll noch eine Stufe größer ausfallen: Geplant sind 5600 m² Kollektorfläche und ein Speicher mit 12.000 Kubikmetern. Das Solarsystem in Hamburg soll 65% der im Neubaugebiet benötigten Wärmeenergie liefern, dasjenige in Friedrichshafen 50%. In beiden Fällen wird ein Nahwärmenetz installiert, über das die Wärme aus einer Heizzentrale an die Gebäude verteilt wird. Der Energieanteil, den die Sonne nicht abdecken kann, wird in einem Gasbrennwertkessel bereitgestellt. Alle Gebäude sind mit einem guten Wärmeschutz ausgestattet. Beide Systeme in Hamburg und Friedrichshafen wurden mit Hilfe aufwendiger Simulationsprogramme ausgelegt. Das Verhalten und Zusammenwirken aller wichtigen Komponenten – Gebäude, Solaranlage, Langzeitspeicher, Zusatzheizkessel, Nahwärmenetz – kann auf dem Rechner nachgebildet werden. Auf diese Weise wird auch festgestellt, wie Energieeinsparmaßnahmen aus den Bereichen rationelle Heiztechnik, verbesserter baulicher Wärmeschutz und Solarenergie mit Langzeitspeicherung kostenoptimal kombiniert werden sollten.

Solar unterstützte Nahwärmeversorgung Friedrichshafen-Wiggenhausen

Gebäudestandort:
D-Friedrichshafen-Wiggenhausen, Baugebiet Wiggenhausen-Süd
Besichtigung möglich

Datum Fertigstellung
1. Bauabschnitt Sommer 1996
2. Bauabschnitt 1999

Bauherr und Betreiber der solaren Nahwärmeversorgung
Technische Werke Friedrichshafen

Bauherr Gebäude
Städtische Wohnungsbaugesellschaft mbH
Landesentwicklungsgesellschaft Baden-Württemberg
Kreisbau-Genossenschaft Bodenseekreis e.G.
Siedlungswerk Stuttgart

Planung solare Nahwärme und Energietechnik
Steinbeis-Transferzentrum für Rationelle Energienutzung und Solartechnik
Erich Hahne, Norbert Fisch
Heßbrühlstraße 21c
D-70565 Stuttgart
Fon +49-(0) 711-7870290
Fax +49-(0) 711-7870295

Technische und wissenschaftliche Begleitung
Institut für Thermodynamik und Wärmetechnik
Universität Stuttgart
Pfaffenwaldring 6
70569 Stuttgart
Fon +49-(0) 711-6853536
Fax +49-(0) 711-6853503

Architekten:
Fritz Hack,
Dieter Rädle,
Latty + Schlüter,
Jauss + Gaupp

Nettonutzfläche
ca. 40.000 m²

Oberflächen-/Volumen-Verhältnis
ca. 0,47 m⁻¹

Anzahl Wohnungen
Bauabschnitt 1 + 2 zusammen 570 WE

Höhe über Meer
ca. 400 m

Heizgradtage
3847 Kd/a

Jährliche Globalstrahlung
1278 kWh/m²a

Bauteilkennwerte:
(für den 1. Bauabschnitt)

Aufbau
Außenwand:
k-Wert ca. 0,4 W/m²K
Fenster:
k-Wert ca. 1,5 W/m²K
Dach:
k-Wert 0,25–0,3 W/m²K
Böden (Kellerdecke)
k-Wert 0,36 W/m²K

Haustechnik:

Thermische Solaranlage
Sonnenkollektortyp und Hersteller:
(für den 1. Bauabschnitt) Arcon, HT und Paradigma, Solar 750
Installierte Fläche Sonnenkollektoren:
2800 m² + 2800 m²
Solar-Speicher:
Saisonaler Speicher mit 12.000 m³
Nutzung für WW-Bereitung und Heizung

Die nebenstehende Grafik zeigt für das System in Friedrichshafen, welche Investitionskosten bzw. Investitionsmehrkosten sich ergeben, wenn der Verbrauch an fossiler Brennstoffenergie reduziert werden soll. Im Referenzfall (Gebäudeausführung nach WSchVO, Heizung mit Gas-Niedertemperaturkessel) liegt der Brennstoffbedarf bei jährlich 122 kWh pro Quadratmeter beheizte Wohnfläche. Bei den Einsparmöglichkeiten steht die Brennwerttechnik an erster Stelle (Nr. 1 in der Grafik). Damit kann der fossile Brennstoffbedarf mit Mehrkosten von 2 DM pro Quadratmeter Wohnfläche um 10% reduziert werden. In Solarsystemen mit Langzeitspeichern rangieren etliche bauliche Wärmeschutzmaßnahmen kostenmäßig noch vor der Sonnenenergie. So ist es ökonomisch sinnvoll, den Heizenergiebedarf von Gebäuden über das Anforderungsniveau der künftigen Wärmeschutzverordnung hinaus um etwa 30 kWh pro Quadratmeter und Jahr abzusenken, bevor ein Solarsystem eingesetzt wird. Dies ist möglich mit besserer Dämmung im Dach und in der Kellerdecke und Einsatz eines Wärmedämmverbundsystems auf der Außenwand. Die quadratmeterbezogenen Mehrkosten erhöhen sich damit zusätzlich um 63 DM/m². Vor weiteren baulichen Maßnahmen ist es nun ökonomisch sinnvoll, ein Solarsystem mit Langzeitspeicher einzusetzen. Damit lassen sich in Friedrichshafen weitere 45 kWh/m²a einsparen mit zusätzlichen Mehrkosten von 161 DM/m² (Nr. 9 in der Grafik). Nach weiteren Maßnahmen am Gebäude (Dreifach-Wärmeschutzglas und Wärmerückgewinnung aus der Abluft) bleibt nur noch ein fossiler Restenergiebedarf von 17 kWh/m²a. Die gesamten Mehrkosten für Energiesparmaßnahmen belaufen sich auf 375 DM je Quadratmeter Wohnfläche. Mit einer Kombination aus Brennwerttechnik, baulichem Wärmeschutz und Solarenergie mit Langzeitspeicherung wird im Friedrichshafener Projekt eine Brennstoffeinsparung und damit eine CO_2-Reduzierung von über 70% erreicht. Das ist nahe an der Marke, die die Bundestags-Enquete-Kommission gesetzt hat. Die damit verbundenen Mehrkosten belaufen sich auf 226 DM/m² oder etwa 15.000 DM pro Wohneinheit. Das ist nicht wenig, aber es ist nicht einmal die Hälfte von dem, was ein Autostellplatz in einer Tiefgarage kostet.

Die Investitionskosten in Abhängigkeit vom Brennstoffbedarf in kWh/m²a am Beispiel der Planungen in Friedrichshafen: Aus der Abbildung wird deutlich, in welcher Abfolge Investitionen auch ökonomisch sinnvoll sind.

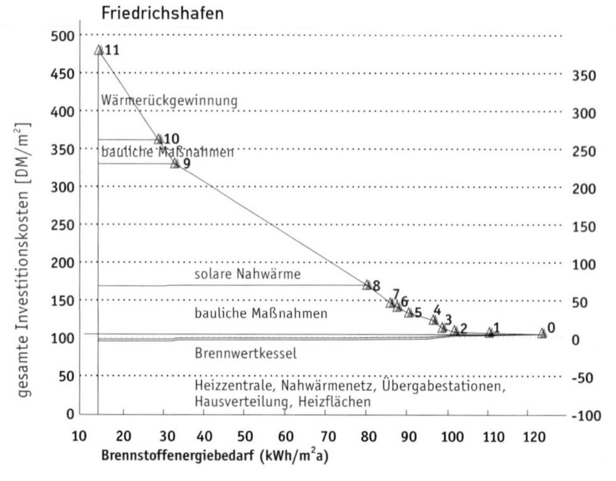

0: Standard, WSchVO 95, NT-Gaskessel
1: Brennwertkessel
2: Kellerdecke + 6 cm Polystyrol
3. Kellerdecke + 11 cm Polystyrol
4: Dach + 8 cm Mineralwolle
5: Außenwand Bims 30 cm
6: Außenwand Thermohaut 10 cm
7: Dach + 18 cm Mineralwolle
8: Außenwand Thermohaut 16 cm
9. Solare Nahwärme
10: 3-fach Wärmeschutzglas
11: Wärmerückgewinnung

Lageplan der Siedlung mit eingezeichneten Sonnenkollektorfeldern, Nahwärmenetz und zentralem saisonalem Wärmespeicher

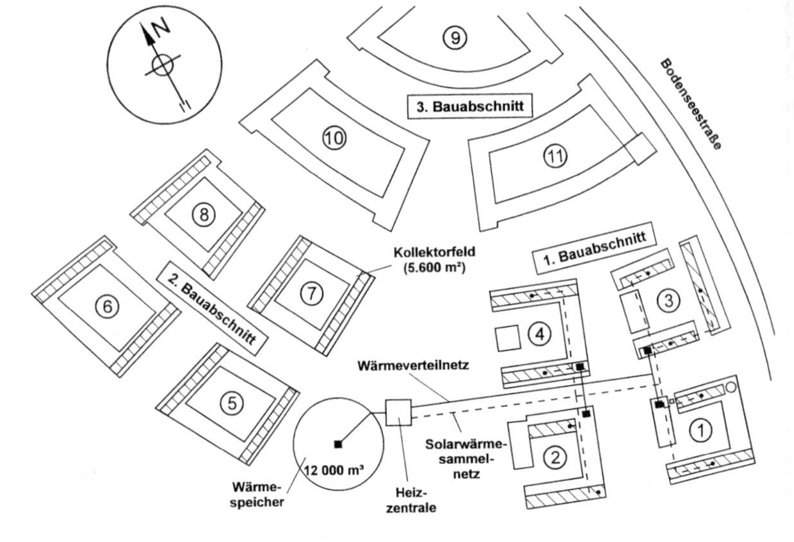

Modell Friedrichshafen

Solar unterstützte Nahwärmeversorgung Friedrichshafen-Wiggenhausen

Bei diesem in Realisierung befindlichen Siedlungsprojekt werden 50% des Gesamtwärmebedarfes für Raumheizung und Warmwasser mit Sonnenenergie gedeckt. Mit Mehrkosten von 165 DM pro Quadratmeter Wohnfläche kann der jährliche CO_2-Ausstoß bei diesem Projekt um die Hälfte reduziert werden. Auf den Dächern von acht Mehrgeschoßbauten werden hierzu 5600 m² Sonnenkollektoren installiert. Die Bauträger stellen zu diesem Zweck den Technischen Werken Friedrichshafen die Dachflächen in Südwest- und Südostrichtung mit einer optimalen Neigung von 20 bis 30 Grad Neigung zur Verfügung. Die Kollektorfelder werden in die Dachflächen integriert, der Hausbau endet für den Bauträger bei der Dachpappe, dem sogenannten „Notdach". Die Kollektorfelder selbst übernehmen die Dichtfunktion des Daches. Möglich ist auch, die Kollektoren als separate Konstruktion auf die Dächer aufzubringen. Großflächige, vormontierte Kollektormodule werden dann auf das Dach aufgesetzt. In einem ersten Bauabschnitt werden die Nahwärmeversorgung mit Langzeitspeicher und eine erste Solaranlage von 2800 m² in Betrieb genommen. Im zweiten Bauabschnitt, bis zum Frühjahr 1999, wird ein zweites Kollektorfeld mit 2800 m² errichtet und die Solaranlage auf eine Gesamtgröße von 5600 m² ausgebaut. Für eine effiziente Nutzung der Solarwärme sind niedrige Betriebstemperaturen des gesamten Heizsystemes wichtig. Daher sind die Heizanlagen in den Gebäuden als Niedertemperaturheizsysteme ausgelegt. Die Heizflächen sind auf Temperaturen von 70°C für den Vorlauf und 40°C für den Rücklauf ausgelegt. Gasbrennwertkessel unterstützen die Solaranlage im Winter. Ein Nahwärmenetz mit 4 Leitern verbindet die Gebäude mit den Sonnenkollektoren und die Heizzentrale miteinander. Der Speicher mit einem Volumen von 12.000 m³ wird als zylindrischer Betonbehälter mit Stahlbetondecke ausgeführt. Zur Abdichtung wird der Speicher innen mit einem 1 mm dünnen Edelstahlblech ausgekleidet. An Decke und Seitenwand wird eine außenliegende, ca. 20 bis 30 cm dicke Wärmedämmung aus Mineralwolle angebracht. Der Speicher wird zu drei Vierteln im Erdboden eingebaut, der Rest mit Erde

Wärmebilanz und Temperaturen im Langzeitwärmespeicher

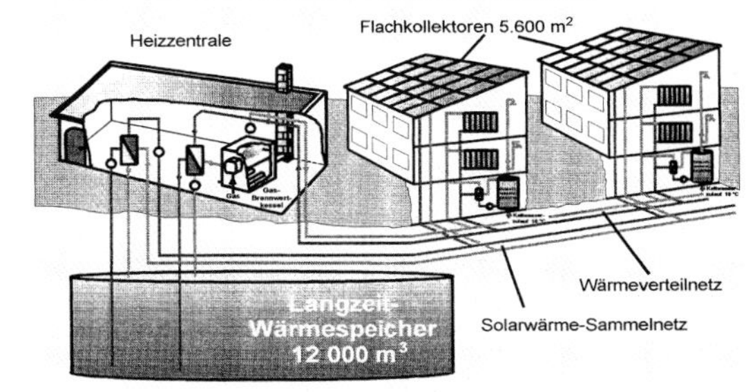

Wärmebilanz des Gesamtsystems

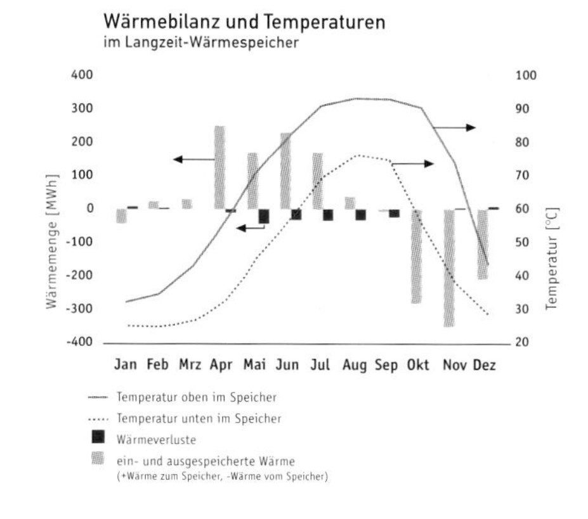

Solarer Deckungsanteil:
47 %

Energiekenndaten:
(Bauabschnitt 1+2)
Nutzenenergieverbrauch Heizung:
2736 MWh/a
68,4 kWh/m²a

Nutzenergieverbrauch WW:
1177 MWh/a 29 kWh/m² a

Summe Wärmebedarf:
3913 + 193 MWh/a für Verteilverluste
4106 MWh/a

Jährl. Wärmeproduktion Kollektor (ab Speicher):
1917 MWh/a

Kosten Thermisches Solarsystem:
Kollektorfelder:
3,7 Mill. DM
Langzeitwärmespeicher:
2,9 Mill. DM

Nahwärmeversorgung:
1,8 Mill. DM

Gesamtkosten solar unterstützte Nahwärmeversorgung:
8,4 Mill. DM, d.h.
210,- DM/m² Nutzfläche

Shadovoltaic Wings bei der Hauptverwaltung von Digital Equipment in Genf (CH)

Von der Solarzelle zum Solarbauteil

In der Solararchitektur kommt der Integration von Photovoltaikelementen in Fassaden, Dächern oder Sonnenschutzsystemen wachsende Bedeutung zu. In den letzten drei Jahren ist hier ein völlig neuer Solar-Bautypus entstanden, vorangetrieben vor allem von der Glasindustrie, von Fassadensystemherstellern und Photovoltaik-Modulanbietern, aber auch von kleineren Ingenieurbüros, Firmen und Architekten, die innovative Photovoltaikprodukte anbieten und einsetzen. Die Photovoltaikelemente zur Stromerzeugung können heute in multifunktionale Bauteile integriert werden und so unmittelbarer Bestandteil der Gebäudehülle sein. In der Fachwelt spricht man kurz von „PV-Integration" oder „PV-Gebäudeintegration".

Grundbaustein eines Photovoltaikmoduls ist die monokristalline, multikristalline oder amorphe Solarzelle. Die monokristallinen oder multikristallinen (oft auch polykristallin genannten) Solarzellen sind ca. 10 mal 10 cm groß. Sie bestehen aus dem Halbleiter Silizium. Silizium läßt sich aus Quarzsand (SiO_2) gewinnen und ist eines der am häufigsten vorkommenden Elemente auf der Erde. Das Silizium wird geschmolzen und erstarrt in kristallinen Blöcken, die in hauchdünne Scheiben gesägt werden. Für monokristalline Solarzellen wird dabei aus der Schmelze ein Kristall gezogen, für multikristalline Solarzellen ein Block gegossen, in dem Kristalle unterschiedlicher Orientierung entstehen. Die Siliziumscheiben werden dann so weiterbearbeitet, daß sie eine Spannung erzeugen, wenn Licht auf sie fällt. Diesen Effekt nennt man den „photovoltaischen Effekt" – von „photo" gleich Licht und „Volt" gleich Spannung. So spricht man auch von Photovoltaikanlagen, das ist das gleiche wie eine Solarstromanlage. Werden die Solarzellen miteinander verschaltet, um eine höhere Spannung zu erzeugen, so entsteht ein Solarmodul.

Eine kristalline Solarzelle ist sozusagen die kleinste Einheit des Moduls und ca. 10 mal 10 cm groß. In einem Solarmodul mit der Standardabmessung von ca. 60 mal 110 cm werden dann z.B. 36 bis 40 Solarzellen miteinander zu einer elektrischen Einheit mit einer Spannung im Bereich von 16 bis 20 Volt verschaltet. Mit einem solchen Modul läßt sich z.B. eine 12-Volt-Bleibatterie laden, wie sie auch im Auto verwandt wird. Die Größe der Solarzelle ergibt sich aus der Herstellung: Solarzellen werden aus monokristallinen zylindrischen Kristallen von 10 cm Durchmesser oder multikristallinen Siliziumkristall-Blöcken mit einer Kantenlänge von 10 mal 10 cm gesägt. Ein solcher „Wafer" (Bezeichnung für die gesägte Scheibe) ist zunächst grau-silbrig und wird dann in mehreren Schritten „veredelt". Die Siliziumscheibe wird dotiert (d.h. mit einer Trennschicht für die elektrische Ladung versehen), meist bläulich beschichtet, um das Licht optimal zu absorbieren, und auf der Vorder- und Rückseite mit elektrischen Kontakten zum Stromabnehmen versehen. Von vorne sichtbar sind die metallenen Streifen. Die so gewonnene Solarzelle ist nur ungefähr 0,3 mm dick und extrem zerbrechlich (etwa wie eine hauchdünne Glasscheibe). Daher werden die Solarzellen von vorne in der Regel mit einer Glasscheibe (manchmal auch mit Kunststoff) gesichert, die stabil, witterungsbeständig und vor allem lichtdurchlässig ist. Von hinten werden Module ebenfalls mit Glasscheiben versehen, gebräuchlich für die Rückseite ist auch weißer Kunststoff. Ein Solarmodul ist also immer eine fest zusammengefügte Sandwichkonstruktion: durchsichtige Schutzschicht oben, die

Multikristalline Solarzelle

Eine Neuentwicklung sind verschiedenfarbige bunte Solarzellen.

Die bunten Solarzellen sind monokristallin und haben Wirkungsgrade von 14 % (blau) bis 12 % (grau).

Solarzellen mit den elektrischen Kontakten in der Mitte in eine durchsichtige Masse gebettet und eine stabile Schutzschicht hinten. Bis vor kurzer Zeit war es handelsüblich, die so gewonnenen Solarmodule mit einem Aluminium- oder Edelstahlrahmen einzufassen, um die Ränder zu sichern und dem Element größere Steifigkeit zu verleihen. Rahmenlose Module sind eine neue Entwicklung.

Doch wie nun ein solches Solarmodul auf das Dach montieren oder gar in eine Fassade integrieren? Häufig waren die Module auch gar nicht mit bauüblichen Halterungen installierbar, abgesehen davon, daß sich schwerlich regendichte Dachhäute daraus fertigen ließen. Hier hat nun in den letzten Jahren eine deutliche technische Entwicklung eingesetzt. Häufigere Anwendung ist offensichtlich nicht nur von der noch immer erhofften Massenproduktion und den daraus zu erwartenden Preissenkungen oder von durchschlagenden Erfolgen bei der Steigerung der Energieausbeute pro m^2 Solarmodul abhängig gewesen, sondern schlicht von der anwenderfreundlichen Durchentwicklung und Gestaltung des Gesamtproduktes, also der Komponenten und der Systemtechnik. Auf diesem Gebiet sind in den letzten 5 Jahren – bezogen auf die Verwendbarkeit als Bauteil sowie auf die elektrotechnische Integration – tatsächlich große Schritte nach vorne gemacht worden. Die Solarzellen sind in neue Arten von Modulen integriert worden – eben in Bauteile. Diese Solarbauteile sind sowohl konstruktiv als auch elektrisch als Bestandteile von Gebäuden und ihrer Versorgungstechnik konzipiert, mit den entsprechenden Anschlüssen und Schnittstellen versehen und problemlos integrierbar. Das folgende Kapitel zeigt Beispiele für verschiedene Anwendungsweisen und „Photovoltaikprodukte".

Ausgangsüberlegung all dieser Entwicklungen ist, daß die Größe eines mono- oder multikristallinen Solarmoduls eigentlich nur durch das Maß 10 mal 10 cm und die Dicke des Sandwiches, also knapp 1 cm, bestimmt ist. Bei amorphen Solarmodulen wird das Silizium direkt auf eine Glasscheibe oder eine Folie aufgedampft, so daß sie noch dünner sein können. Silizium, das Ausgangsmaterial für die Solarzellen, ist „Sand" und damit das zweithäufigste Element auf der Erde. Die Verwendung von Solarmodulen wird insofern vereinfacht, als es sich praktischerweise um ein Produkt aus Glas handelt, einen im Bauwesen extrem gewöhnlichen und verbreiteten Baustoff, für den seit Jahrhunderten eine breite Palette von Anwendungen gebräuchlich ist und für den viele Bauteile sowie eine sehr große produzierende Industrie bereitstehen. Eine wasserdichte schräge Verglasung herzustellen oder eine Glasfassade industriell zu fertigen oder ein Fenster einzubauen oder einen Sonnenschutz anzubringen, das dürfte wohl kaum eine Herausforderung unserer Zeit sein. Der bautechnisch entscheidende Schritt war also eher, daß die großen glasverarbeitenden Industrien – angestoßen durch die Pionier- und Entwicklungsleistung unzähliger kleiner Ingenieure, Architekten, Tüftler, Bastler und Ökofreaks – endlich bemerkt haben, daß photovoltaische Gebäudehüllen einen interessanten Markt für ihre Glasprodukte abgeben können, und daß sie sich dazu entschlossen haben, entsprechende Anwendungsentwicklungen voranzutreiben. Jetzt ist die Konkurrenz um Know-how und Markteroberung bereits so stark, daß der, der heute nicht mitmacht, morgen schlechtere Chancen haben wird. Dabei geht der aktuelle Trend bei Fassadenherstellern, der Glasindustrie und den Solarmodulanbietern dahin, Solarzellen in Bauteile wie Fassaden, Dachziegel, Fenster, Verglasungen, Beschattungsanlagen etc. zu integrieren, oft in Zusammenarbeit mit anderen Disziplinen.

Ein solches Photovoltaikelement kann dann gleichzeitig:

- in Verbundglasscheiben integriert und mit allen Eigenschaften des Glases kombiniert werden, also wärmedämmend, lichtdurchlässig, schallschützend, feuerhemmend, einbruchsicher, schußsicher sein
- zum Sonnenschutz eingesetzt
- als Teil der Fassade oder des Daches benutzt werden, weil es regenschützend, winddicht, witterungsfest ist
- in holographische Lichtlenkelemente integriert sein und dann tagesbelichtend und sonnenschützend wirken.

Die Bauteile heißen dann schlicht: Verbundglasscheibe, Glasfassade, Dachhaut, Dachziegel, Sonnenschutz, Vorhangfassade, Schallschutz oder Sichtschutz. Für die Architekten hat die Entwicklung, daß Photovoltaikelemente quasi als „ganz normales Bauteil" auch von großen Herstellern angeboten werden, noch einen weiteren entscheidenden Vorteil: Sie erhalten mehr Planungssicherheit und können aus einem größeren, in sich kombinierbaren Produktspektrum auswählen. Das PV-Bauteil bekommt von den meisten Herstellern heute eine Produkthaftung und eine Qualitätsgarantie für z.B. 10 Jahre, außerdem mehrt sich die Erfahrung in Einbau und Betrieb. Die anwenderfreundlichere Gestaltung vereinfacht

Solarmarkise mit Photovoltaikelementen als integraler Bestandteil eines Fassadensystems

Einbau eines Solarmoduls als Dachziegel

Planung und Montage, die Firmen unterstützen durch Beratung. Vor allem aber wird so die Verantwortung für das PV-Bauteil als solches klar definiert und statt vom Architekten vom Hersteller übernommen.

Die planerische Integration solarer Bauelemente

Bauphysikalisch und energetisch betrachtet, ist ein Solarmodul natürlich doch etwas komplexer als eine Glasscheibe – obwohl selbst diese heutzutage bereits sehr komplexe Funktionen erfüllen kann.

Vermeidung von Verschattung und optimale Strahlungsausbeute

Für die energetische Ausbeute ist die Lage im Gebäude entscheidend: Ganz oben auf der Prioritätenliste sollte dabei die möglichst vollständige Verschattungsfreiheit stehen. Die Solarmodule – nehmen wir an, es wären 40 Stück – werden nämlich zu Strings verschaltet, z.B. zu 4 Strings mit jeweils 10 in Reihe geschalteten Modulen. Wenn auch nur ein Modul von einem Nachbargebäude oder einem Baum verschattet wird, vom Schnee oder mit Laub zugedeckt ist oder kaputtgehen sollte, fällt gleich eine ganze Reihe aus. Sind Verschattungen unvermeidlich und vorher bekannt, können die Strings so gestaltet werden, daß immer nur ein möglichst kleiner Teil ausfällt.

Von der Ausrichtung her ist zu beachten, daß die größte Sonneneinstrahlung im Jahresdurchschnitt in unseren Breiten auf eine ca. 30 Grad zur horizontalen, nach Süden geneigten Fläche trifft, also z.B. ein schräges Hausdach. Eine senkrechte Südfassade bekommt aber immerhin noch 70–80% davon, im SW oder SO sind es ca. 70%, und eine Ost- oder Westfassade bekommt noch etwa 60% der maximal an einem Standort zu erzielenden Sonneneinstrahlung. Hinzu kommt noch eine gewisse zusätzliche Strahlungsminderung durch Reflexion.

Hinterlüftung

Der Wirkungsgrad (Umwandlung von Sonne in Strom) der Solarzellen ist besser, je kälter sie sind. Die normierte Maximalleistung (Peakleistung) eines Solarmoduls wird vom Hersteller pro Quadratmeter mit 1000 Watt Einstrahlung bei 25°C Zelltemperatur in Watt peak (Wp) angegeben. Das entspricht ungefähr den Klimaverhältnissen eines Frühsommertages in Deutschland mit Sonnenschein. Bei jedem Grad Temperaturerhöhung liefert die Solarzelle etwa ein halbes Prozent weniger Strom. Das bedeutet: Wenn sich die Solarzelle auf 60°C erhitzt, erzielt sie eine ca. 20% geringere Stromausbeute als bei 20°C. Ein 60°C warmes Solarmodul an einer Südwand liefert also nur 70% dessen, was das gleiche Solarmodul bei einer Temperatur von 30°C auf einem schrägen Süddach erbringen würde. Vom energetischen Standpunkt her ist es also sinnvoll, Solarzellen möglichst zu hinterlüften, damit sie sich im Sommer nicht allzusehr aufheizen. Ganz geschickt ist es allerdings, die anfallende Wärme nicht nur abzuführen, sondern auch noch für die Wärmeversorgung zu nutzen. Dann bekommt man ein „Kraft-Wärme-gekoppeltes" Solarmodul. Die Wärmeausbeute kann dabei noch einmal das Doppelte vom Stromgewinn ausmachen. Erste Anwendungen dieser Art sind bereits realisiert worden.

Ökologisch und ökonomisch sinnvoll

Doch auch für die wirtschaftliche Bewertung hat sich einiges geändert beim Übergang des PV-Elementes vom reinen Stromerzeuger zum multifunktionalen Bauelement, denn die Betrachtungsweise ist plötzlich eine andere. Der Einsatz von PV-Elementen als Bauteil boomt vor allem auch deshalb, weil im Vergleich zu anderen anspruchsvollen Baumaterialien (Marmor, Naturstein, Metall), wie sie gerne in öffentlichen Bauten und im Verwaltungsbau eingesetzt werden, kein Kostenunterschied besteht. Hier wird also eine neue Rechnung aufgemacht: Nicht: „Wie teuer ist die erzeugte kWh im Verhältnis zu konventionellem Strom aus dem Kraftwerk?", sondern: „Wieviel teurer oder billiger ist eine PV-Fassade als eine Granitfassade?" Außerdem trägt eine solche umweltfreundliche Lösung natür-

Integration von Solarmodulen in Kalt-Warm-Fassaden: Im Brüstungsbereich werden Glaselemente mit Solarzellen als Fassadenverkleidung eingesetzt. Der Luftstrom im hinterlüfteten Bereich der Fassade kühlt die Solarmodule und erhöht somit ihren Wirkungsgrad. Gleichzeitig kann die Abwärme zur Heizungsunterstützung beitragen. Das Resultat ist eine Kraft-Wärmegekoppelte Solarenergienutzung.

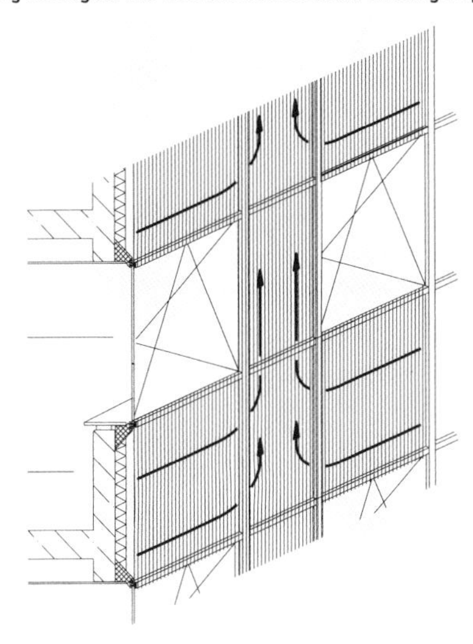

lich zum positiven Image einer jeden Firma bei. Zusätzlichen Gewinn bringt die Stromerzeugung der Fassade bzw. des Daches, da zu Spitzenlastzeiten (mittags) am meisten Strom produziert wird, genau dann, wenn er auch gerade im Kleingewerbebereich oft recht teuer ist. Gut zu kombinieren ist die solare Stromerzeugung auch mit Blockheizkraftwerken, da gerade im Sommer viel Strom produziert wird, so daß das BHKW etwas niedriger ausgelastet werden kann und keine dann nicht zu verwertende, unnötige Wärmeenergie produziert (Beispiel: Block 103, Berlin). Das gleiche gilt im größeren Maßstab natürlich auch für Kraft-Wärme-gekoppelte Heizkraftwerke. In Gebieten mit Fernwärmeversorgung ist daher solare Stromerzeugung viel bedeutsamer als solare Wärme, da die riesige Abwärmemenge des Kraftwerkes im Sommer ohnehin nicht genutzt werden kann, solare Stromerzeugung aber zur Verminderung weiterer unnötiger Wärme aus dem Kraftwerk beiträgt. Kommen dann noch öffentliche Förderungen dazu, steht die Photovoltaik nicht nur ökologisch, sondern auch ökonomisch gut da. Positiv bei der Gebäudeintegration der Photovoltaik ist auch, daß ein weiteres Argument der Strommonopolisten gegen den Solarstrom wegfällt: der hohe Flächenverbrauch. Es werden keine zusätzlichen Freiflächen, Aufständerungen und elektrischen Zuleitungen benötigt (wie z.B. beim teuersten RWE-Kraftwerk Kobern-Gondorf, einem PV-Kraftwerk „auf der grünen Wiese", mitten in den Weinbergen). Der Strom hat kurze Wege zum Verbraucher und wird dezentral erzeugt. Außerdem kann (je nach Anwendung, z.B. Aerni Fenster Fabrik) auch die Abwärme hinter den Solarzellen in beträchtlichem Umfang genutzt werden. Bei der Integration von PV in Gebäudehüllen handelt es sich daher um die preiswerteste und ressourcenschonendste Anwendung der Photovoltaik. Die von Umweltschützern lang erhoffte Marktdurchdringung und ein breiterer Einsatz von Solarzellen zur Stromerzeugung werden sich durch anwenderbezogene Produktentwicklung, Systemintegration und Kostenreduktion, also durch „Synergieeffekte", gerade im stark wachsenden Bausektor vollziehen.

Das Haus als Kraftwerk: Interaktiv am Netz als Energieerzeuger und Verbraucher

Bei der heutigen Situation der Energieversorgung hat es keinen Sinn, energieautarke Häuser mitten in der Stadt zu bauen, die den Solarstrom mühsam, teuer und verlustreich vom Sommer in den Winter speichern. Im Gegenteil: Im Sommer wissen die fossilen Kraftwerke ohnehin nichts Sinnvolles mit der bei der Stromerzeugung anfallenden Wärme anzufangen und heizen damit unnötig die Umwelt auf – verschenkte Energie. Solange die Menge erneuerbarer Energien einen nennenswerten Anteil nicht übersteigt, kann der Solarstrom also sinnvoll ins Netz eingespeist werden und ersetzt die Stromerzeugung der Kraftwerke. Früher war die Situation so, daß es an einem Teilnetz ausschließlich Verbraucher gab. Der Kunde war an das Niederspannungsnetz angeschlossen. Das Hausnetz war über einen zentralen Zähler mit dem öffentlichen Stromnetz verbunden, der Strom floß bis in jedes elektrische Endgerät des Verbrauchers. Die Elektrogeräte waren also die Endpunkte einer Verbrauchskette. Diese Situation änderte sich nun im Laufe der 80er und 90er Jahre. Im Rahmen des 1000-Dächer-Programmes entstanden 2250 kleine Photovoltaikanlagen, die über einen Wechselrichter ins öffentliche Stromnetz einspeisen. Im Jahre 1991 wurde in Deutschland das sogenannte Stromeinspeisegesetz verabschiedet, das die Energieversorger dazu verpflichtet, regenerativ erzeugten Strom abzunehmen und mit 90% des durchschnittlichen Bezugstarifes zu vergüten. Die in den 80er bis 90er Jahren erstellten Solarstromanlagen fielen von ihrer energiewirtschaftlichen Bedeutung her kaum ins Gewicht, da es sich nur um eine verschwindend geringe Anzahl handelte. Doch eines hat sich seitdem geändert: Durch die größtenteils positiven Ergebnisse und Erfahrungen des 1000-Dächer-Programmes und die zunehmende Klimaproblematik gibt es immer mehr Kommunalpolitiker, die sich für erneuerbare Energien einsetzen, um den regionalen Klimaschutz zu unterstützen. Viele politische Initiativen sind in den letzten Jahren gestartet worden, um Solarstrom nicht nur in das Netz der großen Versorger einspeisen zu dürfen, sondern ihn auch mit ca. 2 DM pro Kilowattstunde „kostengerecht" vergütet zu bekommen. Regelungen dieser Art werden in unterschiedlichen Versionen in Deutschland bereits in den Städten Raisdorf, Lemgo, Gütersloh, Remscheid, Aachen, Bonn, Hammelburg, Freising und Fürstenfeldbruck praktiziert. In vielen weiteren Städten, so auch in Berlin, Ulm und Darmstadt, liegen bereits noch nicht umgesetzte diesbezügliche Beschlüsse z.B. der Stadtparlamente vor.

Photovoltaik-Integration in eine Isolierverglasung bei den Stadtwerken in Aachen. Fassadenansicht bei Nacht: Die Beleuchtung von innen macht die Transparenz der Fassade sichtbar.

Dach mit Eindeckung aus Solardachziegeln

Solarmodul als Dachziegel

Schnitt: Die Solardachziegel werden wie gewöhnliche Ziegel direkt auf die Dachlattung aufgebracht.

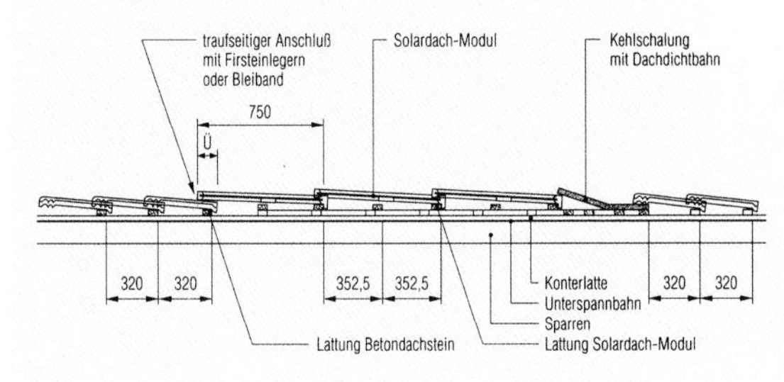

Der solare Dachziegel (CH)

Aus der Schweiz kommt eine Erfindung, die auch die Nachrüstung einer Solaranlage besonders einfach macht. Der „Solardachziegel" ist speziell für die einfache Montage und leichte Integration in vorhandene oder aber auch neu geplante „konventionelle" Ziegeldächer gedacht.

Früher war es ausgesprochen schwierig, aluminiumgerahmte große Module in vorhandene Dachflächen zu integrieren. Aufwendige, speziell angefertigte und daher teure Unterkonstruktionen, die teils eigene Baugenehmigungen und statische Berechnungen erforderten, waren notwendig. Die vorhandene Dachhaut mußte von Aufständerungen durchdrungen, die Durchbrüche wiederum wetterdicht gemacht werden. Vor diesem Aufwand an Mühe und Kosten schreckte mancher Bauherr zurück. Um diesen Nachteilen der ersten auf Dächern installierten Solaranlagen abzuhelfen, wurde von einer Arbeitsgemeinschaft aus Solartechnikern, Kunststoffherstellern und einer Bedachungstechnik-Firma der „Solardachziegel" entwickelt. Er besteht aus einem Solarmodul; bei dem 24 Solarzellen mit einem Kunststoffrahmen aus hochwertigem und UV-beständigem Acrylglas eingefaßt sind, welches auch problemlos recycliert werden kann.

Die Maße des Solarziegels sind auf übliche Standardabmessungen von normalen Ziegeln abgestimmt. Der Solarziegel ist 50 x 76 cm groß und damit ca. zweimal so lang und so breit wie z.B. eine Flachdachpfanne. Als Lattweite wird 35,3 cm angegeben, die längsseitige Rahmenüberlappung soll 5,6 cm betragen. Die Wetterdichtigkeit wird wie bei normalen Ziegeln durch Überlappung hergestellt. Ausgereifte Profile und sorgfältig ausgearbeitete Übergänge gewähren hohe Dichtigkeit. Die Montage erfolgt durch das Auflegen auf herkömmliche Dachlattung und die Fixierung jedes Solarziegels mit einer rostfreien Schraube.

Auch die elektrische Installation wurde dadurch erheblich vereinfacht, daß bereits an der Rückseite eines jeden Ziegels eine Anschlußdose und ein Kabel mit berührungssicherem Stecker angebracht ist. So können auch Dachdecker die schnelle und einfache Montage nach einem vorbereiteten elektrischen Schaltplan des Energieplaners übernehmen. Die Installationskosten sinken so um ca. 50%, wie die ersten Beispiele zeigten.

An fünf Projekten in der Schweiz und den Niederlanden wurde ein zweijähriger Praxistest durchgeführt, dessen Ergebnisse 1994 auf der europäischen Photovoltaikkonferenz in Amsterdam vorgestellt wurden:

- Wasserdichtigkeit: Auch an stürmischen und regnerischen Tagen dringt kein Wasser durch die Solarziegeleindeckung.
- Kunststoffrahmen: Die Temperatur an Ziegeloberseite und -unterseite unterscheidet sich zwar um einige Grad, doch nicht mehr als erwartet, so daß die Konstruktion des Kunststoffrahmens geeignet ist, die daraus resultierenden unterschiedlichen Dehnungen aufzunehmen.
- Dächer mit und ohne Wärmedämmung: Bei einem Vergleich hat sich gezeigt, daß es keinen nennenswerten Einfluß auf die elektrische Leistung der Anlage hat, ob das Dach über einem unbeheizten oder einem beheizten Raum liegt. Bei der Anlage über dem gedämmten Dach war die Luft aus der Schicht zwischen Dämmung und Dachziegeln an sehr heißen Tagen bis zu 8°K wärmer als beim anderen Dachabschnitt. Die Jahresleistung lag insgesamt aber nur 2% unter der des ungedämmten Daches.

Solardachziegel

Hersteller
NEWTEC, PLASTON AG
Jens Krause
Büntelistrasse 15
CH-9443 Widnau SG
Fon +41 · (0) 71 · 727 82 22
Fax +41 · (0) 71 · 72 25 85

Demoprojekt mit 3,0 kW
PMS Energie AG
Peter Toggweiler
Ustersstr. 12
CH-8617 Mönchaltorf
(Zürich)
Fon +41 · (0) 1 · 948 12 14
Fax +41 · (0) 1 · 948 19 41

Technische Daten
Größe 761 x 505 x 51 mm,
Gewicht 5 kg,
*Anschlußkabel 2 mm², *
Leistung 36 Wp,
max. Systemspannung
600 Volt,
Montage:
Lattweite 35,3 cm,
Rahmenüberlappung
längsseits 56 mm

Herstellergarantie
10 Jahre

Fabrikgebäude mit Solarturm: Erst ein Teil des Daches ist mit Solarmodulen belegt.

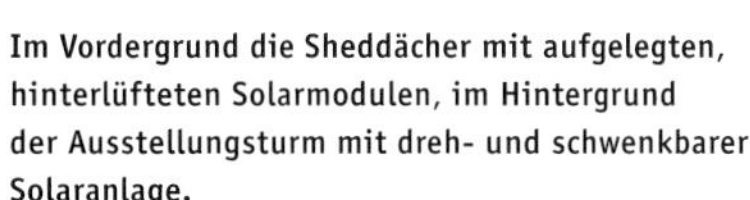

Im Vordergrund die Sheddächer mit aufgelegten, hinterlüfteten Solarmodulen, im Hintergrund der Ausstellungsturm mit dreh- und schwenkbarer Solaranlage.

Sheddächer mit Solaranlage, Offenburg (D)

Die Firma Hansgrohe in Offenburg baute 1993 die größte dachintegrierte Solarstromanlage Deutschlands auf ihre Fabrikhalle – und dies ganz aus eigenen Mitteln. Bei der Einweihung im Herbst 1993 war sie darüber hinaus auch die größte gebäudeintegrierte Solarstromanlage Europas. Im Mai 1994 wurde dann der von Rolf Disch entworfene Solarturm mit Sonnensegel eingeweiht. Er dient als Besucherinformationszentrum und beherbergt eine Ausstellung über Umwelttechnik. Im Unterschied zum Baumhaus Heliotrop in Freiburg dreht sich beim Besucherturm nur das Sonnensegel der Sonne nach, der Turm an sich ist fest montiert auf die Sonne ausgerichtet.

900 m² Solarmodule wurden auf die mit 30 Grad nach Süden geneigten Sheddächer montiert. Fenster an der Nordseite der Sheddächer dienen zur Tagesbelichtung der Produktionshalle. Der Untergrund besteht aus einer speziell für die Montage der Solarmodule geplanten Dacheindeckung aus Stahlprofilen. Ein Abstand zur Dachhaut gewährleistet eine optimale Hinterlüftung der Solarmodule. Ein Teil der Solaranlage ist zu Versuchszwecken mit leistungsstärkeren Modulen ausgestattet worden. Mit dem erwarteten Ertrag von 80.000 kWh Strom pro Jahr kann ein Drittel des Strombedarfs für die Brausenmontage des Betriebes abgedeckt werden. Die Sheddächer des Firmendaches bieten genügend Fläche, um weitere 2000 m² Solarmodulfläche zu montieren. Theoretisch könnte also der gesamte Montagestrom auf dem Dach erzeugt werden.

Für dieses Engagement und weitere Bemühungen um betrieblichen Umweltschutz wie Einsatz recyclierbarer Materialien, schadstoffarme Produktionsweisen und Entwicklung umweltfreundlicher Produkte wie z.B. Wassersparameturen verlieh der Umweltminister des Landes Baden-Württemberg im Januar 1995 den „Umweltpreis Industrie“ an das Unternehmen. Das nächste Ziel der Firmenleitung ist es, nicht nur umweltfreundlich Energie für die Produktion zu erzeugen, sondern durch die Teilnahme am Öko-audit-System der EU eine der ersten Firmen Deutschlands zu werden, die sich per EU-Zertifikat umweltgerechtes Management bescheinigen lassen können.

Sheddächer und Solarturm
Fertigstellung
Mai 1994
Gebäudestandort
Hansgrohe GmbH & Co KG
Auestr. 5–9
D-77761 Schiltach
Fon +49 · (0)7836 · 51 10
Fax +49 · (0)7836 · 51 13 00
Besichtigung
Architekturbüro Solarturm und Solarkraftwerk Rolf Disch
Produktions- und Lagerfläche
12.000 m²
Anzahl Arbeitsplätze
1450 (gesamt)
Photovoltaikanlage
60 Hochleistungsmodule aus monokristallinem Silizium, Installierte Leistung 7 kWp, Installierte Fläche 55 m², Dachintegriertes Solarkraftwerk, Produktionshalle: 900 normale Module und Hochleistungsmodule, Wirkungsgrad der Hochleistungsmodule 13%, Installierte Leistung: 90 kWp und 7 kWp, Installierte Fläche: 845 m² und 55 m², ausbaufähig auf 3 000 m², Installierte Leistung gesamt: 104 kWp, Stromproduktion Solarkraftwerke gesamt: ca. 80 000 kWh/a, Deckungsanteil am Stromverbrauch: 30% des Energiebedarfs der Brausenmontage
Kosten
PV-Solarsystem 3,5 Mio. DM

Oberlichtbänder mit Integration von Solarmodulen als witterungsbeständige Dacheindeckung. Außenluft wird über dem Dach angesaugt und zur Abwärmenutzung mit Ventilatoren hinter den Solarmodulen entlanggeführt.

Sheddächer mit Photovoltaikintegration und Abwärmenutzung, Arisdorf (CH)

In Arisdorf wurde ein Fabrikneubau so errichtet, daß ca. 70% des jährlichen Energiebedarfs aus erneuerbaren Energiequellen gedeckt werden kann. Im Rahmen des Schweizerischen Programms „Energie 2000" haben die Betreiber der Fensterfabrik Aerni ein in verschiedener Hinsicht innovatives Energiekonzept verwirklicht, das gleich mit mehreren Komponenten energietechnisches und konstruktives Neuland betritt.

Das Energiekonzept

Das bauliche und energetische Konzept besteht aus mehreren sich ergänzenden und sinnvoll ineinandergreifenden Bausteinen:

- Solarmodule integriert in die Süd- und Westfassade des Verwaltungstraktes
- Fabrikhalle mit aufgesetzten Oberlichtbändern: Im Norden sind sie verglast und ermöglichen natürliche Belichtung und Besonnung. Im Süden wird die Dachhaut von Solarmodulen gebildet, die gleichzeitig Strom und Wärme liefern.
- Blockheizkraftwerk zur Erzeugung von Strom und Wärme
- Erdspeicher zur saisonalen Speicherung von im Sommer anfallender nicht nutzbarer Wärme
- Wärmepumpe, mit der die gespeicherte Wärme im Winter auf das gewünschte Temperaturniveau gebracht werden kann

Solarmodule in der Fassade

Der Verwaltungstrakt ist in Betonskelettbauweise mit Backsteinwandscheiben und Vorsatzisolation ausgeführt. Die Solarmodule sind als kalt hinterlüftete Fassadenverkleidung eingesetzt. In den Brüstungsbereichen des Bürotraktes ersetzen sie die im restlichen Teil der Fassade verwandten Keramikplatten. Zum Einsatz kamen rahmenlose Solarmodule der Firma Atlantis aus der Schweiz. Sie hat sich seit Beginn der 90er Jahre darauf spezialisiert, für die Fassadenintegration geeignete Solarmodule herzustellen. Dabei können Maße, Wahl des Solarzellenmaterials, Hintergrundfarbe der Modulrückseite und auch die Leistungsstärke des jeweiligen Moduls frei gewählt werden. Bis zu 1,5 x 1,2 Meter kann ein einzelnes Modul groß sein. Auch die Verschaltung der Zellen untereinander ist frei wählbar, so daß je nach Bedarf hohe Spannungen oder Ströme erzeugt werden können. Zugleich kann damit auch auf die unterschiedliche Besonnung unterschiedlicher Fassadenbereiche Rücksicht genommen werden, so daß nicht gleich die ganze Anlage ausfällt, wenn ein Teil verschattet ist. Die Ränder der Solarmodule sind mit einer Aluminium-Tedlar-Folie geschützt, welche die Module vollständig wetterfest und korrosionsbeständig macht. Die Befestigung dieser spezialangefertigten Solarmodule erfolgt bei der Fensterfabrik Aerni – genau wie bei den Keramikplatten auch – mit einfachen Halterungen an einer Aluminiumunterkonstruktion, die über der Dämmschicht liegt.

Oberlichtbänder mit Photovoltaikintegration

Die Fabrikationshalle der Fensterfabrik ist mit Dreigurtbindern über 30 Meter Breite frei überspannt. Diese Konstruktion bietet gleich mehrere Vorteile:

- Die Sheddächer haben im Norden Fenster, die die Arbeitsbereiche blendungsfrei mit Licht versorgen; die 63° nach Süden geneigten Sheddächer bieten Fläche für die Photovoltaikintegration. Der Abstand zwischen den Oberlichtbändern beträgt die dreieinhalbfache Höhe, um optimale Verschattungsfreiheit auch bei tiefstehender Sonne zu gewährleisten.
- Das zu beheizende Raumvolumen wird nur durch die nutzbare Raumhöhe bestimmt, da die Tragkonstruktion gleichzeitig die Oberlichtbänder bildet und die Decke untergehängt ist.

Die Solarmodule wurden in diesem

Fabrikneubau Fensterfabrik Aerni in Arisdorf: Solarmodule wurden in Sheddächer und Fassaden integriert.

Blick von der Produktionshalle unter die Sheddächer

Fall als „Dacheindeckung" benutzt und sind so unmittelbar Teil der regendichten und raumabschließenden Gebäudehülle. Erstmalig wird bei der Fensterfabrik Aerni auch die Abwärme, die hinter den Solarmodulen anfällt, genutzt. Dies führt zu erheblichen Steigerungen des Gesamtwirkungsgrades, denn es fällt neben dem Strom bei jeder Solarstromerzeugung noch einmal ca. zweieinhalbmal so viel Abwärme an. Die Solarzellen haben üblicherweise einen elektrischen Wirkungsgrad von 6% (amorphe Siliziumbeschichtungen) bis zu 14% (monokristalline Siliziumzellen). Bei Aerni wurden für die Sheddächer monokristalline, fast schwarze Solarzellen eingesetzt. Ca. 14% des auftreffenden Lichtes werden in Strom gewandelt, einige Prozente reflektiert und der größte Teil im Solarmodul von den Solarzellen zwar absorbiert, aber in Wärme gewandelt. Ein Teil dieser Wärme wird wieder nach außen abgestrahlt, ca. 30% bis zu 40% können an der Rückseite des Solarmoduls von einem Luftstrom abgeführt werden. So kann bei geeignetem Einbau von Solarmodulen grundsätzlich Strom und Wärme gewonnen werden.

Dabei ist die Konstruktion denkbar einfach. Solarmodule, die für eine solche rahmenlose Anwendung mit einem speziellen Randschutz versehen sind, werden wie Glasscheiben eingebaut. In diesem Falle haben die Solargeneratoren als Doppelmodule eine Abmessung von 2,6 mal 1,5 Meter. Gummiabdichtungen zwischen den Modulen und Einfassungen aus Stahlblech sorgen für die Wetterdichtigkeit der Sheddächer. Jeweils eine Schraube in der Modulmitte sichert die im Verhältnis zur Größe relativ leichten Solargeneratoren gegen Windbelastungen. Zwischen den Solarmodulen und der innenseitigen Dämmschicht der Sheddächer befindet sich eine schmale Luftschicht, ober- und unterhalb der Solargeneratorfläche liegen kleindimensionierte Luftkanäle. Die Außenluft wird nun durch Zuluftöffnungen auf dem Dach von der zentralen Lüftungsanlage angesaugt und durch den Zwischenraum geführt. So erwärmt sich die Luft, und gleichzeitig werden die Solarmodule gekühlt, was zu einer Wirkungsgradsteigerung bei der Stromgewinnung führt, da Solarzellen um so besser funktionieren, je kühler sie sind. Durch diese erste „Solare Kraft-Wärme-Kopplung" konnte der Wirkungsgrad der Solarzellen von ca. 10% elektrisch auf bis zu über 40% elektrisch und thermisch erhöht werden.

Das Zusammenspiel der Komponenten

Leitsystem

Das Herzstück des Strom- und Wärmemanagements in der Fensterfabrik ist ein DDC-Leitsystem, mit dessen Hilfe die Regelung und Schaltung der Einzelkomponenten des Energiesystems optimiert werden kann. 140 Meßpunkte sind zu diesem Zweck in der Fabrik verteilt und werden viertelstündlich abgefragt. 4,9 Millionen Daten werden so jährlich erfaßt. So entscheidet der Computer immer wieder: Luft aus den Kollektoren nachheizen oder Wärme entziehen und abspeichern. Strom aus dem öffentlichen Netz entnehmen oder das Blockheizkraftwerk anwerfen.

Saisonaler Wärmespeicher

Die wichtigste Frage beim Einsatz wärmeproduzierender Kollektoren ist, ob die anfallende Wärme auch sinnvoll genutzt werden kann. Der größte Wär-

Wärme und Strom aus den Sonnenkollektoren sind Grundbestandteil der Energieversorgung. In einem saisonalen Erdspeicher wird die Sonnenwärme für den Winter gespeichert, ein ölbetriebenes Blockheizkraftwerk liefert den größten Teil der Elektrizität – auch für die Wärmepumpe, die die Niedertemperaturwärme aus dem Speicher für die winterliche Heizung nutzbar macht. Wärmeüberschüsse erlauben die zusätzliche Einspeisung in ein Nahwärmenetz.

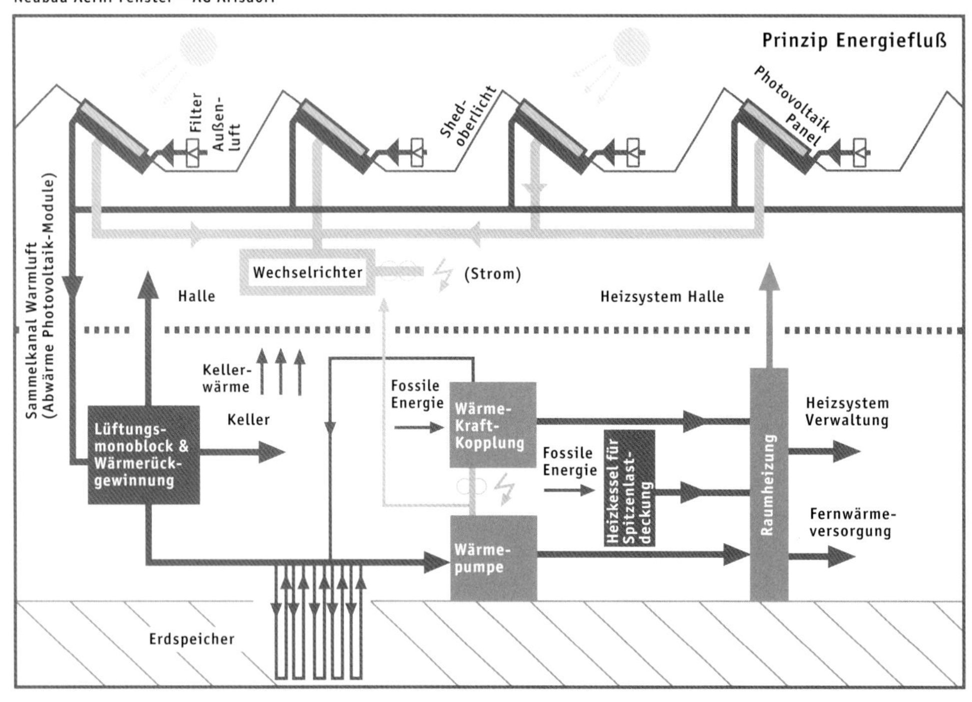

meanfall ist ja im Sommer, und dann muß normalerweise nicht geheizt werden. Alle Sonnenkollektoranlagen, die mehr Wärme produzieren, als für Warmwasser benötigt wird, müssen sich dem Problem der Wärmespeicherung widmen. Diese Frage stand auch bei der Konzeption des Energiekonzeptes bei Aerni stark im Vordergrund, denn der Warmwasserverbrauch ist dort eher gering, der Gesamtheizenergiebedarf macht hingegen 78% des Gesamtenergiebedarfs aus – und fällt im Winter an. Noch dazu ist die Wärme von Luftkollektoren Niedertemperaturwärme. Insofern ist es für die Nutzung solarer Wärme zum Heizen essentiell, eine möglichst effektive Möglichkeit zu finden, diese vom Sommer zum Winter saisonal zu speichern. Daher wurde ein 6000 m³ großer Erdspeicher konzipiert, dem die Wärme über 40 Sonden in einer Tiefe von 22 m zugeführt wird. Die Erde wird dabei von 10°C auf ca. 25°C erwärmt. Eine Gesamtkapazität von rund 50 Megawattstunden kann so vom Sommer in den Winter gespeichert werden. Zur kurzzeitigen Abpufferung von Temperaturschwankungen wird das Untergeschoß genommen, dessen Betonwände als schlichter Massespeicher dienen. Die Luft wird dann einfach durch den Keller gesaugt und kühlt sich dabei ab bzw. erwärmt sich.

Blockheizkraftwerk und Wärmepumpe

Im Winter wird die Wärme dem Speicher wieder entzogen, er wird auf ca. 9°C abgekühlt. Eine elektrisch betriebene Wärmepumpe ist hierfür installiert. Ein geschlossener Wasserkreislauf verbindet Wärmepumpe und Speicher. Der Strom für die Wärmepumpe wird wiederum von einem Blockheizkraftwerk geliefert, das mit Dieselöl betrieben wird und Strom und Wärme erzeugt. Die Abwärme des Blockheizkraftwerkes wird ebenfalls zum Heizen eingesetzt.

Verwendung von Strom und Wärme aus den Solarzellen

Der Strom wird von einem Wechselrichter in Wechselstrom transformiert und zum größten Teil selbst verbraucht. Überschüsse werden in das öffentliche Stromnetz eingespeist.

Die Warmluft, die bei der Hinterlüftung der Solarmodule entsteht, wird zum Lüftungsblock geführt. Über Meßpunkte wird festgestellt, ob die Temperatur der Luft wärmer, kälter oder gerade so wie gewünscht ist. Dann wird die Luft gefiltert und gegebenenfalls über den im Lüftungsblock eingebauten Wärmetauscher nachgewärmt, oder aber der Luft wird Wärme entzogen und diese über den Wasserkreislauf an den Speicher abgegeben. Auch die Fortluft wird über den Lüftungsblock geführt. Mittels eines Rotationswärmetauschers gibt die Abluft bei Bedarf ihre Wärme an die Zuluft ab.

Deckenstrahlungsheizung

Bei erhöhtem Wärmebedarf wird eine Deckenstrahlungsheizung zugeschaltet. Der Vorteil ist, daß durch die erhöhte Behaglichkeit dieser Art der Heizung die Raumtemperatur bei gleicher Behaglichkeit 16°C statt 18°C betragen kann.

Ergebnisse

Energieerträge

Seit der Heizperiode 1992–1993 sind alle Anlagenkomponenten in Betrieb genommen. Die vorliegenden Meßergebnisse haben gezeigt, daß 96% des Lüftungswärmebedarfs durch die Solaranlage und die Wärmerückgewinnung aus dem Erdspeicher gedeckt werden konnten (in den auch das BHKW einspeist). Insgesamt wurden 72% der gesamten Heizenergie durch regenerative Energie, Wärmerückgewinnung und innere Wärmelasten gedeckt. Ca. 25% des Strombedarfs konnten von der Photovoltaikanlage geliefert werden, weitere 20% wurden vom Blockheizkraftwerk erzeugt und der Rest vom Netz bezogen.

Einen Einblick in die Leistungsfähigkeit der Kraft-Wärme-gekoppelten Solaranlage liefern die Meßergebnisse von zwei ausgewählten Tagen:

- Der 20. 1. 1993 ist ein schöner Tag im Winter mit hoher Sonneneinstrahlung. Ergebnis: bis zu 27°C warme Luft kann aus der Solaranlage als Abwärme gewonnen werden, und die Solarzellen liefern Strom.
- Der 3. 3. 1993 ist ein kalter Wintertag mit niedriger Sonneneinstrahlung. Ergebnis: Es wird kein Strom mehr produziert, mit vorwiegend unter 100 Watt pro Quadratmeter ist die Sonnenstrahlung zu gering. Mit ca. 10°C ist die in der Solaranlage vorgewärmte Frischluft allerdings immer noch wärmer als die Außenluft. Sogar am ungünstigsten

Energieflußbild der Aerni Fenster AG: Der Gesamtenergiebedarf beträgt 475 MWh, davon 340 MWh thermische und 135 MWh elektrische Energie. 70 MWh fossile Brennstoffe für Blockheizkraftwerk und Spitzenkessel und 75 MWh Strom aus dem Netz werden in der Jahresbilanz benötigt, um den Energiebedarf zu decken.

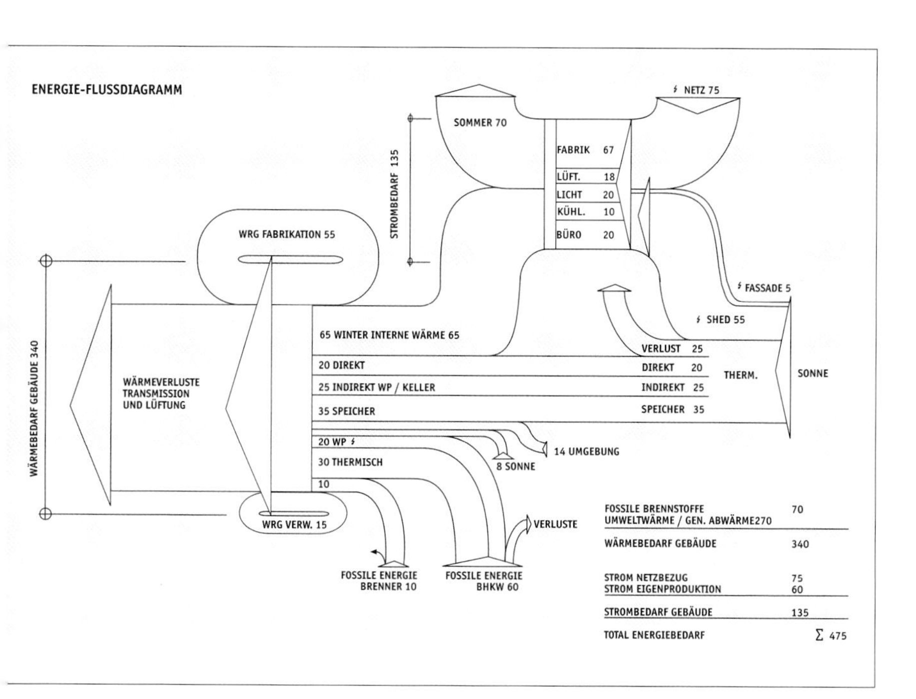

Wintertag werden mit der Anlage also noch kleine solare Gewinne erzielt.

Insgesamt sind so 64% des gesamten Energieverbrauchs der Fensterfabrik Aerni für Heizung, Kühlung, Belichtung, Belüftung und Produktion aus erneuerbaren Energien gedeckt worden, die direkt über die Gebäudehülle gewonnen worden sind.

Kosten

Umgerechnet auf die produzierte Fenstereinheit verursachen die getätigten Mehrinvestitionen für das teurere regenerative Energiesystem weniger als 1% Kostensteigerung. Diese Unkosten hoffte die Firma durch den Werbeeffekt und die Akzeptanz innovativer Firmenkonzeptionen bei den Kunden wieder wettzumachen. Allein dieses Rechenverfahren der Umrechnung höherer Strompreise auf das damit erzeugte Produkt ist bereits interessant. Die Preissteigerung von einem Prozent wird dabei von den Unternehmern selbst als völlig irrelevant eingestuft, denn alleine die Preisdifferenz zwischen den üblichen Angeboten diverser Fensterhersteller schwankt gewöhnlich um einige Prozente, während die Kaufentscheidung neben dem Preis auch maßgeblich von der Qualität beeinflußt wird. So können mittlerweile auch 98% jedes bei Aerni hergestellten Fensters recycliert werden, da die Fensterproduktion mit Hilfe eines computergesteuerten Fertigungssystems so eingerichtet werden konnte, daß kaum noch Verschnitt bei der Rahmenproduktion entsteht. Insgesamt haben die Maßnahmen zur Ressourcenschonung, die mit dem Neubau insgesamt einhergingen, zu einer Produktivitätssteigerung und Mitarbeitermotivation geführt, die die investierten Mehrausgaben längst wieder eingespielt haben.

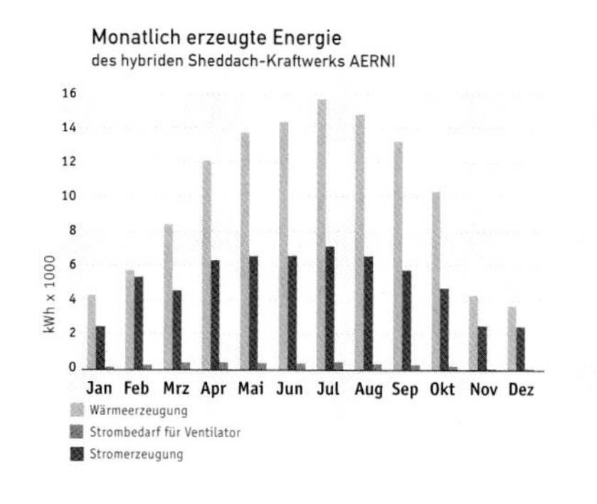

Aerni
Fertigstellung
1991
Gebäudestandort
Aerni Fenster AG
Hauptstrasse 173
CH-4422 Arisdorf
Fon +41 · (0)61 · 811 55 66
Fax +41 · (0)61 · 81 55 67
Architekturbüro
Stengele, Sahl, Holzmer (SSH AG)
Energieplanung und Meßergebnisse
Atlantis AG und
P. Berchtold Ing. Büro für Haustechnik
Bahnhofstr. 2
CH-6060 Samen
Fon +41 · (0)66 · 61 02
Raumvolumen
42 000 m³ umbauter Raum
Bauteilkennwerte
Außenwand Halle: Stahlblechkonstruktion mit Stahlblechkassetten 12 cm isoliert
Photovoltaikanlage
Atlantis Energie AG
Thunstrasse 43a
CH-3005 Bern
und Zetter AG Solothurn
Fassade und Oberlichtkonstruktion
Aerni AG und Geilinger AG, Winterthur
Speicherung Solarwärme
Saisonal im Erdspeicher 6000 m³, Kurzzeitspeicher: Speicherung in Betonfußboden des UG
Photovoltaikanlage
PV-Integration in die Fassade 8,4 kWp, Solaranlage Sheddächer: 53 kWp elektrisch, zusätzlich: 115 kW thermisch, Nutzung der Abwärme der PV-Module Sheddächer: Doppelmodule mit 2,6 x 1,5 m, Installierte Solarmodulfläche: Sheddächer 500 m², Fassade 86 m²
Energiekenndaten 1992/1993
Energiebedarf: Gesamtenergiebedarf: 925 000 kWh/a, davon 78% Heizenergiebedarf gemäß SIA-Norm 380/1: 725 000 kWh/a und 22% Strombedarf: 200 000 kWh/a
Energiebezug: Verbrauchte Ölmenge Kessel und BHKW: 235 000 kWh/a, Strombezug vom Netz: 99 000 kWh/a, Externer Energiebezug total: 234 000 kWh/a,
Deckungsanteil: Solarer Deckungsanteil am Stromverbrauch 23%, Solarer Deckungsanteil am Wärmebedarf 73%, Gesamtdeckungsanteil Solaranlage, Wärmerückgewinnung und Wärmespeicherung: 64%
Wechselrichter
EcoPower 60 kW
Kosten
Mehrkosten gegenüber konventioneller Energieversorgung: 3 000 000 Franken

Das Dach des Atriums bei Digital Equipment in Genf wird von einer Glaspyramide gebildet, die von außen mit „Shadovoltaic Wings" beschattet wird.

Glaspyramide mit beweglichen Lamellen. Die Oberseite der Beschattungslamellen wird von Speziallaminaten gebildet, Glassandwichelementen, in denen die Solarzellen integriert und zu Modulen verbunden sind.

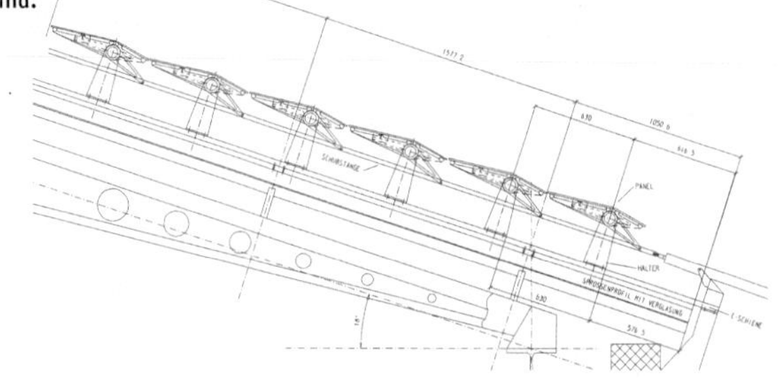

Die Shadovoltaic Wings können bei Bedarf auch komplett geöffnet werden, so daß das Tageslicht tief eindringen kann.

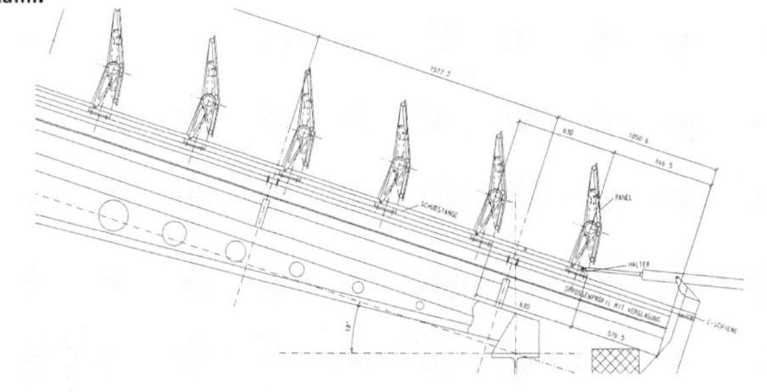

Shadovoltaic Wings und solare Dachschindeln bei Digital Equipment, Genf (CH)

Bei der Europazentrale der Computer- und Softwarefirma Digital Equipment in Genf kamen an einem umgebauten Altbau und einem Neubau Elemente zur solaren Stromversorgung zum Einsatz. Als die Universität Genf Digital Equipment bat, Flächen ihres Gebäudes zur Erprobung eines innovativen Solarsystemes zur Verfügung zu stellen, war die Firma interessiert, die neue Technik auszuprobieren.

Der Beitrag der Photovoltaiksysteme zum Gesamtstrombedarf der Firma ist in diesem Fall jedoch gering: Die Flächen zur Solarstromerzeugung sind im Verhältnis zu den großen Gebäudemassen und dem ungewöhnlich hohen Strombedarf sehr klein, denn die Gebäude beherbergen eine sehr große Anzahl von Computerarbeitsplätzen und den europäischen Zentralrechner des auch als EDV-Dienstleister tätigen Unternehmens. So erläutert der Leiter der Haustechnik nicht ohne Lächeln, daß der Solarstrom immerhin ausreiche, die Flurbeleuchtungen zu übernehmen.

Solare Dachschindeln

Der nach Süden orientierte Neubau hat ein tonnenförmig gewölbtes Dach (siehe Bild S. 132). Es besteht aus Holzplatten, die mit Zinktitanblech ummantelt sind und eine schindelartige Dacheindeckung bilden. In den für die Besonnung günstigen Winkeln von 20 bis 40 Grad Neigung sind diese Schindeln durch Solarmodule der Firma Atlantis ersetzt. Zur Steigerung des Wirkungsgrades werden sie – wie der Rest des Daches – kalt hinterlüftet.

Shadovoltaic Wings

Ein bestehender Altbau wurde außerdem so ergänzt, daß sich ein relativ großer Lichthof ergab, der als glasüberdachtes Atrium gestaltet wurde. Dabei wurden ehemalige Außenfassaden zu Innenfassaden umgebaut. Um eine Überhitzung des Atriums zu vermeiden, ist es mit Beschattungslamellen ausgestattet worden. Diese Stahllamellen sind eine Spezialentwicklung der Schweizer Firma Colt-International: Auf der Oberseite sind sie mit Solarzellen bestückt und nutzen damit den entscheidenden Vorteil, den die Kombination aus Sonnenschutz und Solarstromgewinnung bietet. Computergesteuert werden die Lamellen des pyramidenförmigen Daches dem Sonnenstand nachgeführt, immer mit maximaler Fläche zur Sonne. Nur im Norden wurden „Dummies" ohne Solarzellen zur Verschattung eingesetzt. Da aus geometrischen Gründen die von der Sonne eingestrahlte und damit auch von der Solaranlage erzielte Leistung auf allen drei besonnten Seiten der Pyramide unterschiedlich ist, wurden jeweils die Solarlamellen der Ost-, West- und Südseite zu einem Feld zusammengeschaltet und mit einem eigenen Wechselrichter versehen. Dies ist in jedem Fall zu empfehlen, bei dem eine Solaranlage aus Teilen mit tageszeitlich variierenden Leistungen besteht, da der erzielbare Stromertrag stark von der optimalen Anpassung des Wechselrichters an den Solargenerator abhängt.

Digital Equipment
Fertigstellung
Februar 1992 und September 1993
Gebäudestandort
Headquarters Digital Equipment
Avenue des Morgines 12
CH-1213 Petit Lancy (bei Genf)
Shadovoltaic-Wings
Architekturbüro:
Lecouturier & Caduff, Genf
Planung, Bauelemente und Installation:
Colt International, Baar (CH)
Atlantis Energie AG, Bern
Solution AG, Härkingen
Macullo AG, Genf
Elektroplanung Amstein + Walthert, Genf
Messungen:
Ingenieurschule Genf
Technische Daten:
Installierte Solarzellenfläche 3 x 34,5 m²,
Leistung pro Solarmodul 57,5 Wp,
Installierte Leistung 14,7 kWp (3 x 4,9),
Zelltyp Siemens Solar monokristallin,
3 Generatoren einachsig nachgeführt,
Wechselrichter 3 x SOLCON 3 400 HE von Hardmeyer electronics,
Berechneter Energieertrag pro Jahr: 14 605,8 kWh

Solare Dachschindeln
Architekturbüro:
Les Architectes Associés, Genf
Technische Daten
Installierte Leistung 9,6 kWp (3 x 3,2),
Nominalspannung 116 V,
Anzahl Laminate: 78 doppelte und 6 einfache,
Abmessung 1 700 mm x 460 mm,
3 Generatoren,
Wechselrichter 3 x SOLCON 3 300 HE von Hardmeyer electronics

Stadtwerke Aachen
Fertigstellung
Mai 1991
Gebäudestandort
STAWAG
Stadtwerke Aachen AG
Lombardenstrasse 12–22
52070 Aachen
Fon +49 · (0)241 · 18 12 30
Fax +49 · (0)241 · 18 18 68
Architekt
Georg Feinhals
Frankenberger Str. 26
52066 Aachen
Fassadenintegrierte Photovoltaikanlage
k-Wert Solar-/Isolierglasfassade: 1,7 W/m²K,
Installierte Leistung Photovoltaik 4,2 kWp,
Modul-Typ und Hersteller Flachglas AG OPTISOL-Fassadenelemente,
Installierte Elementfläche 50 m²,
Wechselrichter Hersteller SMA Regelsysteme, Typ PV-WR 1 500, 3 x je 1,5 kW,
Wechselrichter Wirkungsgrad ab 25% Lastbetrieb bei über 90%,
Stromproduktion Solaranlage ca. 1 900 kWh/a
Anzahl Solarzellen: 3752,
Zellenmaterial Polykristallines Silizium,
Wirkungsgrad 11,5%,
Belegungsgrad der Module: 74%,
Zahl der Module 103, in vier versch. Größen von 1440 mm x 919 mm bis 394 mm x 394 mm,
Zellenfläche ca. 37 m²,
Orientierung Süd-Südost,
Fassadenkosten gesamt: ca. 300 000 DM

nsicht Fassade: ultikristalline Solarellen sind in die solierverglasung ntegriert und echseln sich mit ormalen Fensterügeln ab.

Innenansicht, Detail: Die Verkabelung der Module untereinander verläuft in den Rahmen – für das Foto ist die innere Abdeckung abgenommen worden. Die Rückseite der Glasmodule wird von einer „Milchglasscheibe" gebildet.

Verbundsicherheitsglas
Randverbund
OPTISOL® Basiselement

Der Aufbau des Stufenisolierglases mit integrierten Solarzellen: Das Element besteht aus zwei Glassandwiches, der äußere Glasverbund wird aus zwei Glasscheiben gebildet, zwischen denen die Solarzellen in Silikon eingebettet sind. die außenliegende Scheibe ist zur Optimierung der Solargewinne aus einem extra durchsichtigen Klarglas gefertigt. Der Scheibenzwischenraum ist zur besseren Wärmedämmung gasgefüllt. Der innere Verbund wird wiederum aus zwei Scheiben gebildet, von denen die innenliegende zum Scheibenzwischenraum hin infrarotreflektierend beschichtet ist. Zwischen den Scheiben des inneren Verbundes ist eine lichtstreuende Folie einlaminiert.

Solarfassade bei den Stadtwerken in Aachen (D)

ei den Stadtwerken in Aachen ist 1991 eine der ersten multifunktionalen Solarfassaden errichtet worden: m Rahmen einer wärmetechnischen Sanierung des Verwaltungsgebäudes schlug der Architekt vor, eine Solartromanlage in eine nach Süden gerichtete Glasfassade or einem Treppenhaus zu integrieren.

Auf diese Weise ist eine Fassade entstanden, die Strom aus der Sonne erzeugt, für einen guten Wärmeschutz mit einem k-Wert von 1,7 W/m²K sorgt, schallschützend wirkt und außerdem genügend Tageslicht für das Treppenhaus durchläßt. Bei den Stadtwerken in Aachen sind die Solarzellen weltweit erstmalig direkt in eine Isolierverglasung integriert worden. Der Hersteller, die Flachglas Solartechnik GmbH, bietet solche stromerzeugenden Verglasungen jetzt serienmäßig an. Die Zeichnung zeigt den Aufbau der Fassade: Die Solarzellen sind zwischen zwei Glasscheiben in Gießharz eingebettet, dann folgt ein kleiner gasgefüllter Zwischenraum (1,2 cm), der für die nötige Wärmedämmung sorgt, dahinter der innenliegende Scheibenverbund. In die Rahmen der Metallfassade ist die gesamte Stromführung mit der elektrischen Verkabelung integriert. 3752 Siliziumzellen sind insgesamt für die Fassade in 103 Solarmodule unterschiedlicher Abmessung integriert worden. Auf dem gestalterischen Konzept des Architekten Georg Feinhals aufbauend, sind die Solarmodule dem Fassadennraster folgend maßgefertigt worden. Mit der Fassade können jährlich ca. 1900 kWh Strom gewonnen werden.

Gebäudeintegrierte Solarmodule dieser Art werden wie Fenster sowohl als Standardprodukte als auch projektspezifisch gefertigt. Der Gestaltungsspielraum, der für die Planung bleibt, ist dabei beachtlich:

- Die Größe solcher Fassadenelemente kann zwischen 0,4 x 0,4 m und 2,00 x 3,20 m betragen
- Die Transparenz kann beliebig gestaltet werden
- Die Fassadenelemente können als multifunktionale Spezialgläser oder aber als einfache Glassandwiches gefertigt werden
- Die Solarmodule können beliebig mit Zusatzfunktionen bezüglich der Schall- und Wärmisolierung oder Lichtlenkung kombiniert werden.
- Unterschiedliche Solarzellentypen und -farben können ebenso integriert werden wie andere Beschichtungen, Folien und Farbgebungen.

Ansicht von Süden

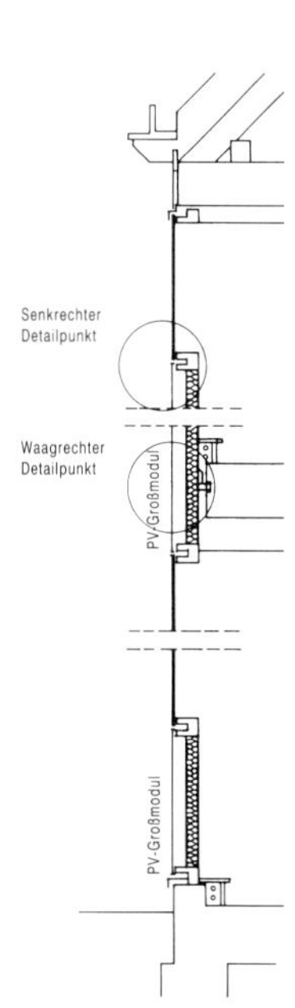

Fassadenschnitt

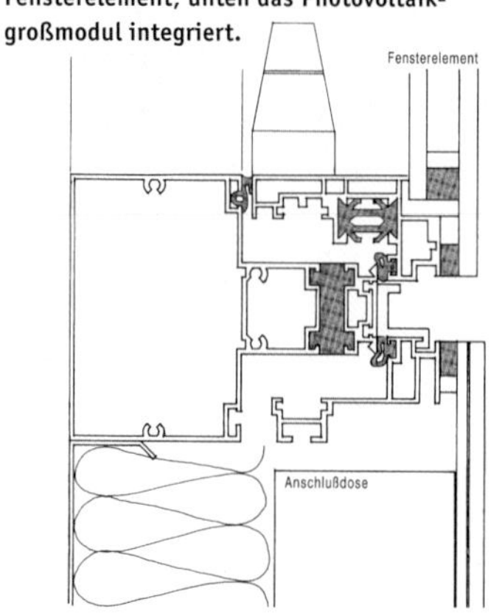

Senkrechter Detailpunkt: Oben ist das Fensterelement, unten das Photovoltaikgroßmodul integriert.

Solarzentrum Freiburg

Fertigstellung
März 1993

Energieplanung/ Gebäudestandort und Hersteller Structural-Glazing-Fassade
Solare Systemtechnik GmbH
Leitholt/Siebert
Christaweg 42
79114 Freiburg
Fon +49 · (0)761 · 47 38 47
Fax +49 · (0)761 · 44 30 69
Bürofläche: 1 000 m²
Wohnfläche: 200 m²

Bauteilkennwerte
Außenwand massive Bereiche:
30 cm Leichtlochziegel, k-Wert 0,5 W/m²K,
Außenwand Structural-Glazing-Element mit PV und rückseitiger Dämmung:
k-Wert 0,5 W/m²K
Fenster: k-Wert 1,5 W/m²K
Dach: k-Wert 0,3 W/m²K
Boden: k-Wert 0,3 W/m²K

Photovoltaikanlage
Modul-Typ und Hersteller: ASE-Wedel,
Installierte Fläche Dach 73 m²,
Installierte Fläche Fassac 78 m²,
100 Großmodule DASA,
Installierte Leistung Dac und Fassade 18,5 kWp,
Modulwirkungsgrad (Son zu Gleichstrom) 13%
Wechselrichter Typ/ Hersteller: Solar Konzept SKN 408,
Wechselrichter Wirkungsg (Gleich- zu Wechselstrom 95%,
Deckungsanteil am Stromverbrauch ca. 40%

Energiekenndaten
Spezifische Heizleistung: 40 W/m²
Stromproduktion PV 11 000 kWh/a

Kosten
Systemkosten Structural-Glazing-Element mit PV-Integration: ca. 2 300–2 500 DM/m²,
ohne PV-Integration: ca. 1 500 DM

Structural Glazing: Photovoltaikfassade beim Solarzentrum Freiburg (D)

Structural Glazing nennt man eine Fassadentechnologie, die oft für Bürogebäude angewandt wird und bei der Glasscheiben zu einer rahmenlosen Gebäudefassade verarbeitet werden. Sämtliche Halterungen befinden sich hinter der Verglasung. So wurden auch hier rahmenlose Standard-Solarmodule im Werk zu einem kompletten Fassadenteil mit Wärmedämmung und Innenverkleidung vorgefertigt und an der Baustelle montiert. Die Verkabelung der Photovoltaikanlage ist pro Fassadenelement ebenfalls werkseitig vorgefertigt. Der gesamte Solargenerator ist über Fußboden und Deckenkanäle elektrisch zusammengeschaltet.

Die installierte Leistung beträgt 18,5 kW peak. Bemerkenswert an diesem Projekt ist, wie die PV-Module als architektonisches Element begriffen und baulich integriert wurden. Die hellen Streifen der metallenen Stromabnehmer der Solarzellen machen den Reiz der Fassadenzeichnung aus. Ziel der Gestaltung war, eine einheitliche Glasfassade zu schaffen. Daher wurden getönte Fensterscheiben und beinahe schwarze Solarmodule gewählt. Die Structural Glazing PV-Elemente sind als Warmfassade ausgebildet, mit rückseitiger Wärmedämmung und Verkleidung. In einem Stahlrahmen wurden die Fassadenteile mit PV-Generator und Fenstern vorgefertigt und als zweigeschossige Elemente in das vorbereitete Betonskelett eingehängt. Genutzt wird das Gebäude mit seinen 1200 m² Nutzfläche von zwei Unternehmen aus der Solarbranche sowie weiteren Büros, zwei Wohnungen und einem Photosatzbetrieb. Mit der Solaranlage werden ca. 50% des Strombedarfs gedeckt. Mit einem Solarstromanteil von 50% ist das Solarzentrum – gerade mit produzierendem Gewerbe im Haus – führend in Europa. Wenn die Fassade im Sommer mehr Strom erzeugt, als im Gebäude verbraucht wird, kann der überschüssige Strom ins öffentliche Stromnetz eingespeist werden. Gemäß einem Beschluß zur kostendeckenden Einspeisevergütung zahlen die Stadtwerke Freiburg FEW für Solarstrom einen nach Tageszeit gestaffelten Tarif. In den Vormittagsstunden bis 12 Uhr 30, wenn der Strombedarf hoch ist, zahlen die Stadtwerke in den ersten zwei Betriebsjahren bis zu 2,47 DM für jede eingespeiste kWh Sonnenstrom. Die ersten Betriebserfahrungen zeigen, daß die Fassade im Jahr eine um etwa 35% geringere solare Einstrahlung hat als das nahezu optimal zur Sonne ausgerichtete Dach. Fassaden- wie Dachelemente erwärmen sich im Sommer auf bis zu 80°C.

Die Stadt Freiburg weiß um den Wert so innovativer Technik und hat die Errichtung des Solarzentrums gemeinsam mit dem Land Baden-Württemberg gefördert. Außerdem ist die Entwicklung dieser ersten Structural Glazing Photovoltaikfassade im Rahmen des THERMIE-Programmes der Europäischen Kommission unterstützt worden.

Beispiele
Photovoltaikintegration in die Gebäudehülle

Ansicht Südfassade: Das Fassadensystem erlaubt den flexiblen Einsatz unterschiedlichster Materialien. Der untere, von der gegenüberliegenden Bebauung verschattete Bereich ist mit Naturstein- und verspiegelten Glasplatten verkleidet, im oberen Bereich sind Solarzellen in Glassandwiches mit teilverspiegeltem Glas integriert.

Fassadendetail: Die Fassadenverkleidung im oberen Bereich besteht aus rückseitig emailliertem Spiegelglas, die Solarzellen sind in solche Glasfassadenplatten integriert und können ohne Mehraufwand eingebaut werden. Sie heben sich als dunkle Flächen mit metallenen Stromabnehmern im teilverspiegelten Glaselement hervor.

Ökotec 3
Fertigstellung
Oktober 1993
Gebäudestandort:
Ritterstraße 3
Berlin Kreuzberg
Fon +49 · (0)30 · 614 70 03
Architekturbüro:
Schuler und Jatzlau mbH
Ratingen
Fon +49 · (0)2102 · 84 61 95
Nettonutzfläche
6 500 m²
Gebäudekosten
35 000 000 DM
Photovoltaikanlage
SJ-Fassadensystem mit OPTISOL-Solarmodulen, teilverspiegelt, Hersteller Solarmodule FLAGSOL, Installierte Fläche Module: 64 m², Installierte Solarzellenfläche: 33,6 m², Material Solarzellen: Silizium, polykristallin, Elementmaße 174 x 83,5 cm, Solarmodulleistung 95,5 Wp, spezifische Elementleistung 65,7 Wp/m², Anzahl Solarmodule 44, Modulwirkungsgrad (Sonne zu Gleichstrom) 11,5%, Installierte Leistung 4,2 kWp, Stromproduktion PV (berechnet) 2 600 kWh/a, Reduktion CO_2 2,8 t/a
Wechselrichter
Hersteller: SMA Regelsysteme, 2 Wechselrichter PV-WR 1800 S je 1,8 kW in Master-Slave-Schaltung, Eingangsspannungsbereich DC 80–160 V, Wechselrichter Wirkungsgrad (Gleich- zu Wechselstrom) ab 25% Lastbetrieb bei 90%, Serielle Schnittstelle (RS 232) für Datentransfers

Explosionszeichnung Fassadenaufbau

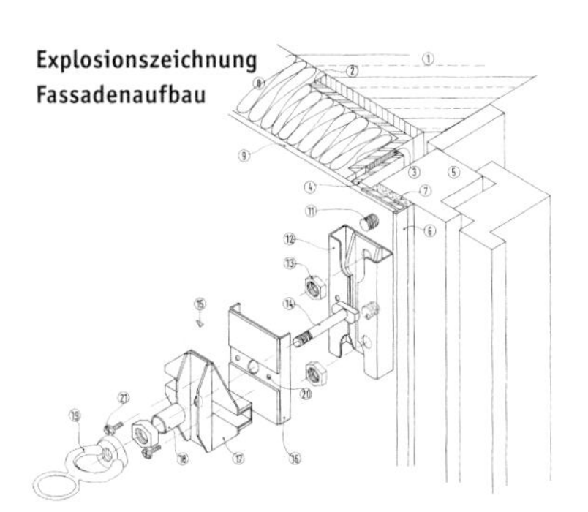

Horizontalschnitt im Brüstungsbereich

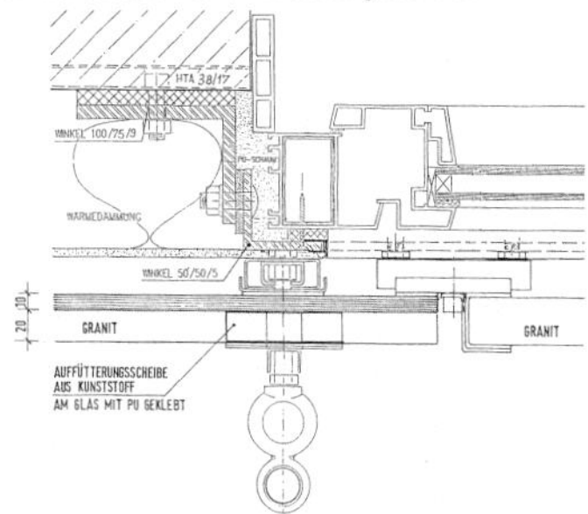

Photovoltaikfassaden bei Ökotec 3, Berlin (D)

Für das fünfgeschossige Bürogebäude mit dem Namen Ökotec 3 wurde vom Architekturbüro Schuler und Jatzlau zusammen mit der Flachglas-Solartechnik GmbH eine hinterlüftete Structural-Glazing-Fassade entwickelt. Ausgangsbasis hierfür war einerseits ein Structural-Glazing-Fassadensystem, welches das Architekturbüro bereits hat patentieren lassen, und andererseits die bei Flagsol gegebenen Möglichkeiten der Integration von Solarzellen in Glaselemente. Die verwendeten Module bestehen aus einem Spezialverbund mit

- einer 4 mm starken, extrem eisenarmen und hochtransparenten Frontscheibe aus thermisch gehärtetem Weißglas
- den in eine Silikonschicht eingebetteten und zu Strings verlöteten Solarzellen
- einer Rückscheibe aus 10 mm dickem Funktionsglas. Diese Scheibe ist zusätzlich zu den Solarzellen hin mit einer spiegelnden Beschichtung und am äußeren Rand mit einem dunkelblauen Siebdruck versehen.

Durch diese Modulgestaltung fügen sich die aktiven stromgewinnenden Teile der Fassade nahtlos in das Gesamterscheinungsbild des Gebäudes ein. Die metallenen Stromabnehmer wurden vor dem Hintergrund der blauspiegelnden Randbereiche der Module sternförmig zusammengeführt. Vorteile des gewählten Fassadensystems sind die einfache Integrierbarkeit der Solarzellen, der hohe Selbstreinigungseffekt der rahmenlosen Fassade sowie die leichte Auswechselbarkeit einzelner Module. Durch die Rahmenlosigkeit wird außerdem jegliche Selbstverschattung der Fassade vermieden, während die Hinterlüftung zur Kühlung und damit Wirkungsgradsteigerung der Solarmodule beiträgt. Zwei Wechselrichter transformieren den Gleichstrom aus der Solaranlage in Wechselstrom, der in das öffentliche Stromnetz eingespeist wird. Die Wechselrichter sind im sogenannten „Master-Slave-Betrieb" miteinander verschaltet. Wenn die Sonneneinstrahlung nur gering ist, liegt der Stromertrag weit unter der Maximalleistung der Anlage. Nur ein Wechselrichter reicht nun aus, um den Solarstrom zu transformieren. Bei höherer Solarstromproduktion schaltet sich automatisch der zweite Wechselrichter mit ein. Diese Master-Slave-Verschaltung führt zu einer Wirkungsgraderhöhung der Anlage auch im Teillastbetrieb. Dachbegrünung, Regenwasserrückgewinnung zur Toilettenspülung und Pflanzenbewässerung sowie eine Sonnenkollektoranlage zur Warmwasserbereitung sind Bestandteile eines ökologischen Gesamtkonzeptes.

Amorphe Siliziumfassade, Ispra (I)

In Ispra in Italien befindet sich eines der größten Forschungszentren der Europäischen Union. Einstmals für Atomforschung zuständig, haben hier in den letzten Jahren mehr und mehr die erneuerbaren Energien Einzug gehalten. Als die Fassade einer großen Forschungshalle für Erdbebentests von Gebäudekonstruktionen saniert werden sollte, kam die Idee auf, das Gebäude mit einer Solarfassade auszustatten. Beratung und Planung übernahm das ebenfalls zum Joint Research Centre gehörende ESTI-Institut, das europaweit für die Testung und Zertifizierung von photovoltaischen Fassaden zuständig ist. Um ein einheitliches Erscheinungsbild der Fassade zu erzielen, aber auch um eine neue Technologie in bisher nicht gekannter Größenordnung zum Einsatz zu bringen, entschied man sich für eine amorphe Siliziumfassade.

Joint Research Centre in Ispra, Italien: Solarmodule mit amorphem Silizium wurden zur Fassadenverkleidung genutzt.

Amorphe Solarfassde
Fertigstellung
August 1994
Gebäudestandort
Joint Research Center Ispra, Italien
Photovoltaikanlage
Beratung und Planung ETSI-Institut
Hersteller Module
Flachglas Solartechnik GmbH
Mühlengasse 7
D-50667 Köln
Fon +49 · (0)221 · 257 38 11
Fax +49 · (0)221 · 258 11 17
Installierte Solarzellenfläche
529 m²
Installierte Leistung
21 kWp
Orientierung
Süd
Neigung
90°
Solarmodule
420 OPTISOL, Fassadenelemente in Dünnschichttechnik (amorph), Elementmaße 81,9 x 158,1 cm, Modulleistung 50 Wp, Spezifische Modulleistung 38,6 Wp/m², Modulwirkungsgrad (Sonne zu Gleichstrom) 5% (Langzeitstabilität)
Stromproduktion Solaranlage
ca. 22 000 kWh/a

Amorphe Solarzellen bestehen aus einer sehr dünnen Schicht von Siliziummolekülen, die auf einen Träger aufgedampft wird, meistens Glas – es können aber auch flexible Materialien wie Folien oder biegsamer Kunststoff etc. sein. Der Vorteil dieser Technologie besteht darin, daß nur sehr geringe Mengen von Silizium benötigt werden. Darüber hinaus ist der Herstellungsprozeß weniger energieaufwendig und billiger. Die Energierücklaufzeit (die Zeitspanne, innerhalb deren die Solarzellen so viel Strom geliefert haben, wie zu ihrer Herstellung benötigt wurde) von amorphen Solarzellen beträgt nur noch ca. 1 bis 2 Jahre, wie jüngste Forschungsergebnisse aus Ispra gezeigt haben. Außerdem läßt sich amorphes Silizium farblich noch weitergehend beeinflussen als kritallines Silizium und auf Träger verschiedenster flächiger und räumlicher Geometrien aufbringen. Desweiteren ist es möglich, die Schichten so dünn zu machen, daß ein transparentes oder semitransparentes Solarmodul entsteht. Ein Nachteil der amorphen Solarzellen ist jedoch, daß der Wirkungsgrad im Laufe der Zeit um ca. 30% absinkt und sich bei einer Langzeitstabilität von nur ungefähr 6% stabilisiert. Damit ist er wesentlich geringer als bei kristallinen Solarzellen, deren Wirkungsgrad etwa zwischen 12% und 17% variiert. Will man also z.B. eine vorhandene Dachfläche möglichst intensiv nutzen, bietet sich eher die kostspieligere, aber effektivere Ausnutzung mit Hochleistungsmodulen an. Hat man sowieso große ungenutzte Flächen oder strebt nach einer zwar farbigen, aber weniger strukturierten Gebäudeoberfläche in Erdtönen, bietet sich amorphes Silizium an.

Die 544 m² große Fassadenfläche wurde mit 420 Fassadenelementen mit amorphem Silizium ausgestattet. Verwendet wurden Solarmodule von der Flachglas Solartechnik GmbH, bei denen das Silizium flächig – als „Dünnschicht" – auf einen Glasträger aufgedampft ist. Die Solarmodule haben eine Abmessung von 81,9 cm mal 158,1 cm. Jedes Element besteht aus einer großflächigen Solarzelle, so daß mit 529 m² 97% der Fassade aus aktiver Solarfläche bestehen. Sie sind mit einer Pfosten-und-Riegel-Konstruktion als Kaltfassade vor eine bestehende, aber renovierungsbedürftige Wellblechverkleidung mit Wärmedämmung gesetzt. Das obere und untere Abschlußblech der Fassade ist als Lochblech ausgeführt, um eine optimale Hinterlüftung zu gewährleisten. Eine 13 m² große Anzeigetafel gibt die jeweilige Leistung des Solargenerators an.

Horizontaler Fassadenschnitt: Stahlprofile halten die Fassade.

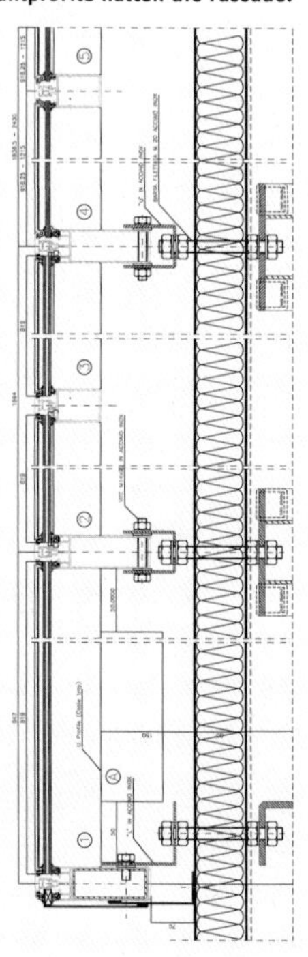

Senkrechter Fassadenschnitt mit oberem Abschluß. Im Zuge einer fassadensanierung wurde eine neue Wärmedämmung vorgesehen. Die Solarmodule sind mit einer Stahlunterkonstruktion als hinterlüftete Kaltfassade vor die Wärmedämmung gesetzt worden. Sie bilden den Witterungsabschluß.

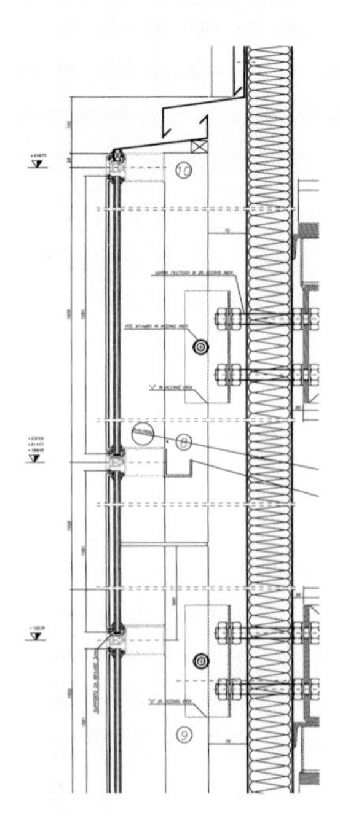

Solarsiedlung Essen: In einer bestehenden Siedlung wurde auf 25 gleichen Häusern jeweils eine 2-kW-Photovoltaikanlage installiert, um die Rückwirkungen auf das öffentliche Stromnetz näher zu untersuchen.

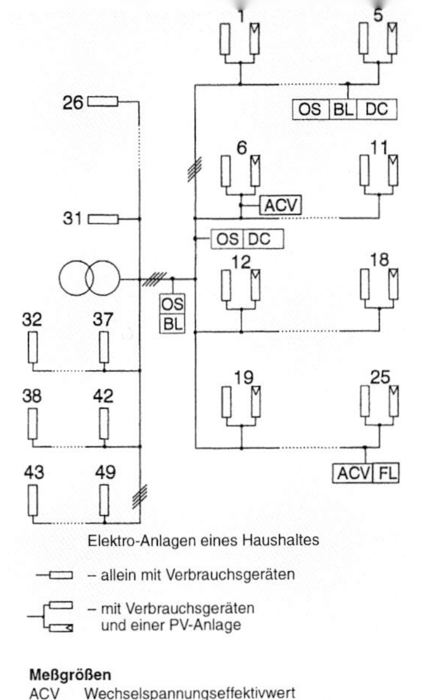

Übersicht über das Niederspannungsnetz und über die Messungen zur Erfassung der Netzrückwirkungen: Die Häuser 1 bis 25 haben jeweils Verbrauchsgeräte und netzgekoppelte Solarstromanlagen, die Häuser 26 bis 49 hängen an dem gleichen Niederspannungsnetz und haben keine Solaranlagen.

Aufbau der Solarstromanlagen

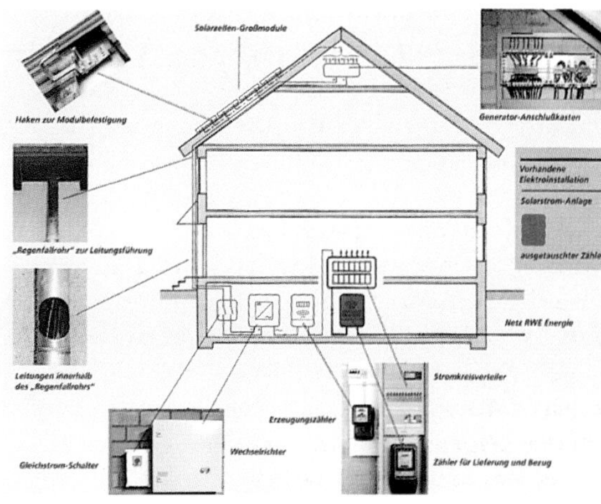

Netzgekoppelte Solarsiedlung Essen
Fertigstellung
September 1994
Gebäudestandort
Donnerstr./Pausstr./ Neuköllnstr./Weidenstr. in Essen
Siedlungsbesitzer
Wohnungsbaugesellschaft ALLBAU Essen
Bauausführung
SOTECH, Düsseldorf
Energieplanung/Betreiber
RWE Energie Aktiengesellschaft R. Hotopp Anwendungstechnik 45117 Essen
Fon +49 · (0)201 · 122 33 52
Fax +49 · (0)201 · 122 47 69
Photovoltaikanlage
Solar-Großmodule: Angewandte Solarenergie ASE in Alzenau, Fläche von 1,84 m², mit jeweils 160 Solarzellen, Zellenwirkungsgrad 12,8% aus monokristallinem Silizium, Spitzenleistung von 200 Wp, Installierte Leistung (PV kWp): 25 Solaranlagen mit je 2 kWp, bestehend aus jeweils 10 Großmodulen auf einer Dachfläche von je 20 m². (Gesamtleistung 50 kWp), Wechselrichter: 25 mal Typ EGIR 010 ST von Solar Diamant, Nennleistung 1,6 kW, Solarstromproduktion: 25 mal 1 450 kWh/a, Solarer Deckungsbeitrag: ca. 40% des jährlichen Strombedarfs der Haushalte in den Häusern mit Solaranlage
Kosten Solaranlage incl. Meßtechnik
1,2 Millionen DM, davon 60% RWE-AG
Förderung
40%-Förderung durch das THERMIE-Programm der Europäischen Kommission

Netzgekoppelte Solarsiedlung, Essen (D)

Die RWE, die Rheinisch-Westfälische Elektrizitätsgesellschaft, führt zur Zeit in Essen einen Versuch mit einer netzgekoppelten „Solardachsiedlung" durch. Hintergrund der Initiative ist der Wunsch, einmal zu testen, was eigentlich passiert, wenn plötzlich alle Häuser Solarstrom einspeisen, statt Energie zu verbrauchen. Denn dann verkehren sich die Verhältnissse im Netz: Aus Verbrauchern werden Erzeuger, und der Strom fließt nicht mehr vom Energieversorgungsunternehmen zum Konsumenten, sondern von den vielen kleinen Stromerzeugern ins Netz. Welche Konsequenzen eine Solarstromeinspeisung in bestehende Stromnetze hat und welche technischen Standards eingeführt werden sollten, um die Stromnetze und Energiesysteme auf eine größere Zahl von einspeisenden Kunden vorzubereiten, ist Gegenstand der Untersuchung.

Doch zunächst: Wie sieht das Stromnetz eigentlich aus und worum geht es dabei? Das Stromnetz gliedert sich in verschiedene Spannungsebenen. Jeder kennt die Hochspannungsleitungen, die unsere Landschaft durchqueren, um Verbindungen zwischen Kraftwerken herzustellen und z.B. Strom von großen Atom- oder Braunkohlekraftwerken über größere Distanzen möglichst verlustfrei zum Verbraucher in den Ballungsräumen zu führen. Hierzu dienen Hochspannungen, denn je spannungsreicher der Strom ist, desto geringer sind die Transportverluste. In den Städten wird der Strom dann meist unterirdisch weitergeleitet, und von ca. 220 kV bis 380 kV in den Fernleitungen wird der Strom dann auf 110 kV bis 220 kV für die Verbindungen zwischen den städtischen Kraftwerken heruntertransformiert. Die einzelnen Stadtviertel werden dann mit einer Mittelspannung von 6 kV, 10 kV oder 20 kV versorgt, während ein Straßenzug oder ein Häuserblock mit einem Niederspannungsnetz von 230/400 Volt betrieben wird.

Früher war die Situation so, daß es an einem Niederspannungsnetz ausschließlich Verbraucher gab. Der Kunde war an das 230/400-kV-Netz angeschlossen. Das Hausnetz war über einen zentralen Zähler mit dem öffentlichen Stromnetz verbunden, der Strom floß bis in jedes elektrische Endgerät des Verbrauchers. Die Elektrogeräte waren also die Endpunkte einer Verbrauchskette. Vereinzelte Solarstromanlagen wurden von den Energieversorgern genauso gewertet wie elektrische Verbrauchsgeräte, nur daß sie nicht Energie verbrauchen, sondern einspeisen. Welche Spannungsverhältnisse und Netzrückwirkungen auftreten, wenn in einem Niederspannungsnetz nun sehr viele Verbraucher zu Stromerzeugern werden, soll jetzt anhand dieser Siedlung untersucht werden.

Zuerst einmal wurde in Essen nach einer geeigneten bestehenden Siedlung gesucht. Die Essener Wohnungsbaugesellschaft ALLBAU stellte eine 49 Häuser umfassende Reihenhaussiedlung zur Verfügung, die von einem 230/400-Volt-Niederspannungsnetz mit Strom versorgt wird. Bei 25 dieser Häuser wurde nun jeweils eine – völlig identische – 2-kW-Photovoltaikanlage installiert. Dabei wurden die Module frei hinterlüftet über die bestehende Dachhaut gesetzt. Verwendet wurden Großflächen-Solarmodule mit einer Fläche von jeweils 1,84 m². Über einen Wechselrichter ist jeder Solargenerator mit dem Stromnetz im Haus verbunden und speist den gewonnenen Solarstrom ein. Sobald mehr Strom erzeugt wird, als im Haushalt gerade verbraucht wird, fließt der überschüssige Strom automatisch ins öffentliche Stromnetz. Da sich die Preise von bezogenem und eingespeistem Strom oft unterscheiden, führte die Deutsche Zählergemeinschaft einen kostensparenden Zähler für zwei Energieflußrichtungen ein, der auf dem üblichen Ferraris-Meßprinzip beruht.

Noch im Bau: Reihenhäuser mit Solarmodulen als Dacheindeckung. Im Vordergrund Module mit monokristallinen Solarzellen, im Hintergrund Module mit multikristallinen Solarzellen

Neubaugebiet Nieuw-Sloten in Amsterdam: Teilbereich der Siedlung mit Photovoltaik-Integration in Dächern und Fassaden

Reihenhaussiedlung mit PV-Dächern, Amsterdam (NL)

Im Amsterdamer Neubaugebiet Nieuw-Sloten ist eine Siedlung mit 480 Wohnungen entstanden. 71 der Reihenhäuser und mehrgeschossigen Bauten haben statt Ziegeldächern Dächer aus Solarmodulen und Solarfassaden bekommen. Module in Standardabmessungen mit multikristallinen Solarzellen wurden mit Hilfe von einfachen Profilen zu einer durchgehenden Dachhaut zusammengesetzt. Weltweit ist dies die größte Neubausiedlung mit Solardächern. Für die Niederlande typisch ist die Bauweise größerer Wohneinheiten mit standardisierten Grundrissen und in kostensparender Ausführung. So ergeben sich durch die großen durchgehenden Dachflächen und die Dimension der Anlage erhebliche Preisvorteile.

100 Wohnungen können von der installierten Solaranlage übers Jahr gerechnet vollständig mit Strom versorgt werden. Das bedeutet, daß jedes Haus mit Photovoltaikdach eineinhalbmal soviel Strom erzeugt, wie seine Bewohner verbrauchen. Die Solaranlage speist zunächst allen Strom in das öffentliche Netz ein, so daß alle Häuser dieses Neubaugebietes mit Solarstrom mitversorgt werden. Auf der 300-Volt-Spannungsebene wird die Solarenergie als Wechelstrom in das lokale Niederspannungsnetz eingespeist.

Das Energieversorgungsunternehmen von Amsterdam (EBA) hat das Projekt als Bestandteil seines neuen Umwelt-Aktionsplanes realisiert. Es sieht die 66 Sonnendächer als „Mini-Elektrizitätszentrale" an. Als weitere Aktionen im Rahmen des Umweltplanes sind Erdgasautos, eine Energiesparlampeninitiative und Projekte zur rationellen Energienutzung vorgesehen. Die Europäische Union hat sich an diesem „Sonnendachprojekt" im Rahmen des THERMIE-Programmes mit 40% beteiligt. Das Zentrum für Photovoltaik-Anwendungen in Newcastle wird das Projekt meßtechnisch begleiten. Der Energieversorger von Amsterdam geht davon aus, daß Solarstrom für die zukünftige Energieversorgung der Welt eine wichtige Option ist. Daher soll mit dieser Anlage die großmaßstäbliche Integration von Photovoltaikanlagen in das öffentliche Stromnetz mit verschiedenen Konzepten getestet werden. Die EBA tritt dabei als Eigentümerin der auf privaten Gebäuden installierten Solarsysteme auf. Ihr obliegt auch die Planungshoheit, Bauüberwachung und der spätere Betrieb der Anlagen.

Die Solaranlagen sind nach Osten, Südosten, Süden und Westen orientiert. Die Neigung der Ost- und Westdächer beträgt 20 Grad, die der südorientierten 36 Grad und die der Fassaden ca. 80 Grad. Die Solarsysteme, die insgesamt 5000 Module umfassen, sind direkt mit dem lokalen Stromnetz verbunden. Die Häuser, auf denen die Solaranlagen errichtet sind, haben einen normalen Anschluß an das öffentliche Netz, werden aber sowohl über ihren Verbrauch als auch über die solare Stromproduktion der Anlagen auf ihren Dächern informiert. Die Energiebetriebe hoffen mit diesem Solarprojekt viele junge Leute anzusprechen und auch weitere Wohnungsbaugesellschaften und private Betreiber zu ähnlichen Konzepten zu motivieren.

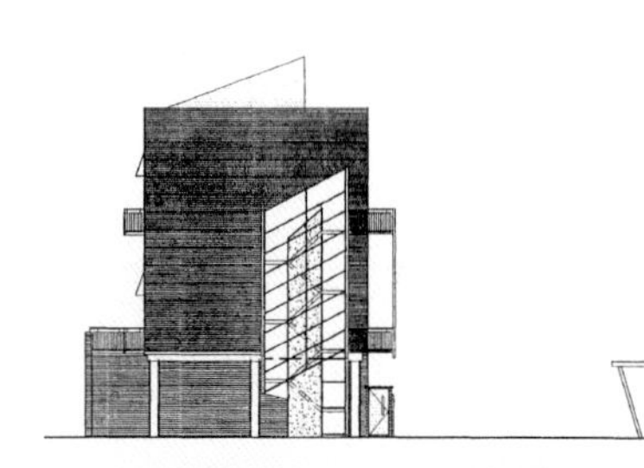

Integration der Solarmodule: Auf die „ganz normale" Dachlattung wird eine Montageschiene aus Aluminiumprofilen aufgeschraubt. Die Solarzellen sind in dünne rahmenlose Module einlaminiert, die an der Unterkante bereits mit einer überlappenden Abdeckleiste versehen sind, so daß beim Aneinanderlegen eine regendichte Dacheindeckung entsteht.

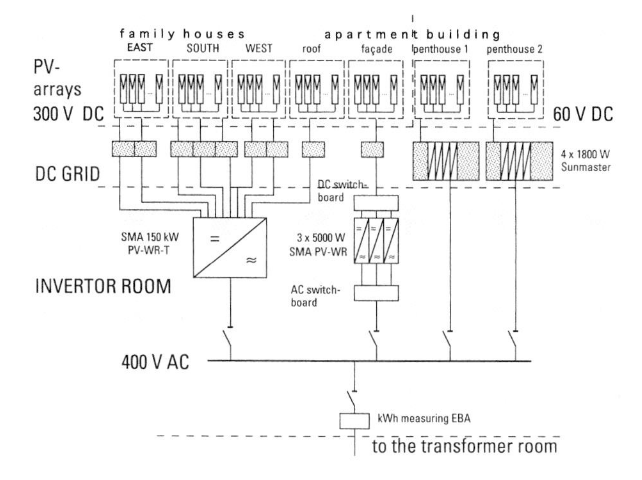

Das elektrische System: Unterschiedliche Wechselrichter transformieren den Gleichstrom in Wechselstrom und ermöglichen einen Leistungsvergleich.

Siedlung mit PV-Integration in Nieuw Sloten

Fertigstellung
Frühjahr 1996

Anzahl Wohnungen
71

Heizgradtage
3100

Gebäudestandort
Gebiet Nieuw Sloten in Amsterdam (NL)

Projektmanagement/ Kontaktadresse für Besichtigungen
Energie Holland
Frau Jadranka Cace
Polarisavenue 21
NL-2130 GE Hoofddorp
Fon +31 · (0)23 · 568 55 68
Fax +31 · (0)23 · 568 55 66

Architekturbüro
Duinker & van den Torre
m.v.d.Torre
Haarlemmerstraat 126c
NL-1013 EX Amsterdam
Fon +31 · (0)20 · 624 90 71
Fax +31 · (0)20 · 627 17 82

Energieplanung
Ecofys
T.v.d. Weiden
Kanaalweg 95
NL - Utrecht
Fon +31 · (0)30 · 91 34 30

Hersteller Solarmodule
R&S:
J. Schlangen
Lagedijk 26
NL - Helmond
Fon +31 · (0)492 · 52 33 35
BP Solar:
R. Scott
Chertseyroad
GB-Sunbury-on-Thames
Fon +44 · (0)1932 · 76 24 31

Begleitforschung
PV Application Centre Newcastle

Photovoltaikanlage
Solarmodul-Typen: IRS 50 (R&S), mit multikristallinen Solarzellen und je 50 Wp, Wirkungsgrad 13,9%, BP 275 (BP), mit monokristallinen Solarzellen und je 72 Wp 13,6%, Installierte Fläche: 1160,4 m² R&S-Module, 985,5 m² BP-Module, Installierte Leistung: 250 kWp Anzahl Solarmodule: 5000 Stück Wechselrichter: 1 mal SMA PV-WR-T 150 kW, 3 mal SMA PV-WR 5000 W in Master-Slave-Betrieb, 8 mal 1500 W Sunmasters Wechselrichter, Wirkungsgrad (Gleich- zu Wechselstrom) 90 und 93%, Stromproduktion des Photovoltaiksystems: 200 000 kWh/a (Angabe berechneter Daten), Kosten für das Photovoltaiksystem: 5 350 000 Hfl (niederl. Gulden)

Energiekenndaten Gebäude
(berechnete Daten): Nutzenergieverbrauch Heizung und WW beträgt 1 800 m³ Gas pro Haus Verbrauch Elektrizität: 2 500 kWh/m²a pro Haushalt

Finanzierung
Euros (Genua), Miljokontrollen (Kopenhagen), Sermasa (Madrid), EBA (Amsterdam), PV-Application Centre University of Northumbria

Förderung
Förderung über NOVEM, die niederländische Energieagentur, durch das THERMIE-Programm der Europäischen Kommission

Apartmenthäuser: Ansicht mit PV-Integration in Fassaden-, Dach- und Oberlichtbereiche

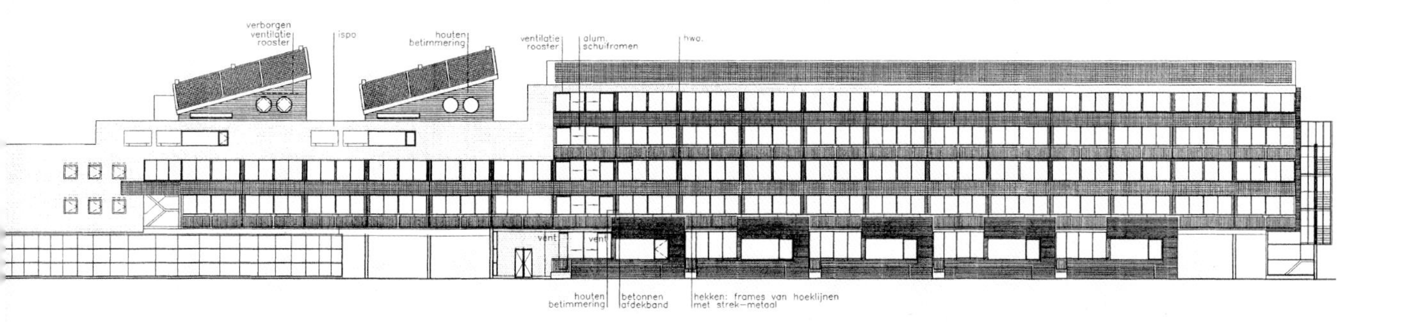

Instrumente und Techniken

Die solare Energiegewinnung an Gebäudeoberflächen

Astrid Schneider

Dieses Kapitel stellt wichtige technische Komponenten eines „Solargebäudes" dar, die wesentlichen Einfluß auf die energetische Effizienz eines Gebäudes haben. Die hier dargestellten Instrumente und Techniken haben in den letzten fünf Jahren teilweise sehr bedeutsame Entwicklungsschübe erfahren, aus denen neue Gestaltungsmöglichkeiten für solaroptimierte Gebäude resultieren.

Verbesserte Gläser, Tageslichtsysteme, innovative Solarstromfassaden und technisch ausgereifte Sonnenkollektoranlagen ermöglichen heute die Realisierung von Gebäudekonzepten, die sich sowohl von konventioneller Architektur als auch von den Solargebäuden der ersten Generation unterscheiden. Bedürfnisse, die früher nur mit einem hohen Aufwand an Strom und fossilen Energien zu befriedigen waren, können heute mit Solarsystemen und sehr viel geringerem Energieaufwand gedeckt werden. Die wissenschaftliche Begleitforschung von realisierten Solargebäuden gibt wichtigen Aufschluß über das energetische Verhalten. Die Forschungsergebnisse fließen wiederum in die Entwicklung von Simulationsprogrammen und Komponenten ein und beeinflussen die Gestaltung neuer Solargebäude.

Verbesserte Gläser und intelligente Fassadensysteme in Kombination mit angepaßten Konstruktionen, Grundrißgestaltungen und innovativer Gebäudetechnik haben den Fortschritt solarer Gebäudekonzepte ermöglicht. Die Wärmeverluste über die Gebäudehülle und durch die Lüftung werden so geringer, während Überhitzung vermieden werden kann. Sonnenkollektoranlagen können in Kombination mit saisonalen Speichern den restlichen Wärmebedarf decken, Solarstromsysteme – je nach Verhältnis zwischen solarer Gewinnfläche und Nutzfläche – einen erheblichen Anteil an der Stromversorgung übernehmen, Tageslichtsysteme Licht zum Arbeiten bereitstellen.

Solarenergiebilanz und Gebäudehülle

Die Bilanz der Energieverbräuche und der solaren Energiegewinne eines Solargebäudes setzt sich aus den folgenden Bestandteilen zusammen:

Energieverbräuche

- Wärmeverluste durch die Gebäudehülle (Transmissionswärmeverluste)
- Lüftungswärmeverluste
- Warmwasserbedarf
- Energiebedarf zum Kochen und Waschen
- Prozeßwärme
- Elektrizität für die im Gebäude ausgeführten Tätigkeiten durch die Nutzer (Elektrogeräte, Computer, Licht)
- Elektrizität für Antriebe, Pumpen, Ventilatoren und Steuerung der Haustechnik
- Kühlung (bei Büros und Gewerbe)

Solare Energiegewinne über die Gebäudehülle

- Tageslichtgewinne
- solar erzeugter Strom (Photovoltaikanlagen, Windräder)
- solare Wärme aus Sonnenkollektoren (flüssige Medien)
- solare Wärme aus Warmluftkollektoren (Luft als Medium)
- solare Wärme aus Wänden mit transparenter Wärmedämmung (massiver Absorber)
- passiv-solare Wärmegewinne durch Verglasungen (Fenster, auch mit TWD, Glashäuser, Wintergärten, Atrien, Passagen)

Wenn wir nun betrachten, welche Energieverbräuche und -gewinne von der Größe der Gebäudeoberfläche beeinflußt werden, so stellen wir fest, daß auf der Seite der Verbräuche nur der Transmissionswärmeverlust unmittelbar von der Gebäudeoberfläche abhängt, während alle solaren Energiegewinne von der Größe und Ausrichtung der Gebäudeoberfläche bestimmt werden. Als Systemgrenze für diese Betrachtung von Gewinnen und Verlusten ist die Gebäudeoberfläche gewählt worden. Innere Wärmelasten, konventionelle Heizungen und Speicher- und Leitungsverluste im Haus sind hier nicht mit aufgezählt, da sie keine Auswirkung auf die Formgebung der Hülle unter dem Gesichtspunkt der Energieoptimierung haben. Der Anteil am Energiebedarf, der nicht solar gewonnen werden kann, muß durch

ohne kontrollierte Lüftung

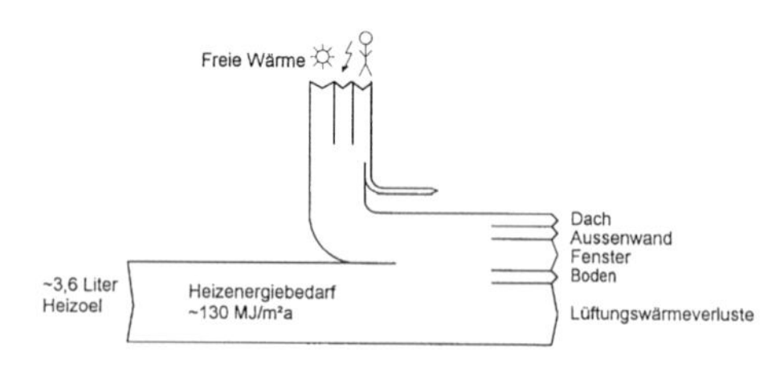

mit kontrollierter Lüftung

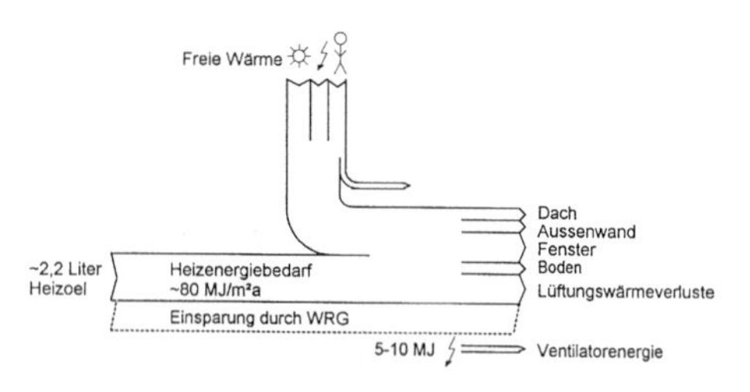

Berechnung der Wärmeenergiebilanz für die Wohnsiedlung Niederholzboden in Riehen. Oben: ohne kontrollierte Lüftung – die Lüftungswärmeverluste sind ungefähr genausohoch wie die Transmissionswärmeverluste über Dach, Außenwand, Fenster und Boden. Unten: Ca. die Hälfte des Lüftungswärmebedarfes kann eingespart werden; um eine Einsparung von 50 MJ Wärme zu erzielen, sind 5–10 MJ Elektrizität notwendig.

Strombezug, fossile Energieträger (Öl und Gas) sowie Biomasse (Holz, Bioöl und -gas) gedeckt werden.

Der Raumwärmebedarf setzt sich aus dem Transmissions- und dem Lüftungswärmebedarf zusammen. Der durchschnittliche Heizwärmebedarf von Neubauten entwickelte sich von bis zu 400 kWh/m²a in den 70er Jahren hin zum Niedrigenergie-Gebäudestandard mit ca. 70 kWh/m²a bei energiebewußten Bauherren heute. Diese Größenordnung wird europaweit von vielen Entscheidungsträgern als Neubaustandard eingefordert oder empfohlen. Ein solcher Standard wird mit einer sehr gut gedämmten Gebäudehülle erreicht, so daß die Transmissionswärmeverluste stark reduziert werden. Die restlichen aufgeführten Energieverbräuche bleiben jedoch von der Dämmung der Gebäudehülle unberührt und unverändert hoch. Alle weiteren aufgeführten Energieverbräuche lassen sich über statistische Daten und Energiebedarfsplanung berechnen. Sie hängen jedoch im wesentlichen nicht von der Gebäudehülle, sondern unmittelbar von der Art der Gebäudenutzung und dem Verhalten der Nutzer ab. Theater und Versammlungsstätten benötigen einen sehr hohen Luftwechsel wegen der vielen Besucher, Büros haben eine hohen Strombedarf wegen der zahlreichen elektrischen Bürogeräte, und bei Wohnungen gleicher Größe und Bauart sind bereits um bis zu 100% abweichende Verbräuche gemessen worden. Eine Dreizimmerwohnung wird vielleicht nur von einer Person bewohnt, die sparsam heizt, vernünftig lüftet, den ganzen Tag arbeitet und im Winter zwei Monate in Urlaub fährt, während in einer anderen Wohnung gleicher Größe eine Familie mit kleinen Kindern wohnt, viel wäscht, kocht, bügelt und einen uralten Kühlschrank mit hohem Strombedarf hat, oder ein Raucher, der den ganzen Tag die Fenster offenstehen und den Fernseher laufen läßt. Auch die Transmissionswärmeverluste sind vom Benutzer abhängig, jedoch mehr bezüglich der durchschnittlich gewünschten Raumtemperatur als von den täglichen Tätigkeiten des Bewohners. Am sogenannten „Nutzerverhalten" sind schon viele Energieingenieure verzweifelt. Festzuhalten bleibt: Wärmedurchgänge durch Wände lassen sich exakt berechnen – vorausgesetzt die Wand wird auch so gebaut wie vorgesehen und weist nicht „Pfusch am Bau" mit daraus resultierenden Wärmebrücken auf, die zum Gegenteil des vorgesehenen Zustandes führen –, Nutzerverhalten aber ist dynamisch und wechselhaft und weicht individuell stark vom berechneten Durchschnitt ab.

Transmissionswärmebedarf und Lüftungswärmebedarf sind bei Niedrig- und Niedrigstenergiegebäuden häufig annähernd gleich groß. Mit einem Anteil von ca. 30 bis 50% am Gesamtenergieverbrauch tritt der Transmissionswärmeverlust bei weiteren Optimierungsbetrachtungen gegenüber den anderen Energieverbräuchen eher in den Hintergrund, da sein kostengünstig realisierbares Optimierungspotential bereits weitgehend ausgeschöpft ist. Die Vorteile der Wärmedämmung opaker Bauteile nehmen mit steigender Dicke ab. Der Lüftungswärmebedarf, der früher weniger im Mittelpunkt der Energieeinsparung stand, rückte in den letzten zehn Jahren immer mehr ins Blickfeld. Er hängt nicht von der Gebäudehülle, sondern von Intensität und Art der Nutzung ab und ist aus hygienischen Gründen wichtig. Schließlich benötigen die Nutzer Sauerstoff zum Atmen für ihre körpereigene Energiegewinnung und atmen Kohlendioxyd (CO_2) wieder aus. Der Lüftungswärmebedarf kann bei kontrollierter Be- und Entlüftung durch die Vorwärmung der Zuluft mit Wärmetauschern reduziert werden. Der ökologische Nutzen tritt jedoch nur bei sehr gut funktionierenden Lüftungsanlagen und Wärmetauschern ein, da die Ventilatoren mit der hochwertigen Energie Elektrizität betrieben werden müssen. Erst bei einem Verhältnis von eingesetztem Strom zu rückgewonnener Wärme von mindestens 1:4 wird die Wärmerückgewinnung energetisch sinnvoll, insbesondere bei der Verwendung von Solarstrom. Ab einem Verhältnis von 1:5 wird von der neuen WSVO ein Bonus gewährt.

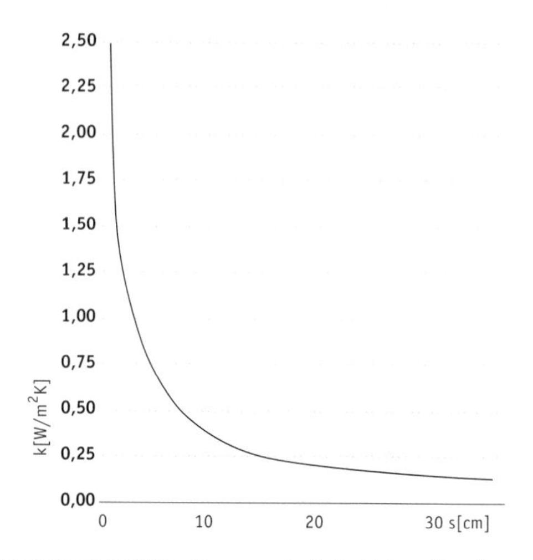

Grenznutzen der Wärmedämmung: Der k-Wert ist annähernd umgekehrt proportional zur Dämmstoffdicke. Die ersten 15 cm bringen große Einsparungen, danach verringert sich der zusätzlich gewonnene Nutzen pro cm weiterer Schichtdicke.

Vom Sparhaus zum Gewinnhaus

Eine Optimierung der Gesamtenergiebilanz führt zu Gebäuden, die weniger Rücksicht auf die Minimierung der Gebäudeoberflächen nehmen müssen, als dies in alten Konzepten zum Entwurf von Energiesparhäusern oft pauschal angeraten wurde. Sollen Solartechniken genutzt werden, ist es sinnvoll, möglichst viele zur Sonne, also nach Osten, Süden und Westen orientierte unverschattete Fassaden- und Dachflächen im Verhältnis zum Volumen zu schaffen. Für die in diesem Buch dargestellten Solarhäuser mit den niedrigsten Energieverbräuchen und den höchsten Anteilen solarer Energiebereitstellung sind solche Optimierungen durchgeführt worden und haben im Ergebnis zu ähnlichen Gebäudeformen geführt:

- möglichst große nach Süden orientierte Gebäudeoberflächen
- möglichst geringe nach Norden orientierte Gebäudeoberflächen
- viele Fensteröffnungen nach Süden zur passiven Solarenergienutzung
- möglichst geschlossene hochwärmegedämmte Fassadenflächen nach Norden
- südorientierte geneigte Dachflächen zur aktiven Solarenergiegewinnung.

Eine gebogene Südost-Süd-Südwest-orientierte Fassade ist bei diesen Wohngebäuden das Ergebnis einer solaroptimierten Formgebung. Das Nutzenergie-Anforderungsprofil, welches diese Gebäudekonzepte weitestgehend mit Solarenergie abdecken, ist durch den winterlichen Wärmebedarf und geringen Stromverbrauch von Wohnnutzungen gekennzeichnet. Ein starker Helligkeitsverlauf zwischen Fassadennähe mit sonnendurchfluteten Wohnräumen und nach Norden orientierten kühleren und dunkleren Schlafräumen ist bewußter Bestandteil der Wohnraumanordnung und bietet wechselnde Aufenthaltsqualitäten. Bei Bürogebäuden treten nahezu entgegengesetzte Nutzeranforderungen mit hohem Strombedarf, niedrigerem Heizbedarf und einer gleichmäßigen blendfreien Tagesbelichtung auf, aus denen auch entsprechend andere Optimierungen der Gebäudeform resultieren.

Dabei muß die solarenergiegewinnende Gebäudeoberfläche nicht unbedingt identisch mit dem Abschluß des beheizten Raumvolumens sein. Beim ersten Beispiel, dem energieautarken Haus, ist das Dach mit den Sonnenkollektoren und der Photovoltaikintegration als freistehende Scheibe auf ein Flachdach gesetzt. Beim Solardiamant-Nullenergiehaus bildet das Dach mit Photovoltaikintegration und Sonnenkollektoren zwar die witterungsabweisende Außenhülle, die Wärmedämmung liegt jedoch über dem Hauptwohnraum, und der Dachboden bleibt unbeheizt. Bei den Plusenergiehäusern von Rolf Disch werden die Photovoltaikmodule auf dem Dach aufgeständert, während die Sonnenkollektoren als Sonnenschutzelemente das Dach nach vorne hin über das Gebäudevolumen hinaus verlängern. Die Grundrisse dieser Häuser sind so organisiert, daß im Norden Pufferräume, Flure, Garagen oder kleine Windfänge sind, während die Hauptnutzflächen direkt an der besonnten Fassade liegen und so auch die volle Tageslichtausbeute genießen können. Die Verglasungen bestehen jeweils aus Gläsern mit sehr niedrigen k-Werten. Die Siedlung im Lindenwäldle in Freiburg ist die älteste der hier angeführten Planungen (1987, ebenfalls von Rolf Disch) und wurde mit den geringsten finanziellen Mitteln gebaut. Hier kam noch das Konzept des Wintergartens mit zwei hintereinanderliegenden Fassadenschichten zum Einsatz. Die anderen Häuser sind erst 1992–1995 fertiggestellt worden und profitieren bereits von der avancierten Glas- und Fassadentechnik, die es heute ermöglicht, Glasfassaden mit niedrigsten k-Werten zu erstellen, mit denen zugleich passiv Solarenergie gewonnen werden kann. Auffällig ist dabei, daß ausgerechnet diesen Einfamilienhäusern mit dem größten Verhältnis von Gebäudehüllfläche zu Raumvolumen (im Vergleich zum mehrgeschossigen Wohnhaus) der Durchbruch zum Null- oder sogar Plusenergiehaus gelungen ist. Dies liegt daran, daß im Verhältnis zur Nutzfläche größere Flächen zur Energiegewinnung bereitstehen. Büronutzungen und viele öffentliche Gebäude sind durch hohen Strombedarf, große innere Wärmelasten von Personen und Geräten, ein gleichmäßig über die Raumtiefe verteiltes Tageslichtniveau und hohen Luftwechsel gekennzeichnet. Entsprechend anders fallen hier solar-optimierte Gebäudeformen aus. Die Gewinnung von solarem Strom, das Vermeiden direkter Sonneneinstrahlung, gezielte Tageslichtführung und die sorgfältige Planung der Be- und Entlüftung sind hier für viele Gebäudekonzepte typisch. Die Ausstellungshalle in Linz ist ein Beispiel hierfür.

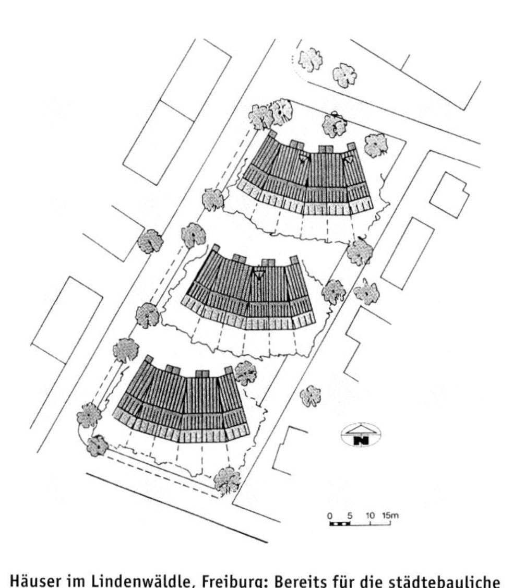

Häuser im Lindenwäldle, Freiburg: Bereits für die städtebauliche Planung wurden solare Optimierungsbetrachtungen durchgeführt. Die nach Süden hin vergrößerten und nach Norden verkleinerten Gebäudeoberflächen führen zu minimierten Wärmeverlusten und maximierten solaren Gewinnen. Der in der Begleitforschung gemessene Energieverbrauch von nur 55,7 kWh/m²a bestätigt den Entwurfsansatz.

Die solare Energiegewinnung an Gebäudeoberflächen

Hier soll noch einmal darauf eingegangen werden, welche Arten von Sonnenenergie über die Gebäudeoberflächen gewonnen werden können. Prinzipiell kann man die Arten der gewonnenen Solarenergie nach ihrem Wert unterscheiden. Der Wert der gewonnenen Energie richtet sich nach ihrer Nützlichkeit und Verwendbarkeit. Er läßt sich in dem bereits erläuterten Maß der Entropie beschreiben. Je hochwertiger die gewonnene Energiemenge ist, desto größere Verwendungs- und Umwandlungsmöglichkeiten bestehen.

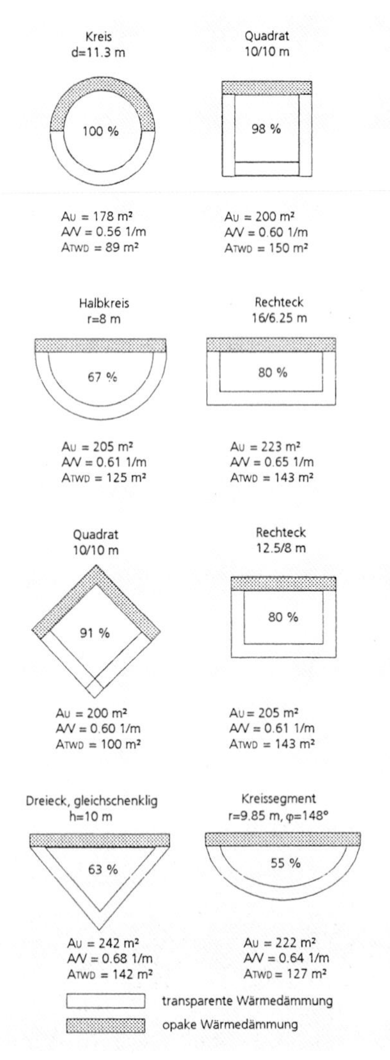

Formoptimierung beim energieautarken Solarhaus: Die Simulationsergebnisse zeigen, daß bei Ausnutzung der sonnenexponierten Fassaden zur solaren Wärmegewinnung durch die Fenster und mit TWD ein Gebäude mit flach gebogener Südfassade und mit nach Süden maximierter Oberfläche den geringsten zusätzlichen Heizenergiebedarf benötigt. Sämtliche Gebäude besitzen eine Grundfläche von 100 m² und ein Volumen von 500 m³. Ihre Fassadenfläche (A_0) richtet sich nach der gewählten Grundrißform. Interne Wärmequellen wurden mit 9 kWh/d angesetzt, eine Wärmerückgewinnung wurde mit einer Rückwärmzahl von 70% angenommen. Die opaken Flächen besitzen einen k-Wert von 0,16 W/(m²K). Der Wärmebedarf für das kreisförmige Gebäude mit 450 kWh/a wurde als Referenz zu 100% gesetzt. Es besitzt den geringsten Hüllflächenfaktor.

Tageslichtgewinne

Das Tageslicht ist die Grundlage aller hier genannten Möglichkeiten zur solaren Energiegewinnung. Im Gebäude ersetzt eine natürliche Tagesbelichtung eine künstliche Beleuchtung, die mit der hochwertigen Energieform Strom betrieben werden müßte. Zusätzlich verhindert sie eine Überhitzung aus der Abwärme künstlicher Beleuchtung und vermindert somit Kühllasten. Tageslicht hat zudem eine positive physische und psychische Wirkung auf den Menschen. Das von der Haut aufgenommene Tageslicht stimuliert Stoffwechselvorgänge und spendet Strahlungswärme für den Organismus. Besonnte Wohnungen sind auch gesünder, weil das einfallende Sonnenlicht desinfizierend wirkt, indem es Mikroorganismen wie z.B. Schimmelpilze abtötet.

Tageslichtsysteme, wie sie in diesem Kapitel vorgestellt werden, lenken das Tageslicht in die Raumtiefen, in denen es benötigt wird, verteilen es also gleichmäßiger im Raum und machen es so nutzbar. Darüber hinaus sind viele der hier vorgestellten Tageslichtsysteme so konstruiert, daß sie aus dem Spektrum der einfallenden Strahlung Licht mit einem höheren kurzwelligen Anteil, also mit mehr sichtbarem Licht pro Strahlungsenergie, herausselektieren. Direkte Sonneneinstrahlung mit hohem Infrarotanteil wird reflektiert, um möglichst wenig unerwünschte Wärmegewinne zu erzielen. Einige Tageslichtsysteme sind so in der Lage, den energetisch hochwertigsten Anteil, die kurzwellige Strahlungsenergie, gezielt aus dem Strahlungsangebot herauszufiltern und für die Nutzer verfügbar zu machen. Auf diese Weise selektieren sie aus der Sonneneinstrahlung Solarenergie mit einem höheren Exergiegehalt heraus.

Solare Stromgewinnung

Aus Sonnenenergie gewonnene Elektrizität läßt sich am flexibelsten für die unterschiedlichen Arbeiten und Nutzungen im Gebäude einsetzen. Sie kann Motoren antreiben und Licht spenden, läßt sich jedoch auch mit der Wasserstofftechnologie als chemischer Energieträger für den Winter speichern. Sie kann in alle Räume des Hauses geleitet werden und ist so gezielt verteilbar. Von den Wandlungsprodukten der Strahlungsenergie ist sie dasjenige mit dem höchsten Exergiegehalt. Gleichwohl kann von der einfallenden Strahlung derzeit nur ein Anteil von ca. 10–17% in Strom umgewandelt werden. Der Rest wandelt sich zum Teil in Wärme (bis zu ca. 40%) und wird zum größten Teil reflektiert. Allerdings ist auch die Abwärme dieses Prozesses bei geeigneter Konstruktion nutzbar – ein bedeutendes zukünftiges Entwicklungspotential.

Solare Wärme aus Sonnenkollektoren (flüssigen Medien)

Aus Wärme hoher Temperatur, in der Energiehierarchie die nächst darunterliegende Stufe, kann der Warmwasserbedarf gedeckt und ein Raum schnell aufgeheizt oder auch über eine Absorptionskältemaschine Kälte gewonnen werden. Wärme in flüssi-

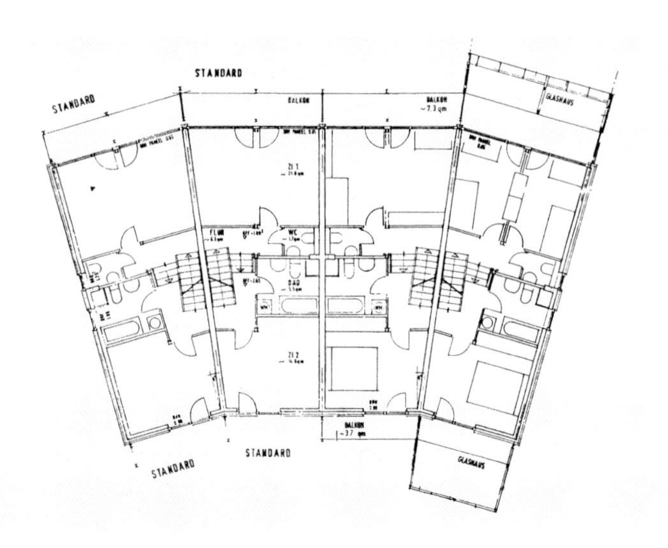

Die Grundrißgestaltung (Obergeschoß) bei den Plusenergiehäusern, einem Folgeprojekt desselben Architekten (R. Disch), baut auf den positiven Erfahrungen mit den Häusern am Lindenwäldle auf.

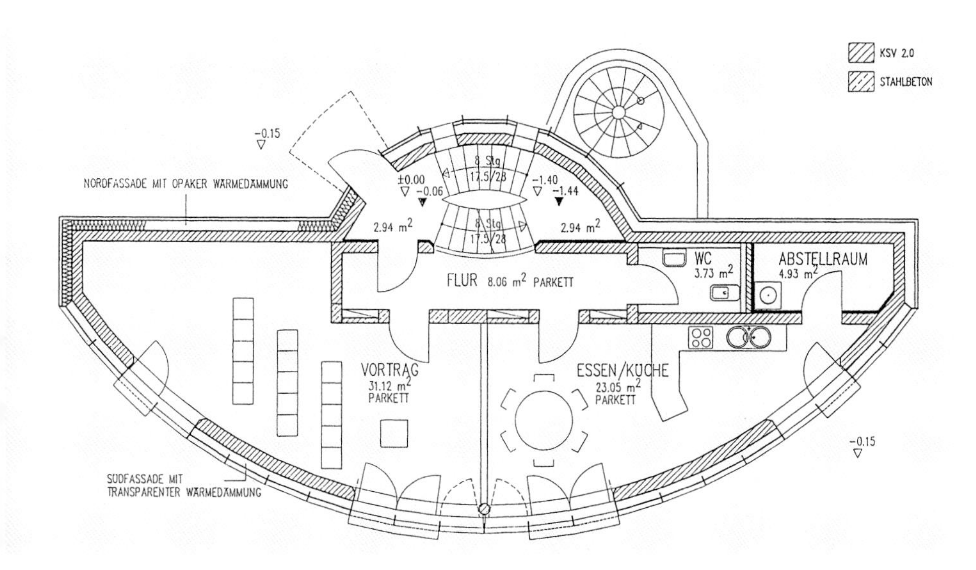

Energieautarkes Solarhaus, Grundriß Erdgeschoß: Nach Norden hin ist das Gebäude fast geschlossen, die Südfassade ist mit transparenter Wärmedämmung (TWD) und hochwertigen Verglasungen ausgestattet.

gen Medien kann ebenfalls relativ einfach und verlustarm im Haus über Leitungen verteilt und für den Winter gespeichert werden. Wärme hoher Temperatur kann auch Stirlingmotoren oder im großtechnischen Maßstab Turbinen antreiben, die Elektrizität produzieren oder mechanische Arbeit verrichten.

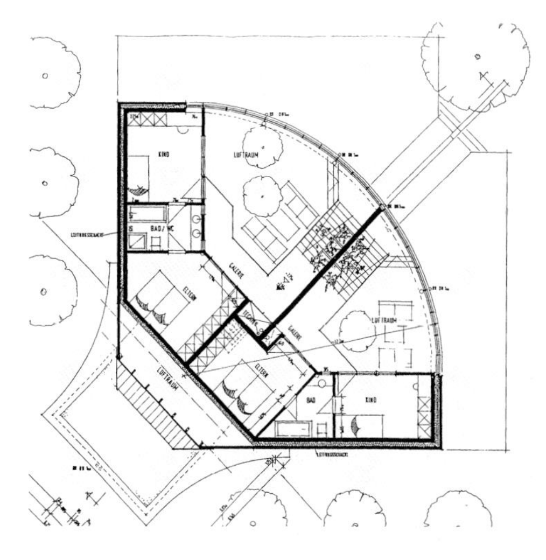

Solardiamant Nullenergiehaus, Grundriß Obergeschoß: Auch hier wurde die Nordfassade weitestgehend geschlossen, während das Haus sich nach Süden hin öffnet.

Solare Wärme aus Warmluftkollektoren

In Warmluftkollektoren wird die Strahlungsenergie der Sonne häufig von einem schwarzen Absorberblech hinter Glas erwärmt und an aufsteigende, sich erwärmende Luft abgegeben. Vorteilhaft ist, daß die Wärme in einem leicht im Gebäude zu transportierenden Medium vorliegt. Die warme Luft kann über Hypokausten in Fußböden, Decken und doppelten Wänden durch das Haus geführt werden und so zur inneren Erwärmung der Gebäudemasse – oft nur um wenige Grad – beitragen. Über Wärmetauscher geführt kann sie auch unmittelbar die Lüftungswärmeverluste ausgleichen und Frischluft vorwärmen. Wärme aus Luftkollektoren fällt meist als Niedertemperaturwärme, also auf einem relativ hohen Entropieniveau an, läßt sich aber durch das Medium Luft bei geeigneten Konstruktionen vergleichsweise gut im Gebäude verteilen und nutzen, auch um z.B. Räume auf der Nordseite zu erwärmen. Durch die Wärmeabgabe an die Gebäudemasse (z.B. bei doppelschaligen Wandkonstruktionen) kann bereits ein erheblicher Speichereffekt genutzt werden, Geröllspeicher können diesen noch um einige Tage verlängern. Über Wärmetauscher und Wärmepumpen sind sogar jahreszeitliche Speicherkonzepte bereits realisiert worden (Aerni-Fensterfabrik). Auch hinterlüftete Solarstromanlagen funktionieren bei geeigneter Konstruktion als Warmluftkollektoren. Die Möglichkeiten der solaren Kraft-Wärme-Kopplung sind bisher noch kaum ausgeschöpft worden. Eine Flächenkonkurrenz zwischen solarer Strom- und Wärmeerzeugung wäre somit hinfällig.

Solare Wärme aus Wänden mit transparenter Wärmedämmung (massiver Absorber)

Mit transparenter Wärmedämmung vor einer massiven Wand wird Raumwärme gewonnen. Die Wand selbst dient dabei als Absorber, erwärmt sich und gibt die Wärme mit einer Zeitverzögerung von einigen Stunden an den unmittelbar angrenzenden Innenraum ab. Durch die hohe Wärmekapazität von massiven Wänden kann ein Tag-Nacht-Ausgleich und eine gewisse Pufferfunktion zwischen kühlen trüben und sonnigen Tagen geschaffen werden. Der begrenzende Faktor bei TWD-Systemen ist die Überhitzung. Herkömmliche TWD-Systeme aus Kunststoff und Mauerwerk sollten vor extrem hohen Temperaturen bzw. Temperaturschwankungen geschützt werden. TWD-Systeme aus Glas sind bereits in Entwicklung. Insbesondere Nützlichkeit und Verwendbarkeit der an der Rauminnenseite anfallenden Wärme sind vorwiegend im Winter gegeben. Schon im Frühjahr und Herbst werden TWD-Systeme teilweise durch Jalousien oder andere geeignete Maßnahmen verschattet, um Raum und System vor Überhitzung zu schützen. TWD-Systeme mit massiven Wänden als Absorber liefern also Raumwärme mit einem bereits relativ niedrigen Exergie- und hohen Entropiegehalt, die vorwiegend über Strahlung und Konvektion an den unmittelbar angrenzenden Raum abgegeben wird und sich nur über die erwärmte Luft im Gebäude verteilen läßt.

Passiv-solare Wärmegewinne durch Verglasungen (Fenster, auch mit TWD, Glashäuser, Wintergärten, Atrien, Passagen)

Früher waren Wintergärten notwendig, um passiv Solarenergie zu gewinnen. Heute ist dies ohne Pufferzonen mit großen, nach Süden gerichteten Verglasungen möglich. Die Verbesserung des Wärmeschutzes bei gleichzeitig hohem Gesamtstrahlungsdurchlaß ermöglicht den unmittelbaren Solarwärmegewinn durch besonnte Verglasungen, ohne zu so hohen Wärmeverlusten wie früher zu führen. Licht und Sonnenwärme können so direkt den Hauptnutzflächen zugeführt werden. Passiv-solare Wärmegewinne fallen unmittelbar im sonnenbeschienenen Raum an. Durch Absorption der Strahlungsenergie von der Sonne erwärmen sich Fußböden und Wände. Sie geben den solaren Wärmegewinn konvektiv oder durch Wärmestrahlung wieder an den Raum ab. Die erwärmte Raumluft läßt sich begrenzt durch thermischen Auftrieb und kontrollierte Lüftung mit Wärmerückgewinnung im Gebäude weiterführen. Passiv-solare Wärmegewinne haben sicherlich das höchste Entropieniveau gewonnener Solarenergie. Mit einem Wärmeniveau knapp über der Raumtemperatur besteht keine weitere Umwandlungsmöglichkeit in andere Energieformen und nur eine sehr begrenzte Speicher- und Verteilungsmöglichkeit, da die Wärme niederer Temperatur direkt an den beschienenen Rauminnenseiten entsteht. Passive Solarenergiegewinne entfalten ihre Nützlichkeit im Moment des Sonnenscheines und wenige Stunden darüber hinaus. Kann man sie in diesem Moment nicht nutzen, da der Raum z.B. bereits warm genug ist, wandelt sich der passive Solarenergiegewinn unmittelbar in eine Wärmelast. Nicht wenige gläserne Bürobauten verwenden einen großen Teil der in ihnen verbrauchten Energie darauf, solche unerwünschten Wärmelasten unter Aufwand erheblicher Mengen der hochwertigen Energieform Strom wieder wegzukühlen. Passive Solarwärmegewinne müssen sorgfältig geplant und mit geeigneten Verschattungsmaßnahmen kombiniert werden. Glashäuser mit hochwertigen Wärmeschutzverglasungen und Rahmensystemen können heute in vielen Fällen vom Frühjahr bis zum Herbst zur Hauptnutzfläche gezählt werden. Eingebunden in angepaßte Gebäudeplanungen mit genügend großen Speichermassen und Sonnenschutzsystemen eröffnen sich zahlreiche Entwurfsvarianten für energieoptimierte Fassaden. Auch bei sogenannten „bilanzpositiven" Verglasungen mit hervorragenden k-Werten darf jedoch nicht vergessen werden, daß ungewünschte Solargewinne zu hohen Kühllasten führen können, während auch die besten und teuersten Verglasungen – ohne zusätzlichen temporären Wärmeschutz – die Dämmwerte einer opaken Wand nicht erreichen und ohne Einstrahlung (z.B. nachts) bei niedrigen Temperaturen zu Wärmeverlusten führen.

Resümee

Je hochwertiger die aus Solarenergie gewonnene Nutzenergieform, desto geringer ist ihre Entropie, und um so mehr Möglichkeiten der Verteilung, Leitung, Speicherung, Wandlung in andere Energiearten und der Nutzung der Energie stehen dann offen. Um so geringer ist im allgemeinen auch der Wirkungsgrad der Wandlung von Solarstrahlung zu Nutzenergie und um so technisch aufwendiger und teurer ist meist auch das Verfahren.

Je minderwertiger, also entropiereicher, die gewonnene Nutzenergie von der Sonne ist, desto höher sind im allgemeinen die Wirkungsgrade der Wandlung, desto weniger technisch aufwendig und desto billiger. Um so weniger Möglichkeiten der Verteilung, Leitung, Speicherung, Wandlung und Nutzung stehen aber auch offen.

Die Konsequenz für die Architektur muß eine sorgsame Abstufung und Abwägung zwischen den einzelnen solaren Nutzenergien sein. Denn es gibt offensichtlich preiswerte solare Nutzenergie mit einem hohem Wandlungswirkungsgrad, die aber nicht zu jeder Jahreszeit benötigt wird (z.B. passive Solargewinne im Hochsommer), und teure, die flexibel einsetzbar und für den Winter speicherbar ist.

Je genauer der Planer in der Lage ist, die Gewinnung solarer Nutzenergien anzupassen an

- den zeitlichen Verlauf des Bedarfes (direkte Nutzung/Speicherbarkeit)
- die benötigte Energieform (z.B. Licht, Strom, Wärme)
- die benötigte Menge
- das benötigte Temperaturniveau (z.B. Niedertemperaturheizung)
- das gewünschte Medium (Wasser/Luft)

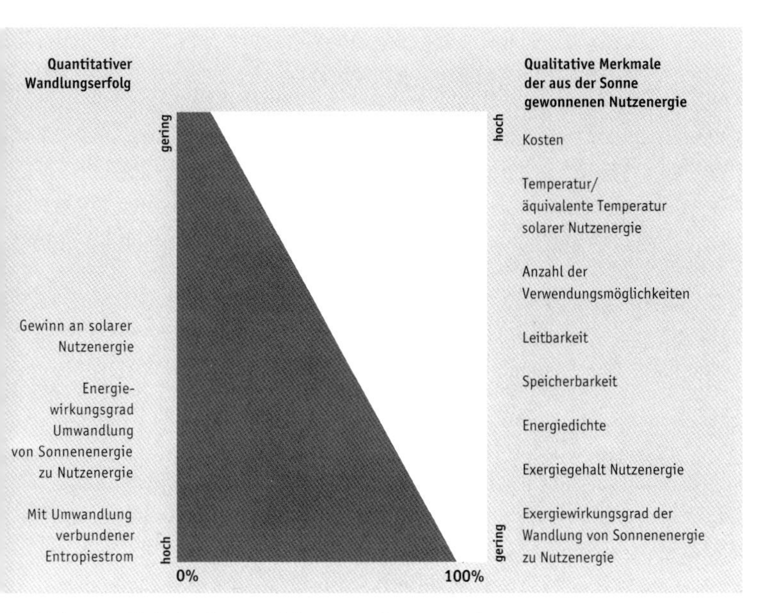

Vergleich unterschiedlicher Nutzenergieformen aus Sonnenenergie

mit desto weniger Gesamtenergieaufwand und Kosten kann er die Energiedienstleistung erfüllen, und ein desto geringerer Entropiestrom ist mit der Bereitstellung verbunden. Keinen Sinn hat es, mit solar erzeugtem Strom tagsüber elektrisches Licht zur Verfügung zu stellen, eine Energiedienstleistung, die hochwertiger, mit viel geringerem Aufwand und höherem Wirkungsgrad von einem Tageslichtsystem bereitgestellt werden könnte. Die preiswerte passive Nutzung der Sonnenenergie sollte soviel wie nützlich eingesetzt werden, aber nicht im Übermaß, da sonst unnötige Wärmelasten entstehen. Die nicht für Tagesbelichtung und passive Solargewinne benötigte Gebäudeoberfläche sollte zur Gewinnung hochwertiger wandlungs- und speicherfähiger Energieformen wie z.B. der Kraft-Wärme-gekoppelten solaren Stromerzeugung genutzt werden. Solare Nutzenergie kann um so günstiger und mit einem um so höheren Wirkungsgrad erzeugt werden, je minderwertiger die gewandelte solare Energieform im Verhältnis zur benötigten Nutzenergie ist. Wo also Niedertemperaturwärme zum Heizen benötigt wird, ist die effektivste Art der Wandlung die passive Solarenergienutzung; für trübe Wintertage hingegen benötigt man die mit geringerem Wirkungsgrad gewandelte und gespeicherte Wärme aus Sonnenkollektoren oder muß gespeicherte chemische Energie verbrennen. Die Planung solarer Gebäude sollte auf diesen Grundsätzen basierend, aber individuell und anwendungsbezogen erfolgen. Nutzung, Ort, Klima, Lage und städtebauliche Gegebenheiten sind Ausgangsbasis für die Konzeption. Entwurfsvarianten, die zunächst auf Annahmen, Erfahrung und grober Kalkulation beruhen, können dann mit dem Computer simuliert werden. Energetisches Verhalten, Belichtungssituationen und jährlicher Energieverbrauch lassen sich so genauer im voraus bestimmen. Auf diese Weise kann die Ausnutzung der Gebäudeoberfläche mit aktiven und passiven Komponenten optimiert werden.

Planungsinstrument Gebäudesimulation

Eckhard Balters, Harry Lehmann

Simulation der winterlichen Temperaturverteilung im Luftraum einer vorgelagerten Halle eines Hochhauses (Entwurf eines Bürogebäudes für die Glasfabrik Seele)

Die Notwendigkeit, Gebäude hinsichtlich ihres Energiebedarfs, Wohnkomforts und ihrer Baukosten zu optimieren, erfordert die Bereitstellung und Verbreitung entsprechender Auslegungshilfen. Geeignete Werkzeuge sind sogenannte Gebäudesimulationsprogramme, welche die energetische Optimierung des Gebäudes zu einem frühen Zeitpunkt der Planungen ermöglichen. Die Komplexität der Wechselwirkungen der inneren und äußeren Einflüsse auf ein Haus, wie Außentemperatur, Sonnenstrahlung, Wind, Verschattung, Benutzerverhalten, innere Wärmequellen, Lüftung, können mit Hilfe solcher Computerprogramme sehr genau nachgebildet werden. Durch die Auswertung dieser Simulationen wird es dem Planer überhaupt erst möglich, ein Gebäude sowohl in energetischer als auch in ökonomischer Sicht zu optimieren.

Prinzip der Gebäudesimulation

Ein Prinzip der Gebäudesimulation beruht darauf, die Geometrie und physikalische Beschaffenheit eines Hauses in ein mathematisches Modell zu übertragen. Einzelne Räume werden als räumliches Gitter aufgefaßt, wobei einzelnen Gitterpunkten bestimmte physikalische Eigenschaften wie Temperatur, Wärmekapazität oder Leitfähigkeit von Bauteilen (z.B. Wänden) oder Systemkomponenten (z.B. Heizung) zugeordnet werden. Das thermische Verhalten eines Gebäudes, die zeitliche Veränderung seiner Energieströme, wird somit durch eine Art elektrisches Netzwerk dargestellt, in dem k-Werte z.B. als Widerstände und Wärmekapazitäten als Kondensatoren aufgefaßt werden. Die aus seiner Umgebung auf ein Gebäude einwirkenden Einflüsse wie Solarstrahlung, Wind, Benutzerverhalten usw. werden wie äußere Störgrößen betrachtet, die das Verhalten dieses Netzwerkes maßgeblich beeinflussen. Die Übertragung des Systems in ein bekanntes mathematisches Modell, hier ein elektrisches Netzwerk, hat den Vorteil, daß für die Berechnung solch komplexer Vorgänge bereits genügend Berechnungsalgorithmen und -verfahren zur Verfügung stehen, die zuvor in anderen naturwissenschaftlichen Gebieten entwickelt und eingesetzt wurden. Zur Vereinfachung solcher Modelle kann die Anzahl der Gitterpunkte oder Knoten reduziert werden, d.h. mehrere Knoten werden zu einem Knotenpunkt zusammengefaßt. Daraus folgt, daß das Gebäude nicht mehr so detailliert beschrieben werden muß wie bei einem Modell, das die physikalischen Eigenschaften durch eine entsprechend hohe Anzahl Knotenpunkte exakter darstellen kann, somit aber auch mehr Eingabedaten erfordert. Anschaulich gesehen, führt eine Modellvereinfachung dazu, daß nicht jedes Bauteil oder jeder Raum eines Gebäudes einzeln dargestellt wird, sondern z.B. mehrere Räume und deren physikalische Eigenschaften zu Zonen zusammengefaßt werden. Man unter-

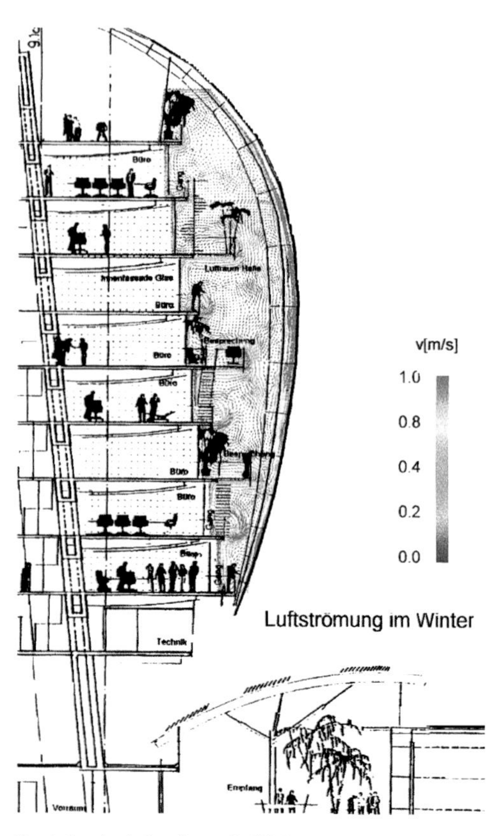

Simulation der Luftströmung im Winter

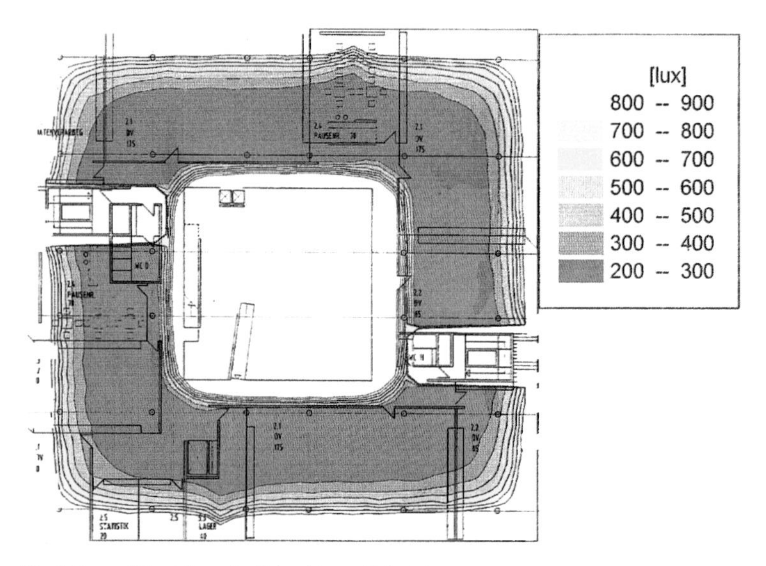

Simulation und Darstellung der Beleuchtungsstärke bei bedecktem Himmel für das Gebäude des Landesamtes für Statistik und Datenverarbeitung in Schweinfurt

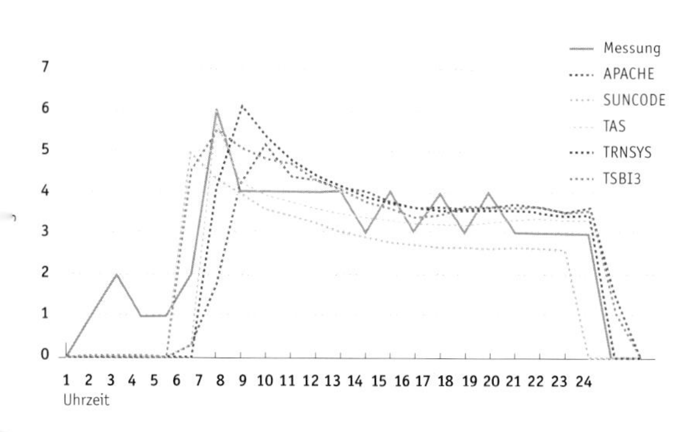

Berechnung der Heizlast einer Zone des ISFH-Testgebäudes am 15. Januar 1994

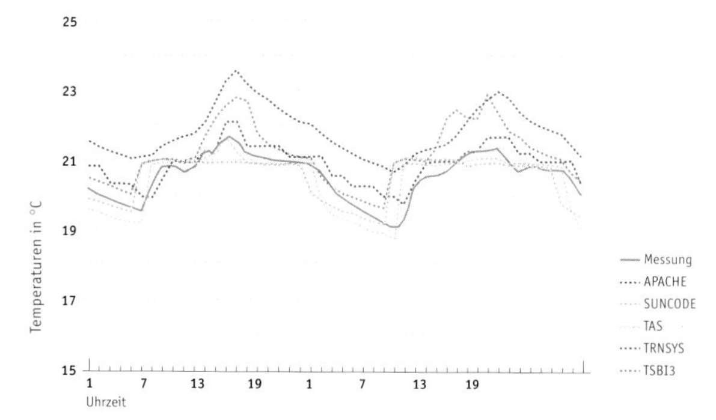

Profil der Rauminnentemperatur eines Raumes des ISFH-Testgebäudes am 1. und 2. April 1994

scheidet daher in Ein- und Mehr-Zonen-Modelle. Diese Vereinfachungen sind insoweit zulässig, als sich daraus keine gravierenden Fehler bei der Berechnung ergeben.

Simulationsprogramme unterscheiden sich nicht nur in der Komplexität ihrer verwendeten mathematischen Modelle, sondern auch in der Art, wie die Energiebilanz des Hauses berechnet wird. Hier unterscheidet man zwischen dynamischer und statischer Simulation. Eine dynamische Simulation berücksichtigt alle zeitlich veränderlichen, d.h. instationären Vorgänge während eines Zeitraumes wie z.B. Aufheiz- und Abkühlphasen, wechselnde Wetterbedingungen oder das Betriebsverhalten der Anlagentechnik. Statische Simulationen berechnen den Energiehaushalt eines Gebäudes hingegen nur für den Gleichgewichtszustand an einem Zeitpunkt. Heutige Simulationsprogramme bieten eine Vielzahl von Möglichkeiten, ein Gebäude energetisch zu optimieren. Hierzu zählt die Berechnung jährlicher und monatlicher Energiebilanzen von Heizenergiebedarf, solaren Gewinnen, Gewinnen durch Geräte und Personen, sowie von Transmissions- und Lüftungsverlusten.

Des weiteren besteht die Möglichkeit, detaillierte Aussagen über das Betriebsverhalten der Anlagentechnik, z.B. der Heizung oder Kühlung, zu machen. Durch Analyse von Stundenwerten kann eine optimale, auf das Benutzerverhalten exakt zugeschnittene Anlagenauslegung erfolgen. Die Stundenwerte von Rauminnentemperatur, der Luftfeuchtigkeit oder der Wandoberflächentemperatur geben dem Planer die Möglichkeit, das Raumklima und den Wohnkomfort innerhalb eines Raumes zu bewerten und somit schon im Planungsstadium etwaigen Problemen wie Feuchtigkeitsschäden durch Tauwasserbildung oder dem sogenannten „Sick-building-Syndrom" vorzubeugen. Beispielhaft ist in Abbildung 3 das Abkühl- und

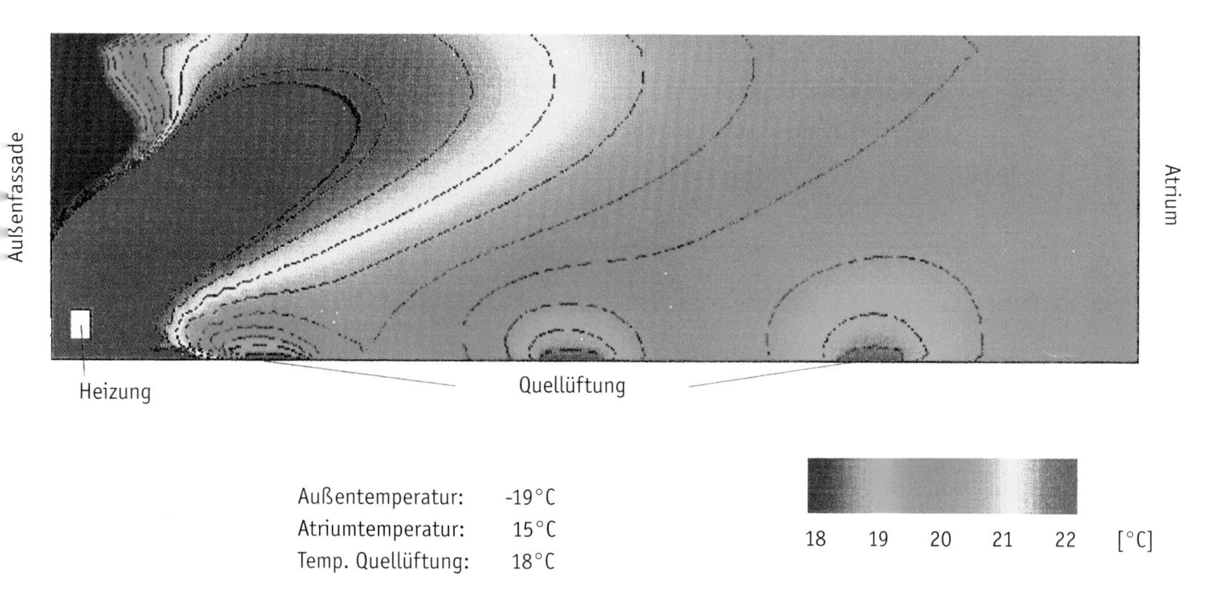

Graphische Darstellung der simulierten Temperaturverteilung für ein Großraumbüro, bei dem als einzige Wärmequelle Heizkörper in Fassadennähe eingesetzt werden (für das Landesamt für Statistik und Datenverarbeitung Schweinfurt).

Aufheizverhalten während eines Winterwochenendes dargestellt.

Immer mehr Beachtung finden Simulationsprogramme bei der Lichtplanung von Gebäuden. Insbesondere im Bereich von Verwaltungs- und Bürogebäuden wird in der letzten Zeit auf eine optimierte Tages- und Kunstlichtplanung Wert gelegt. Mit Hilfe von Simulationen wird es möglich, die Lichtverteilung innerhalb von Räumen zu berechnen. Somit kann zum einen der Energiebedarf für künstliche Beleuchtung minimiert und zum anderen die Lichtverteilung in bezug auf die physiologischen Bedürfnisse des Nutzers optimiert werden. Neben diesen energietechnischen Gesichtspunkten können Gebäude zudem auch visuell dargestellt werden. Hierbei kann der Bauherr oder Planer bereits vor Baubeginn seinen Entwurf wirklichkeitsnah auf dem Bildschirm begutachten und durch den somit gewonnenen Einblick entscheiden, ob und welche baulichen Veränderungen noch vorgenommen werden sollen. Die Auswertung aller Simulationsergebnisse führt zu einer Bewertung der verschiedenen Baumaßnahmen und ermöglicht dem Planer, ein Optimum zwischen Energieeinsparung und Kostenaufwand zu finden.

Simulationsprogramme

Die Vielzahl der auf dem Markt erhältlichen kommerziellen, wissenschaftlichen und „Public domain"-Programme erschwert es dem „Einsteiger in die Welt der Simulationen" erheblich, die richtige Auswahl zu treffen, welches Programm für seinen jeweiligen Anwendungsfall das geeignete ist. Nicht immer ist es nötig, ein überaus komplexes, dynamisches und damit schwer zu erlernendes Programm zu kaufen, welches auf fast alle Fragen eine Antwort geben kann. Oftmals genügt schon ein einfacheres, statisches Programm, um relativ grobe, aber dennoch ausreichend genaue Aussagen z.B. bezüglich des jährlichen Energiebedarfs zu treffen. Sollen aber Detailbetrachtungen an einem Gebäude, z.B. das sommerliche Überhitzungsproblem bei Glasbauten, durchgeführt werden, ist ein dynamisches Simulationssystem, das die Untersuchung von stündlichen Werten ermöglicht, unerläßlich.

Um Licht in das Dunkel der Programmangebote zu bringen, werden Studien im In- und Ausland durchgeführt. Neben einer Marktübersicht erfolgt hier auch die Bewertung der Bedienerfreundlichkeit, der Leistungsfähigkeit, der Anwendungsmöglichkeiten und des Preis-Leistungs-Verhältnisses. Zur weiteren Beurteilung der Programme werden zudem Programmvergleiche durchgeführt. Hierbei werden die Berechnungsergebnisse der einzelnen Programme für unterschiedliche Gebäude-

Vergleich der untersuchten Simulationsprogramme aus dem Forschungsprojekt SOPASIM, von Harry Lehmann (Uhl Data, Aachen) im Rahmen der AG Solar NRW

Programm	Programmtyp Gebäudemodell	Einsatzmöglichkeiten zeitliche Auflösung	Bearbeitungs-aufwand	Preis
APACHE	dynamisch/ Mehrzonen	Gebäude- und Anlagenauslegung nach britischen Standards; Stundenwerte	≥ 2 Tage	ca. 6.600,– DM
EPASS 3.1	statisch/ Ein-Zonen	Energieanalyse nach WschVo '95; Jahresbilanzen	ca. 1 Tag	ca. 395,– DM
ESP-R	dynamisch/ Mehrzonen	detaillierte Gebäude- und Anlagenauslegung; Stundenwerte	≥ 2 Tage	kostenlos für Forschung
LESOSAI-X	statisch/ Ein-Zonen	Energieanalyse nach Schweizer Norm SIA 380; solar-pass. Komponenten; Monatsbilanz	ca. 1 Tag	ca. 1.000,– DM
SUNCODE	dynamisch/ Mehr-Zonen	Gebäudeoptimierung; solar-pass. Komponenten; Stundenwerte	≥ 2 Tage	ca. 4.500,– DM
TAS	dynamisch/ Mehr-Zonen	detaillierte Gebäude- und Anlagenoptimierung; Module f. reg. Energiesysteme; Stundenwerte	≥ 2 Tage	ca. 24.000,– DM
THERMOTEKT	statisch/ Ein-Zonen	Energieanalyse nach EN-832; Wärmeschutznachweis nach WSchVo '82, Monatsbilanzen	ca. 1 Tag	ca. 280,– DM
TRNSYS	dynamisch/ Mehr-Zonen	detaillierte Gebäude- und Anlagenoptimierung; Module f. reg. Energiesysteme; Stundenwerte	≥ 2 Tage	ca. 7.000,– DM
TSBI	dynamisch/ Mehr-Zonen	detaillierte Gebäude- und Anlagenoptimierung; Stundenwerte	≥ 2 Tage	ca. 7.500,– DM

ypen und -varianten bewertet. Dabei werden Jahres- und Monatsbilanzen von Heizenergiebedarf, solaren und internen Gewinnen, Lüftungsverlusten usw. gegenübergestellt. Zudem werden aber auch Detailbetrachtungen von stündlichen Berechnungsergebnissen dynamischer Simulationsprogramme angestellt. Vergleicht man die Ergebnisse miteinander, so zeigen sich zwar Unterschiede; allerdings muß hier deutlich betont werden, daß alle Programme hinreichend genau arbeiten und es nur durch den Einsatz solcher Systeme möglich ist, Gebäude in energetischer und ökologischer Sicht zu optimieren.

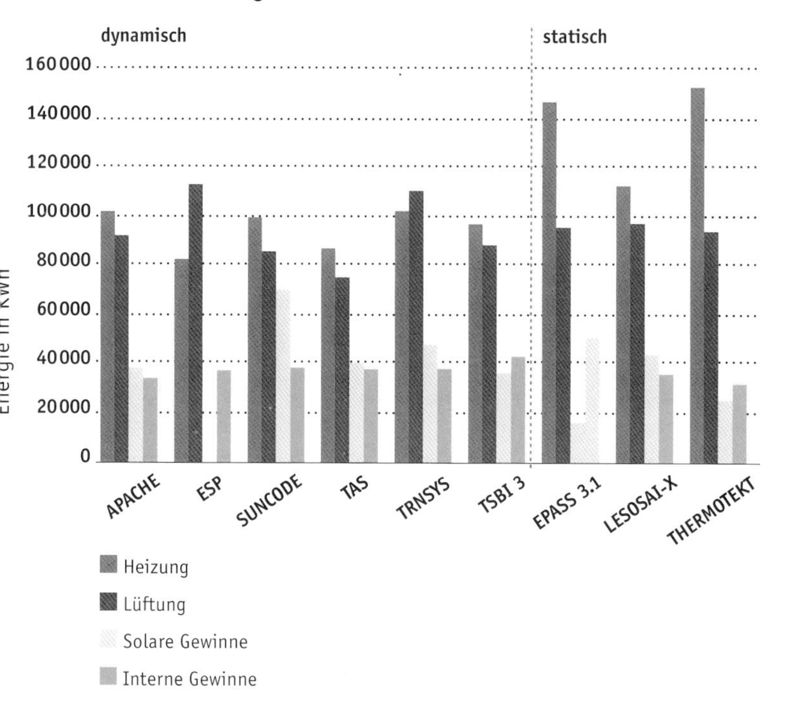

ahressummen von Verlusten und Gewinnen verschiedener Programme

Gebäudeanalyse durch Thermografie

Ralf Bürger

Die Empfindlichkeit des menschlichen Auges läßt die Lokalisierung von Infrarotquellen nicht zu. Infrarotstrahlung ist langwellige Wärmestrahlung. Die Wellenlänge für das sichtbare Licht, also für den Empfindlichkeitsbereich des menschlichen Auges, beträgt 0,790 µm bis 0,390 µm. Die Infrarotkamera ermöglicht uns die für das menschliche Auge nicht sichtbare Infrarotstrahlung mit einer Wellenlänge zwischen 3 µm–5 µm bzw. 8 µm–12 µm zu erfassen. Es gibt die Möglichkeit, Thermografien mit thermisch empfindlichen Spezialfilmen als Fotografie zu erzeugen, doch wird dieses Verfahren heutzutage kaum noch angewandt. Für genaue thermografische Messungen stehen heute speziell für diesen Zweck entwickelte Videokameras zur Verfügung, die das Infrarotbild mit optisch empfindlichen Halbleiterchips direkt elektronisch erzeugen. Sie können Temperaturdifferenzen von 0,1 K erfassen. Die Wärmestrahlung wird in der Kamera in ein digitales Bildsignal umgesetzt, das als Bilddatei im Computer z.B. für die Energiebedarfsrechnung weiterverarbeitet werden kann. Die Nutzung von Thermogrammen ist bei der Bauzustandsbeschreibung und Systembewertung von besonderer Bedeutung: Mit der Thermografie können die Energieverluste von Gebäuden sichtbar gemacht werden. Bei Gebäuden ist häufig verdeckte, durch Bauschäden verursachte Feuchtigkeit Ursache eines erhöhten Wärmeverlustes, da Wasser Wärme um ein Vielfaches (Faktor 25) besser leitet als Luft. Es können Temperaturmeßbereiche von -20°C bis +400°C (externer Bereich bis 1.500°C) bewertet werden. Die Temperaturermittlung dient als Hilfsgröße bei der nachträglichen Bestimmung des k-Wertes von Gebäuden.

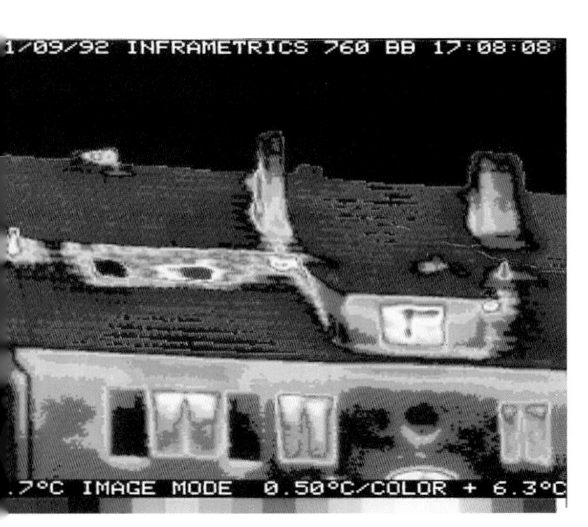

Die Aussagekraft einer Infrarotaufnahme
Wir sehen hier ein Haus mit typischen Fehlern in Dach-, Fenster- und Wandbereich. Eine gleichmäßige Wärmeverteilung in den Wänden kommt selten vor. Grund hierfür ist der komplexe Aufbau der Wand- und Gebäudekonstruktionen, die den Wohninnenbereich vor Umwelteinflüssen schützen sollen. Innenraum, Wände und die „Umwelt" sind als voneinander abhängige Systeme wirksam und führen in ihrer Wechselwirkung zur sichtbargemachten Wärmeabstrahlung des Gebäudes. Je wärmer der Innenraum, je kälter der Außenraum und je höher die Wärmeleitfähigkeit der Außenwand, um so größer ist die Wärmeabstrahlung. Bei der Bildbewertung müssen drei voneinander abhängige Systeme in ihrer Dynamik bewertet werden. Wir betrachten einen Wärmefluß von Zimmer, Wohnung und Hausinnenraum über die thermischen Trennschwellen, z.B. Wand, Fenster und Tür, und von hier zur Umwelt. Die Gebäudehülle setzt dem sofortigen Energieabfluß aus dem Innenraum an die Umwelt einen „Wärmefluß-Widerstand" entgegen, der sich im k-Wert bemißt. Je größer der Wärmefluß-Widerstand ist, desto kleiner ist der k-Wert, der Wärmedurchlaßkoeffizient einer Konstruktion. Je geringer er ist, desto langsamer kann die Wärme aus dem Innenraum abfließen, und wir sehen eine um so kältere Farbe auf der Thermografie.

Die Klimabedingungen für eine Messung

Der Einsatz einer Infrarotkamera in der Natur ist stark wetterabhängig. Die klimatischen Bedingungen werden durch das Untersuchungsziel und -objekt selbst definiert. Für die thermische Bewertung von Gebäuden muß etwa trockenes und kaltes Wetter herrschen, um mit der Thermografie vergleichbare und verwertbare Daten für energetische Gebäudeanalysen zu bekommen. Daher sind für die Infrarotaufnahme von Gebäuden folgende Rahmenbedingungen vorgegeben:

- Eine Infrarotaufnahme sollte prinzipiell in den Nachtstunden erfolgen, um zu verhindern, daß reflektierte Sonnenstrahlung (Streulicht) das Strahlungsbild des Gebäudes verändert.
- Innerhalb der letzten 12 Stunden darf kein Regen aufgetreten sein, da Feuchtigkeit die Wärmeleitfähigkeit der Gebäudehülle verändert.
- Es muß möglichst windstill sein, um dynamische Strömungen an der Gebäudeoberfläche zu vermeiden.
- Die Außentemperatur muß im Verhältnis zur Innentemperatur eine Temperaturdifferenz von mehr als 15 K aufweisen.
- Am Tag zuvor sollte nach Möglichkeit keine Sonneneinstrahlung länger als zwei Stunden auf das Gebäude erfolgt sein.
- Glasflächen haben die Eigenschaft, Strahlung zu reflektieren, daher werden vor der Aufnahme die Glasflächen mit einer schwarzen Alufolie belegt, die über einem Wasserfilm auf dem Fenster aufgebracht wird. So können durch Reflexionen verursachte Fehlinterpretationen vermieden werden.

Wie den geschilderten Bedingungen zu entnehmen ist, sind bei der Bewertung von Gebäuden die Monate November bis Februar die günstigsten, die warme Zeit ist nur in speziellen Fällen geeignet, wenn z.B. Kühlhäuser bewertet werden sollen.

Aufnahme und Bilderzeugung bei einer Infrarot-Video-Kamera

Bei der für das Medienprojekt „Solararchitektur für Europa" verwandten Kamera Inframetrics 760 gelangt die körpereigene Infrarotstrahlung des zu untersuchenden Objektes über eine Germaniumoptik auf einen durch einen Motor beweglichen Spiegel. Dieser projiziert den eingefangenen Infrarotstrahl auf einen bis auf -72°C abgekühlten Halbleiterchip. Die Kühlung erfolgt durch einen integrierten Stirling-Kühler, der innerhalb von ca. 5 Minuten die für die Aufnahme erforderlichen -72°C realisiert. Die Stromstärke bei der punktuellen Flächenabrasterung des Halbleiterchips ist von der Wellenlänge der durch den Spiegel zugeführten IR-Strahlung abhängig. Je kurzwelliger die einfallende Infrarotstrahlung ist, desto wärmer ist as Objekt. Der Halbleiterchip erzeugt eine der jeweiligen Wellenlänge entsprechende Spannung, die auf dem Monitor als Farbbild erscheint.

Die Informationsverarbeitung eines digitalen Infrarotbildes

Die so entstandenen Bilder können an einem in die Kamera integrierten LCD-Bildschirm in Schwarzweiß, aber auch in Farbe betrachtet werden. Die Farbzuordnung erfolgt analog zur Temperatureinstufung, d.h. die Farbe Weiß entspricht dem höchsten und Schwarz dem niedrigsten darzustellenden Energieabstrahlwert. Der ungeheizte Kirchturm ist das kälteste Objekt, während der dazugehörige Glasbau on Egon Eiermann starke Wärmeabstrahlung aufweist.

Wir betrachten das Bild mit der Gedächtniskirche und erkennen im Kopf des Bildes und im Fußbereich Angaben, die bei der Auswertung von Thermografien von Bedeutung sind. Die Kopfzeile gibt Auskünfte zum Aufnahmedatum, zum Kameratyp und zur Aufnahmezeit. In der Fußzeile erhalten wir Angaben zu der gewählten arbpalette und dem am Untersuchungsobjekt vorliegenden Temperaturintervall. Die gewählte Farbskala wird mit ihren Unterteilungen abgebildet, wobei der dargestellte Energieabstrahlwert von links nach rechts höher, also wärmer wird. In unserem Beispiel wurde eine Farbpalette mit 20 Farbtönen ausgewählt. Sie bildet ein Temperaturintervall von 10 Grad Kelvin ab, das von -5,8°C bis +4,2°C reicht. eder Farbsprung in der Farbpalette stellt also eine Temperaturänderung von 0,5 Grad Kelvin dar. Der kälteste Bereich in unserem Bild wird durch die Farbe Blau und der wärmste mit den Farben Rot und Braun charakterisiert. Wir können somit über die Farbanalyse Aufschlüsse hinsichtlich der Wärmeverteilung an der Oberfläche unseres Untersuchungsobjektes gewinnen. Zusammen mit den Informationen über Innen- und Außentemperatur können durch die Thermographie Bewertungen von Wärmeverlusten erfolgen. Die Abstrahlungsspezifik des zu untersuchenden Objektes kann an der Kamera vor der Messung gesondert eingegeben werden.

Die Daten können nun auf verschiedene Weise erfaßt und ausgewertet werden. Das digitale Bildsignal wird von der Halbleiteroptik der Kamera unmittelbar an die um System gehörende Datenverarbeitung weitergeben und von dieser an den Bildchirm. Durch eine spezielle Bildverarbeitungssoftware ist es möglich, die im Bildkopf und Fußteil vorhandenen Daten aktiv in die Bilddarstellung einzubeziehen. Es ist so möglich, das Temperaturintervall und die Temperaturstufen, die betrachtet werden sollen, zu bestimmen und den Temperaturstufen eine beliebige Farbskala zuzuordnen. Die Temperaturauflösung beträgt bei einem Intervall von 30 K ca. 0,1 K; für die Darstellung stehen 8 Farbpaletten mit bis zu 20 verschiedenen Farben ur Verfügung. Noch vor Ort kann so die aussagekräftigste Darstellung gewählt werden. Bei nichtbewegten Objekten können bis zu 16 Bilder elektronisch überlagert werden, um das Ausgangsbild zu erzeugen; bei beweglichen Objekten werden bis zu 4 Bilder übereinanderprojiziert. Dieser Verfahrensschritt sichert eine hohe Bildqualität für jedes einzelne Bild. Zur Auswertung der Bilddaten in einer Rechnersimulation können die Daten auf einer Diskette für die weitere Datenverarbeitung entnommen werden. Mit einem angeschlossenen Videoprinter ist es auch innerhalb von ca. 3 Minuten noch vor Ort möglich, einen Ausdruck des Bildes zu erstellen, welches im LCD-Monitor erscheint.

Thermografie der Berliner City mit Gedächtniskirche

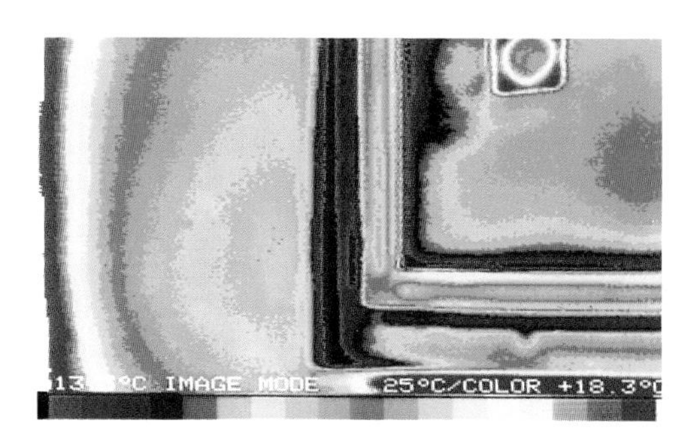

Thermografie eines Fensters mit aufgeklebter Alufolie als Hilfskonstruktion

Tageslichttechnik

Christian Bartenbach und Alexander Huber

Von der künstlichen Beleuchtung zur Tageslichtplanung

Die optimierte Tageslichtführung vermeidet das überflüssige Einschalten künstlicher Beleuchtung und spart so Strom. Zusätzlich erhöht das Arbeiten bei Tageslicht das Wohlbefinden. Selbst bestehende Büroräume können mit innovativer Fassadentechnik saniert werden. So ist bei vollverglasten Großraumbüros aus den siebziger Jahren häufig der Fall aufgetreten, daß bei strahlendem Sonnenschein der Sonnenschutz – oft innenliegend – heruntergezogen war, während innen künstliche Beleuchtung brannte. Der durch Kunstlicht und Wärmeentstehung an der innenliegenden Jalousie entstehenden Überhitzung wurde durch Kühlung aus der Klimaanlage abgeholfen. Ein stromfressender Kreislauf, der durch verbesserte Tageslichtführung verhindert werden kann. Stufenlos in ihrer Leuchtstärke regulierte künstliche Beleuchtung kann das jeweilige Tageslichtniveau zur gewünschten Beleuchtungsstärke ergänzen. Tageslichtsysteme können in alle solaroptimierten Fassaden integriert werden. Von der klassischen Jalousie aus hochreflektierenden Metalllamellen über Kunststoffprismen bis hin zu holographischen Lichtlenksystemen und Heliostaten sind die unterschiedlichsten technischen Lösungen heute realisierbar. Modellsimulationen helfen dabei, im voraus zu bestimmen, welche Maßnahmen sinnvoll sind, um das gewünschte Tageslichtniveau zu erreichen. Im künstlichen Himmel können computergesteuerte Lampen die Himmelszustände exakt wiedergeben. Eine künstliche Sonne läßt Belichtungsstudien im Wechsel der Jahres- und Tageszeiten zu. So können von der gegenseitigen Gebäudeverschattung im städtebaulichen Modell bis hin zu Tageslichtsimulationen von Modellen im Maßstab 1:50 genaueste Studien getrieben werden, die nicht nur mathematischen Reiz haben, sondern auch gestalterisch interessant sind. Ein Versuch mit dem Modell kann auch zahlenmäßig ebenso genauen Aufschluß geben wie eine Computersimulation, denn über kleine Meßpunkte im Modell läßt sich die Belichtungssituation sehr gut erfassen, sogar Videoaufnahmen des im künstlichen Himmel beleuchteten Modells können mit dem Computer anschließend ausgewertet werden und so über die zukünftigen Tageslichtqualitäten von Innenräumen Aufschluß geben.

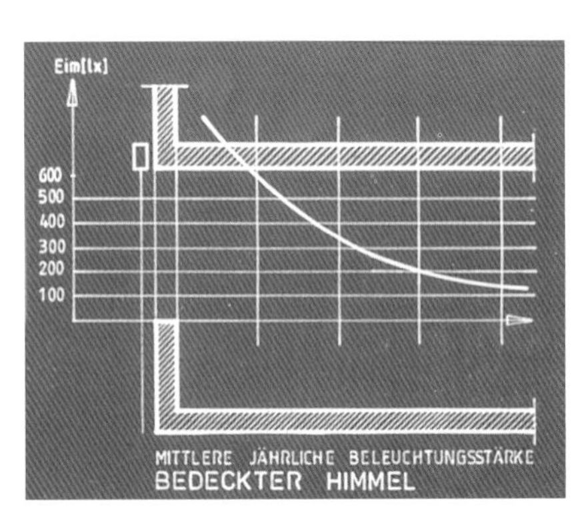

Bild 1: **Mittlerer jährlicher Beleuchtungsstärkeverlauf bei bedecktem Himmel in einem konventionellen Büroraum ohne Lichtlenksystem: Die für Büronutzungen mindestens erforderliche Leuchtstärke von 200 Lux wird schon nach drei Metern Abstand von der Fassade unterschritten.**

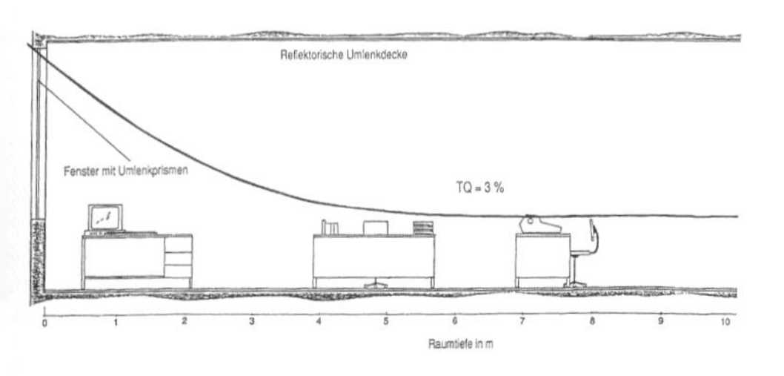

Bild 2: **Tageslichtverlauf bei einem Büro mit Lichtlenksystem: Bis in eine Raumtiefe von 10 Metern wird ein Tageslichtquotient von TQ = 3% erreicht. Dies entspricht bei der normierten mittleren Beleuchtungsstärke des bedeckten Himmels von 10.000 Lux der empfohlenen Beleuchtungsstärke von 300 Lux.**

Bild 3: **Belichtungsstudie am Modell eines Büroraumes**

Empfohlene Tageslichtmengen

bezogen auf den bedeckten Himmel mit einer mittleren Beleuchtungsstärke von 10.000 Lux

Nutzung	Empfohlene Tageslichtmenge
Büroraum	2–4% = 200–400 lx
Gruppenraum	3–4% = 300–400 lx
Werkstätten	6–8% = 600–800 lx
Ausstellungsraum	4–10% = 400–1000 lx

Grundlegende Prinzipien

Die Tageslichttechnik hat zur Aufgabe, im Rahmen unterschiedlichster Gebäudekonzepte einen maximalen Tageslichtkomfort für die jeweiligen Nutzungen zu ermöglichen. Die Erstellung von Tageslichtkonzepten ist sowohl für Neubauten als auch bei der Sanierung von Gebäuden sinnvoll. Neue Methoden der Lichtführung und innovative Lichtlenksysteme erlauben fast grenzenlose Möglichkeiten, mit dem Licht zu spielen. Das technische Spektrum des heute Machbaren erschließt den Weg für neuartige Lichtkonzepte. Ihre Anwendung finden Lichtkonzepte vorwiegend in Nutzungsbereichen, bei denen besondere Anforderungen an die Belichtung gestellt werden. Hierzu zählen zum Beispiel Büroräume, in denen Computer benutzt werden

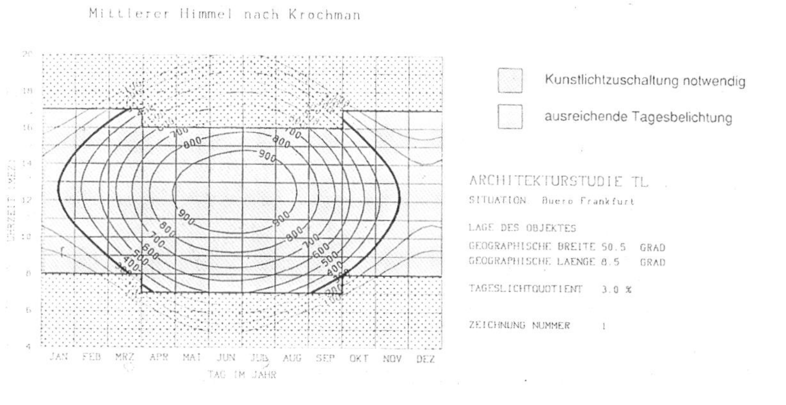

Bild 4: **Exemplarische Untersuchung der Beleuchtungsstärke im tages- und jahreszeitlichen Verlauf. Der mittlere Bereich markiert die Einschaltzeiten des Kunstlichtes. Die Trennungslinie verläuft bei TQ = 3%.**

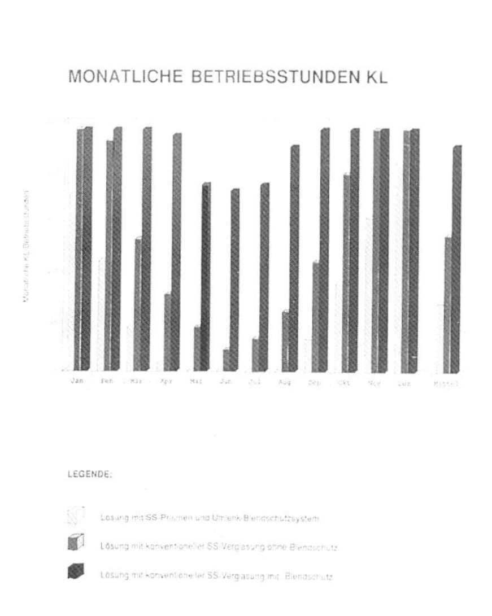

Bild 5: **Jahresverteilung des Energieaufwandes, der notwendig ist, um einen Tageslichtquotienten von 3% zu erzielen, mit und ohne Lichtlenkung**

und blendfreies Licht vorhanden sein soll, da sowohl Spiegelungen auf dem Bildschirm als auch zu große Helligkeitskontraste die Augen anstrengen. Ganz neue Möglichkeiten eröffnet die gezielte Tageslichtlenkung für Raumkonstellationen, die bisher nur schwer oder partiell mit Tageslicht versorgt werden konnten. Große Raumtiefen, wie sie z.B. in Großraumbüros, Geschäftsräumen und Produktionsstätten vorkommen, können heute mit Lichtlenksystemen in Tiefen bis zu über zehn Metern von der Fassade in der für Arbeitsplätze erforderlichen Qualität mit Tageslicht versorgt werden. Um eine optimale Tageslichtbeeinflussung zu gewährleisten, wird das klassische „Fenster" im Rahmen der Lichtplanung in seinen Funktionen analysiert und in funktionsbezogene Bereiche geteilt. Obere Fensterbereiche werden als „Tageslichtöffnung" definiert und in dieser Hinsicht technisch optimiert, während z.B. der mittlere Bereich für den freien Ausblick transparent bleibt und die Belüftung möglicherweise durch separate Fassadenöffnungen gelöst wird. Je nach Raumnutzung und Raumtiefe muß die Tageslichtöffnung überlegt und bestimmt werden. Die folgenden Kriterien zeigen die umfassenden Ansprüche an eine Tageslichtöffnung:

Tageslichtmenge und Tageslichtverlauf
Sonnenschutz
Blendschutz und Wahrnehmung
Bezug nach außen
Energiebilanz

Aufgrund der bekannten Raumnutzung können die Forderungen an die nötige Tageslichtmenge und den Tageslichtverlauf formuliert werden. Unter dem Begriff Tageslichtmenge versteht man den Tageslichtquotienten (TQ in %) – das ist das Verhältnis der Außenbeleuchtungsstärke zur Innenbeleuchtungsstärke. Unter dem Begriff Tageslichtverlauf versteht man die Verteilung des Tageslichtes, bezogen auf die Raumtiefe.

Tageslichtverlauf bei einem typischen Büroraum – mit und ohne Lichtlenkung

Wir untersuchen zunächst das Kriterium der Tageslichtmenge und deren Verteilung im Raum am Beispiel eines seitenbelichteten Büroraumes. Die notwendige Quantität des Tageslichtes für Büroarbeiten soll im Arbeitsbereich TQ = 3% betragen. Bild 1 zeigt den Schnitt durch einen konventionellen Büroraum. Die Lichtverläufe sind typisch für ein Seitenfenster, wobei im Bereich der Arbeitszone ein TQ von 3% als Lichtmenge vorhanden ist. In Fensternähe erhält man zuviel Licht, im hinteren Bereich zu wenig. Durch die Anwendung von geeigneten optischen Umlenkkomponenten ist es möglich, das Licht in Fensternähe zu reduzieren und in den hinteren Raumbereich zu lenken. Dadurch wird die Verteilung des Lichtes

Bild 6: **Lichtlenkprisma aus Plexiglas**

Bild 7: **Spiegelnde Umlenkreflektoren mit Lochung**

konstant, die visuelle Leistung wird mit ausgeglichener Leuchtdichteverteilung verbessert, und der gesamte Raum kann somit als Arbeitszone genutzt werden. Es ist sogar möglich, wie Bild 2 und 3 zeigen, die Helligkeit von TQ = 3% auf eine Raumtiefe von 10 m auszudehnen (bei Raumhöhen von 3–3,5 m).

Die Beleuchtungsstärke eines exemplarischen Büroraumes im Tages- und Jahresverlauf ist Bild 4 zu entnehmen. Sobald die Beleuchtungsstärke den gewünschten Wert von TQ = 3% erreicht hat, kann das Kunstlicht abgeschaltet werden. Dies bedeutet eine wichtige Energieeinsparung und im Sommer eine Reduzierung der Kühllast. Das Bild 5 zeigt, über den Jahresverlauf betrachtet, den Energieaufwand für Kunstlicht, der nötig ist, um einen Tageslichtquotienten von 3% zu erzielen. Daraus geht hervor, daß bei einem Normalbüro (Breite = 4 m, Tiefe = 5 m) mit Lichtumlenkung ein zusätzlicher Energieaufwand für Kunstlicht von 25% besteht, während sich beim konventionellen Fenster, unter Einbeziehung des Sonnenschutzes, der zusätzliche Energieaufwand für Kunstlicht auf ca. 70–80% erhöht.

Lichttechnische Systeme sollen unterschiedliche Aufgaben erfüllen. Die zwei Hauptaufgaben von Tageslichtsystemen sind der Schutz vor direktem Sonnenlicht und die Umlenkung des Lichtes in tiefere Raumbereiche. Hierzu sind verschiedene technische Komponenten entwickelt worden, die in wechselnder Kombination auch miteinander verwandt werden. Bei vielen Anwendungen, z.B. im Bürobereich, werden Prismen zum Sonnenschutz und Lichtlenksysteme in einem Element miteinander kombiniert.

Bild 8: **Sonnenschutzprisma aus Plexiglas: Die direkte Sonnenstrahlung wird durch einen roten Laserstrahl dargestellt. Deutlich läßt sich das Prinzip der Totalreflektion erkennen. Nur das diffuse (weiße) Licht transmittiert das Prisma, gebündelt und mit leicht verändertem Strahlungswinkel.**

Lichtlenkung

Die Lichtumlenkung kann mit verschiedenen Techniken realisiert werden. Es stehen hier reflektorische und prismatische Systeme zur Verfügung. Bild 7 zeigt die reflektorische Lichtumlenkung mit spiegelnden Umlenkreflektoren. Sie bestehen aus hochglänzenden Metallamellen, die zur besseren Durchsicht mit einer Lochung versehen sind, so daß interessante Lichteffekte entstehen und der Bezug nach außen gewahrt bleibt. Solche Umlenkreflektoren werden auch häufig als Jalousien aus hochreflektierendem Aluminium ausgeführt.

Das Bild 6 zeigt ein Lichtlenkprisma aus Plexiglas. Man sieht, wie das von rechts waagerecht einfallende diffuse Licht schräg nach oben gelenkt wird. Spezielle Decken aus entweder weißen oder spiegelnden Materialien verteilen das Licht dann im Raum.

Sonnenschutz

In der Realisierung der Tageslichtführung stellt der Sonnenschutz ein wesentliches Kriterium dar. Die am meisten verwendeten Sonnenschutzsysteme beruhen auf dem Prinzip der Abschattung. Damit wird beim Wirksamwerden des Sonnenschutzes durch die Abschattung auch fast im gleichen Maße das Licht reduziert, so daß bei Sonnenschein das Fenster abgedunkelt und das Kunstlicht in Betrieb genommen wird. Um diesem Zustand abzuhelfen, wurde ein gläsernes, also lichtdurchlässiges Prismenelement mit retroreflektierender Funktion weiterentwickelt. Tageslichtsysteme zum Sonnenschutz nutzen die physikalische Tatsache, daß die unterschiedlichen Anteile der Himmelsstrahlung verschiedene spektrale Zusammensetzungen haben. Die direkte Sonnenstrahlung besteht neben dem sichtbaren Licht noch aus ultravioletter Strahlung und Infrarotstrahlung, also Wärme. Genau diese Wärmeenergie will man aber insbesondere im Sommer aus Arbeitsräumen fernhalten. Diffuses Licht ist deshalb gestreut, weil es bereits in der Atmosphäre mit Partikeln kollidiert ist. Dabei hat es bereits einen großen Anteil der Wärmestrahlung verloren. Es besitzt also eine andere spektrale Zusammensetzung als das direkte Sonnenlicht. Bei gleicher Beleuchtungsstärke (gemessen in Lux) hat es einen geringeren Infrarotanteil und daher einen geringeren Energiegehalt. Bedenkt man nun, daß bereits ein Tageslichtfaktor von drei bis fünf Prozent ausreicht, um eine angenehme Arbeitshelligkeit zu schaffen, also nur wenige Prozente des z.B. auf ein Flachdach fallenden Lichtstromes ausreichen, um eine ebenso große Arbeitsfläche zu belichten, wird der Spielraum von Tageslichtsystemen deutlich. Ziel aller Tagesbelichtungsfördernden Sonnenschutzmaßnahmen ist es daher, möglichst viel diffuses Licht in den Raum zu bekommen und möglichst wenig direkte Sonnenstrahlung. Dieses wird dadurch möglich, daß das diffuse Licht vorwiegend aus dem Zenitbereich einfällt, also von oben, während die direkte Strahlung mit dem Lauf der Sonne eher schräg einfällt. Sonnenschutzsysteme sind daher – in Abstimmung mit der Gebäudegeometrie – so ausgelegt, daß sie Licht aus einem bestimmten Winkelbereich reflektieren und Licht aus anderen Richtungen durchlassen. Sie besitzen also einen Sperrbereich, der das Eindringen direkter Sonnenstrahlung verhindert. Im Durchlaßbereich kann das diffuse Tageslicht eindringen. Die optische Brechung des Prismas ändert dabei Richtung und Größe des Strahlungsflusses. Das durchtretende Licht wird gleichzeitig parallel gebündelt und lenkbar. Bei Kombinationen von Sonnenschutz und Lichtlenkung werden daher häufig zwei Prismenebenen miteinander kombiniert, eine zum Sonnenschutz und eine zur Lichtlenkung. Der Sonnenschutzeffekt des Prismas beruht auf Reflektion. Die Reflektion der einfallenden Strahlung findet statt, wenn der Lichtstrahl im Winkel von 45° auf die Oberfläche Plexiglas-Luft trifft, mit einem Toleranzspielraum von ± 4,5°. Daher müssen reine Plexiglasprismen der Sonne auf einer Ebene nachgeführt werden. Dafür ist der Durchlaß von diffusem Licht sehr hoch. Feststehende, z.B. in senkrechte Verglasungen integrierte Prismenplatten werden daher zur Vergrößerung ihres Sperrbereiches auf einer Seite der Zacken hauchdünn mit Aluminium bedampft und so teilverspiegelt. Bei diesem Sonnenschutzsystem wird das diffuse Tageslicht ungehindert durchgelassen, während die direkte Sonneneinstrahlung, die als paralleles Lichtbündel einfällt, durch die retroreflektierende Wirkung zurückgestrahlt wird.

Bild 9: **Design-Center Linz: große Ausstellungshalle**

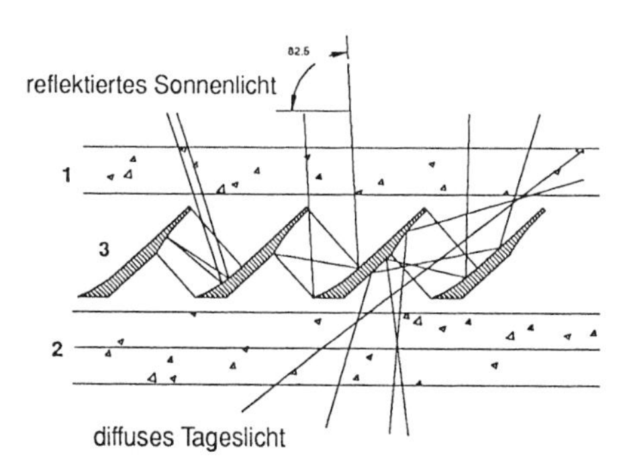

Bild 11: **Design-Center Linz: Schnittdarstellung Sonnenschutzraster**
1 = Einscheibensicherheitsglas
2 = Verbund-Sicherheitsglas
3 = Kunststoffraster (aluminiumbedampft)

Bild 10: **Design-Center Linz: Die direkte Sonnenstrahlung (roter Laserstrahl) wird reflektiert und das diffuse Licht durchgelassen (weiß).**

Man erreicht dadurch einen niedrigen g-Wert (Energiedurchlässigkeitsfaktor) von $g = 0{,}1–0{,}18$ bei einer Lichtdurchlässigkeit von $\tau = 0{,}75–0{,}85$. Das bedeutet viel Tageslichtausbeute bei geringer Erwärmung.

Das wesentliche Kriterium der Tagesbelichtung des Design-Center Linz ist die hohe Lichtdurchlässigkeit bei optimaler Sonnenschutzwirkung. Für dieses Hallendach wurde ein Sonnenschutzraster entwickelt, welches einen g-Wert von $g = 0{,}15–0{,}18$ sowie eine Lichtdurchlässigkeit von $\tau = 35\%$ aufweist. Die Stahl-Glas-Konstruktion, welche die Halle zur Gänze überdacht, bringt eine mittlere Tageshelligkeit von TQ = 18%. Das bedeutet, daß im Tages- und Jahresablauf für die normalen Besuchszeiten bei Ausstellungen Helligkeiten von 1500–3000 Lux vorherrschen. Das dadurch zustande kommende Erscheinungsbild erhöht die Transparenz des Gesamtraumes sowie die Brillanz der ausgestellten Objekte. Es konnte ein einheitliches Fertigteil eines Mikrospiegelrasters verwendet werden, welches die Forderungen nach Sonnenschutz und notwendiger Lichtmenge hervorragend erfüllt.

Bild 12: **„Bücherturm" in Neuburg an der Donau**

Bild 13: **Zentrales Oberlicht mit Sonnenschutz, der direkte Sonnenstrahlung abschirmt und diffuses Tageslicht einläßt.**

Vorteile eines Lichtumlenksystemes in einem Bürogebäude

Im „Bücherturm" in Neuburg an der Donau (D), der vorwiegend als Bibliothek genutzt wird, wurde die Tageslichtlenkung so realisiert, daß das gesamte Gebäude tageslichttransparent wirkt. Die visuelle Nutzung konnte in den Regalen, also vertikal, sowie in den Lesezonen horizontal optimiert werden. Durch hinter den allgemeinen Sichtfenstern angebrachte Tageslichtumlenklamellen wird die Fensterblendung verhindert und über spiegelnde Decken die Tageslichtumlenkung bewirkt. Das zentrale Oberlicht läßt die zenitalen Himmelslichtanteile in den Raum und ist über alle Stockwerke wirksam.

Bild 14: **Innenraum: im Hintergrund Fenster mit Lichtlenksystemen, die das Licht an die weiße, reflektorisch ausgebildete Decke werfen. So kann das Licht über die Bücherregale hinweg in die Tiefe des Raumes gelangen.**

Bild 15: **Computergesteuerter Heliostat**

Bild 16: **Blick durch das Oberlicht auf den Umlenkspiegel**

Bild 17: **Blick senkrecht nach unten in die Tiefe des Atriums: Etagenweise sind weitere computergesteuerte, von kleinen Motoren bewegte Umlenkspiegel angebracht, die das Licht aus dem Heliostaten stockwerksweise verteilen. Sogar im Eingangsbereich finden sich noch Sonnenflecken.**

Einsatz von Heliostatensystemen

Als Beispiel wird hier das Verwaltungsgebäude der Credit Suisse 2000 in Genf vorgestellt. Das Foyer des mehrstöckigen Gebäudes wurde vor der Sanierung durch ein Oberlicht tagesbelichtet, so daß in den oberen Stockwerken zwar ausreichend Tageslicht vorhanden war, die unteren Geschosse, speziell der Eingangsbereich im EG, jedoch einen permanenten Dämmerzustand aufwiesen. Es wurde daher eine Heliostatenanlage realisiert, welche Sonnenlicht in das EG spiegelt, den Eingangsbereich dadurch belichtet sowie den Tageslichtrhythmus einbringt. Es wurden zusätzlich noch Prismenelemente installiert, die durch Spektralzerlegung und Lichtumlenkung Wandoberflächen einzelner Stockwerke figurieren und dadurch hervorheben. Diese Maßnahmen ergeben für das gesamte Foyer eine illuminierende Wirkung, und das Erscheinungsbild erfährt durch die Sonne eine starke Aufwertung.

Glas: Die Revolution der k-Werte
Neue Einsatzmöglichkeiten durch technische Entwicklung

Oussama Chehab und Walter Böhmer

Erste Fensterverglasungen in Pompeji

Die ältesten Fenster, in denen Glas als lichtdurchlässiger und raumabschließender Baustoff verwendet wurde, stammen aus Pompeji. Ungefähr im Jahre 60 vor unserer Zeitrechnung wurden hier erstmals gläserne Fenster für Bauwerke wie Thermen und Museen verwendet. Die Scheiben waren verhältnismäßig klein und in ihrer optischen Qualität mit heutigem Flachglas nicht vergleichbar. Die beginnende Industrialisierung der Flachglasherstellung durch Guß- und Walzverfahren fällt in das ausgehende 17. Jahrhundert. Um eine klare Durchsicht und eine gute Planität der Oberflächen zu erreichen, war es notwendig, die Scheiben zu schleifen und zu polieren. Eine entscheidende Erfindung zur industriellen Herstellung war das Ziehverfahren des Belgiers Fourcault im Jahre 1905. Damit konnten erstmals klar durchsichtige Scheiben ohne weitere Bearbeitung produziert werden.

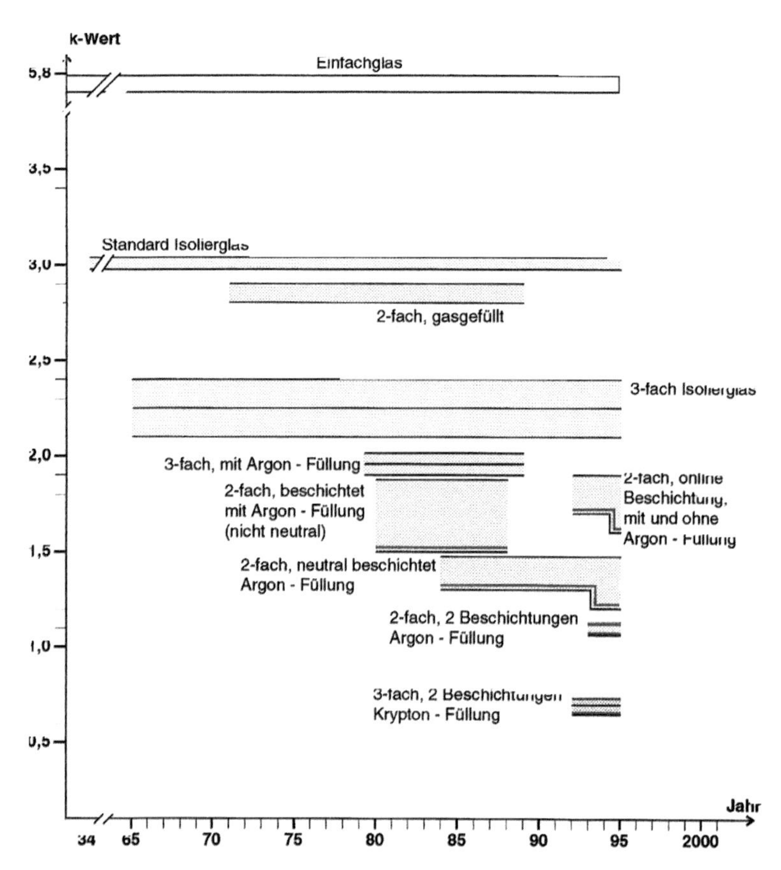

Die chronologische Entwicklung des k-Wertes

Die Eigenschaften von Einfachverglasungen: hoher Lichtdurchlaß und hohe Wärmeleitfähigkeit

Neben dem Vorteil der Transparenz großer Glasflächen, die viel Licht ins Innere von Gebäuden lassen und den Nutzern den Blickkontakt mit ihrer Umwelt ermöglichen, zeigte sich bei winterlichen Temperaturen ein Nachteil von Einfachglas, nämlich die geringe Wärmedämmung. Für die langwellige Wärmestrahlung im Inneren von Gebäuden ist Glas undurchlässig. Die durch Strahlung und Konvektion an die Scheibe abgegebene Wärme wird ausschließlich über Wärmeleitung durch das Glas transportiert. Von der äußeren Glasoberfläche wird ebenfalls durch Strahlung und Konvektion Wärme an die kältere Umgebung abgegeben. Die Wärmeverluste durch eine Verglasung lassen sich mit Hilfe des k-Wertes bestimmen. Der Wärmedurchgangskoeffizient (k-Wert) gibt die Wärmemenge an, die pro Zeiteinheit durch 1 m² eines Bauteils bei einem Temperaturunterschied von einem Kelvin (1 K) hindurchgeht. Der k-Wert von Einfachglas ist 5,8 W/m²K. Der Wärmeverlust durch ein einfach verglastes Fenster von einem Quadratmeter Fläche entspricht bei einer Raumtemperatur von 18° Celsius und einer winterlichen Außentemperatur von Null Grad Celsius bereits dem Stromverbrauch einer 100-Watt-Lampe.* Wegen der relativ guten Wärmeleitung von Glas hängt der k-Wert von Einfachglas kaum von der Glasdicke ab. Daher besteht bei einschaligen Verglasungen praktisch kein Verbesserungspotential im Hinblick auf die Wärmedämmung.

2000 Jahre später: Reduktion des k-Wertes auf die Hälfte

Doppelverglasungen – zwei Einfachscheiben, die hintereinander in einem gemeinsamen Fensterrahmen verglast sind – sind bereits seit langem bekannt. Schon 1865 wurde dem Amerikaner Stedson ein Patent für die Idee erteilt, zwei Scheiben am Rand miteinander zu verkleben und so eine Verglasungseinheit für Fenster mit verbesserter Wärmeisolation herzustellen. Aber erst 1934 wurden Isoliergläser mit geklebtem Randverbund für die neu entwickelten Schnelltriebwagen der Deutschen Reichsbahn hergestellt. Zu Beginn der fünfziger Jahre wurden sie dann auch im Bauwesen eingesetzt. So dauerte es rund 2000 Jahre, bis der k-Wert von Verglasungen auf etwa die Hälfte reduziert werden konnte. Zweischeiben-Isolierglas mit einem Scheibenzwischenraum (SZR) von 12 mm Luft besitzt nämlich einen k-Wert von 3,0 W/m²K. Der Wärmetransport zu und von den äußeren Scheibenoberflächen funktioniert genauso wie bei Einfachglas. Zwischen den beiden inneren Oberflächen kann Wärme durch Leitung und Konvektion innerhalb der Luftschicht übertragen werden. Der dritte Weg ist der Strahlungsaustausch zwischen den Oberflächen in Form langwelliger infraroter Strahlung. Der Strahlungsanteil beträgt etwa 2/3 am Wärmeübergang innerhalb des SZR. Ohne die Reflexion der Glasoberflächen im entsprechenden Wellenlängenbereich zu erhöhen, kann dieser Anteil nicht verringert werden. Durch Vergrößern des SZR läßt sich zwar die Wärmeleitung mindern, gleichzeitig nimmt aber die Konvektion zu. Eine weitere Verbesserung der Wärmedämmung gelang ein Jahrzehnt später mit Dreischeiben-Isolierglas, das genauso wie eine Zweifachverglasung aufgebaut ist, mit einer zusätzlichen Glasscheibe. Je nach Breite der Zwischenräume lassen sich k-Werte zwischen 2,4 und 2,1 W/m²K realisieren. Mit der allmählichen Verbreitung von isolierverglasten Fenstern gehören Eisblumen an Fensterscheiben an kalten Wintertagen der Vergangenheit an.

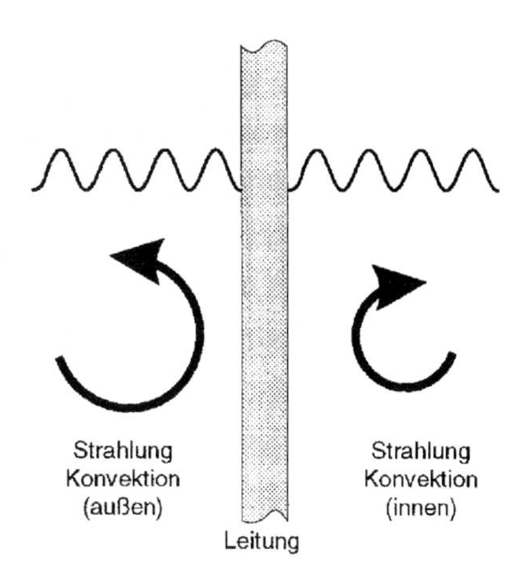

Wärmeübergang bei Einfachglas

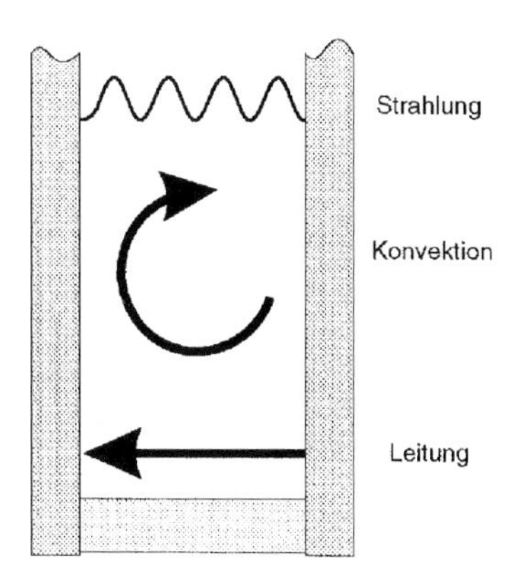

Wärmeübergang im Scheibenzwischenraum von Isolierglas

1959: Das Floatglas wird erfunden

Ein Meilenstein in der Entwicklung der Flachglasherstellung ist die Erfindung des Floatverfahrens durch den Engländer E. Pilkington im Jahre 1959. Die Glasschmelze wird kontinuierlich über ein Bad aus flüssigem Zinn geleitet, über eine längere Strecke langsam abgekühlt und anschließend zu sogenannten Bandmaßen von 6,0 m x 3,21 m geschnitten. Durch die vollkommen ebene Oberfläche des Zinnbades und durch gleichzeitiges Heizen der Oberseite des Glasbandes entsteht planparalleles Glas mit einer hervorragenden Oberflächenqualität. Floatglas ist heute das Basisprodukt für alle Arten von klar durchsichtigen Funktionsgläsern für die Anwendung im Baubereich und in Fahrzeugen.

Die sechziger Jahre: erste beschichtete Gläser

Mit der Einführung der TEE-Züge zu Beginn der sechziger Jahre wurden klimatisierte Reisezugwagen benötigt. Dadurch wurde die Entwicklung von Sonnenschutzgläsern gefördert. Sonnenschutzglas hat die Aufgabe, möglichst wenig von der Infrarotstrahlung des Sonnenspektrums hindurchzulassen, ohne daß die Transmission für sichtbares Licht zu sehr reduziert wird. Zu diesem Zweck wurden erstmals hauchdünne Schichten auf Gläser aufgebracht, die selektive Eigenschaften besitzen. Teile des sichtbaren Spektrums, vor allem aber der langwellige infrarote Anteil wird reflektiert. Damit wurde der Einstieg in moderne Glasbeschichtungen geschaffen, die heute Ausgangsbasis für gute Wärmedämmwerte von Gläsern sind. Etwas später wurden diese Gläser auch in großflächigen Ganzglasfassaden eingesetzt. So konnte der hohe Kühlenergiebedarf im Sommer reduziert werden. Die Mehrzahl der in europäischen Ländern eingebauten Sonnenschutzgläser sind klimabedingt Isoliergläser. Im Gegensatz zu Wärmeisoliergläsern ist die Beschichtung meist auf der außenliegenden Scheibe witterungsseitig angebracht, mit hohen

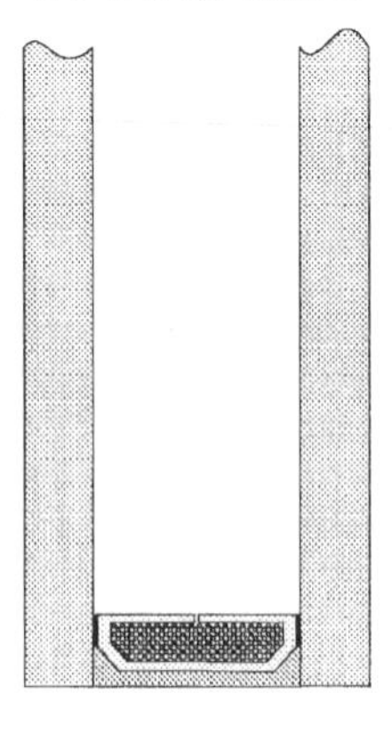

Aufbau Standardisolierglas mit Luftfüllung, k-Wert 3,0 W/m²K

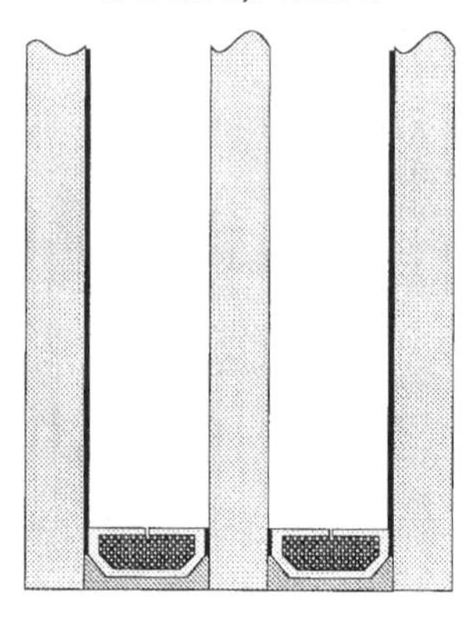

Aufbau Dreifachisolierglas mit 2 Low-E-Beschichtungen und Kryptonfüllung, k-Wert 0,7 W/m²K

Anforderungen an die Haltbarkeit. Wenn die Beschichtung geschützt zum Scheibenzwischenraum hin angeordnet ist, kann das Sonnenschutzglas auch einen besonders niedrigen k-Wert haben, da Beschichtungen auf Gold- oder Silberbasis im langwelligen Infrarotbereich stark reflektieren. Hohe Reflexion ist gleichbedeutend mit niedriger Emissivität, dem Vermögen, Wärme abzustrahlen. Beschichtete Wärmeisoliergläser werden daher auch als Low-E-Gläser bezeichnet.

Die Ölkrise in den siebziger Jahren: Für die passive Solarenergienutzung werden Wärmeisoliergläser erfunden

Durch die Ölkrise wurde die Entwicklung von Wärmeisoliergläsern weiter vorangetrieben. Gleichzeitig dachte man über die passive Nutzung von Solarenergie nach. Damit die Sonnenstrahlung möglichst ungehindert ins Gebäudeinnere gelangen kann, benötigt man Scheiben mit hoher Gesamt-Energiedurchlässigkeit (g-Wert). Der g-Wert gibt an, wieviel von der Solarenergie, die auf die Scheibe auftrifft, im Innenraum ankommt. Dabei wird nicht nur die direkt hindurchgelassene Sonnenstrahlung berücksichtigt, sondern auch die an den Raum abgegebene Wärme, die dadurch entsteht, daß die Verglasung von der Sonne erwärmt wird. Im Gegensatz zu Sonnenschutzgläsern, deren g-Werte etwa von 44% bis zu 20% reichen, müssen Wärmeisoliergläser einen möglichst hohen Energiedurchgang von außen nach innen aufweisen, um die gewünschten Wärmegewinne zu ermöglichen.

Wie die Grafik der zeitlichen Entwicklung der k-Werte von Verglasungen zeigt, wurden zunächst zweischeibige und später auch dreischeibige Isoliergläser mit Argonfüllung hergestellt. Das preiswerte Edelgas Argon weist eine geringere Wärmeleitung im Vergleich zu Luft auf und besitzt wenig Neigung zur Konvektion. So konnten erstmals k-Werte unter 2 W/m²K realisiert werden. Durch Kathodenzerstäubung unter Hochvakuum wurden die ersten beschichteten Wärmeisoliergläser mit k-Werten zwischen 1,9 und 1,5 W/m²K produziert. Die g-Werte lagen mit 57% bis 65% recht günstig. Allerdings waren diese Gläser mit ihrer hauchdünnen Goldschicht nicht farbneutral und unterschieden sich in der Ansicht von unbeschichteten Isoliergläsern.

Mitte der achtziger Jahre standen Anlagen zur Hochleistungs-Kathodenzerstäubung zur Verfügung. Damit konnten Wärmeschutzschichten auf Silberbasis in großen Mengen kontinuierlich produziert werden. Diese Low-E-Gläser lassen sich zu Wärmeisolierglas mit neutraler Ansicht und Durchsicht und k-Werten bis zu 1,3 W/m²K verarbeiten. Typische g-Werte betragen 62%. Ein weiteres Merkmal ist die hohe Lichtdurchlässigkeit, die mit 76% nur etwa 3% unter derjenigen von Standardisolierglas liegt. Die neutralen Wärmeisoliergläser haben eine hohe Transparenz bei gleichzeitiger Heizenergieeinsparung. Auch die Behaglichkeit wird erhöht, denn die raumseitige Oberflächentemperatur der Scheiben liegt im Winter nur noch geringfügig unterhalb der Raumlufttemperatur. Auch andere Funktionen wie Schalldämmung und verschiedene Typen von Sicherheitsgläsern bis hin zu Solarzellen wurden im Verlauf der weiteren Entwicklung integriert. Es entstand eine Vielfalt von Multifunktions-Isoliergläsern. So verwundert es nicht, daß die transparenten Flächen in den Gebäudefassaden wachsen, Solaranbauten und großflächige Schrägverglasungen häufiger zu sehen sind.

Der aktuelle Stand der Technik: bilanzpositive Dreifachverglasung mit Kryptonfüllung

Die Diskussion um die drohende Klimakatastrophe hat in den letzten Jahren weitere Entwicklungen gefordert. Durch eine auf das heiße Glasband im Floatprozeß aufgebrachte dotierte Zinnoxidschicht (online-Verfahren) entsteht ein Basisglas mit einer harten, witterungsbeständigen Beschichtung. Dieses kann zu Wärmeisolierglas weiterverarbeitet werden. Die k-Werte sind etwas ungünstiger, die g-Werte jedoch mit 72% deutlich höher als bei silberbeschichteten Low-E-Gläsern. Zweischeibige Isoliergläser mit zwei Silberschichten und Argonfüllung besitzen einen k-Wert von 1,1 W/m²K. Füllt man die SZR eines Dreifachglases mit zwei Beschichtungen mit dem teureren Edelgas Krypton, kann ein k-Wert von 0,7 W/m²K erreicht werden. Mit der Verwendung des Edelgases Xenon zur Füllung der Scheibenzwischenräume sind nun Gläser auf den Markt gekommen, die einen k-Wert von 0,4 W/m²K erreichen. Diese Werte mögen im Vergleich zu gut gedämmten opaken Bauteilen noch verhältnismäßig hoch erscheinen, doch ermöglicht nur das transparente Bauteil Fenster, das kostenlose Strahlungsangebot der Sonne als direkten

Energiegewinn zu nutzen. Seit 1985 ist ein eisenoxidarmes Floatglas mit besonders hoher Licht- und Energietransmission auf dem europäischen Markt. Es wird für Photovoltaikelemente und Sonnenkollektoren eingesetzt, erlaubt aber auch Verbesserungen der Licht- und Energietransmission bei Wärmeisoliergläsern, besonders bei Dreifachgläsern. Mit einigen der vorgestellten Low-E-Gläser ist es heute möglich, bei mitteleuropäischen Klimaverhältnissen und südlicher Ausrichtung zwischen den winterlichen Wärmeverlusten und der solaren Einstrahlung während der Heizperiode eine ausgeglichene oder gar positive Bilanz zu erreichen.** Bei großen Glasflächen dürfen allerdings geeignete Maßnahmen zum sommerlichen Hitzeschutz nicht außer acht gelassen werden.

Ausblick

Eine weitere Absenkung der k-Werte ist mit verhältnismäßig großem Aufwand verbunden. Moderne Beschichtungen haben Emissivitäten von 10% oder etwas darunter. Nur auf Kosten der Licht- und Energietransmission ist eine weitere geringe Reduktion möglich. Macht man Abstriche bei der Forderung nach unbehinderter Durchsicht, können konvektionsmindernde Strukturen oder Platten aus Aerogel, einer hochporösen Silikatstruktur, in den SZR eingebaut werden. Auch Vakuumisoliergläser werden entwickelt, die wegen des hohen Druckunterschieds jedoch thermisch gut isolierende Abstandhalter innerhalb der lichten Glasfläche benötigen. Die k-Werte, die man für solche Verglasungselemente erwartet, liegen zwischen 0,3 und 0,4 W/m²K. Um das zu erreichen, muß auch die Wärmeleitung der Randverbundsysteme und der Rahmenprofile verringert werden. Große Erwartungen werden auch in die Entwicklung elektrochromer Scheiben gesetzt: Das sind Gläser, deren Licht- und Energietransmission durch elektrische Signale in einem weiten Bereich eingestellt werden kann. Mit ihnen könnten Verglasungen realisiert werden, die nach Bedarf zwischen Sonnenschutz und Solarenergienutzung einstellbar sind.

* Erläuterung zur Berechnung des Wärmeverlustes durch ein Fenster:
Watt drückt eine Leistung, also Energie pro Zeiteinheit aus. Ein Watt ist das gleiche wie ein Joule pro Sekunde (1W= 1J/s). Der k-Wert besagt, wieviel Energie pro Zeiteinheit durch einen Quadratmeter Fläche bei einem Temperaturunterschied von einem Grad Kelvin hindurchgeht. Also k-Wert in W/m²K. Wenn es drinnen 18°Celsius warm ist und die Außentemperatur 0°C beträgt, ist die in Grad Kelvin (K) angegebene Temperaturdiffernz 18°K. Bei einem Wärmedurchgangskoeffizienten von 5,8 W/m²K hat eine Fensterscheibe von einem Quadratmeter Fläche eine „Wärmeleistung" von 5,8 Watt pro Grad Temperaturdifferenz zwischen innen und außen. Bei einem winterlichen Temperaturunterschied von 18° Kelvin zwischen innen und außen hat die Fensterscheibe eine „Wärmeleistung" von 5,8 W/m²K mal 18°K also von 104,4 W/m², also eine Heizleistung pro Quadratmeter von etwas mehr als 100 Watt.

** Als bilanzpositive Gläser bezeichnet man solche, bei denen der k-Äquivalentwert, der aus dem k-Wert und dem Strahlungsgewinnfaktor ermittelt wird, positiv ist. In der Summe soll ein solches Glas in Abhängigkeit des Strahlungsgewinnfaktors, der von Ort, Lage und zu erwartenden Strahlungsgewinnen bestimmt wird, eine positive Energiebilanz haben.

Von der Solarzelle zum Solarsystem

Helmut Tributsch

Nicht jede Art der Energie ist gleichwertig, auch wenn sie letztlich von der Sonne kommt. Warmwasser aus Sonnenkollektoren, warme Luft aus dem Wintergarten oder Wärmestrahlung aus geschickt konzipierten solaren Baustrukturen können zwar einen beachtlichen Teil der Energie liefern, die ein Haus in unseren Breiten benötigt. Aber mit diesen Energieformen allein würde es niemals gelingen, moderne, intelligent reagierende oder energieautarke Solarhäuser zu betreiben. Dazu braucht man zusätzlich solar erzeugten Strom. Mit ihm kann man Lebensmittel kühl halten oder Kochplatten heizen. Mit ihm gelingt es, zu messen, zu regeln und Fassaden so zu steuern, daß Energie- und Luftströme optimierbar sind. Mit ihm gelingt es auch, aus Wasser durch Elektrolyse den Brennstoff Wasserstoff zu erzeugen: als chemischen Energieträger für lichtarme Winterwochen.

Strom aus Licht zu gewinnen ist eine technische Realität, die als photovoltaische Solarzelle den Schritt vom Laboratorium auf den Markt geschafft hat, wenngleich fehlende Massenproduktion den Preis noch recht hoch hält. Das Prinzip dieser Solarzellen ist einfach. Man verwendet dazu halbleitende Materialien (z.B. Silzium), welche die Eigenschaft haben, daß elektronische Ladungen durch die Energie des Sonnenlichtes freigesetzt werden. Damit eine Solarzelle funktioniert, bringt man zwei Halbleiterschichten in Kontakt, die chemisch etwas unterschiedlich sind und die Neigung haben, Ladungen auszutauschen. Auf diese Weise wird ein elektrisches Feld aufgebaut, in dem die durch Licht erzeugten Elektronen in Bewegung gesetzt werden, so daß sie Solarstrom erzeugen. Alle Kunst bei der Herstellung von Solarzellen besteht darin, durch geschickte Anpassung und Strukturierung von Materialien möglichst viel Strom unter möglichst hoher Triebkraft, das heißt lichtinduzierter Spannung, zu erzeugen. Dies setzt natürlich die Beherrschung einer Vielzahl von Techniken voraus, die es erlauben, Licht wirksam einzukoppeln und lichtinduzierte elektronische Ladungen so zu sammeln, daß sie nicht unter Wärmeerzeugung verlorengehen. Deswegen beinhalten Solarzellen im allgemeinen antireflektierende Schichten, transparente Fenster, Streulicht sammelnde Strukturen ebenso wie besonders effiziente, speziell strukturierte elektrische Kontakte und brauchen zudem mechanisch und chemisch resistente Unterlagen und Versiegelungen.

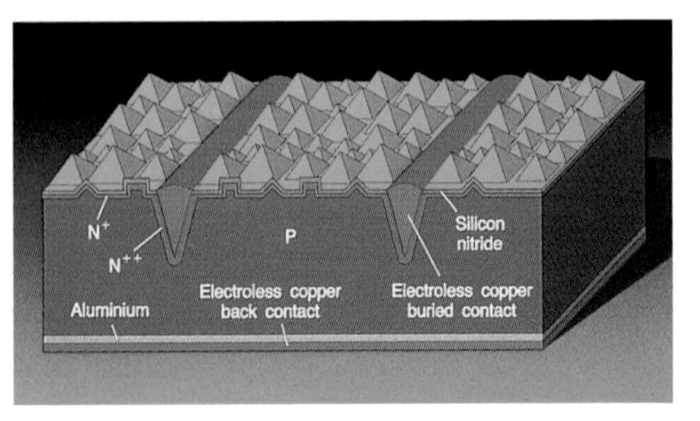

„High-Efficiency"-Solarzelle von BP

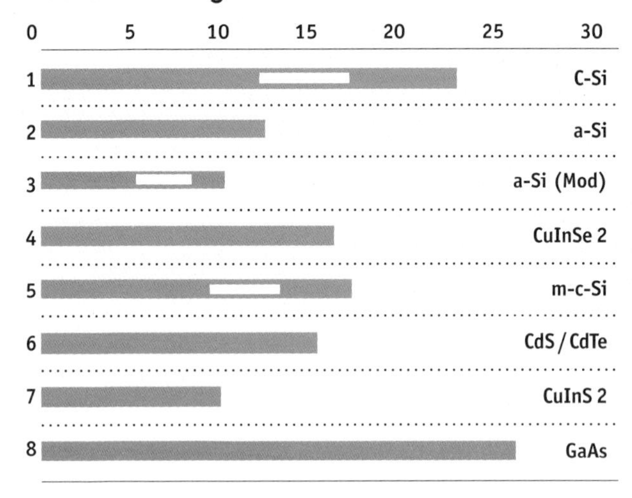

Erreichte Energieausbeuten verschiedener Solarzellentypen
1: einkristallines Silizium
2: amorphes Silizium
3: amorphes Silizium als Modul
4: Kupferindiumselenid
5: mikrokristallines Silizium
6: Cadmiumsulfid/Cadmiumtellurid
7: Kupferindiumsulfid
8: Galliumarsenid.
Nur die weiß markierten Zellentypen in den von den weißen Marken angegebenen Ausbeutegrenzen sind als technologische Zellen verfügbar.

Das Angebot an Solarzellentypen

Beim höchstentwickelten Solarzellenmaterial, einkristallinem Silizium, hat sich im Laufe von vierzig Jahren die solare Energieausbeute von wenigen Prozent auf 23% verbessert. Dieser Wert kann allerdings nur in wenigen Laboratorien erreicht werden. Damit ist, ähnlich wie beim hochgezüchteten Halbleiter Galliumarsenid, nahezu die Grenze dessen erreicht, was ein einzelnes Material an Energie von der Sonne einfangen und in Elektrizität umwandeln kann. Auch wenn diese im Labor erstellten Solarzellen, die aus einkristallinen Siliziumblöcken gesägt und in vielen Prozessen strukturiert werden müssen, für eine breite Anwendung zu teuer sind, waren und sind sie doch richtungsweisend für die Entwicklung billigerer Varianten. Dabei handelt es sich in erster Linie um Solarzellen aus multikristallinem Silizium, das mit viel weniger Energieaufwand hergestellt werden kann, und Solarzellen aus amorphem Silizium, das bei recht niedriger Temperatur in Form von Dünnschichten abgeschieden werden kann. Aber auch andere Dünnschicht-Solarzellen, in erster Linie Kupferindiumdiselenid und -sulfid (CIS) und Cadmiumsulfid/-tellurid, haben im Labor bereits hohe Wirkungsgrade erzielt. Für die Verwendung in der Solararchitektur kommen bisher aus Gründen der Verfügbarkeit als Paneele eigentlich nur Varianten von Siliziumsolarzellen in Frage. Während Solarzellen aus kristallisiertem Silizium erwiesenermaßen über 25 Jahre hinaus stabil sind (wobei in der Regel der Verschleiß der Versiegelung limitierend ist) und käufliche Solarzellenmodule Energieausbeuten von 9% bis zu 15% erreichen, sind Solarzellen aus amorphem Silizium in der Solararchitektur bisher nur begrenzt einsetzbar. Zwar werden neuerdings von der Industrie Module mit 10% Energieausbeute in Aussicht gestellt, aber die bisher nicht gewährleistete, aber versprochene Langzeitstabilität muß noch für die Praxis bestätigt werden. Im Zusammenhang mit der Solararchitektur bietet die amorphe Solarzelle immerhin zwei interessante Eigenschaften: Flexibilität und Lichttransparenz. Aber ohne ausreichende Stabilität bei intensiver Sonnenbestrahlung würden sich diese Vorteile kaum rechnen.

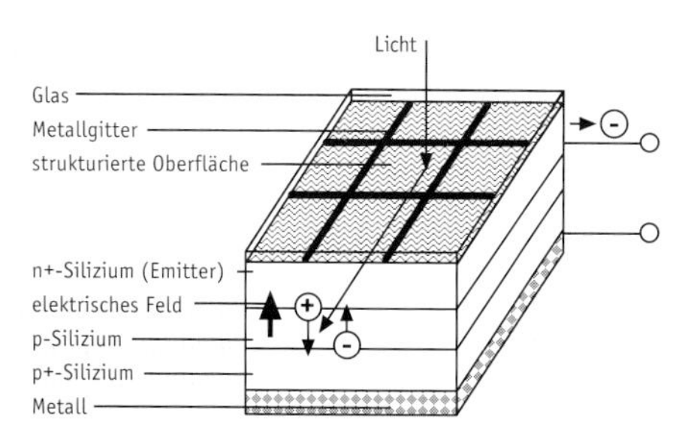

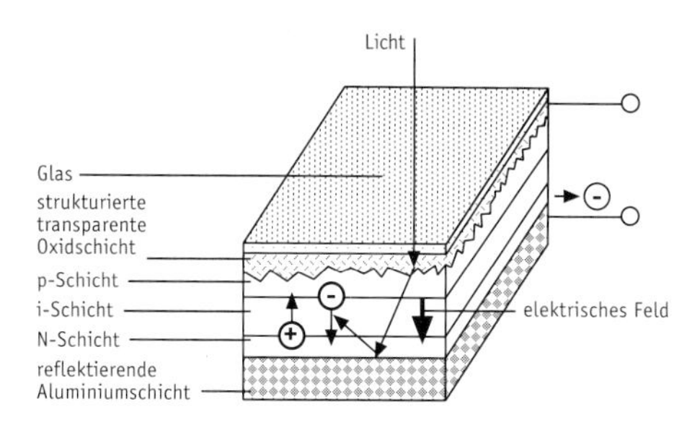

Vereinfachter Aufbau und Mechanismus von Solarzellen
Oben: kristalline Si-Solarzelle
Unten: amorphe Si-Solarzelle

Von der Solarzelle zum Solarsystem

Um aus Siliziumscheiben Solarzellen herzustellen, ist eine kostenintensive Zellentechnologie erforderlich. Darüber hinaus sind Glas, Rahmung und Versiegelungsmaterial nötig, um die Solarzellenmodule zu produzieren. Damit verdoppeln sich bereits die Kosten. Fast noch einmal soviel kommt dazu, wenn man elektrische Schaltungen, Stromwandler und Stromspeicher hinzuzählt, die eine vollständige Solaranlage erst funktionsfähig machen. Es wundert also nicht, wenn versucht wird, die Solarzellen möglichst effizient zu gestalten, so daß die Modul- und Systemkosten weniger ins Gewicht fallen. Heute kostet photovoltaischer Strom immerhin noch rund zehnmal mehr als Strom aus der Steckdose, vorausgesetzt natürlich, ein Anschluß an das Netz ist schon vorhanden. Photovoltaische Energieversorgungssysteme können, wenn die entsprechenden elektrotechnischen Geräte bereitgestellt werden, im Prinzip jeden elektrischen Verbraucher speisen. Die verschiedenen Anforderungsprofile und die große Verbrauchervielfalt erfordern unterschiedliche Energieaufbereitungskonzepte. Gebräuchlich sind Gleichspannungssysteme, welche die von den Solarzellen gelieferte Gleichspannung unmittelbar nutzen, etwa für die Ladung einer Batterie. Darüber hinaus gibt es die Möglichkeit, die photovoltaische Energie über Wechselrichter direkt zur Speisung von Wechselstromlasten einzusetzen. Daneben kann man auch die Energie eines Gleichstrom-Zwischenkreises über Wechselrichter ins Netz koppeln. Von besonderem Interesse für die Nutzung photovoltaischer Energie ist die Erstellung von Hybridsystemen für das Zusammenwirken verschiedener Energieversorgungseinrichtungen (z.B. Solaranlage, Ölheizung, Netzstrom). Hier werden vor allem die Möglichkeiten genutzt, die durch die ungleichmäßige Solareinstrahlung bedingten Leistungsschwankungen der photovoltaischen Paneele auszugleichen. Bei der direkten Einkopplung photovoltaischer Energie ins Netz über Wechselrichter ergibt sich der Vorteil, daß das Netz selbst als eine Art von kollektivem „Energiespeicher“ genutzt werden kann, aus dem bei Bedarf Energie wieder entnommen wird. Da die Wechselrichter zunehmend kleiner und handlicher werden und als Massenprodukte in die einzelnen Solarzellenmodule integriert werden können, bahnt sich für den Umgang mit Solarenergie aus photovoltaischen Zellen eine bemerkenswerte Vereinfachung an. Die Module können direkt an das öffentliche Wechselspannungsnetz angeschlossen werden und bewirken bei Energielieferung lediglich, daß der Stromzähler umgekehrt läuft. Diese Art der Einspeisung

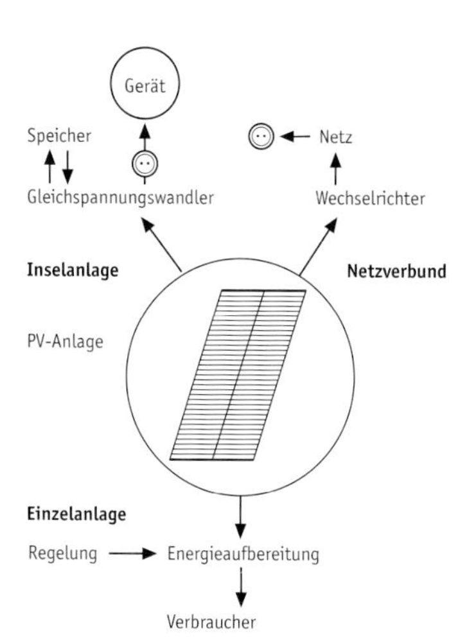

Aufbereitung photovoltaischer Energie zur Versorgung von Gleich- und Wechselstromsystemen

von photovoltaischer Energie ist aber noch nicht generell bei den Elektrizitätsgesellschaften durchzusetzen.

Als Kurzzeit-Energiespeicher für solare Elektrizität sind Batterien in Verwendung, aber auch Gyrospeicher in Entwicklung, die ein Schwungrad in Rotation versetzen, um einen Tag-Nacht-Ausgleich zu erzielen. Ansonsten bietet die Wasserstofftechnik mit Elektrolyse-Einrichtung, Wasserstofftank und Brennstoffzelle die Voraussetzung, selbst die Sommer-Winter-Langzeitspeicherung zu bewerkstelligen, wie dies im energieautarken Solarhaus von Freiburg demonstriert wird. Allerdings leiden die Komponenten dieser Technik zum Teil noch an Mangel an Perfektion, und ihr Preis ist wegen der fehlenden Massenproduktion noch überhöht. Ein betriebswirtschaftlich rentabler Einsatz photovoltaischer Energieversorgung in der Architektur ist erst bei zunehmender Kostenreduzierung und verbesserten energiepolitischen Rahmenbedingungen zu erwarten. Ausnahmen bilden Hybridanwendungen, zum Beispiel PV-Elemente, die gleichzeitig als Fassadenteile dienen, sowie Anwendungen, bei denen teure Stromlastspitzen durch Photovoltaikstrom abgedeckt werden. Das betrifft zum Beispiel die Versorgung von Kühlanlagen, die gerade bei größter Sonneneinstrahlung die höchste Leistung beziehen müssen. Auch Gebäude ohne Netzanschluß können, wenn sie nicht übermäßig viel Energie verbrauchen und hinreichend weit vom Netz liegen, bereits kostengünstig mit photovoltaischer Elektrizität versorgt werden.

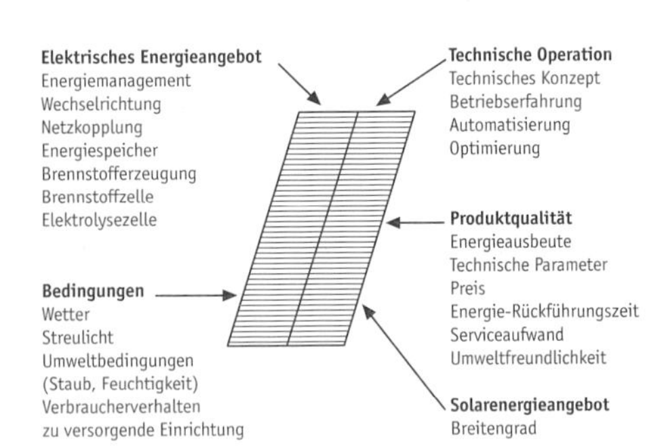

Randbedingungen, welche die Auslegung und den Einsatz einer photovoltaischen Anlage auf einem Solargebäude beeinflussen

Die Integration einer Photovoltaikanlage in ein Solarhaus

Ein Architekt, der eine photovoltaische Anlage für ein Gebäude konzipiert, sollte in erster Linie darauf achten, daß die entstehenden Kosten möglichst gering gehalten werden. Zur Zeit limitieren noch immer die Kosten für Solaranlagen ihre Anwendung in der Architektur. Daher ist es wenig sinnvoll, solare Anlagen auf ein fertiges, ebenfalls kostspieliges Dach zu setzen, wenn sie ein solches teilweise ersetzen können. Die Fassadenelemente von Repräsentativbauten sind zum Teil, pro Flächeneinheit gerechnet, teurer als Photovoltaikmodule. Was spricht deswegen gegen Energiefassaden? Manchmal stören den Architekten die gleichförmigen, flachen Solarzellenmodule. In diesem Fall wären Solarziegel mit integrierten photovoltaischen Elementen eine Alternative. Auch Räume, die nur gedämpftes Licht brauchen, sollten in photovoltaische Überlegungen einbezogen werden. Transparente Photovoltaikfenster gewährleisten die Versorgung mit elektrischer Energie wie auch die Bereitstellung von Licht.

Wichtig bei der Auslegung einer photovoltaischen Anlage für ein Gebäude ist eine genaue Kenntnis der Randbedingungen für die solare Energienutzung. In der Regel wird es sich lohnen, hier einen Fachberater heranzuziehen. Eine kurze Übersicht über die wichtigsten Größen, die Berücksichtigung finden sollen, wird in der nebenstehenden Abbildung gegeben. Da ist zunächst das variable Solarenergieangebot, das sich mit der geographischen Breite erheblich ändert. Das Wetter, von dem der Anteil des Streulichtes abhängt, der Wind, der die Temperatur beeinflußt, der aufgewirbelte Staub, ja der Standort selbst sind weitere wichtige Faktoren. Für das Funktionieren der Solarenergieanlage ist selbstverständlich deren Produktqualität maßgeblich. Auch der Serviceaufwand muß Berücksichtigung finden. Die Betriebserfahrung ist dabei genauso wichtig wie das zur Verfügung stehende Energiemanagement-Konzept.

Herausforderungen für den Architekten und Bauherrn

Architekten können wesentlich dazu beitragen, daß eine Photovoltaikanlage optimal funktioniert und ästhetisch ein Gebäude bereichert. Auch ohne Auftrag, eine Solarstromanlage zu integrieren, sollten heute schon Architekten die elektrischen Versorgungskanäle und den Raum für Versorgungsgeräte einplanen. Immerhin werden in unseren Breiten Häuser mindestens für ein Jahrhundert gebaut. Sie werden während ihrer Lebenszeit in jedem Falle erhebliche Veränderungen bei der konventionellen Energieversorgung miterleben und sollten für die regenerative Energienutzung geeignet sein. Wichtig ist die Südorientierung der Solarzellen und in unseren Breiten eine Neigung von rund 30 Grad, um der jahreszeitlich wandernden Sonne ein Optimum an Energie abzugewinnen. Da eine Solarzelle bei jedem Grad Celsius Temperaturerhöhung nahezu ein halbes Prozent an Leistung verliert, ist auch darauf zu achten, daß die auf dem Dach montierte Solarzelle sich nicht zu sehr aufheizt. Unter solchen Bedingungen, bei 20–40°C Erhitzung über die Umgeungstemperatur, sind immerhin 10–20% Leistungsverlust in Kauf zu nehmen. Aus iesem Grunde sollen die Solarpaneele möglichst dem Wind zur Kühlung ausgesetzt ein. Sie sind so zu installieren, daß die Wärmeabfuhr leicht gewährleistet werden ann. Eventuell könnte sogar Wasser für die solare Warmwasseranlage am Solar-aneel vorgewärmt werden.

Ein weiterer Faktor ist die Oberflächenverschmutzung durch Staub und ölige ilme in Siedlungsgebieten. Die Erfahrung zeigt, daß in regenlosen Zeiten die eistung der Solarzellen im Monat um ca. 2–3% abnimmt. Es sollte deswegen die nögliche Reinigung einer Solaranlage eingeplant werden, auch für den Fall, daß ogelexkremente sie verschmutzen. In jedem Fall muß der reibungslose Abfluß des egenwassers bzw. das Abrutschen des Schnees gewährleistet sein. Es kann sehr ützlich sein, wenn Architekten sich auch überlegen, wie sie durch zusätzliche licht-eflektierende Fassadenelemente und geschickt plazierte Wände die solare Einstrah-ung auf die photovoltaische Anlage verbessern können. Auch die mechanische Ver-tellbarkeit der Solarpaneele für verschiedene Jahreszeiten ist eine gute Idee. Was ie Ästhetik betrifft, so werden immer mehr geschickt gestaltete photovoltaische assadenelemente in den Handel kommen. Der Architekt wird auf diese Weise die etzt noch recht einförmigen Paneele in angenehmere Muster und Formen auflösen önnen. Noch dominiert die blaue Farbe der kristallisierten Siliziumsolarzellen. Mit er Zeit werden aber auch amorphe Siliziumpaneele bzw. Solarzellen aus anderen aterialien aufholen, die in anderen Farbtönen reflektieren. Dies wird den ästhe-ischen Gestaltungsmöglichkeiten eine neue Komponente hinzufügen. Da für Farb-eindrücke nur wenige Prozent des eingestrahlten Lichtes reflektiert werden müssen, ird früher oder später wohl auch die Industrie versuchen, die Farbtönung der Solarpaneele optisch durch Filter zu manipulieren.

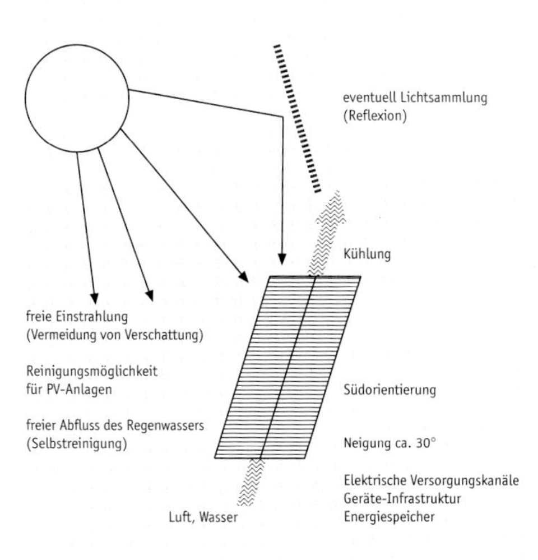

Faktoren, die beim Einbau einer Solaranlage berücksichtigt werden sollen

Ausblick

Die Solarpaneele der Zukunft werden mit ihren integrierten massenproduzierten Wechselrichtern überall problemlos direkt ans Netz anzuschließen sein, das gleich-zeitig als Puffersystem und kollektiver Energiespeicher dienen wird. Die immer billi-ger werdenden Solarzellen ermöglichen es, ein Gebäude zu einem Miniaturkraftwerk umzufunktionieren. Der Architekt kann mit seiner gestalterischen Erfahrung und mit Hilfe der skizzierten Rahmenbedingungen des Solarenergie-Managements dazu beitragen, daß ein Solarhaus der Zukunft ein ästhetischer, funktionierender Orga-nismus wird. Noch immer zählen Bauherren, die photovoltaische Einrichtungen installieren, zu Umweltpionieren. Die Zeit wird das Wohnen und Leben mit Strom aus Licht allmählich zu einer Selbstverständlichkeit machen.

Sonnenkollektoren und Wärmespeicher in Kleinsystemen

Gerhard Valentin

Mit zunehmender Wärmedämmung von Gebäuden und damit abnehmendem Energiebedarf für die Heizung gewinnt der Anteil der Warmwasserbereitung am Gesamtenergiebedarf eines Gebäudes mehr und mehr an Bedeutung. Thermische Solaranlagen können einen wesentlichen Anteil dieses Energiebedarfes übernehmen. Heutige Anlagen zur solaren Warmwassererwärmung arbeiten sehr zuverlässig und ermöglichen jährliche Energieerträge von 400 bis 600 Kilowattstunden pro m² Kollektorfläche. Sie vermeiden damit die Emission von ca. 150 kg des Treibhausgases CO_2. Thermische Solarenergie nutzt die Strahlung der Sonne direkt und wandelt sie auf einer absorbierenden Fläche in Wärme um, die insbesondere im Bereich der Warmwasserversorgung oder Schwimmbaderwärmung genutzt werden kann. Eine thermischen Solaranlage muß folgende Aufgaben erfüllen:

- Umwandlung der eingestrahlten Sonnenenergie in Wärme durch Kollektoren
- Transport der Wärme zum Speicher durch das Rohrnetz
- Speicherung der Wärme im Pufferspeicher, bis der Verbraucher sie benötigt

Hierbei treten Energieverluste am Kollektor, am Rohrnetz und am Speicher auf. Diese Energieverluste zu minimieren ist Aufgabe einer sinnvollen Anpassung und Planung der Solaranlage für den jeweiligen Anwendungsfall. Zur Beurteilung dieser Verluste dient der Systemnutzungsgrad. Er ist definiert als das Verhältnis der nutzbaren Energie aus dem Solarsystem zu der eingestrahlten Energie auf die Kollektorfläche. Den Anteil, den die Solarenergie an der insgesamt bereitgestellten Energie abdeckt, bezeichnet man als Deckungsanteil.

Für die Dimensionierung von Solarsystemen stehen Simulationsprogramme (z.B. T-Sol) zur Verfügung, die dem Planer die Möglichkeit geben, Kollektor- und Speicherkonfiguration zu dimensionieren und in Jahressimulationen zu überprüfen und zu optimieren.

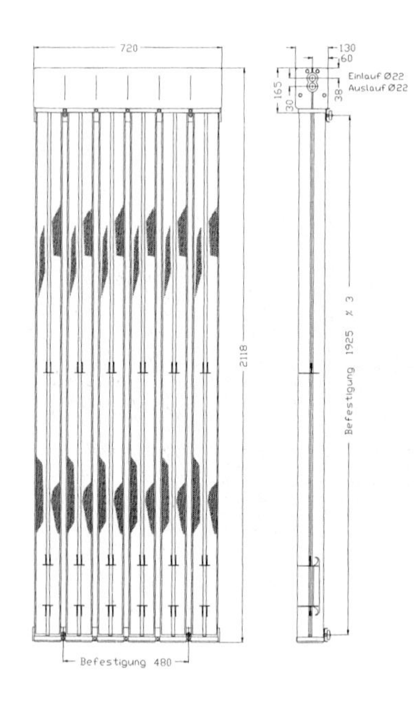

Vakuumröhrenkollektor: Front- und Seitenansicht

Der prinzipielle Aufbau einer Solaranlage

Wesentlicher Bestandteil einer thermischen Solaranlage ist der Kollektor bzw. der Absorber, der die Solarenergie in Wärme umwandelt und über Rohrleitungen und Wärmetauscher mittels eines Wärmeträgermediums zu einem Speicher transportiert. Der Speicher gleicht die täglichen zeitlichen Schwankungen von Energieangebot und Energiebedarf aus, ein saisonaler Speicher gleicht den jahreszeitlich unterschiedlichen Verlauf von Strahlungsangebot und Energienachfrage aus. Bei nicht ausreichendem Sonnenenergieangebot wird über eine Nachheizung die zur Bedarfsdeckung fehlende Energiemenge zugeführt. Eine Steuerung oder Regelung überwacht den Betriebszustand der Solaranlage und sorgt für eine möglichst effiziente Nutzung des Strahlungsangebotes. Sie schaltet bei einer Temperaturdifferenz zwischen Speicher und Kollektor die Umwälzpumpe im Kollektorkreis ein und sorgt so für den Wärmetransport zum Speicher.

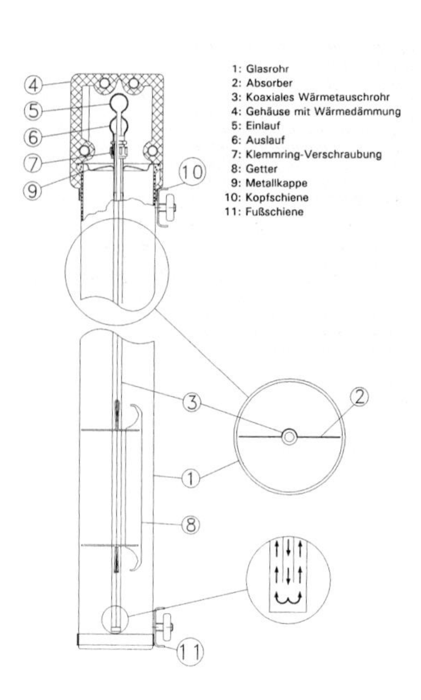

Aufbau eines Vakuumröhrenkollektors im Detail

Funktionsweise von Absorber und Kollektor

Schwarze Oberflächen absorbieren die kurzwellige Strahlung des Lichts besonders gut und wandeln sie in Wärme um. Diese physikalische Eigenschaft wird in den sogenannten Absorbern genutzt. Sie bestehen aus Kunststoff oder Metall in Form von Platten, Matten, Röhren oder Schläuchen mit einer schwarzen Oberfläche. Sie sind der aktive Teil einer Solaranlage. Je nach Anwendungsfall und Höhe des benötigten Temperaturniveaus unterscheidet man Absorbersysteme und Kollektorsysteme

Absorbersysteme besitzen keine Isolierung oder Abdeckung und werden direkt von einem Wärmeträgermedium durchströmt. Es handelt sich um konstruktiv einfache, preiswerte Systeme, die für Arbeitstemperaturen unter 40°C geeignet sind. Hauptanwendungsgebiete sind die Erwärmung von Schwimmbeckenwasser und die Vorwärmung von Brauchwasser. Absorbermatten, die in der Regel aus EPDM hergestellt sind, können ohne großen konstruktiven Aufwand auch nachträglich auf Flachdächer oder leicht geneigte Dächer aufgelegt werden und kosten unter 100,– DM pro m². Kollektorsysteme und die zugehörigen Flachkollektoren enthalten einen Absorber (meist aus Metall) in einem abgeschlossenen Gehäuse, das mit einer transparenten Abdeckung und einer rückseitigen Wärmedämmung versehen ist. Die transparente Abdeckung reduziert die Abstrahlung des Absorbers an die Umgebung, und die Wärmedämmung vermindert die Wärmeverluste auf der Rückseite, so daß Temperaturen von über 150°C erreicht werden können. Einsatzgebiete sind hauptsächlich die Brauchwassererwärmung und Heizungsunterstützung. Flachkollektoren sind in den unterschiedlichsten Größen von 1 bis 10 m² erhältlich, es sind auch Sonderformen (z.B. dreieckig) möglich. Sie werden in vorgefertigten Modulen in die Dachhaut integriert oder auf der Dachhaut befestigt und untereinander verschaltet. Flachkollektoren kosten etwa 500,– DM pro m². Vakuumkollektoren enthalten einen Absorber aus Metall, der in evakuierten Glasröhren eingeschlossen ist. Das Vakuum sorgt für eine Minimierung der Wärmeverluste, so daß Temperaturen von über 200°C erreicht werden können. Einsatzgebiete sind die Brauchwassererwärmung, Heizungsunterstützung und Prozeßwärmeerzeugung sowie die solare Kühlung von Gebäuden. Vakuumkollektoren kosten etwa 1000,– DM pro m².

Isometrische Darstellung eines Vakuumröhrenkollektors: In einem evakuierten Glasrohr befindet sich ein schwarzes Absorberblech, das sich halb um ein Röhrchen mit einer Wärmeträgerflüssigkeit legt. Vakuumröhrenkollektoren erzeugen hohe Temperaturen und lassen sich sowohl senkrecht als auch schräg oder waagerecht installieren, da sich die Absorber individuell auf die Haupteinstrahlungsrichtung der Sonne ausrichten lassen.

Aufgabe des Speichers

Der Speicher dient, wie in jeder Trinkwarmwasseranlage, der Bereitstellung von warmem Wasser und gleicht in Solarsystemen zusätzlich die zeitliche Verschiebung von Sonnenenergieangebot und Warmwasserbedarf aus. Er enthält in der Regel im unteren Bereich einen Wärmetauscher, in dem das Trägermedium aus dem Kollektor (meist ein Wasser-Frostschutz-Gemisch) die Solarwärme aus dem Kollektor an den Speicherinhalt überträgt. Bei Bedarf wird der obere Teil des Speichers durch ein konventionelles Heizsystem nacherwärmt, so daß das oben entnommene Warmwasser – unabhängig vom Solarenergieangebot – immer die erforderliche Solltemperatur erhält. Größere Solarsysteme verwenden mehrere hintereinandergeschaltete Speicher, von denen der letzte der Nacherwärmung dient.

Funktionsweise der Regelung

In Solaranlagen wird prinzipiell mit einer sogenannten Temperaturdifferenzregelung gearbeitet. Bei diesem Regelungsprinzip werden die Temperaturen am Absorber und im Speicher miteinander verglichen. Liegt die Absorbertemperatur einen vorgegebenen Betrag über der des Speichers, so wird die Umwälzpumpe im Kollektorkreis eingeschaltet. Die im Absorbersystem in Wärme umgewandelte Strahlungsenergie der Sonne wird zum Speicher transportiert, die Temperatur im Speicher steigt an. Gleicht sich die Temperatur des Speichers der im Absorber an und kann keine Wärme mehr abgegeben werden, wird die Pumpe abgeschaltet.

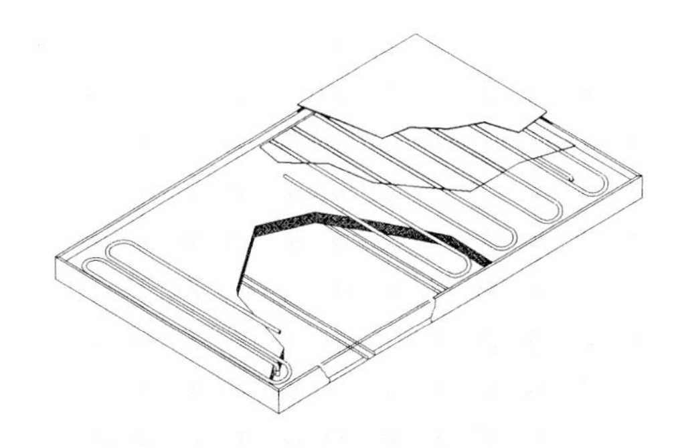

Aufbau eines Flachkollektors: Das Edelstahlgehäuse ist mit einem schlagfesten Solarsicherheitsglas fest verbunden. Darunter befindet sich eine Absorberplatte aus Kupfer, an der die Rohrschlange mit der Wärmeträgerflüssigkeit befestigt ist.

Dimensionierung einer Solaranlage

Kleine Systeme in Einfamilienhäusern werden sinnvollerweise so ausgelegt, daß sie außerhalb der Heizperiode weitgehend eine Vollversorgung erreichen, so daß im Sommer der Heizkessel außer Betrieb genommen werden kann. Auf diese Weise lassen sich ca. 60% des Jahreswarmwasserbedarfs solar decken. Bei größeren Dekkungsanteilen, wenn also auch in der Übergangszeit oder im Winter ein großer Teil des Warmwassers solar bereitet werden soll, entstehen im Sommer Überschüsse, die nicht genutzt werden können. Die Solaranlage arbeitet nicht mehr im effektivsten Bereich. Das bedeutet, daß mit zunehmendem Deckungsanteil der Nutzungsgrad einer Solaranlage sinkt.

Es gibt keine einfachen Berechnungsmethoden, die die Erträge einer Solaranlage genau bestimmen können. Zu groß ist die Zahl der Parameter, die das Betriebsverhalten einer Anlage bestimmen. Dazu gehört nicht nur das wechselhafte, nichtlineare Verhalten des Wetters, sondern auch die dynamischen Vorgänge in der Anlage selbst. Zwar gibt es Faustformeln wie 1–2 m² Kollektorfläche pro Person und 50 Liter Speicherinhalt pro m² Kollektorfläche; dies gilt jedoch nur für kleine Anlagen in Ein- und Zweifamilienhäusern. Bei größeren Anlagen bietet ausschließlich die rechnerische Simulation die Möglichkeit, den Einfluß von Umgebungsbedingungen, Verbraucherverhalten und von unterschiedlichen Komponenten auf die Betriebszustände der Solaranlage zu untersuchen.

Solaranlagen können überall dort auch zu Heizzwecken eingesetzt werden, wo auch im Sommer geheizt werden muß. Es ist jedoch dringend davon abzuraten, Solaranlagen ohne die Möglichkeit der saisonalen Speicherung auch im Winter zu Heizzwecken auslegen zu wollen. Dies führt zu sehr großen Kollektorflächen und gleichzeitig hoher Überschußenergie im Sommer, also zu Anlagen mit sehr schlechtem Nutzungsgrad und damit sehr hohen solaren Wärmepreisen.

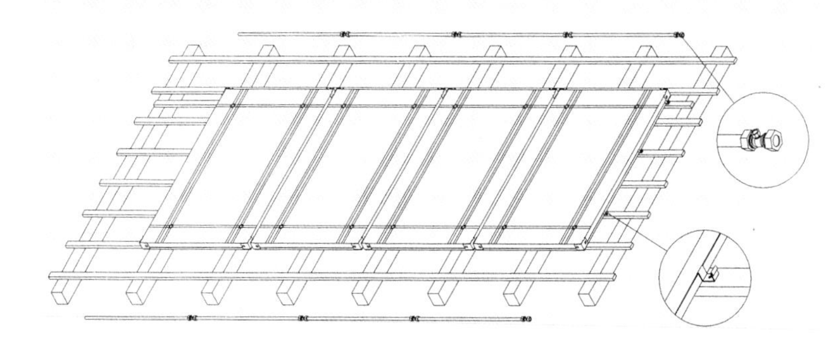

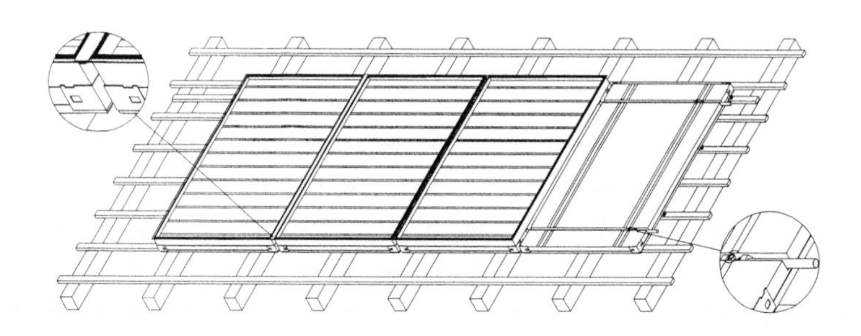

Die Montage des Sonnenkollektors kann direkt auf den Dachsparren als Dacheindeckung erfolgen: Zuerst wird die Trägerplatte mit Verrohrung und Isolierstoffplatte montiert (oben), dann werden die Sonnenkollektoren aufgesetzt (unten).

Die Wirtschaftlichkeit von Solaranlagen

Solarsysteme sind immer bivalente Systeme, da sie nie allein, zumindest nicht ganzjährig, die Warmwasserbereitung übernehmen können. Sie werden daher den üblichen Systemen vorgeschaltet und arbeiten als „Fuelsaver", indem sie mehr oder weniger vorgewärmtes Wasser an das nachgeschaltete Heizsystem übergeben. Zur wirtschaftlichen Betrachtung einer thermischen Solaranlage legt man die Investitionskosten auf die Lebensdauer der Anlage unter Berücksichtigung des Kapitalzinses und eines Betrages für Wartung und Betrieb um. Geteilt durch die jährlich gelieferte Wärmemenge, ergibt dies den Wärmepreis [Pfennig/kWh]: Bei guter Systemkonfiguration können solarthermische Anlagen bis zu 400 kWh pro m^2 Kollektorfläche ernten. Je nach Systemkosten ergeben sich damit Wärmepreise zwischen 20 und 40 Pfennig je Kilowattstunde. Damit liegt der Wärmepreis für eine solar erzeugte Kilowattstunde in der gleichen Größenordnung wie die Erzeugung von Warmwasser aus elektrischem Strom. Die Gutschrift für die Vermeidung von Folgekosten aus der Verbrennung fossiler Energieträger darf sich derjenige gutschreiben, der sich eine Solaranlage auf sein Haus baut.

Schema einer Solaranlage: mit Simulationsprogrammen (hier T-Sol) können Solaranlagen genau in ihrer Größe, Wirtschaftlichkeit und ihren Deckungsbeiträgen geplant werden.

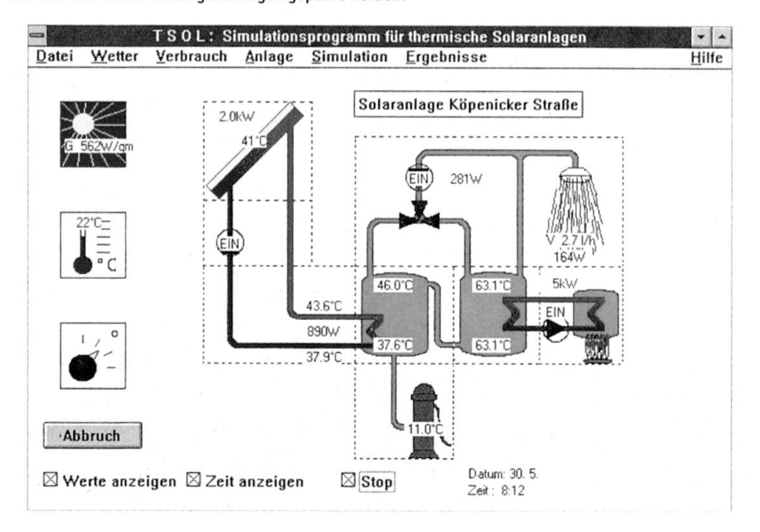

Solare Kühlung
Ein Beispiel aus Spanien

Christoph Hansen

ie zeitliche Verteilung der Solarenergie zwischen Tag und Nacht, Sommer und
Vinter oder klarem und bedecktem Himmel trübt das Bild von unserer Energiequelle
r. 1, der Sonne. So läßt sich etwa in unseren Breiten die Solarenergie nur schwer
ur Beheizung von Gebäuden einsetzen. Wesentlich einfacher dagegen ist es, ein
olarsystem zu konzipieren, wenn der Energiebedarf und das Angebot der Sonne
niteinander saisonal übereinstimmen. Diese Randbedingungen sind z.B. bei der
olaren Klimatisierung von Gebäuden in den Sommermonaten erfüllt.

In sonnenreichen Länden ist der elektrische Energiebedarf zur Kühlung von
ebäuden groß. Die elektrisch betriebenen Kompressorkältemaschinen können
lurch solar betriebene Absorptionskältemaschinen ersetzt werden. Dies ist eine
deale Anwendung für die Solarenergie im Sommer, da der Energiebedarf zum
ühlen und das Energieangebot nahezu den gleichen Tagesgang haben. Im folgen-
len soll die solare Klimatisierung des spanischen Hotels Belroy in Benidorm
eschrieben werden.

Das Hotel Belroy liegt in Benidorm an der Costa Blanca, ca. 500 m vom Strand
ntfernt, und ist mit 36.800 Besuchern im Jahr zu 70% ausgelastet. In dem Hotel
nüssen 110 Appartements, zwei Swimmingpools, eine Großküche, drei Bars und
wei Restaurants klimatisiert und mit Warmwasser versorgt werden. Dem innovati-
en Denken des Hotelbesitzers ist es zuzuschreiben, daß die solare Klimatisierung
n seinem Hotel mit der belgischen Firma Serda, Antwerpen, und der Dornier-Prinz
olartechnik GmbH aus Stromberg in die Tat umgesetzt wurde. Im Frühjahr 1992
vurde das Solarsystem in Betrieb genommen und deckt seither einen Großteil des
nergiebedarfs zur Kühlung, Heizung und Warmwasserbereitung ab.

In Benidorm liegt die Einstrahlung bei rund 1600 kWh/m^2a (Würzburg:
100 kWh/m^2a) und die mittlere jährliche Lufttemperatur beträgt 16 °C (Würzburg:
°C).

oteldach mit Vakuumröhrensolarkollektoren

olarsystem

Das gesamte Hoteldach wurde mit 329 Vakuumröhrensolarkollektoren belegt. Die
ollektoren wurden mit vorgeneigtem Absorber in den Vakuumröhren flach auf dem
ach montiert. Das Kollektorfeld setzt sich aus 47 Einzelfeldern mit je 7 Kollektoren
usammen, die jeweils absperrbar und mit einem Sicherheitsventil abgesichert sind.
ls Wärmeträgermedium dient Wasser. Die Verrohrung und die Kollektoren haben

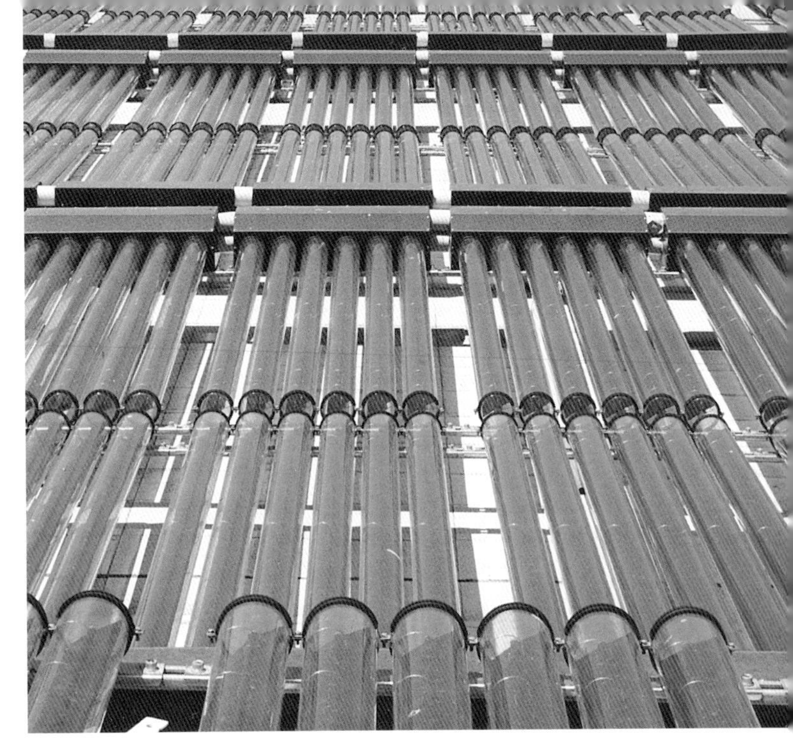

Detail Sonnenkollektoren

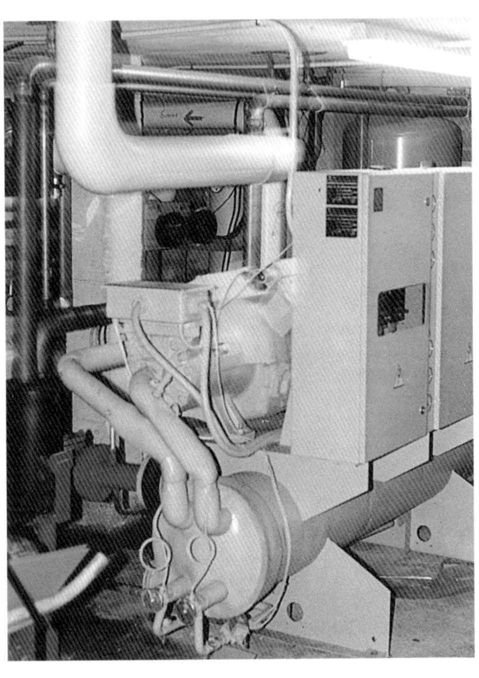

Absorptionskältemaschine mit 125 kW Kälteleistung

ein Volumen von 2000 l. Die Pumpen im Solarkreis werden über die Solarstrahlung gesteuert, die Schaltschwelle ist mit 150 W/m² Einstrahlung festgelegt. Ein Bypass im Solarkreis stellt sicher, daß die geringe Strahlungsenergie am Morgen zur Vorwärmung des Wärmeträgermediums im Solarkreis genutzt wird. Die Wärme des Kollektorfeldes wird im Keller des Hotels in drei Pufferspeicher mit 12 m³ Volumen abgeführt. Die ersten Betriebserfahrungen weisen einen Kollektorfeldwirkungsgrad von 50% (Kollektoren mit der Verrohrung zu den Speichern) auf, bei Betriebstemperaturen von durchschnittlich 90°C und bezogen auf die Absorberfläche. Der Energieertrag der Vakuumröhrensolarkollektoren beträgt 366.808 kWh im Jahr.

Die drei Brauchwasserspeicher mit je 1,2 m³ Inhalt werden über Wärmetauscher von den Pufferspeichern erwärmt. Die Räume im Hotel sind über ein Lüftungssystem klimatisiert. Im Lüftungssystem sind Luft/Wasser-Wärmetauscher installiert, die mit Wasser im Sommer gekühlt und im Winter beheizt werden. Bei durchschnittlichen Einstrahlungen von 3 kWh/m²d in den Wintermonaten ist eine Beheizung des Hotels möglich. Im Sommer dagegen wird die Absorptionskältemaschine zugeschaltet. Das Kollektorfeld treibt die Absorptionskältemaschine mit Wasser von 96°C an. Die Kältemaschine versorgt nun die Wärmetauscher im Lüftungssystem mit 9°C kaltem Wasser. Die Regelungsstrategie für das Solarsystem sieht vor, daß im Sommer und Winter die Klimatisierung des Hotels Vorrang vor der Brauchwassererwärmung hat.

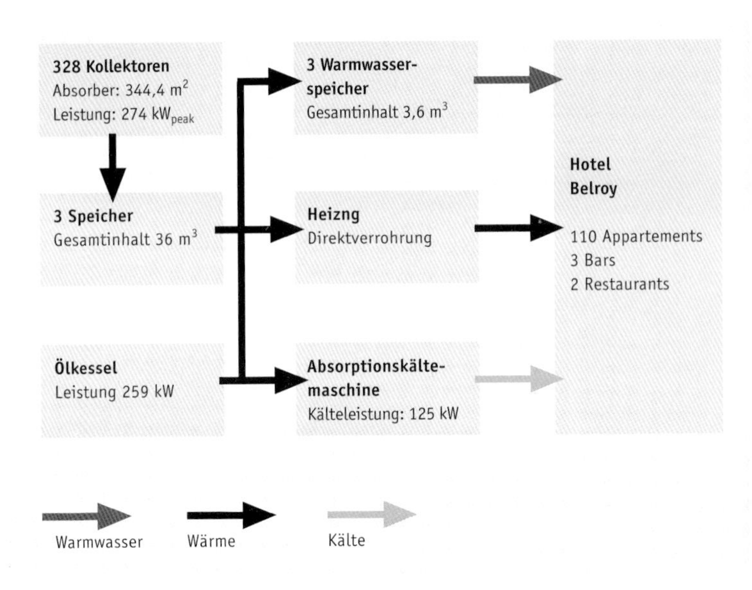

Blockschaltbild der solaren Klimatisierung

Absorptionskältemaschine

Die Absorptionskältemaschine arbeitet mit einem Wasser-Salz-Gemisch bzw. Wasser-Lithium/Bromit-Gemisch. Die Kältemaschine hat eine maximale Kälteleistung von 125 kW.

Die Kältemaschine besteht im wesentlichen aus vier Wärmetauschern. Der erste Wärmetauscher wird als „Austreiber" bezeichnet. Hier wird aus der reichen Lösung (das Gemisch ist reich an Wasser) das Kältemittel Wasser ausgetrieben bzw. verdampft. Der „Austreiber" wird mit dem Wärmeträgermedium aus dem Kollektorfeld auf einem Temperaturniveau von 96°C versorgt. Der Kältemitteldampf (Wasserdampf) strömt zum zweiten Wärmetauscher, dem „Kondensator". In dem Kondensator wird der Dampf verflüssigt und die Kondensationswärme abgeführt. Das „Kondensat" bzw. Wasser wird durch eine Drossel zu dem dritten Wärmetauscher, dem „Verdampfer", geführt. Dort wird das Kondensat verdampft. Durch den Verdampfungsprozeß im Wärmetauscher wird dem Wasser aus der Klimaanlage Wärme entzogen, und es wird auf ca. 9°C heruntergekühlt. Dieser Niederdruckdampf nun strömt in den vierten Wärmetauscher, den „Absorber". Dort wird die arme Lösung (wenig Wasser mit viel Salz) aus dem Austreiber eingesprüht und absorbiert das Wasser aus der Dampfphase. Die Absorptionswärme wird abgeführt. Die Abwärme aus den „Absorber" und dem „Kondensator" wird mittels eines Naßkühlturms an die Umgebung abgegeben. Die Lösungsmittelpumpe befördert die reiche Lösung aus dem „Absorber" zum „Austreiber". Ein Wärmetauscher wärmt die reiche Lösung durch die zurückströmende arme Lösung vor. Die verschiedenen Temperaturniveaus in der Kältemaschine sind im Bild unten dargestellt.

Die Absorptionskältemaschine arbeitet mit einem Wirkungsgrad im Bereich von 50 bis 60%. Im Gegensatz zur Kompressorkältemaschine benötigt die Lösungsmittelpumpe der Absorptionskältemaschine nur einen Bruchteil an elektrischer Antriebsenergie. Durch den Betrieb des Vakuumröhrensolarsystems konnte im Hotel Belroy ein 500-kW-Ölkessel stillgelegt werden. Der gesamte Energiebedarf des Hotels wurde um 30% gesenkt. Es liegt eigentlich auf der Hand, daß – wie mit diesem Projekt gezeigt wurde – eine solare Klimatisierung von Gebäuden in sonnenreichen Gebieten besonders sinnvoll ist.

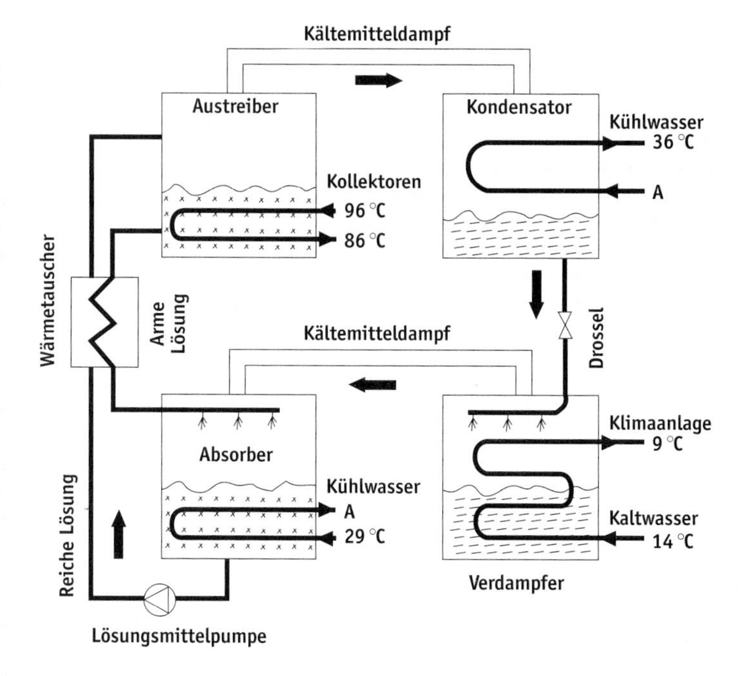

Funktionsprinzip der Absorptionskältemaschine

Perspektiven

Fortschritte in der Solararchitektur
Die Entwicklung in der Europäischen Union

J. Owen Lewis

Solararchitektur ist heute eine der wichtigsten Strategien für den Ersatz konventioneller Energien und für die Verringerung von Umweltverschmutzung im Gebäudesektor. Passive Sonnenenergienutzung, natürliche Kühlung und Tagesbelichtung repräsentieren ein ganzes Spektrum von Strategien zur Nutzung von Solarenergie in der Architektur. Die Anwendungsmöglichkeiten sind dabei stark von Region und Gebäudetyp abhängig, der Anteil der Sonnenenergie variiert vom kleinsten Beitrag, den auch die meisten konventionellen Gebäude bereits nutzen, bis hin zu solar gestalteten neuen Gebäuden, bei denen Solarenergie die wichtigste Rolle bei der Bereitstellung des thermischen und visuellen Komforts hat. Abhängig vom lokalen Klima und dem vorherrschenden Bedarf nach Heizung oder Kühlung steht dem Entwerfer eine große Bandbreite an Techniken im Neubau und bei der Altbausanierung zur Verfügung. So ist das Potential, den Beitrag von Solararchitektur zu erhöhen, sehr groß. Solararchitektur ist vom Charakter her am Entwurf orientiert und auf spezifische Gebäude bezogen. Es hat sich gezeigt, daß es mit solaren Entwurfstechniken auf eine preiswerte Art und Weise möglich ist, wohltemperierte Innenraumverhältnisse zu erzeugen, in denen sich die Benutzer wohlfühlen. Die Energiebilanz und Kosteneffektivität von entwurfsbezogenen Strategien ist sehr günstig. Verbessertes Know-how in der Planung und technischer Fortschritt werden die Nutzbarkeit erneuerbare Energien im Gebäudesektor weiterhin verbessern.

Entwurfshilfen und neue Planungsinstrumente

Ein Schlüssel zur Ausnutzung des möglichen Potentials für erneuerbare Energietechniken und rationelle Energienutzung im Gebäudesektor liegt darin, die unterschiedlichen Bedürfnisse und Anforderungen von Gebäudeplanern, -nutzern und Investoren besser zu verstehen. Energie ist nur eine von vielen Anforderungen bei der Gestaltung von Gebäuden. Doch die große Entwurfsvielfalt von solaren Strategien beinhaltet die Chance, energieeffiziente Architektur und umweltfreundliche Gestaltung langfristig zur Wirkung kommen zu lassen. Programme zur Entwicklung von Entwurfshilfen sind wesentlich, um eine neue Umgangsweise mit Energie bereits im Planungsprozeß zu ermöglichen. Sowohl im JOULE- als auch im THERMIE-Programm der Europäischen Kommission war dieses Anliegen bereits Thema. Ein Resultat ist die verbesserte Verfügbarkeit von technischen Informationen für Planer (einige Beispiele sind am Ende aufgelistet). Das Problem ist, Verbindungen zwischen Forschern und Praktikern herzustellen und den Mainstream der am Baugeschehen Beteiligten zu erreichen. Ihr Interesse für energiebewußtes Bauen kann nur durch die beispielhafte Demonstration geweckt werden, daß energieoptimiertes Design mit höchsten Architekturstandards kompatibel ist. Parallel dazu ist es notwendig, Formen der Information und Beratung zu finden, die auf die temporär wechselnden Bedürfnisse der unterschiedlichen Nutzer eingehen.

Forschung

In den vergangenen Jahren wurde weltweit eine beachtliche Forschungsarbeit auf dem Gebiet passiv-solarer Architektur und über das thermische und bauphysikalische Verhalten von Gebäuden geleistet. In Europa wurden wichtige Ergebnisse in den folgenden Themenfeldern erzielt:

- Bauphysik und menschliche Physiologie
- Gebäudekomponenten und neue Konstruktionen
- Simulation des energetischen Verhaltens von Gebäuden und verbesserte Methoden zur Bestimmung von Energiebilanzen.

Physiologische Betrachtungen haben in der letzten Zeit stärkere Beachtung gefunden. Komfort und Energie sind stark miteinander zusammenhängende Themen. Behaglichkeitsempfindungen des Menschen wurden sowohl in realen Gebäuden als auch in Versuchsräumen untersucht. So wurde ein besseres Verständnis darüber gewonnen, wie Menschen auf wechselnde Umweltbedingungen reagieren, in warmen wie in kalten Klimaten.

Passiv-solare Gebäude

Lücken gibt es noch immer im Verständnis des physikalischen Verhaltens von passiv-solaren Gebäuden, sowohl im Norden als auch im Süden. Dies liegt vor allem daran, daß die spezifisch passiven Elemente schwer isoliert betrachtet werden können. Die Analyse realer Gebäude hat wichtige Einsichten in das Verhalten passiver Systeme in der Praxis gegeben. Untersuchungen mit Testzellen haben ebenfalls eine wichtige Rolle für das Verständnis von Strahlung, Konvektion, Konduktion, Luftbewegung und für den Betrieb von Anlagen und Kontrollmechanismen, die Entwicklung von Testmethoden für Komponenten und ihre Subsysteme und bei der Verbesserung von Computermodellen gespielt.

Produkte und Systeme

Die Entwicklung neuer und billigerer Produkte und Komponenten wird zu einer kontinuierlichen Weiterentwicklung von Solararchitektur führen. Viel Arbeit ist auf die Weiterentwicklung des Verhaltens von Fenstern in bezug auf Wärme und Licht verwandt worden. Ein neues Bewußtsein über die vielfältigen dynamischen Einsatzmöglichkeiten von verglasten Bauteilen haben zu diversen Variationen von Jalousien, Fensterläden und Verschattungssystemen geführt. Zu viele dieser Produkte konnten aber wegen Schwierigkeiten in Produktion oder Baupraxis keinen kommerziellen Erfolg erzielen.

Gläser

Viel Energie ist auf die Entwicklung neuer Gläser gerichtet worden, die verbesserte thermische Eigenschaften haben und kontrollierbare optische und thermische Charakteristiken. Als Folge davon haben heute Gläser mit low-e-Beschichtungen in Westeuropa mit rapider Geschwindigkeit bedeutende Marktsegmente erobert. Andere Gläser können Wärmeverluste reduzieren, haben eine verbesserte Durchlässigkeit für Licht, lenken Licht um oder haben kontrollierbare optische Eigenschaften. Sogenannte „intelligente" Gläser, die Überhitzung minimieren und Kühllasten verringern können, und transparente Isoliermaterialien stehen kurz vor der Markteinführung.

Photovoltaikintegration

Fortschritte bei der technischen Optimierung von Photovoltaiksystemen und eine Verbesserung der Wirtschaftlichkeit haben dazu beigetragen, daß ein gesteigertes Interesse besteht, netzgekoppelte Photovoltaikanlagen in Dächer und Fassaden zu integrieren – ergänzend zu früheren autarken Systemen mit Batterien. Solarzellen können in dünnen Schichten auf Dachelemente aufgebracht werden, opake und transluzente Fassadenelemente zur solaren Stromerzeugung sind bereits heute erhältlich. Diese wichtigen Trends in Forschung und Entwicklung werden durch eine kürzlich fertiggestellte britische Studie noch bedeutsamer, die zu dem Ergebnis kam, daß Photovoltaik-Fassadenelemente bereits im Jahre 2005 wirtschaftlich sein können, verglichen mit hochwertigen konventionellen Fassadensystemen.

Intelligente Gebäudetechnik

Es gibt einen hohen Bedarf, die Integration von Komponenten in Gebäudesysteme näher zu untersuchen. Verbesserte Fenstermaterialien werden den Bedarf nach einer „intelligenten" Gebäudeleittechnik steigern, die verschiedene Systeme integriert. Entwicklungen im Bereich der Kontrollsysteme müssen sich auf das vorhandene Umfeld beziehen, in dem Kommunikations-, Computer-, Energiemanagement-, Feuer- und Sicherheitssysteme beginnen, sich einander anzunähern. Und es ist wichtig, zur Kenntnis zu nehmen, daß ausgereifte und sogar manchmal fast schon geniale Systeme, die von Hand zu steuern sind, in Solargebäuden oft nicht betrieben werden.

Umwelt und Design

Atrien erfreuten sich im letzten Jahrzehnt erheblicher kommerzieller Popularität. Verglichen mit offenen Straßen oder Höfen, bieten Atrien in nördlichen Breiten spürbare Vorteile. Eine amerikanische Studie über das Verhalten von Atrien hat gezeigt, daß nur wenige der untersuchten Beispiele wirklich Energie sparen, verglichen mit dem gleichen Gebäudetyp ohne Atrium, daß aber eine Optimierung des

Designs zum umgekehrten Ergebnis führt. Die meisten Planer sind sich heute dessen bewußt, daß sie die Belastung der Atmosphäre reduzieren können, indem sie durch solare Gestaltung den Heizenergieverbrauch vermindern, optimale Wärmedämmstandards anwenden, hocheffiziente Gebäudetechnik benutzen, Vollklimatisierung und FCKW-haltige Kühlmittel vermeiden, Alternativen zu FCKW-geschäumten Dämmstoffen suchen und Materialien mit geringer Herstellungsenergie auswählen. Größere Unsicherheit hingegen besteht bei den meisten Entwerfern noch immer darüber, welchen Einfluß ihre Materialwahl auf die Luftqualität der Innenräume, auf die Legionärskrankheit, Abholzung der Wälder, Asbestgefahr, radioaktive Strahlenbelastung, Pestizidverseuchung und die Gefährdung durch andere Chemikalien hat. Offensichtlich ist, daß Gebäude mit einem durch passive Solararchitektur niedrigen Energiebedarf weniger Probleme mit dem „Sick Building" Syndrom und anderen Arten von Benutzerbeschwerden haben. Dadurch wird etwa in Firmengebäuden die Produktivität der Mitarbeiter erhöht und ein geringerer Krankenstand erreicht. Da diese Verbesserungen weitaus wirtschaftlicher sein dürften als die Energieeinsparung selbst, erwarten wir zunehmende Aktivitäten auf diesem Gebiet, um die Planungsinformationen zu verbessern.

Schlußfolgerung

Wir haben gesehen, daß in der Industrie große Anstrengungen unternommen werden, die Solarenergie ins Bauwesen einzuführen. Die Herausforderung, vor der wir heute stehen, ist, unser Verständnis von Wissenschaft und Anwendung dieser Technologien zu erhöhen, neue Produkte und Systeme zu entwickeln und in den Markt einzuführen, Verknüpfungen zwischen Forschern und Praktikern herzustellen, den Mainstream der Bauprofession zu erreichen und ihr Interesse an energieeffizientem Bauen und verbessertem Gebäudebetrieb zu erhöhen. Parallel dazu müssen Formen von Information und Dienstleistung geschaffen werden, die auf die wechselnden Bedürfnisse verschiedener Anwender zugeschnitten sind. Ein weiterer Fortschritt in diesem Sinne muß dafür sorgen, daß unsere Gebäude zunehmend Solartechnologien nutzen und so zur rationellen Energienutzung im Gebäudesektor beitragen, so daß unsere Umwelt weniger belastet wird.

Das strategische Zukunftsprogramm: Die Solarenergie-Initiative (SEI)

Herrmann Scheer

Kohle, Öl und Atomstrom können keinen Beitrag zur Reduktion der Klimagase leisten.

Die energie- und umweltpolitische Diskussion in Deutschland macht einen ebenso gelähmten Eindruck wie die Debatte um den Wirtschaftsstandort. Alle wissen, daß mit den derzeit angebotenen politischen Ansätzen die offiziell verlautbarten Ziele einer Reduktion der klimaschädlichen Energieemissionen nicht einmal annähernd erreicht sind. Alle wissen von den Gefahren fossiler Energieverbrennung, aber im praktischen Vordergrund stehen neue Kohlekraftwerke. Alle wissen von den Gefahren der Atomkraft, aber mehr und mehr wird versucht, der Atomenergie wieder die verlorengegangene Akzeptanz zu verschaffen. Alle wissen, daß unser Energieverbrauch kein Modell für neue Wachstumsgesellschaften wie China mehr sein darf, aber dennoch wird jede weitere Kopie dieses Modells politisch wie finanziell gefördert. Alle wissen, daß die Perspektive des Wirtschaftsstandorts Deutschland nicht darin liegen kann, mit dem Lohn- und Umweltdumping etwa des südostasiatischen Kasernenkapitalismus in Wettbewerb zu treten – aber außer solchen Kostenrationalisierungen zu Lasten sozialer und ökologischer Standards fällt den meisten Wirtschaftsexperten dennoch nichts ein.

Enquete-Kommission „Schutz der Erdatmosphäre": Erneuerbare Energien reichen aus, um den Weltenergiebedarf zu decken.

Die Fortführung und Ausweitung der fossil-atomaren Energieversorgung wird damit begründet, daß es angeblich – außer auch nicht ernsthaft verfolgten Energiesparansätzen – keine zur Verfügung stehende Alternative gibt. Ein Blick in den Bericht der Enquete-Kommission des deutschen Bundestages zum „Schutz der Erdatmosphäre" würde allen politisch Verantwortlichen den entscheidenden Wink geben können. Dort steht, daß es technisch und ökonomisch realisierbar sei, auf nur einem Tausendstel der Landoberfläche des Erdballes das Dreifache des Weltenergiebedarfs aus erneuerbaren Energien zu gewinnen! Doch ist nicht zu sehen, daß diese Erkenntnis in den meisten energiepolitischen Stellungnahmen in Bundestag und Bundesregierung wahrgenommen wird – obwohl jedermann weiß, daß die Zeit drängt.

Die Nutzung erneuerbarer Energien ersetzt Primärenergie durch Technik und Arbeit.

Gleichzeitig läßt sich heute verhältnismäßig einfach veranschaulichen, welche umfassende neue Arbeitsmarktperspektive unserer produzierenden Wirtschaft offensteht, die scheinbar verzweifelt nach neuen Produkten und Märkten sucht. Es gibt keinen Bereich, der erkennbar so viele wirtschaftliche Vorteile mit sich bringt wie den der Techniken zur Nutzung der erneuerbaren Energien und Steigerung der Energieeffizienz:

Ersetzen wir herkömmliche Energie durch Sonnenenergie, dann ersetzen wir die überwiegend zu importierenden Primärenergieträger Öl, Gas, Kohle und Uran durch die kostenlosen Primärenergien der Sonnenstrahlung, der Windkraft, der Wasserkraft und durch Biomasse, die teilweise kostenlos ist. Ökonomisch betrachtet, ersetzen wir zu importierende Primärenergie durch heimische Energieträger und sparen damit Devisen. Gleichzeitig fördern wir damit den eigenen Wirtschaftskreislauf und ersetzen herkömmliche Primärenergie durch Technologie. Außerdem ersparen wir uns die immer mehr zur sozialen und ökonomischen Belastung werdenden Folgekosten atomar/fossiler Energieerzeugung. Nahezu alle Kosten, die bei erneuerbaren Energien anfallen, sind Kosten für die Bereitstellung der dazu erforderlichen Technik, also für Arbeit. Wir fördern damit massenhaft Arbeitsplätze und verlagern die Bemühungen um Produktivitätssteigerungen von herkömmlicher Primärenergie und von Umweltlasten. Daraus ergibt sich, daß sich in kürzester Zeit – bei entsprechend großangelegten Initiativen in einem Zeitraum von weniger als 10 Jahren – leicht ein Potential von einer halben Million neuer qualifizierter und zukunftssicherer Arbeitsplätze allein für Deutschland errechnen läßt.

Der Markt für Solartechnologie ist global und ungesättigt.

Kein Zweifel besteht auch daran, daß es für kein technisches Produkt einen so umfangreichen globalen Bedarf – und damit keinen größeren Markt – gibt, wie für solare Energietechniken. Deren Einführung ist für die gesamte dritte Welt ein elementares Grundbedürfnis. Ohne dessen Befriedigung ist die Befriedigung weiterer Bedürfnisse auf die Dauer nicht möglich. Da 90% der Menschen in der dritten Welt in ländlichen Räumen leben und es dort meist keine ausgebaute Infrastruktur herkömmlicher Energieversorgung gibt, ist eindeutig nachgewiesen – nachzulesen u.a. in Weltbankstudien –, daß es in Entwicklungsländern keine kostengünstigere Alternative zur Realisierung der Energieversorgung gibt als die erneuerbaren Energien, die dezentral gewonnen werden können und nicht von einer zentralen Versorgungsstruktur abhängig sind. Dies gilt bereits jetzt – noch bevor durch eine breite industrielle Serienfertigung solarer Energietechniken die präzise vorausberechneten Kostensenkungen kommen. Es ist deshalb mehr als einfältig, wie sehr unsere tech-nikproduzierende Wirtschaft vor einer industriellen Initiative zurückschreckt bzw. sich von der Energiewirtschaft von solchen Initiativen abhalten läßt. Statt die einzigartigen Chancen der Herstellung von Solartechniken in Massenproduktion zu erkennen, steckt unserer Industrie die Angst vor den ökonomischen Risiken der Solarenergie in den Gliedern. Aber fossil oder atomar erzeugten Strom kann man nicht nach Afrika, Asien, Amerika oder Australien exportieren, sehr wohl aber Solartechniken. Angesichts dessen zeigt sich, wie provinziell selbst weltmarktorientierte Unternehmen handeln, wenn sie sich von Stromversorgungsunternehmen eine solche Perspektive ausreden lassen – von denjenigen Unternehmen, deren Beitrag zur Markteinführung erneuerbarer Energien vor allem darin besteht, der Öffentlichkeit die angeblich nur marginale Bedeutung erneuerbarer Energien ins Bewußtsein zu hämmern.

Vor allem wegen der Atomenergie wird bestritten, daß Solarenergie nicht ausreiche, um den weltweit wachsenden Energiebedarf zu decken.

Hinter den Versuchen, die erneuerbaren Energien kleinzureden, steht der grundlegende Perspektivkonflikt zwischen Atomenergie und erneuerbaren Energien. Niemand kann bestreiten, daß die Vorräte an fossilen Energien ohnehin zur Neige gehen. Der Konflikt zwischen der Option erneuerbarer Energien und der Option fossiler Energien dreht sich um das Problem, daß die wirtschaftlichen Träger fossiler Energien offenbar alle diese Vorräte tatsächlich noch verbrennen wollen und deshalb Umweltwarnungen herunterspielen. Der Konflikt um Sonnen- oder Atomkraft geht jedoch tiefer. Solange die Energiewirtschaft mit ihren Schutzbehauptungen politischen Glauben findet, daß die erneuerbaren Energien zur Weltenergieversorgung nicht ausreichen, ergibt sich daraus die dann folgerichtige Schlußfolgerung, auf Atomenergie – vor allem in deren gefährlichster Variante der Plutoniumwirtschaft – und auf die Fusionsenergie nicht verzichten zu können. Dabei wird jeder denkmögliche Schadenspreis in Kauf genommen, weil ohne Energieversorgung kein Leben möglich ist. Vor allem wegen der Atomenergie wird bestritten, daß Solarenergie nicht ausreiche, um eine noch wachsende Weltbevölkerung mit Energie zu versorgen. Diesen Hintergrund haben offenbar viele noch nicht begriffen, wie sich zuletzt bei der Debatte über den Energiekonsens zeigte. Keiner der Redner, auch nicht die atomkritischen, widersprach den notorisch vorgetragenen Unterstellungen von Wirtschaftsminister Rexrodt oder des CDU-Fraktionsvorsitzenden Schäuble – den Bericht der Enquete-Kommission großzügig ignorierend –, daß die erneuerbaren Energien nicht ausreichen würden, weshalb der unzweifelhaft wachsende Energiebedarf der dritten Welt zum Argument für die Atomenergie mißbraucht wurde. Der „Solaren Energie-Initiative" liegt die wissenschaftlich begründbare Feststellung zugrunde, daß die erneuerbaren Energien eine vollständige Alternative zu atomaren und fossilen Energien sein können und müssen. Sie fordert politische Schritte, die den Durchbruch zur breiteren Nutzung erneuerbarer Energien politisch wie wirtschaftlich programmieren. Eine solche Solarenergie-Initiative kann gleichzeitig handgreiflich mehr Arbeitsplätze schaffen als alle bisher vorliegenden Beschäftigungsprogramme. Sie würde die öffentlichen Haushalte nicht einmal sonderlich belasten, vor allem, wenn wir dies im Zusammenhang mit einem Prioritätenwechsel sehen, nicht nur einem energiepolitschen, sondern auch einem in der Technologie-, Bau- und Landwirtschaftspolitik.

Die 12 Forderungspunkte der SEI begründen:

1. Eine ökologische Steuerreform – mit deutlicher Besteuerung der herkömmlichen Primärenergien und wertvoller Ressourcen. Die Erhöhung der Energiesteuer muß durch Senkung anderer Steuern ausgeglichen werden. Zu dieser Steuerreform gehört auch die lange überfällige Besteuerung des Flugbenzins.

Daß die ökologische Steuerreform an erster Stelle steht, ergibt sich aus deren umfassender Wirkung auf die gesamte Kette des Energieverbrauchs. Dazu ist es wichtig, daß es sich um eine Primärenergiesteuer handelt, die bereits dort ansetzt, wo die Primärenergie den volkswirtschaftlichen Kreislauf betritt. Die Angst vor der mangelnden Wettbewerbsfähigkeit der Wirtschaft ist abwegig, wenn nur an die weit höheren japanischen Energiepreise gedacht wird. Viel wichtiger ist, daß die Energiesteuer die Rationalisierungsschwerpunkte in der Wirtschaft verschiebt und damit die Chance hat, sich von den laufenden Kosten der Energieversorgung schrittweise zu befreien. Welche anderen Steuern kompensatorisch gesenkt werden, ist politisch flexibel gestaltbar. Viel spricht dafür, die Entlastung nicht nur über die Lohn- und Einkommenssteuer, sondern über die Senkung der Mehrwertsteuer zu versuchen. Überfällig ist, die skandalöse Steuerbefreiung für Flugkraftstoff aufzuheben und aus dieser weltweit geltenden, allerdings nicht völkerrechtlich bindenden Vereinbarung auszubrechen. Die Gefahren der Klimaveränderung durch Flugzeugemissionen ist wahrscheinlich die gravierendste, und die Zunahme des Luftverkehrs ist mehr als besorgniserregend. Da jedes große Flugzeug da tanken muß, wo es gelandet ist, gibt es hier einen viel größeren Handlungsspielraum, als bisher zugegeben wurde.

2. Markteinführungsprogramme für alle erneuerbaren Energien, vor allem die Erstattung der tatsächlichen Kosten der ins Netz eingespeisten Energie aus erneuerbaren Quellen sowie faire Netzanschlußgebühren.

Das wirkungsvollste Markteinführungsprogramm bestünde in einer Verbesserung des Stromeinspeisegesetzes für erneuerbare Energien. Bisher werden bei Windkraft und Strom aus Solarzellen 90% der vermiedenen Brennstoffkosten bezahlt, bei Strom aus Biomasse und Wasserkraft nur 75%. Als Grund wird angegeben, daß die herkömmlichen Stromerzeugungskapazitäten weiter vorgehalten werden müßten wegen der Diskontinuität erneuerbarer Energien. Bei Biomasse, genauso leicht speicherbar wie Öl, Kohle oder Gas, stimmt dieses Argument nicht. Bei Strom aus Wind und aus Photovoltaik ist dieses Argument – bis zu Anteilen von über 20% am Netz – ebenfalls künstlich hochgespielt, wenn man ein die erneuerbaren Energien konstruktiv integrierendes Netzmanagement betreibt. Im übrigen: Je mehr unterschiedliche Formen erneuerbarer Energie ans Netz gehen, desto mehr mitteln sich die natürlichen Angebotsschwankungen. Für die Photovoltaik als gegenwärtig teuerste Variante muß den Gemeinden mit eigenen Stadtwerken der Spielraum garantiert werden, eine darüber hinaus kostendeckende Vergütung zu zahlen – so wie in Hammelburg und Freising schon praktiziert. Je mehr Städte diesen Beispielen folgen, desto schneller sinkt der Solarzellenpreis. Darüber hinaus ist für die Photovoltaik ein 100 000 Dächer-Programm nötig, wenn verhindert werden soll, daß die Produktion von Solarzellen demnächst aus Deutschland verschwindet.

3. Ein Energiewirtschaftsgesetz, das Energiesparinitiativen und der Nutzung der erneuerbaren Energien Vorrang gibt.

Das wichtigste Element eines neuen Energiewirtschaftsgesetzes ist, daß Konzessionsverträge prinzipiell nicht mehr kommunalen Initiativen zur Rückkehr oder zum Ausbau einer eigenen Stromversorgung durch kommunale Stadtwerke entgegenstehen dürfen – wenn diese eigene Stromversorgung aus erneuerbaren Energien oder Kraft-Wärme-Kopplung erfolgt.

4. Planerischen Freiraum für die Nutzung erneuerbarer Energien durch die Beseitigung überflüssiger Genehmigungshindernisse.

Die administrativen Einführungsschikanen gegenüber erneuerbaren Energien sprechen Bände – Ortsbausatzungen, Denkmalschutzvorschriften bis hin zu Naturschutz- und Landschaftsschutzvorschriften, die negativ gegenüber erneuerbaren Energien auslegbar sind –, obwohl wir wissen, daß die fossil/atomaren Energien die Städte zerstören, die Denkmäler zerfressen und Natur und Landschaft elementar gefährden. Erneuerbare Energien brauchen ein Genehmigungsprivileg.

5. Die beispielhafte Umrüstung aller öffentlichen Gebäude auf Sonnenenergienutzung.

Die öffentliche Hand hat eine Vorbildfunktion. Je mehr diese wahrgenommen wird, desto mehr private Nachahmeffekte werden geschaffen, desto mehr profiliert sich die handwerkliche Kompetenz zum solaren Bauen, desto mehr soziale Folgeschäden werden vermieden, desto größer wird der Markt für Solartechnologie und desto schneller senken sich die Preise.

6. Baugesetze, welche Energieeinsparung und passive wie aktive Nutzung der Solarenergie für alle Neubauten verbindlich vorschreiben.

Passive Solarnutzung am Bau kostet nichts, erfordert nur einen anderen architektonischen Entwurf und kann bis zu 50% Energie und damit Geld sparen. Es darf nicht mehr hingenommen werden, daß allein Gedankenlosigkeit in der Planung zu schweren Umweltlasten führt. Bei Neubauten ist eine von vornherein integrierte solarthermische Nutzung ebenfalls ein Faktor zur Kosteneinsparung. Selbst die Solarzellenfassade anstelle herkömmlicher Fassaden ist in manchen Fällen schon heute keine Mehrbelastung mehr. Daraus müssen politische Konsequenzen gezogen werden, zum Beispiel die gesetzliche Vorschrift, wonach in allen Neubauten passive Solarenergienutzung (als eine Bedingung für die Genehmigung von Bebauungsplänen) und der Einsatz von Sonnenkollektoren obligatorisch ist.

7. Sonderkreditprogramme und steuerliche Absetzmöglichkeiten für Investitionen im Bereich erneuerbarer Energien und des Energiesparens, als Anreiz für private Initiativen.

Die Wiedereinführung von verbilligten Sonderkrediten wie beim früheren Zukunftsinvestitionsprogramm, steuerliche Absetzmöglichkeiten wie in den 80er Jahren für den Einsatz von Solartechnologie und die Einführung von Solarkrediten (bei denen die eingesparten Energiekosten in die Abschreibung miteingerechnet werden) würden einen großen Schub an privaten Initiativen für die mittlerweile deutlich weiterentwickelte Solartechnik auslösen.

8. Die Nutzung der in der Landwirtschaft stillgelegten Flächen für den ökologischen Anbau von Pflanzen zur Energienutzung.

Die Flächenstillegung in der Landwirtschaft ist perspektivlos. Die Landwirtschaft braucht neue Aufgaben. 50 000 Quadratkilometer sind in der Europäischen Union bereits stillgelegt, bis zum Jahr 2000 werden es 200 000 sein. Auf nur der Hälfte dieser Fläche könnten 50% der europäischen Energieversorgung aus Biomasse gewonnen werden – in naturverträglicher Anbauweise, ohne Flächenkonkurrenz.

9. Priorität für erneuerbare Energien bei der Vergabe von öffentlichen Mitteln in der Forschungspolitik und in der Entwicklungshilfe.

4 Milliarden DM sollen beispielsweise aus dem Bundeshaushalt für die Transrapid-Strecke zwischen Hamburg und Berlin ausgegeben werden, bei sehr vagen Marktaussichten. Ein gleicher Betrag für ein Solarenergie-Investitionsprogramm vermittelt dagegen viel umfassendere und sichere neue Perspektiven für die Industrie. Und noch immer rangieren in der Entwicklungspolitik zahlreiche andere Projekte vor erneuerbaren Energien, die alle einen deutlich geringeren – oft sogar kontraproduktiven – Entwicklungseffekt haben.

10. Die Einrichtung einer internationalen Solarenergieagentur für den Technologietransfer in Entwicklungsländer.

Es ist nicht mehr akzeptabel, daß es eine internationale Atomenergieagentur gibt, die für die weltweite Verbreitung von Atomenergie sorgt, aber keine internationale Solarenergieagentur.

11. Eine weltweite Initiative zum Erhalt des Tropenwaldes und umfangreiche Aufforstungsmaßnahmen.

Wer weiß, daß z.B. in Brasilien oder auf den Philippinen der Tropenwald nicht zuletzt deshalb vernichtet wird, weil man Holzkohle für die dortige Stahlindustrie braucht, der wird den Zusammenhang zwischen Einführung erneuerbarer Energien in Entwicklungsländern und Tropenwaldschutz sofort erkennen. Darüber hinaus sind großangelegte Aufforstungsmaßnahmen, die CO_2 binden, eine enorme Klimaschutzmaßnahme – und in Verbindung mit dem Aufbau einer Agroforstwirtschaft in Entwicklungsländern gleichzeitig eine neue entwicklungspolitische Grundlage.

12. Einen „Energie-Marshallplan" für Osteuropa, um Kraft-Wärme-Kopplungsanlagen, Energiesparmaßnahmen und erneuerbare Energien einzuführen und unsichere Atomkraftwerke abzuschalten.

Statt 10 Milliarden ECU für Atomkraftwerke in Osteuropa als Investitionszuschuß bereitzustellen, wie es EURATOM gegenwärtig aus Mitteln des EU-Haushaltes tut, ist eine ebenso großzügig angelegte Initiative für Energiesparinvestitionen und erneuerbare Energien notwendig.

„Eine neue Architektur, die aus wirklichen Bedürfnissen entspringt"

Ein Interview von Carl-A. Fechner mit Sir Norman Foster

Sir Norman Foster

Carl-A. Fechner:

Welches ist Ihre generelle Philosophie, Ihre Idee beim Entwerfen von Gebäuden?

Sir Norman Foster:

Die Philosophie, die hinter der Arbeit steckt, ist, daß Architektur über die Menschen selbst und ihre Bedürfnisse funktioniert und daß sie von diesen Bedürfnissen erzeugt wird und daß es ohne diese Bedürfnisse keine Architektur geben würde. Das ist der zentrale Punkt. Manche dieser Bedürfnisse können quantifiziert werden, daß der Regen abgehalten wird, daß es innen warm ist, wenn es draußen kalt, und innen kühl, wenn es draußen heiß ist. Aber es existiert noch eine andere Art von Bedürfnis, das nicht quantifizierbar ist – die Atmosphäre. So muß man sich darin wohlfühlen, muß nach seinen Vorstellungen darin leben können, es sollte ein angenehmer Ort sein. Alles andere folgt daraus.

Wie wichtig ist die Frage der Energie für dieses Thema?

Man kann das Thema Energie nicht vom Gebäude als solchem trennen. Wenn wir eine Energiekrise haben – und die haben wir zweifellos –, können wir davon ausgehen, daß Gebäude die Hälfte der Energie verbrauchen, die weltweit konsumiert wird. Und man stößt so direkt auf die Vergleichszahlen von denen, die haben, und denen, die nicht haben. Es gibt eine große Anzahl von Menschen, die keine Elektrizität, kein fließend Wasser, kein Dach über dem Kopf haben. Das sind globale Themen, und man kann nicht oder man sollte wirklich nicht über den Charakter von Gebäuden sprechen, ohne über Energie zu sprechen. Ich glaube, die Gesetzgebung in Deutschland geht sensibler und fortschrittlicher mit dem Thema um, als irgendein anderer Staat auf der Welt, es gibt eine größere Sensibilität dafür.

Hat sich für Sie bezüglich dieser Thematik während der letzten Jahre etwas geändert?

Ich denke, daß wir uns dessen immer bewußt waren, wir hatten immer Interesse daran, wir haben immer schon versucht zu demonstrieren, daß ein Gebäude weniger Energie verbrauchen könnte, z. B. durch Einsatz von natürlichem Licht, und daß dies nicht nur sehr ökonomisch, sondern auch gut für die Atmosphäre des Gebäudes ist. Man fühlt sich besser in einem Gebäude, das mit natürlichem Licht beleuchtet ist. Es kostet weniger. Außerdem kann man in einen Teufelskreis geraten, was in vielen Gebäuden geschieht, in denen die Beleuchtung künstlich ist, denn die Konsequenz ist Überhitzung. Deshalb muß wieder mehr gekühlt werden, und das benötigt wiederum sehr viel Energie. Wenn man Gebäude kühlt – und in der Tat sind alle Gebäude gekühlt, sobald sie mit einer herkömmlichen Klimaanlage ausgestattet sind, die große Volumen kühler Luft im Gebäude bewegt –, dann braucht man sehr lange Röhren und Leitungen, also benötigt man abgehängte Decken, das Gebäude wird größer, obwohl der Platz für die Menschen derselbe bleibt. So verschwendet man jede Menge Raum im Gebäude. Das alles erhöht die Kosten, erhöht den Energiebedarf, erhöht die Luftverschmutzung – es ist ein Teufelskreis. Deshalb denke ich, daß sich in den letzten Jahren unser Bewußtsein erweitert hat, wir werden uns mehr und mehr der Techniken bewußt, die unsere Gebäude zu lebenswerteren Orten machen können, ökonomischer und energieeffizienter, und es ist eine sanftere Art von Gebäuden. Vielleicht bewegt man Wasser anstelle von Luft, um das Gebäude zu kühlen, vielleicht kann diese Technik – wie eine Autokühlung – in der Decke versteckt werden, so daß keine Leitungen, Gitter und Schächte notwendig sind. Die Luft, die dann letztendlich zur Belüftung des Gebäudes benötigt wird, kann aus einer sehr kleinen Menge bestehen, ein kleines bißchen, so daß man sich wohlfühlt. Dann gibt es die vielen Möglichkeiten von Hochleistungsfassaden, Wände, die es einem ermöglichen, hinauszusehen und natürliches Licht hineinzulassen – einige der neueren Materialien sind sehr aufregend, isolierende Materialien, die sogar die Qualität des einfallenden Lichtes verbessern. Sie sind nicht durchsichtig, aber man kann mit ihnen mehr Strahlung hineinlassen und gleichzeitig die Dämmung erhöhen. Das Gebäude ist dann so etwas wie ein schöner lantel, es hält einen warm. So warm, daß man das Gebäude niemals heizen muß. Jnd wir können Ihnen ein Gebäude in Deutschland zeigen, an dem wir beteiligt varen, das sehr schöne Ausblicke zuläßt, aber keine Heizung benötigt. Und es ist in Gebäude, dessen Kühlung ein Abfallprodukt der Energieversorgung ist, also ichts kostet.

Wenn ich mich so umschaue, gewinne ich den Eindruck, daß solche Ideen unter rchitekten nicht sehr verbreitet sind.

Nein, ich glaube, daß es wirklich sehr nötig ist, jeden aufzurütteln, zu zeigen, laß es sich um ein Hauptproblem handelt und daß etwas dagegen getan werden ann. Und als Antwort auf diese Notwendigkeiten können Gebäude entstehen, die leganter und freundlicher sind, angenehmere Orte – und das sind gute Nachichten, gute Nachrichten für die Investoren, denn diese Gebäude müssen nicht nbedingt mehr kosten, sie können sogar ökonomische Vorteile bringen. Ich könnte hnen viele solcher Beispiele nennen. Aber trotz allem, was ich eben gesagt habe, st dieses Gebiet fast noch unberührt. Es hat das Potential einer neuen Bauweise. ine neue Art von Architektur, die aus wirklichen Bedürfnissen entspringt, die sich iicht von den Modeerscheinungen beeinflussen läßt, die gestern „in" und heute trendy" sind und morgen schon wieder „out", sondern von Themen und Qualitäten, lie man mehr genießen wird.

„Solararchitektur bringt zwei der überzeugendsten und inspirierendsten Quellen von Architektur zusammen – Tradition und Technologie."

In welcher Rolle sehen Sie die Architekten in ihrem Kampf für die Welt und um lie Umwelt?

Ich denke, jeder sollte tun, was er persönlich für richtig hält. In einer Demokraie sind, wie ich denke, diejenigen, die den politischen Vorteil haben, die Gesellchaft anregen zu können und solche Themen hoch oben auf die Tagesordnung zu etzen, in der einflußreichsten Position, um Architekten Antworten zu erlauben.

Die Regierungsgebäude machen zum Beispiel einen bedeutenden Anteil der Geäude eines Staates aus. Diese Gebäude könnten sofort die höchste Priorität haben, m ein Beispiel für die ganze Nation zu setzen, und Architekten ermöglichen, auf öhere Leistungsanforderungen zu reagieren. Die Evolution der Gestaltung war mmer eine Antwort auf die Forderung nach besserer Leistung. Ich meine damit: Die oncord fliegt über unsere Köpfe. Wenn nicht irgend jemand das Ziel gesetzt hätte, on einem Ort zu einem anderen in der halben Zeit zu gelangen, wäre das wahrcheinlich nie passiert, und es wäre wahrscheinlich auch nicht geschehen, wenn es iicht aus der Kriegstechnologie entstanden wäre. Ich denke, daß das, was wir tun nüssen, ist, uns die Kräfte zunutze zu machen, die mit dem Töten von Menschen zu un hatten, die eigentlich für eine Entwicklung im Design verantwortlich sein sollen, damit Menschen besser leben und überleben. Es müssen höhere Anforderungen jestellt werden, damit Architekten sie beantworten können. In der Zwischenzeit ist lles, was ein einzelnes Büro, ein Team oder eine Gruppe tun kann, auf der Basis inzelner Projekte zu zeigen, daß es einige sehr spannende Möglichkeiten gibt.

Sie sprechen mit einem Journalisten, der im Medienbereich arbeitet. Wer ist dazu ähig und wessen Aufgabe ist es, die Ansichten der Bevölkerung zu ändern?

„Tradition ist der Ausdruck der Kultur einer speziellen Zeit und eines bestimmten Ortes."

Sie, denn ich kann schlecht auf die Straße gehen und sagen: „Hey, diese iebäude sind verschwenderisch, unverantwortlich, häßlich, sie verbrauchen riesige lengen Energie, sie verschmutzen die Umwelt. Machen Sie was dagegen." Aber in hrer Position, mit dem Fernsehen, den Medien, den Zeitungen, können Sie Politiker rovozieren zu handeln. Sie können helfen zu inspirieren, damit die Individuen iner Gesellschaft – seien es die Massen, seien es die Premierminister oder Präsienten – den Puls der Nation fühlen können. Ansonsten wird nichts geschehen; emand muß die Aufmerksamkeit auf dieses Thema lenken. Ich denke, daß Sie in iner sehr machtvollen Position sind, dies zu erreichen. Und die Tatsache, daß lieser Film hier gemacht wird, muß als sehr positiv betrachtet werden.

Nun haben wir vielleicht die erste Gelegenheit, die Meinung eines Politikers im legierungsgebäude zu ändern. Sind Sie der Ansicht, daß ein Gebäude Einstellungen erändert?

Nun, es ist zwar noch sehr früh, aber ich würde sagen, daß unsere Erfahrung mit lem Reichstag bisher sehr positiv in dieser Hinsicht war. Unser Wettbewerbsbeitrag ür den Umbau des Reichstages setzte einen starken Akzent auf die Fragen der Ökologie, auf die Energiesysteme, auf die soziale Verantwortung, etwas zu tun, das in dieser Hinsicht überlegt und engagiert sein würde. Dieses war eines der Hauptthemen des Entwurfes, ebenso wie der geschichtliche Hintergrund als das wichtigste politische Gebäude in Deutschland, als ein Bauwerk mit Bedeutung in Europa und international. Deshalb mußten wir auch wissen, wie das Parlament arbeitet, die Aufgaben der Politiker kennen und der Leute, die ihnen zuarbeiten und den ganzen Betrieb möglich machen. Zum Thema Energie und Ökologie fragten wir sie, wieviel es sie kostet, ihr Gebäude zu unterhalten, ob sie wußten, wieviel es jährlich kostet, das aktuelle Gebäude zu unterhalten? Jährlich etwa 2,4 Millionen DM. Dann zeigten wir, daß man die Natur nutzen kann, die draußen ist, indem man die Sonne und die natürliche Ventilation wieder zurück in die Innenhöfe bringt und eine kontrollierte Umgebung schafft, mit einer besseren Atmosphäre, und daß das wirtschaftlicher, verantwortlicher und weniger umweltverschmutzend wäre. Und wenn sie es nicht wegen moralischer Gründe tun könnten – und die moralischen Gründe sind sehr wichtige – dann sollten sie es aus finanziellen Gründen tun, für Deutsche Mark, denn wir können die Kosten senken – von 2,4 Millionen auf etwa 250.000 DM.

Wenn Sie ganz frei wären, Ihre Ideen für die Konstruktion des Reichstags umzusetzen, wäre die Situation anders als zum jetzigen Zeitpunkt?

Wir sind gerade an dem Punkt, an dem solche Entscheidungen getroffen und formalisiert werden – deshalb ist das Timing für unser Gespräch ziemlich kritisch. Wir haben einen Vorschlag eingereicht, innerhalb der Kosten für das Projekt, die bereits genehmigt worden sind. Er beinhaltet eine Kombination von Systemen: mit Wiedergewinnung und Recycling von Wasser, mit Photovoltaik – in anderen Worten Solarzellen, die Sonnenlicht in elektrische Energie verwandeln können –, mit Kraft-Wärme-Kopplung und natürlicher Belichtung und Belüftung. Das alles kann noch viel weiter gehen, und das wird es hoffentlich auch. Das Projekt könnte sich zu jeder Zeit weiterentwickeln, bis es formal abgesegnet ist und an Ort und Stelle die Herausforderung der Realisierung beginnt – das ist die Essenz der Demokratie. Bisher sieht es sehr gut aus. Im Reichstag verkörpert, würden diese Ideen ein sehr wichtiger Beitrag sein, ein kraftvolles Beispiel, nicht nur für Deutschland, sondern für Europa und die Welt, man könnte am Regierungssitz eine verantwortungsvolle Haltung ablesen und daß es ein großartiger Ort ist, an dem man gerne ist und der gut funktioniert.

„Ein hohes Technologieniveau im Kontext eines Ortes zu einem Zeitpunkt kann im Kontext einer anderen Zeit oder eines anderen Ortes als niedriges Technologieniveau erscheinen."

Können Sie sich ein solarversorgtes Regierungsviertel in Berlin vorstellen?

Ich könnte mir das vorstellen, ja. Ich denke, daß Deutschland in einer sehr mächtigen Position ist, um dies zu demonstrieren – wenn der gesellschaftliche Wille da wäre, dann denke ich, daß das Projekt sozial, kommerziell und ökonomisch sehr stark sein könnte, weil zu diesem Zeitpunkt jedes Land, das beschließt, diese Initiative zu starten und ihr hohe Priorität einräumt, längerfristig – sogar in nicht allzu langer Zeit – in einer sehr starken Position sein wird, führend in dieser Technologie. Wenn ich nicht Architekt wäre, sondern ein Industrieller, würde ich mich in diesem Bereich engagieren und mein Geld investieren, denn ich wäre mir einer guten Rendite sicher. Aber es wird ein kritischer Punkt werden, es ist sogar schon ein kritischer Punkt, weil diese Fakten von der Welt, der Öffentlichkeit und den Politikern nicht wahrgenommen werden. Das Bewußtsein hierüber muß steigen. Es gibt eine Anzahl von sehr engagierten Leuten in der EU, mit denen wir zu tun hatten, Menschen, die sehr bewußt und sensibilisiert sind und in der Europäischen Gemeinschaft in Brüssel großartige Arbeit leisten. Aber diese Stimmen müssen lauter werden, die Botschaft muß über die Grenzen transportiert werden. Aber diese Stimme sollte lauter werden, die Botschaft muß mehr Menschen erreichen.

„Technologie handelt von der Herstellung von Dingen."

Wo setzt Ihre Arbeit an? Warum ist es so schwierig, diese Ideen in die Köpfe der Menschen zu bringen?

Weil ich den Verdacht habe, daß man es keiner Nachricht für wert hält, obwohl es das aus einer Reihe von Gründen ist. Ich denke, daß es mehr Interesse an schlechten als an guten Neuigkeiten gibt. So werden die Schlagzeilen von Krisen beherrscht. Aber die wahren Krisen der Umweltverschmutzung, des übermäßigen Konsums, der Ungleichheit, der Notwendigkeiten scheinen keine gleichwertigen Neuigkeiten zu sein. Es gibt auch das Mißverständnis, daß es beim Thema Energie und Gebäude nur um mehr Zweifachverglasung und dickere Wärmedämmung geht, aber das ist gar nicht der zentrale Punkt, das ist eher nebensächlich. Ich vermute fast, ich kann hier kaum gute Gründe anführen, wirklich nicht. Ich denke, es beginnt bereits ganz früh mit dem Prozeß der Ausbildung und damit, daß die fundamentalen Fragen über die Natur eines Gebäudes nicht gestellt werden. Ja, ich bin der Ansicht, es liegt ein grundlegendes Mißverständnis vor. Man nimmt an, daß wir für ein Gebäude, das weniger Energie benötigt, mehr Geld ausgeben müssen oder es ein weniger interessantes Gebäude sein wird. Alles, was ich dazu sagen kann, ist, daß alle Gebäude, bei denen wir Energie und Energieverbrauch wichtiggenommen und verantwortungsvoll gehandhabt haben, außerordentliche Erfolge waren – für die Leute, die die Gebäude nutzen, sie genießen und durch sie hindurchgehen. Beim Flughafen Stanstead zum Beispiel können die Besucher eine Menge dieser Qualitäten wahrnehmen und verstehen, denke ich. Wenn Sie sich unser Haus in Duisburg anschauen – es ist ein wunderbares Gebäude, um darin zu arbeiten. Und wenn Sie mit dem Investor sprechen, erfahren Sie, daß es weniger gekostet hat als ein traditionelles Gebäude. Der Bauherr verkaufte es mit gutem Gewinn, bevor es fertig war. Er selbst nahm die besten Räume im Gebäude und lebt in den besten Räumen. Er selbst betreibt das Gebäude und macht das Gebäudemanagement, und er macht einen guten Gewinn mit dem Energiesystem. Und solche Dinge, die normalerweise eine Menge Geld kosten, wie Kühlung und Heizung, bekommt man hier umsonst, also gute Nachrichten. Nun, ich glaube, daß eine Botschaft rüberkommt, und vielleicht heißt diese Botschaft Deutsche Mark – vielleicht sind es am Ende Deutsche Mark, sind es Pfund Sterling oder US Dollars. Wenn man schon das Bewußtsein der Leute nicht mit dem erreichen kann, was sie eigentlich für die Menschlichkeit tun müßten, vielleicht dann, wenn man mehr Geld daraus machen kann, vielleicht ist das der Aspekt, der zum Handeln anregt. Ebenso, wenn man die zerfallenden Industrien betrachtet. Es wäre eine große Hoffnung, daß, wenn eines Tages die Rüstungsindustrie genauso zusammenbricht wie z. B. die Stahlindustrie, dann anstelle von Entlassungen und Arbeitslosigkeit diese Energien, Technologien, Fähigkeiten in diesem hochgefragten friedlichen Sektor genutzt werden könnten, dann wäre das ein wunderbarer Technologie-Transfer.

„Gebäude entstehen durch Menschen und ihre Bedürfnisse."

„Die Herausforderung ist, den angemessenen Technologielevel herauszufinden und anzuwenden."

Sind Sie optimistisch, was diese Aussicht betrifft?

Wenn ich nicht optimistisch wäre, wäre ich niemals Architekt!

Zur Zukunft. Wir hörten, daß Sie als Architektengruppe an etwas wie einer Charta von Florenz oder Charta von Berlin arbeiten.

Ja, eine Gruppe von uns hat eine Charta entworfen, unter sehr engagierter Leitung der EU, ich denke da auch an Leute wie Dr. Palz oder Hermann Scheer, die hier dabei sind. Sie sind sehr offen, und wir als Individuen und auch als Praktiker sind sehr bemüht darum, und ich denke, wir werden alles tun, um ihnen zu helfen, die Botschaft zu verbreiten.

„Es ist wichtig, im Gedächtnis zu behalten, daß Technik ein Mittel ist und kein Zweck an sich."

Nun, ein Charta ist immer ein Ruf für zukünftige Entwicklungen, was möchten Sie den Menschen für die nächsten 10, 20, 30 Jahre mit auf den Weg geben? Was ist Ihre Idee?

Wenn Sie an die Masse von Entwicklungen denken, die weltweit stattfinden, wäre es ideal, ein Projekt anzustreben, für das man eine größere Gemeinschaft wählt und bei dem man alle Interaktionen zwischen den Systemen untersucht, die Menschen befähigen, sich von einem zum anderen Ort zu bewegen: Warum sie überhaupt mobil sein müssen, ob es wirklich notwendig ist, an einem Ende der Stadt zu arbeiten und am anderen Ende zu wohnen? Kann man nicht zu früheren Strukturen zurückkehren, als Menschen in enger räumlicher Nähe lebten und arbeiteten? Einige der Industrien sind wirklich richtig sauber, z. B. wenn man die Technologien betrachtet, die es den Menschen ermöglichen, weltweit zu kommunizieren. Sie müssen nicht unbedingt in der Stadt sein, um effektiv zu arbeiten, sie könnten sich irgendwo anders aufhalten – sie könnten an einem Ort sein, an dem die Gemeinschaft Verbindungen schafft zwischen den Menschen. Schule, Ausbildung und Freizeit könnten sie zusammenbringen, und sie könnten trotzdem effektiv sein. Die Möglichkeit einer Gemeinschaft, in der alles, die Ökologie, die Parks, die Verkehrssysteme und die einzelnen Häuser unter dem Gesichtspunkt ausgesucht werden, weniger umweltverschmutzend, weniger energieverschwendend, weniger landschaftszerstörend und viel ökonomischer zu sein. Und wichtiger noch als alles andere ein Magnet, denn das wäre ein Beweis, daß es ein wundervoller Ort sein würde, um dort zu leben, zu arbeiten und zu spielen. Das ist es, was gebraucht wird: ein Pilotprojekt, ein Beispiel, um einmal eine Möglichkeit darzustellen. In der Zwischenzeit denke ich, daß einzelne Architekten ihre Projekte nehmen und auf Projektbasis zeigen, was möglich ist – in der Hoffnung, daß Regierungen diese Initiative aufgreifen werden, und jedesmal, wenn die Regierung in ein Gebäude investiert, sagen: Das ist ein gesünderes Gebäude, gesünder für die Menschen, gesünder für die Gemeinschaft, gesünder für den Planeten.

Ich bin sicher, daß Sie im Laufe Ihres Lebens Ihre Meinung geändert haben. Was Sie uns heute erzählt haben, ist wahrscheinlich nicht dasselbe wie das, was Sie uns vor 20 Jahren erzählt hätten. Was ist in Ihrem Leben geschehen, daß Sie sich nun auf diese Weise engagieren?

Es ist interessant, ich glaube, es ist eine Frage von graduellen Unterschieden, und ich kann mich nicht an ein spezielles Ereignis erinnern, das meine Meinung zu diesem Thema geändert hat. Wenn ich die früheren Projekte ansehe, ich denke hier z. B. an das Gebäude von Willis Faber, das wir in den frühen Siebzigern, ich glaube, es war 1973, entworfen haben, vor 20 Jahren. Die Form dieses Gebäudes ist bezüglich des Energieverbrauches sehr gut, es ist relativ niedrig, ziemlich tief, und obwohl es von außen wie ein vollverglastes Gebäude aussieht, wurde eigentlich sehr wenig Glas verwendet im Verhältnis zu der Größe der Bodenfläche. Es hat einen Garten auf dem Dach, und geheizt wurde mit Gas, und das zu einer Zeit, als jeder mit Öl heizte. Es war eines der ersten Gebäude überhaupt, die Nordseegas zum Heizen verwendeten. Dieses Gebäude war eines einer großen Zahl von besonderen im Energiebereich, obwohl es nun schon 20 Jahre alt ist. Dann machten wir den Masterplan für eine Insel namens Gomera bei den Kanarischen Inseln, der von einem Norweger namens Fred Ohlsen in Auftrag gegeben wurde. Wenn ich daran zurückdenke, fiel er in eine sehr frühe Periode dieser Arbeit und war ganz überzeugt von Solarenergie, Windturbinen, sensiblem Umgang mit Wasser auf der Insel, befaßte sich mit der Art und Weise, wie man auf die klimatischen Gegebenheiten reagieren sollte, auf die Winde und die verschiedenen Klimazonen, regnerisch auf der einen, trocken auf der anderen Seite. Ich glaube es war schon immer ein besonderes Anliegen, vielleicht hatten wir in letzter Zeit eine Kombination von verschiedenen Projekten, Gelegenheiten und Persönlichkeiten, mit Norbert Kaiser zu arbeiten war in dieser Hinsicht sehr beeinflussend – wir kamen als Kunde und Architekt zusammen. Zu dieser Zeit hatten wir besonders viel Arbeit und überlegten genau, ob wir neue Aufträge annehmen sollten. Diese Situation hat sich in der Zwischenzeit geändert, weil sich die Natur der Praxis geändert hat. Und ich kann mich erinnern, daß wir zusammenkamen, weil wir ein gemeinsames Interesse am selben Thema hatten. Insofern kann man diese Philosophie an einigen Projekten viel besser zeigen, denn ohne Zweifel ist es so, daß der Architekt ein Gebäude nicht isoliert entwerfen kann – ein Gebäude entsteht im allgemeinen durch inspirierte Bauherren, eine weitsichtige Persönlichkeit, eine aufgeklärte Institution oder durch einen fortschrittlichen Politiker. Insofern gibt es eine Entwicklung, denke ich. Wenn man die Arbeit dieses Büros betrachtet, so hat sie sich ständig weiterentwickelt in all dieser Zeit, was unausweichlich geschieht innerhalb von 30 Jahren – wir können etliche Dinge heute viel, viel besser machen als früher. Es gibt Dinge, die wir heute bedeutend besser machen können als noch vor einem Jahr, die Technologie entwickelt sich so viel schneller als bisher, und wir investieren nicht unerheblich in sie.

„Bedingt durch die gegenwärtige Krise
von Umwelt und Energie,
beinhaltet Solararchitektur
das Potential
für eine wahrhaftige Architektur unserer Zeit,
die Variationsmöglichkeiten bietet
in ihrer sensiblen Reaktion
auf unterschiedliche Orte."

Würden Sie gerne ein Meinungsführer für die Solararchitektur sein?

Ich kann mir nichts besseres vorstellen, als Auffassungen in eine von mir für richtig empfundene, fortschrittliche Richtung zu lenken. Doch was auch immer wir sagen könnten im Hinblick auf einen solchen Gedankenaustausch oder was meine Kollegen sagen und präsentieren könnten – die kraftvollste Aussage treffen wir mit der Sprache, die unsere Gebäude sprechen.

„Solararchitektur
bedeutet nicht Mode,
sondern Überleben."

Die Förderung von Solararchitektur durch die Europäische Union

Ziele der Europäischen Gemeinschaft in bezug auf Energieeinsparung und erneuerbare Energien

Fossil Stabilisieren

Die Europäische Union hat sich verpflichtet, die Kohlendioxidemissionen (CO_2) bis zum Jahr 2000 auf dem Niveau von 1990 zu stabilisieren.

Solar Gewinnen

Im Jahr 1992 empfahl die Kommission der EU im Rahmen des ALTENER-Programmes, den Anteil erneuerbarer Energien von 4% im Jahr 1992 auf 8% bis zum Jahre 2005 zu erhöhen. Der Ministerrat nahm die Empfehlung an. Das Europäische Parlament beschloß am 19. 1. 1993 eine Resolution zur stärkeren Förderung erneuerbarer Energien in Europa mit der Forderung, in den beiden betroffenen Generaldirektoraten eigene Direktonen für „Renewables" einzuführen. Das Europaparlament formulierte hiermit seine Anforderungen an die Kommission im Hinblick auf die Notwendigkeit eines neuen Energiesystems, das soziale, ökonomische und ökologische Bedürfnisse befriedigt und auf unterschiedlichen und sich ergänzenden Energieformen basiert, bei denen erneuerbare Energien eine bedeutende Rolle spielen sollten. Das Europäische Parlament bereitet z.Z. einen „Aktionsplan der Gemeinschaft für Erneuerbare Energien" vor.

Die Erklärung von Madrid

In der Erklärung von Madrid schlugen 1994 in einer konzertierten Aktion hochrangige Vertreter des Europäischen Parlamentes, des Europarates, der Europäischen Kommission, des Club of Rome und des Weltenergierates vor, bis zum Jahre 2010 15% des gesamten Primärenergiebedarfs in Europa durch erneuerbare Energien zu decken. Durch einen „Maßnahmenplan für Erneuerbare Energiequellen in Europa" soll es möglich sein, nicht nur dieses Ziel zu erreichen, sondern darüber hinaus 300 000 bis 400 000 neue Arbeitsplätze in Europa zu schaffen und den Umsatz der Industrie für erneuerbare Energiequellen auf 6 Milliarden ECU zu steigern.

Zu den zukunftsträchtigen Industriezweigen, die mit diesem Maßnahmenplan gefördert werden sollen, gehört auch die solare Bauindustrie; außerdem sollen weitere Spezialisten auf diesem Gebiet ausgebildet werden.

Förderung von Solararchitektur durch die Kommission der Europäischen Gemeinschaft

Programm Nicht-nukleare Energien: JOULE-THERMIE

Im Dezember 1994 wurde vom Ministerrat der Europäischen Gemeinschaft das vierte Rahmenprogramm zu Forschung und technologischer Entwicklung verabschiedet. Der Bereich nichtnukleare Energien ist für den Zeitraum von 1995 bis 1998 mit einer Milliarde ECU (ca. 1,9 Milliarden DM) ausgestattet worden. Auf Initiative des Europäischen Parlamentes hin ist das Engagement der Europäischen Gemeinschaft für nichtnukleare Energien damit erstmals fast so groß wie die Ausgaben für atomare Energien. Hiermit ist eine erhebliche Verbesserung der Förderung erneuerbarer Energien verbunden. Der Förderbereich nichtnukleare Technologien besteht aus den zusammengefaßten Programmen JOULE und THERMIE. Hiervon ist JOULE der Teil Forschung und Entwicklung, THERMIE der Teil Demonstration. Von knapp einer Milliarde ECU (bis 1998) sollen 45% für erneuerbare Energien ausgegeben werden, 27% für rationelle Energienutzung und 28% für fossile Brennstoffe.

Der THERMIE-Teil des Programmes Nicht-nukleare Energien

Der THERMIE-Teil des Programmes ist in der Generaldirektion XVII (Energie) angesiedelt. Er unterstützt die Demonstration und Markteinführung innovativer Energietechniken. Gefördert werden vor allem Demonstrationsprojekte, aber auch die Entwicklung von Strategien und die Verbreitung der gewonnenen Erkenntnisse über neue innovative marktreife Technologien und der Ergebnisse aus EU- und nationalen Projekten.

Nähere Auskünfte zum THERMIE-Teil des Programmes erteilt:
Europäische Kommission
DG XVII – Energie
200 rue de la Loi
B-1049 Brüssel
Fax +32·(0)2·295 05 77

Vorschläge für Demonstrationsprojekte können gerichtet werden an:
European Commission, DGXVII-D
Ave. de Tervuren, 226
B-1150 Brüssel

Der JOULE-Teil des Programmes Nicht-nukleare Energien

Der JOULE-Teil des Programmes fällt in den Bereich der Generaldirektion XII (Wissenschaft, Forschung und Entwicklung). Er hat die Aufgabe, die Forschung und das Wissensniveau im Energiesektor zu fördern, damit die europäische Industrie innovativ und wettbewerbsfähig bleibt. Er beschäftigt sich innerhalb des Förderbereiches nichtnukleare Energien entsprechend mit Energieforschung und -entwicklung.

Das ehemalige JOULE-Programm (1991–1994) und der heutige JOULE-Teil des Programmes teilen sich in viele kleinere und größere Unterprogramme. Neu für den Bereich der Forschungsförderung ist die Idee von Wolfgang Palz, der die Abteilung „Erneuerbare Energiequellen" leitete, nicht nur Forschungsprojekte an sich zu fördern, sondern auch die Kommunikation und Weitergabe wissenschaftlicher Erkenntnisse und Innovationen an wichtige Gruppen von Akteuren im Bereich erneuerbarer Energien. So wurde ein „READ" genanntes Netzwerk praktizierender Architekten zur Anwendung fortschrittlicher solarer Technologien in Architektur und Design geschaffen. Sir Norman Foster and Partners, Thomas Herzog und Norbert Kaiser sind Projektträger von READ. In den Netzwerken CERE und EURE sind Kommunen bzw. Energieversorgungsunternehmen zusammengeschlossen, um gemeinsam die Nutzung erneuerbarer Energien europaweit voranzutreiben. Das „Solar House"-Programm wurde speziell geschaffen, um die besten Architekten in Europa für Solararchitekturprojekte zu gewinnen. Die im Film gezeigte Ausstellungshalle in Linz z.B. und der Mikroelektronikpark in Duisburg wurden in diesem Rahmen gefördert, Projekte von Richard Rogers, Renzo Piano und Michael Hopkins sind gerade in Planung.

Weitere Auskünfte zum aktuellen Bereich Erneuerbare Energien im JOULE-Teil des Programmes Nichtnukleare Energien erteilt:
DG XII
200 rue de la Loi
B-1049 Brüssel
Fax +32·(0)2·295 82 20

Projektanträge im Bereich Forschung und Entwicklung werden gerichtet an:
European Commission, DGXII-F
Rue Montoyer, 75
B-1040 Brüssel

Netzwerke im Rahmen des JOULE-Programmbereiches

Die wichtigsten Unterprogramme von JOULE zum Thema Solarenergienutzung und Solararchitektur, die im letzten Rahmenprogramm von 1991 bis 1994 gefördert wurden, sind:

READ

Forum und Netzwerk praktizierender Architekten zur Anwendung fortschrittlicher Solarer Technologien in Architektur und Design

Projektträger:
Sir Norman Foster and Partners, GB-London
Architekturbüro Herzog, D-München
Prof. S. Behling, D-Stuttgart

CERE

Netzwerk von Kommunen und Regionen für die Nutzung erneuerbarer Energien

Mitglieder:
Amsterdam, Korfu, Duisburg, Hamburg, Heidelberg, Metsovo, Prato, Saarbrücken, Storström, Teneriffa, Verona, Region Regensburg

EURE

Netzwerk für Energieversorgungsunternehmen und Stadtwerke

Mitglieder:
RWE Energie AG, Vattenfall AB, Union Elettrica Fenosa u.a.

EUREC-AGENCY

Europäische Agentur für erneuerbare Energien, in der 25 europäische Forschungsinstitute vereint sind

Kontakt:
IMEC, Kapeldreef 75,
B-3001 Leuven-Heverlee, Belgien
Tel +32·(0)16·28 14 03
Fax +32·(0)16·28 15 76

Projekte des JOULE-Programms (1991–1994) im Bereich Solararchitektur:

Solar House (Solarhaus)

Mit diesem Programm ist beabsichtigt, die besten Architekten in Europa für Solararchitekturprojekte zu gewinnen, um so die hohe Entwurfsqualität mit avancierter Solartechnik zu verbinden.

Projekte in diesem Rahmen haben unter anderem Sir Norman Foster, Richard Rogers, Renzo Piano, Thomas Herzog, Michael Hopkins, Henning Larsen, Meletiki-AN. Tombazis durchgeführt.

Pascool (Passive Kühlung)

Für die Kühlung von Gebäuden wird besonders im Süden Europas, aber auch in Bürogebäuden im Norden viel Energie, insbesondere Strom, verschwendet. Elf Organisationen, hauptsächlich aus dem Mittelmeerraum, sollen hier zusammenarbeiten, um Techniken und Entwurfsmöglichkeiten für die passive Kühlung von Gebäuden zu entwickeln.

Indoor Air Quality (Innenraum-Luftqualität)

Es soll eine Methode zur Bestimmung von Qualitätsstandards von Innenraumluft gefunden werden.

Solid State Variable Transmission Windows

Die Herstellbarkeit elektrochromatischer Fenster werden in diesem Projekt erforscht: Es geht um Fenster, die mehrlagig so beschichtet sind, daß sie bei Anlegung einer kleinen elektrischen Spannung ihre Farbe verändern können. Damit wird der Energiedurchlaß durch ein Fenster elektronisch steuerbar.

Development of Aerogel Windows
Ziel ist die Entwicklung von Aerogel Fensterelementen. Das Aerogel besteht aus einer durchsichtigen Masse, die als transparente Wärmedämmung in ein Fensterelement integriert werden kann.

Combine
Bei dem mehrphasigen Projekt Combine besteht die Aufgabe in der Entwicklung von Software zur Planung und Simulation von Gebäudeentwürfen. Kombiniert werden sollen dabei Energiesimulationssysteme mit Gebäudedatenbanken, CAD-Systemen, Tageslichtsimulation etc. Diese Software soll eine genauere Planung ermöglichen und in einem Softwarepaket münden, das von Architekten und Energietechnikern gleichermaßen zur Vereinfachung der gemeinsamen Arbeit benutzt werden kann.

SOLINFO und INNOBUILD
SOLINFO und INNOBUILD sind ein Projekt, das die Forschungsergebnisse bündeln und den Architekten und Ingenieuren zur Verfügung stellen soll. Hierfür wurden verschiedene Materialien entwickelt:

- Richtlinien zu Entwurf und Konstruktion energiesparender Gebäude
- eine Multi-Media-Lehreinheit für Universitäten zur Ausbildung von Architekten und Ingenieuren, in der u.a. die Konstruktionsweisen und Energieverbräuche von wissenschaftlich begleiteten EU-Projekten dargestellt werden. Sie besteht aus Texten, Dias, Folien, Postern und einem Video.
- Posterset „Energiebewußte Architektur" mit Begleitbroschüre
- Kontakt und Bestelladresse: Energy Research Group – University College Dublin (Autorenverzeichnis unter Owen Lewis)

Informationen
Ein Informationspaket über das JOULE-Programm und seine Unterprogramme kann in Brüssel bezogen werden unter Fax +32·(0)2·295 06 56

Aktuelle Informationen über die Förderaktivitäten in diesem Bereich erscheinen regelmäßig im „Newsletter ‚Solar Europe'", der bei Einsendung einer Visitenkarte kostenlos bezogen werden kann bei

Solar Europe
146, rue de l'Université
F-75007 Paris
Fon +33·(0)1·44 18 00 80
Fax +33·(0)1·44 18 00 36

Literatur
die im Rahmen der EU-Aktivitäten als Resultat von Forschung und Demonstration zur Solararchitektur entstanden ist (alles englischsprachig):

- Climatic Data Handbook for Europe, Climatic Data for the Design of Solar Energy Systems, B. Bourges (Hrg.), Dordrecht, 1992 (EUR 13537)
- European Handbook on Photovoltaik System Technology, MS. Imamura, P. Helm and W. Palz (Commission of the European Communities), Bedford, 1994
- Building 2000, Volumes I and II, C. den Ouden and T. C. Steemers, Dordrecht, 1991 (EUR 13858 EN)
- Energy in Architecture: The European Solar Passive Handbook, John R. Goulding, J. Owen Lewis, Theo C. Steemers (Hrg.), London, 1992 (EUR 13446)
- Energy Concious Design, A Primer for Architects, John R. Goulding, J. Owen Lewis, Theo C. Steemers (Hrg.), London, 1992 (EUR 13445)
- Solar Architecture in Europe, T.C. Steemers, Dorset England, 1991
- The European Directory of Energy-Efficient Building 1993, Components, Services, Materials, J. O. Lewis and John Goulding (Hrg.), London, 1992
- Daylighting in Architecture, N. V. Baker, A. Fanchotti, K. Steemers, London, 1993

Maxibroschüren und Videokassetten
Im Rahmen des THERMIE-Programmes wurden Studien und Seminare durchgeführt und Informationsbroschüren zu Themenschwerpunkten und Ergebnissen von Demonstrationsprojekten erarbeitet. Die Unterlagen liegen in unterschiedlichen Sprachen, jedoch vorwiegend in Englisch vor.

Nähere Auskünfte erteilt die
Europäische Kommission
DG XVII – Energie
200 rue de la Loi
B-1049 Brüssel
Fax: +32·(0)2·295 05 77

Durch die Europäische Kommission wurden folgende im Medienprojekt „Solararchitektur für Europa" dargestellten Projekte gefördert:

Im Rahmen des THERMIE-Programmes (1990–1994)

- EUROSOLAR-Studie „Potential der Solarenergie in Europa"
- Plusenergiehäuser, Freiburg (D)
- Green Building, Dublin (IR)
- Structural Glazing Photovoltaikfassade des Solarzentrums in Freiburg (D)
- Solarsiedlung Essen (D)
- Reihenhaussiedlung mit PV-Dächern in Amsterdam

Im Rahmen des JOULE-Programmes (1990-1994)

- Design-Center in Linz (A)
- Solarer Reichstag in Berlin (D)
- Mikroelektronikpark Duisburg (D)

In ihrem eigenen Forschungszentrum, dem Joint Research Center in Ispra, realisierte die Europäische Kommission eine amorphe Siliziumfassade. Über den Stand der Entwicklung von Solararchitektur und die mit Forschungs- und Demonstrationsaktivitäten erzielten Fortschritte in der Europäischen Union siehe Prof. Owen Lewis im Kapitel Perspektiven.

Literaturnachweis

Das Literaturverzeichnis enthält sowohl Veröffentlichungen, die als Quelle dienten, als auch solche Veröffentlichungen, die während der Recherchephase Anregungen lieferten oder Interessierten als ergänzende Information zur Verfügung stehen. Die Autoren schrieben alle über ihr eigenes Arbeits- oder Forschungsgebiet. Der größte Teil der dargestellten Projekte aus dem Kapitel Beispiele wurde von Astrid Schneider während der Dreharbeiten zum Film und auf einer ergänzenden Fotoreise quer durch 7 europäische Länder im Frühjahr und Sommer 1994 mit dem Fotografen Rainer Hofmann zusammen selbst besucht. Architekten, Bauherren, Bewohner und Besitzer gaben Auskunft und lieferten Materialien für das Buch. Daten und Fakten für die Projektbeschreibungen wurden im Nachgang mit Datenblättern bei den projektbeteiligten Ingenieuren und Architekten abgefragt. Per Besuch, Fax, Post und Telefon wurden alle Projektinformationen direkt bei den „Machern" selbst recherchiert und aus ganz Europa zusammengetragen. Daher sind auch hier als allererste Quelle die in den Datenblättern zu den Projekten aufgeführten Projektverantwortlichen zu nennen. Insofern ist dieses Buch keine Bibliotheksarbeit mit „second hand"-Darstellungen, sondern es sind alle diesem Buch zugrunde liegenden Fakten „first hand" recherchiert. Zum Teil handelt es sich um Forschungsprojekte, zu denen zusätzlich ausführliche Meßberichte vorliegen, die auch in diese Veröffentlichung einflossen, zu einigen Projekten haben die Architekten selbst bereits Bücher oder Zeitschriftenartikel verfaßt, zu anderen Projekten, insbesondere aus dem Teil „Photovoltaikintegration" und „Solare Nahwärme", gibt es rege Entwicklungs- und Forschungstätigkeiten und entsprechend jährlich auf Kongressen verfolgbare Forschungsberichte über geplante, im Bau befindliche oder realisierte Projekte. Teilweise existieren auch noch gar keine weiteren Veröffentlichungen, die als Quelle zu nennen wären. Entsprechend gibt es auch nicht zu allen Projekten Literaturhinweise. Beachtenswert für jeden, der permanent über den neusten Stand der Dinge informiert sein möchte oder vertiefte Informationen sucht, sind die Kongreßberichte (sowie die meist regelmäßig stattfindenden Kongresse) und die periodisch erscheinenden Informationen über Forschungsergebnisse öffentlich geförderter Projekte, die von der Europäischen Kommission oder auch dem deutschen „Bundesinformationsdienst Erneuerbare Energien", kurz BINE genannt, kostenlos bezogen werden können.

Ausgangspunkte:
Licht, Luft und Sonne in der Architektur der Moderne

Gina Angress, Elisabeth Niggemeyer: Die verordnete Gemütlichkeit – mit Essays von Wolf Jobst Siedler. Quadriga 1985

Giulio Carlo Argan: Gropius und das Bauhaus. Bauwelt Fundamente 69. Braunschweig, Wiesbaden: Vieweg 1983

Reyner Banham: The Architecture of the Well-tempered Environment. Second Edition. The University of Chicago Press 1984

Reyner Banham: Die Revolution der Architektur. Bauwelt Fundamente 89. Braunschweig, Wiesbaden: Vieweg 1990

I. Boyd Whyte, R. Schneider (Hrsg.): Die Briefe der Gläsernen Kette. Berlin: Ernst & Sohn Verlag 1986

U. Conrads, P. Neitzke (Hrsg.): Programme und Manifeste zur Architektur des 20. Jahrhunderts. Braunschweig, Wiesbaden: Vieweg, 2. Auflage 1992

Le Corbusier et Pierre Jeanneret, Oevre complète 1910-1929 und 1929-1934. Zürich: Artemis 1995

Theo Hilpert: Le Corbusiers „Charta von Athen". Texte und Dokumente, Kritische Neuausgabe. Bauwelt Fundamente 56. Braunschweig, Wiesbaden: Vieweg, 2. Aufl. 1988

Henry-Russel Hitchcock, Philip Johnson: Der Internationale Stil 1932. Bauwelt Fundamente 70. Braunschweig, Wiesbaden: Vieweg 1985

Julius Posener: Fast so alt wie das Jahrhundert. Erweiterte Neuausgabe. Basel, Boston, Berlin: Birkhäuser 1993

Sieg über die Sonne – Aspekte russischer Kunst zu Beginn des 20ten Jahrhunderts. Katalog zur Ausstellung der Akademie der Künste Berlin und der Berliner Festwochen vom 1. September bis 9. Oktober 1983, Redaktion Christiane Bauermeister. Berlin: Fröhlich und Kaufmann 1983

Entropie und Architektur

Werner Blaser: Mies van der Rohe – The Art of Structure/Die Kunst der Struktur. Basel, Boston, Berlin: Birkhäuser 1993

J. Bonta: Ludwig Mies van der Rohe. Gemeinschaftsausgabe: Henschelverlag Kunst und Gesellschaft, Berlin und Akadèmiai Kiadò, Budapest, 1983

Italo Calvino: Die unsichtbaren Städte. München 1985, 6. Auflage: DTV 1992

W. Ebeling: Chaos – Ordnung – Information. Frankfurt a. M., Verlag Harri Deutsch 1989

G. Falk, W. Ruppel: Energie und Entropie – Eine Einführung in die Thermodynamik. Berlin, Heidelberg, New York: Springer 1976

Wilfried Kuhn (Hrsg.): Energie und Entropie. Braunschweig: Westermann 1982

Günther Moewes: Weder Hütten noch Paläste. Architektur und Ökologie in der Arbeitsgesellschaft – eine Streitschrift. Basel, Boston, Berlin: Birkhäuser 1995

Neue Nationalgalerie Berlin. In: Bauwelt Jahrgang 1968, Heft 38

Jeremy Rifkin, Ted Howard: Entropie. Ein neues Weltbild. Frankfurt, Berlin, Wien: Ullstein 1985

Friedrich Schmidt-Bleek: Wieviel Umwelt braucht der Mensch? MIPS – Das Maß für ökologisches Wirtschaften. Berlin, Basel, Boston: Birkhäuser 1994

S.O.S. – Secrets of the Sun, Millennial Meditations 1- Katalog zu der Solarinstallation von Peter Erskine im Haus der Kulturen der Welt Berlin 1993

Klimaproblematik

Klimaänderung gefährdet globale Entwicklung. Zukunft sichern – jetzt handeln. Erster Bericht der Enquete-Kommission „Schutz der Erdatmosphäre" des 12. Deutschen Bundestages (Hrsg.), Bonn: Economia Verlag 1992, ISBN: 3-87081-332-6

Mehr Zukunft für die Erde: Schlußbericht der Enquete-Kommission „Schutz der Erdatmosphäre" des 12. Bundestages (Hrsg.), Bonn: Economia Verlag, 1995

Potentiale:
Erneuerbare Energien

Günter Altner, Hans-Peter Dürr, Gerd Michelsen, Joachim Nitsch (Gruppe Energie 2010): Zukünftige Energiepolitik, Vorrang für rationelle Energienutzung und regenerative Energiequellen. Bonn: Economia Verlag 1995

Bundesminsterium für Wirtschaft: Dokumentation Nr. 361, „Energieeinsparung und erneuerbare Energien, Berichte aus den energiepolitischen Zirkeln beim Bundesministerium für Wirtschaft, Bonn 1994, ISSN 0342-9288 (BMWI-Dokumentation)

EUROSOLAR (Hrsg.): Das Potential der Sonnenenergie in der EU. Selbstverlag 1994: EUROSOLAR, Plittersdorfer Str. 103, Bonn

Harry Lehmann, Torsten Reetz: Zukunftsenergien – Strategien einer neuen Energiepolitik. Berlin, Basel, Boston: Birkhäuser 1995

J. Nitsch/J. Luther: Energieversorgung der Zukunft. New York, Berlin, Heidelberg: Springer 1990

Sybille und Jörg Schlaich: Erneuerbare Energien nutzen: Bevölkerungsexplosion und globale Umweltzerstörung: läßt sich der Weltenergiebedarf wesentlich durch erneuerbare Energien stillen? Düsseldorf: Werner-Verlag 1991

Senatsverwaltung für Stadtentwicklung und Umweltschutz Berlin (Hrsg.): Berlin – Modellstadt für Sonnenenergie. Das Photovoltaik-Megawatt-Projekt Berlin der Arbeitsgemeinschaft Ludwig-Bölkow-Systemtechnik GmbH, BLS Energieplan GmbH, EAB Energie-Anlagen Berlin GmbH, Berliner Kraft und Licht (Bewag) AG. Aus der Reihe: Materialien – Neue Energiepolitik für Berlin, Heft 4. Berlin: Kulturbuchverlag 1991

Potential der photovoltaischen Stromerzeugung in Europa

R. Hill: The Potential Generating Capacity of PV-clad Buildings in the UK, Newcastle Photovoltaics Application Centre, Newcastle

G. Schulte-Tigges: Studienteil „Potential der photovoltaischen Stromerzeugung der EU" aus „Das Potential der Sonnenenergie in Europa". Bonn: EUROSOLAR, Bonn

Worldwatch Institute Report, Zur Lage der Welt 91/92. Frankfurt: S. Fischer 1991, S. 70

Thermisches Potential der Solararchitektur

Dritter Bericht der Enquete-Kommission des Deutschen Bundestages „Vorsorge zum Schutz der Erdatmosphäre", 1990

W. Ebel u. a.: „Energieeinsparpotentiale im Gebäudebestand". IWU, Darmstadt 1990

B. Weidlich, A. Kerschberger, A. Lohr, B. C. Alexa: Systemstudie Lichtdurchlässige Wärmedämmung. Berlin und Köln 1989

Regenerativer Energiemix in Europa

J. Nitsch: Strukturelle und ökonomische Effekte bei der Einführung einer solaren Energiewirtschaft. Beitrag zur Arbeitstagung der ÖTV, Referat Energiepolitik, „Öffentliche Energieversorgung und Solar-Energiewirtschaft", Stuttgart, 2./3. Dezember 1993

J. Nitsch, J. Luther: Potentiale des rationellen Umgangs mit Energie und der Solarenergienutzung in Städten. In: M. Knoll, R. Kreibich (Hrsg.): „Solar City – Sonnenenergie für eine lebenswerte Stadt". Weinheim: Beltz-Verlag 1992

Stadtwerke Saarbrücken, Prognos AG, Öko-Institut, DLR, ZSW, Wuppertal Institut für Klima, Umwelt, Energie: Tagungsunterlagen zum Int. Forum „Neue Bausteine zum Klimaschutz: Die Saarbrücker Energiestudie 2005". Saarbrücken, April 1994.

Beispiele:
Einfamilienhäuser

DIANE Ökobaublatt Nr. 1 vom November 1993: Wohnqualität für Feinschmeckerinnen, die Siedlung „Niederholzboden". Hrsg.: DIANE ÖkoBau, aus dem Programm Energie 2000, Verkehrs- und Energiewirtschaftsministerium, Schweiz

Hans Erhorn, Johann Reiß, Fraunhofer-Institut für Bauphysik, Stuttgart (Hrsg.): Demonstrations- und Forschungsprojekt Niedrigenergiehäuser Heidenheim, Abschlußbericht. BMFT Förderkennzeichen 0329058A/IBP-Bericht WB 75/1994. Stuttgart: Fraunhofer-Institut für Bauphysik (im Selbstverlag) 1994

Hans Erhorn, Johann Reiß, Fraunhofer-Institut für Bauphysik, Stuttgart (Hrsg.): Niedrigenergiehäuser – Zielsetzung, Konzepte, Entwicklung, Realisierung, Erkenntnisse. Stuttgart: Fraunhofer-Institut für Bauphysik (im Selbstverlag) 1994

Fachinformationszentrum Karlsruhe: Niedrigenergiehäuser Heidenheim, Hauskonzepte und erste Meßergebnisse. BINE-Projekt Info-Service, Nr. 9/August 1993. ISSN 0937-8367. BINE, Mechenstr. 57, 53129 Bonn

Wolfgang Feist: Das Passivhaus, Maximale Einsparung von Heizenergie durch hocheffizientes Bauen. Heidelberg: C. F. Müller 1995

W. Feist, J. Klien: Das Niedrigenergiehaus – Energiesparen im Wohnungsbau der Zukunft. Heidelberg: C.F. Müller, 3. Auflage 1992

Wolfgang Feist, Johannes Werner: Passivhaus-Bericht Nr. 4, Energiekennwerte im Passivhaus. Broschüre im Selbstverlag: Institut für Wohnen und Umwelt GmbH, Darmstadt, September 1994

Adolf Götzberger, Karsten Voss, Wilhelm Stahl: Das Energieautarke Solarhaus. In: Bauphysik 15, 1993, Heft 1/3

H. Huber, Dr. Eicher+Pauli AG Zürich und F. Fregnan, Metron Architekturbüro AG Brugg: Kontrollierte Lüftung und Luftheizung in Wohnbauten mit sehr guter Wärmedämmung, in 8. Schweizerisches Status-Seminar 1994. Energieforschung im Hochbau, EMPA-KWH

Othmar Humm: Niedrigenergiehäuser, Theorie und Praxis. Staufen, Freiburg: Ökobuch Verlag 1990

B. Kolb: Sonnenklar solar! München: Blok-Verlag, 1990

Solar Diamant Sonnenhaus GmbH: das Nullenergiehaus, ein Haus an der Sonne. Produktinformation, Wettringen 1993

Thomas Spiegelhalter: Solare Kieswerk-Architektur zum Wohnen und Arbeiten, Architektur in der Kiesgrube Bd. III. Darmstadt: J. Häusser 1993

Wilhelm Stahl u.a.: Das energieautarke Solarhaus, Planung, Technik, Erfahrungen. Heidelberg: C. F. Müller 1995

Wohn- und Geschäftsbauten

Fachinformationszentrum Karlsruhe (Hrsg.): Energiespargebäude mit hybrider und passiver Sonnenenergienutzung. BINE-Projekt Info-Service, Nr. 7/August 1990. ISSN 0937-8367. BINE, Mechenstr. 57, 53129 Bonn

Siegrid Hanke: Schweizer Energiefachbuch 1993–95. St. Gallen: Künzler Bachmann 1993, 1994, 1995

Othmar Humm: Schweizer Energiefachbuch 1992. St. Gallen: Künzler Bachmann 1992

IBUS – Institut für Bau-, Umwelt- und Solarforschung GmbH: Passive und Hybride Solarenergienutzung im innerstädtischen verdichteten Wohnungsbau, Forschungs- und Demonstrationsprojekt Lützowstr. 5, Berlin Tiergarten. Deutscher Beitrag zum IEA TASK VII – Passive and Hybrid Solar Low Energy Buildings. IBUS-Bericht (unveröffentlicht) Berlin

LOG ID: Wintergärten. Das Erlebnis mit der Natur zu wohnen. Planen, bauen und gestalten. Niedernhausen: Falken 1986/1989

Schempp, Krampen, Möllring LOG ID, (Hrsg.): Solares Bauen: Stadtplanung – Bauplanung. Köln: Rudolf Müller 1992

Senatsverwaltung für Bau- und Wohnungswesen (Hrsg.): Berlin – Ökologischer Wohnungs- und Städtebau. Berlin 1990

Bürobauten und öffentliche Bauten

Stefan Behling, Foster Associates: Solarenergie als eine Herausforderung in der Architektur. In: Senatsverwaltung für Stadtentwicklung und Umweltschutz Berlin (Hrsg.): Das solare Regierungsviertel. Aus der Reihe: Materialien – Neue Energiepolitik für Berlin, Heft 10. Berlin: Kulturbuchverlag 1993

Deutsche Bundesstiftung Umwelt (Hrsg.): Heute für die Zukunft bauen, aber wie? Anregungen am Beispiel eines Verwaltungsgebäudes/Deutsche Bundesstiftung Umwelt. Bramsche: Rasch 1995

Dieter Schempp, Martin Krampen: Glashaus Herten, Entwurf, Planung, Konstruktion. Köln: R. Müller 1995

Solar Energy in Architecture and Urban Planning, 3rd European Conference on Architecture, Commission of the European Communities, Proceedings of an International Conference. Florence, Italy, 17.-21. May 1993. Edited by Sir Norman Foster and Partners England and Herrmann Scheer President of EUROSOLAR Germany. Publication no. EUR 15275 EN of the CEC (DG XII). Bedford: H.S. Stephans & Associates 1993

V. Sperlich, E. Kolle: Vortrag über das wissenschaftliche Begleitprogramm für das Haus der Wirtschaftsförderung, Duisburg. Gehalten am 27. 09. 94 auf dem Statusseminar des BMFT über solaroptimierte Gebäude mit minimalem Heizenergiebedarf in Hannover (unveröffentlichtes Skript), Gerhard-Mercator-Universität, Gesamthochschule Duisburg, Fachbereich Maschinenbau, Fachgebiet Energietechnik.

Daniel Treiber: Norman Foster. Basel, Berlin, Boston: Birkhäuser 1992

Großprojekte

Roderic Brunn: Building analysis, De Montford University: Learning curve. In: Building Services, The Cibse Journal, Oktober 1993

Barrie Evans: Passive cooling. An alternative to airconditioning, results of a year's monitoring of the Malta Brewery. In: The Architects Journal, 10, Februar 1993

Kristin Feireiss (Hrsg.): Sir Norman Foster and Partners: Reichstag Berlin. Ausstellungskatalog. Berlin: 1994

Brian Ford: Report to Simond Farsons Cisk. Ltd on the results from Performance Monitoring of the new Process Building. September 1992 (unveröffentlicht)

Rainer Hascher, Uwe Hartmann (Hrsg.): Solares Bauen, Architekturen für natürliche Lebensräume. Dokumentation zur Ausstellung anläßlich der Welt-Klima-Konferenz vom 25. März bis 17. April 1995

Thomas Herzog: Bauten 1978–1992. Stuttgart: Hatje 1992

Thomas Herzog: Design Center Linz. Stuttgart: Hatje 1994

Sam Johansson: SAS Frösundavik, an office heated and cooled by Groundwater. Swedish Council for Building Research, Stockholm 1992

Peter Rickaby: A well-tempered environment: Peake Short at Leicester. In: Architecture Today, Heft 14, Jan. 1991

Peter Rickaby: The Art of Energy: Peake Short and Partners in Malta. In: Architecture Today, Heft 23, Nov. 1991

Senatsverwaltung für Stadtentwicklung und Umweltschutz Berlin (Hrsg.): Das solare Regierungsviertel. Aus der Reihe: Materialien – Neue Energiepolitik für Berlin, Heft 10. Berlin: Kulturbuchverlag 1993

B. und R. Vale: Ökologische Architektur – Entwürfe für eine bewohnbare Zukunft. Frankfurt, New York: Campus 1991

Will natural ventilation work? Building Services reports. In: Building Services, Oktober 1993

Photovoltaikintegration

Book of Abstracts: 12th European Photovoltaic Solar Energy Conference and Exhibition, RAI Congress Centre Amsterdam, the Netherlands 11.–15. April 1994. Sponsored by Commission of the European Communities, NOVEM – the Netherlands Agency for Energy and the Environment, Netherlands Ministry of Economic Affairs

Book of Abstracts: 13th European Photovoltaic Solar Energy Conference and Exhibition, Acropolis Convention Centre, Nice, France 23.–27. Octobre 1995. Sponsored by Commission of the European Communities, Ademe – Agence del'Environment et de la Maitrise de l'Energie France, EUROSOLAR – The European Association for Solar Energy

Andreas Brockmöller: Dezentraler Einsatz von Photovoltaikanlagen in Gebäuden – Auswirkungen auf Energieversorgung, Haustechnik, Architektur. Frankfurt u. a.: Peter Lang Verlag 1992

J. Cace: A large scale PV system in a new urban area, European Directory of Sustainable and Energy Efficient Building 1995

Flachglas Solartechnik GmbH: OPTISOL Energiefassaden. Produktbeschreibung für Architekten, Stand 12/1994

R. Hotopp: Netzgekoppelte PV-Siedlung, Europas erstes Beispiel in Essen. In: Sonnenenergie, Zeitschrift für regenerative Energiequellen und Energieeinsparung, Heft 6, Dezember 94

Othmar Humm, Peter Toggweiler: Photovoltaik und Architektur – Photovoltaics on Architecture, die Integration von Solarzellen in Gebäudehüllen. Bundesamt für Energie (BEW) und Bundesamt für Konjunkturfragen (BfK) der Schweiz. Basel, Boston, Berlin: Birkhäuser 1993

M.S. Imamura, P. Helm, W. Palz: Photovoltaik System Technology, European Handbook. The condensed results of the Commission of European Communities photovoltaic R&D sponsored Programmes, Bedford: H.S. Stephens & Associates 1995

U. Jahn, B. Decker: Bericht zum Statusreport Photovoltaik 1993, Projektvorbereitung und -abwicklung des Bund-Länder-1000-Dächer-Photovoltaik-Programms. Hannover: Institut für Solarenergieforschung (ISFH) GmbH 1993

S. Krauter: Betriebsmodell der optischen, thermischen und elektrischen Parameter von photovoltaischen Modulen. Berlin: Köster 1993

Heinz Ladener: Solare Stromversorgung für Geräte, Fahrzeuge und Häuser. 2. unveränderte Auflage. Freiburg: Ökobuch1987

J. Schmidt (Hrsg.): Photovoltaik – Strom aus der Sonne. Technologie – Wirtschaftlichkeit – Marktentwicklung. Heidelberg: C. F. Müller, 3. Auflage 1993

D. Strese, J. Schindler: Kostendegression Photovoltaik. Ludwig-Bölkow-Systemtechnik GmbH, Forschungsbericht BMFT, Kennzeichen 0328830 A, 20. Mai 1998

Siedlungsbau, solare Nahwärme und integralen Energiekonzepte

J.-O. Dalenbäck: Central Solar Heating Plants With Seasonal Storage. Status report for IEA Solar Heating and Cooling Programme, Task VII. Chalmers University of Technology, Göteborg. Stockholm: Swedish Council for Building Research 1990

J.-O. Dalenbäck: Solarthermische Anlagen in Schweden. Energieanwendung und Energietechnik. Leipzig: Verlag für Grundstoffindustrie März 1993

J.-O. Dalenbäck: Solarthermische Großanlagen. Thermische Solarenergienutzung an Gebäuden. COMETT project SUNRISE, FhG-ISE, Freiburg 1994

M. N. Fisch, R. Kübler, A. Lutz: Solare Nahwärme – Stand der Projekte, zukünftige Pilotanlagen in Deutschland. ITW, Universität Stuttgart, Dezember 1993
Michael Knoll, Rolf Kreibich (Hrsg.): Modelle für den Klimaschutz, kommunale Konzepte und soziale Initiativen für erneuerbare Energien. Weinheim, Basel: Beltz 1994
Michael Knoll, Rolf Kreibich (Hrsg.): Solar City, Sonnenenergie für die lebenswerte Stadt. Weinheim, Basel: Beltz 1992
R. Kreibich (Hrsg.): Solare Stadtplanung und energiegerechtes Bauen. Werkstatt-Bericht Nr. 10, Berlin 1993
R. Kübler, M. N. Fisch, E. Hahne: Solar unterstützte Nahwärmeversorgung in Deutschland – Stand der Projekte und Perspektiven. Energieanwendung und Energietechnik. Leipzig: Verlag für Grundstoffindustrie März 1993
W. Leonhardt, R. Klopfleisch, G. Jochum (Hrsg.): Kommunales Energiehandbuch. Vom Saarbrückener Energiekonzept zu kommunalen Handlungsstrategien. Heidelberg: C. F. Müller 1991
Seasonal storage of solar heat in Kungälv Off-print report R104: 1988, D3 1990. Stockholm: Swedish Council for Building Research
Senatsverwaltung für Bau- und Wohnungswesen Berlin (Hrsg.): Der Block 103 in Kreuzberg. Städtebau und Architektur, Bericht 28, Selbstverlag: Berlin 1994
„Solare Nahwärme", Programm „Solarthermie 2000", Informationen zum Teilprogramm 3 von 1993 bis 2002 im Rahmen des 3. Programms Energieforschung und Energietechnologien. SOL-2000, Teil- Pro. 3, 21. 10. 93, Bundesministerium für Forschung und Technologie (BMFT)
Stadtwerke Göttingen (Hrsg.): Solare Nahwärme Göttingen. Broschüre. Göttingen, 11. Mai 1993
S.T.E.R.N., Gesellschaft der behutsamen Stadterneuerung mbH (Hrsg.): Kreuzberger Kreisläufe, Block 103 ein Modell für umweltorientierte Stadterneuerung. Berlin 1987
THERMIE-93. Proposal SE/00082/93/DK: „Solar Heating Plant with Seasonal Heat Storage for the District Heating Supply of Approx. 660 Houses..." (The Skörping Project). Proposal makers: NELLEMANN Consulting Engineers and Planners, AR-CON SOLVARME A/S, and The Technical University of Denmark
K. Vanoli, K. R. Schreitmüller, R. Tepe: Einbindung von Sonnenenergie in die Nahwärmeversorgung der Stadtwerke Göttingen AG, Solare Rücklaufeinspeisung mit dachintegrierten Kollektoren, Jahresbericht der 1. Betriebsperiode 4/93 bis 7/94. ISFH – Institut für Solarenergieforschung, Hameln-Emmerthal GmbH 1994 (unveröffentlichter Forschungsbericht)

Techniken und Instrumente: Solare Energiegewinnung an Gebäudeoberflächen

Klaus Daniels: Technologie des ökologischen Bauens: Grundlagen und Maßnahmen, Beispiele und Ideen. Basel, Boston, Berlin: Birkhäuser 1995
DGS – Deutsche Gesellschaft für Sonnenenergie e.V.: Energie für die Zukunft, Tagungsbericht Band 1 und 2, 9. Internationales Sonnenforum, 28. Juni bis 1. Juli 1994 – Stuttgart. München: DGS Sonnenenergieverlags-GmbH: 1994
Adolf Götzberger, Volker Wittwer: Sonnenenergie – Physikalische Grundlagen und thermische Anwendungen. 3. überarb. und erw. Auflage. Stuttgart: Teubner 1993
Philipp Oswalt (Hrsg.): Wohltemperierte Architektur, Neue Techniken des energiesparenden Bauens. Heidelberg: C. F. Müller 1994
Jürgen Schmidt: Transparente Wärmedämmung in der Architektur, Materialien, Technologie, Anwendung. Heidelberg: C. F. Müller 1995

Tageslichttechnik

Christian Bartenbach, Martin Klingler: Lenken und Spiegeln. In: Werk, Bauen und Wohnen Nr. 12/1987
Christian Bartenbach: Neue Tageslichtkonzepte. In: TAB 4/86

Glas

Dieter Balkow u.a.: Glas am Bau, 1986
Bundesverband des Deutschen Flachglas Großhandels e.V. (Hrsg.): Glasfibel, 1983
David Button (Hrsg.): Glass in Building, 1993
Flachglas AG: 500 Jahre Flachglas, 1987
Hans Joachim Gläser (Hrsg.): Funktions-Isoliergläser, 1991
Armin Petzold u.a.: Der Baustoff Glas, 1990

Perspektiven: Fortschritte in der Solararchitektur, die Entwicklung in der Europäischen Union

N. Baker, A. Franchiotti, K. Steemers (Hrsg.). Daylighting in Architecture – A European Reference Book. James and James Science Publishers 1993
The ECD Partnership. Solar Architecture in Europe: Prism Press for EC DGXII 1991
J. R. Goulding, J. O. Lewis, T. C. Steemers (Hrsg.): Energy Conscious Design – A Primer for European Architects, sowie: Energy in Architecture – The European Passive Solar Handbook, Batsford for EC 1992
L. Kealy, J. O. Lewis. „Ideology and Information in Low Energy Design". In: Steemers and Palz (Hrsg.): Second European Conference on Architecture. Kluwer Academic Publishers 1990
J. O. Lewis: „Educational support in new energy technologies for building design". In: Proceedings, International Symposium Energy Partnership Europe, Wels. Energiesparverband 1995
J. O. Lewis, J. R. Goulding (Hrsg.): The European Directory of Sustainable, Energy-Efficient Building 1995: Components, Services, Materials. James and James Science Publishers 1995
A. McNicholl: Daylighting, THERMIE Maxibroschure, UCD-OPET for EC 1994
Eoin O'Cofaigh, J. A. Olley, J. O. Lewis: The Climatic Dwelling. James and James Science Publishers, London 1995
P. Wouters and L. Vandaele (Hrsg.): The PASSYS Services. Summary Report of the PASSYS Project. Belgian Building Research Institute and EC, Brussels 1993

Das strategische Zukunftsprogramm: Die Solarenergie-Initiative

Nikolaus Eckardt: Die Stromdiktatur, von Hitler ermächtigt bis heute ungebrochen. Hamburg, Zürich: Rasch und Röhrig 1985
Hermann Scheer (Hrsg.): Die gespeicherte Sonne, Wasserstoff als Lösung des Energie- und Umweltproblems. 2. Auflage, München: Piper 1987
Hermann Scheer (Hrsg.): Das Solarzeitalter. Heidelberg: C. F. Müller, 1989
Hermann Scheer: Sonnenstrategie, Politik ohne Alternative. München: Piper 1993
Hermann Scheer: Zurück zur Politik, die archimedische Wende gegen den Zerfall der Politik. München, Zürich: Piper 1995
The Yearbook of Renewable Energies. EUROSOLAR, Plittersdorfer Str. 103, 53173 Bonn. Bochum: Ponte Press 1992

Sonstige Literatur: Kongreßberichte

Beschäftigungsinitiative Papenburg e. V., Arbeitsgruppe „Energie- und Umwelttechnik", Wilfried Stenblock (Hrsg.): Energietechnische Demonstrationsanlage der Historisch-Ökologischen Bildungsstätte Papenburg – Die Fachtagung „Rund ums Haus", Fachtagung für energie- und umweltgerechtes Bauen
2nd European Conference of Architecture, UNESCO – Paris, France, 4.–8. Dez. 1989, Conference Proceedings
H. P. Hertlein, Forschungsverbund Sonnenenergie (Hrsg.): Forschungsverbund Sonnenenergie Themen 92/93, Photovoltaik 2
Fassaden der Zukunft. Mit der Sonne leben. Internationales Forum, 8.–9. Oktober 1992 in Köln, Veranstalter: Institut für Licht- und Bautechnik an der FH Köln, TÜV Rheinland
D. Schempp (Hrsg.): Solararchitektur – Ein Bericht zum Symposium in Dresden 1992. LOG ID, Sindelfinger Str. 85, 72070 Tübingen
Tagungsband zum 1. Österreichischen Symposium für Solararchitektur, 27.–29. Mai 1991, Salzburg, organisiert vom Österreichischen Naturschutzbund

Periodische Informationsblätter

BINE Projektinfo-Service, Mechenstr. 57, 53129 Bonn, Tel: 0228/232086

Zeitschriften

Arch+, Zeitschrift für Architektur und Städtebau
Nr. 104 – „Das Haus als intelligente Haut", Juli 1990
Nr. 108 – „Fassaden", August 1991
Nr. 113 – „Wohltemperierte Architektur", September 1992
Arch+ Vlg. GmbH, Charlottenstr. 14, 52070 Aachen
Solar mobil Zeitschrift, Verein zur Förderung der Solarenergie e. V., Graefestr. 18, 10967 Berlin
Das Solarzeitalter – EUROSOLAR-Journal für ökologische Politik, (1/4 jährlich), hg.v. H. Scheer/ W. Friesleben. Abo über EUROSOLAR, Plittersdorfer Str. 103, 53173 Bonn

Europäische Kommission

Research Digest 5. Solar Architecture and Energy Efficiency in Buildings, Commission of the European Communities Directorate-General XII for Science, Research and Developement. hg.v. J. O. Lewis/P. Kenny (Hrsg.)
Solar Europe. Photovoltaic – Building – Biomass – Wind, Mai 1993, by Systèmes Solaires
Solar-House 1, Commission of the European Communities, Directorate General XII for Science Research and Development, hg.v. E. Fitzgerald/J. O. Lewis. Energy Research Group, School of Architecture, University College Dublin, Clonskeagh, Dublin 14, Ireland

Abbildungsnachweis

Alle hier nicht gesondert aufgeführten Fotografien, insbesondere von den unter „Beispiele" vorgestellten Projekten, sind von dem Fotografen Rainer Hofmann, München, im Auftrag von focus-film eigens für dieses Buch angefertigt worden.

Zeichnungen, Pläne, Tabellen und Grafiken der Projekte sind in der Regel von den jeweiligen projektbeteiligten Architekten, Ingenieuren, Bauherren und Herstellern speziell für diese Veröffentlichung zur Verfügung gestellt worden. Die Rechte liegen bei ihnen. Die jeweiligen Ansprechpartner finden sich in den Datenblättern zu den Projekten und sind nicht im einzelnen ausgewiesen.

Die Abbildungen für die einzelnen Fachbeiträge sind, sofern hier nicht anders benannt, von den jeweiligen Autoren zur Verfügung gestellt bzw. von diesen gefertigt worden.

Viele Projektträger, Bauherren, Architekten, Ingenieure, Forschungsinstitute etc. stellten darüber hinaus extra für dieses Buch Fotografien zur Verfügung (s. folgende Liste). Die Abbildungsrechte liegen bei den jeweils genannten Inhabern und sind von der Herausgeberin bei diesen eingeholt worden.

Allen, die durch die Verfügungstellung von Materialien zum Gelingen des Projektes beigetragen haben, sei an dieser Stelle noch einmal herzlicher Dank ausgesprochen.

S. 2: Foto Haus der Wirtschaftsförderung, Duisburg, Sir Norman Foster and Partners. Fotografie: Rainer Hofmann, München.

S. 10: Infrarotaufnahme Gedächtniskirche Berlin: Thermographie von Ralf Bürger im Auftrag von focus-film für dieses Projekt

S. 11: Foto Julius Posener
S. 12: Foto Siedlung Onkel Tom
S. 13: Foto Siedlung am Fischtal: entnommen aus: Julius Posener: Fast so alt wie das Jahrhundert. Erw. Neuausg. Basel, Berlin, Boston: Birkhäuser 1993

S. 14: „Kraftmensch" mit frdl. Genehmigung entnommen aus: Sieg über die Sonne. Aspekte russischer Kunst zu Beginn des 20ten Jahrhunderts. Katalog zur Ausstellung der Akademie der Künste Berlin und der Berliner Festwochen vom 1. September bis 9. Oktober 1983, Redaktion Christiane Bauermeister, Berlin: Fröhlich und Kaufmann 1983

S. 15: Villa Savoye in Poissy
S. 17: Das Haus des Gärtners: mit frdl. Genehmigung entnommen aus Le Corbusier et Pierre Jeanneret, Oevre complète 1910–1929, Zürich: Artemis 1995. © 1964. Pro Litteris, Zürich

S. 20: Grundriß Nationalgalerie: mit frdl. Genehmigung entnommen aus: Werner Blaser: Mies van der Rohe – The Art of Structure/Die Kunst der Struktur, Basel, Boston, Berlin: Birkhäuser 1993

S. 21: Infrarotaufnahme Nationalgalerie

S. 24: Grafik Anstieg der bodennahen Lufttemperaturen: Cubasch und andere, 1994

S. 27: Klimaveränderungen: mit frdl. Genehmigung entnommen aus: Mehr Zukunft für die Erde: Schlußbericht der Enquete-Kommission „Schutz der Erdatmosphäre" des 12. Deutschen Bundestages (Hrsg.), Bonn: Economia Verlag 1995

S. 28: Foto Heizkraftwerk Göttingen mit sanierter Fassade als Sonnenkollektor ausgebildet: aus fossil wird solar mit Solar Roof und Solar Wall. Fotograf: Rainer Hofmann, D-München

S. 30: Abbildung Jahresverlauf der Globalstrahlung in Berlin und durchschnittliche jährliche Globalstrahlung: erstellt und zur Verfügung gestellt von der Deutschen Gesellschaft für Sonnenenergie Landesverband Berlin Brandenburg e.V.

S. 33: Foto Verwaltungsgebäude mit PV-Integration in Berlin: zur Verfügung gestellt von Schuler und Jatzlau GmbH, D-Ratingen

S. 41: Foto PV-Anlage Dreisamstadion: zur Verfügung gestellt von Solar-Energie-Systeme GmbH, D-Freiburg

S. 44: Foto: Gläserne Erschließungsstraße im Gebäude der Scandinavian Airlines Systems in Stockholm. Fotograf: Rainer Hofmann, D-München

S. 46: Grafik Entwicklung des Heizenergieverbrauchs, mit frdl. Genehmigung entnommen aus: Mehr Zukunft für die Erde: Schlußbericht der Enquete-Kommission „Schutz der Erdatmosphäre" des 12. Deutschen Bundestages (Hrsg.), Bonn: Economia Verlag 1995

S. 48–51: Fotografien und Grafiken zur Verfügung gestellt von Solar Diamant Sonnenhaus GmbH, D-Wettringen

S. 44: Foto Solare Kieswerkarchitektur: zur Verfügung gestellt von Thomas Spiegelhalter (Architekt), D-Freiburg

S. 56: Foto Solarturm Offenburg: zur Verfügung gestellt von Hansgrohe GmbH & Co. KG, D-Offenburg/Schiltach

S. 58: Fotos Heliotrop
S. 60: Plusenergiehäuser: Fotograf: Georg Nemec, D-Merzhausen

S. 62: Luftaufnahme der Siedlung Niederholzboden: zur Verfügung gestellt von Metron AG, CH-Brugg

S. 65: Foto Niedrigenergiehaus D, Heidenhein: zur Verfügung gestellt von WeberHaus GmbH & Co. KG, D-Rheinau-Linx

S. 66–67: Alle Abbildungen und Graphiken „Niedrigenergiehäuser Heidenheim" sind mit frdl. Genehmigung entnommen aus der Profi-Info-Broschüre „Niedrigenergiehäuser", Hrsg.: Hans Erhorn u. Johann Reiß, Stuttgart: Fraunhofer-Institut für Bauphysik Stuttgart (im Selbstverlag) 1994

S. 68–69: Fotos Passivhaus Darmstadt: zur Verfügung gestellt vom Hessischen Umweltministerium, D-Wiesbaden

S. 70–71: Fotos Solare Kieswerkarchitektur von Thomas Spiegelhalter, D-Freiburg

S. 74–75: Foto zur Verfügung gestellt vom Institut für Bau-, Umwelt- und Solarforschung (IBUS) GmbH, Hasso Schreck, D-Berlin

S. 76–77: Fotos Stadthaus mit transparenter Wärmedämmung: Foto S. 76 Winteransicht, S. 77: Blick durch den Solargeometer von sol.id.ar, Löhnert und Ludewig Architekten, Berlin; Foto S. 77 Südansicht im Sommer von d+q, Berlin. Alle Fotos zur Verfügung gestellt von sol.id.ar, D-Berlin

S. 78–79: Fotos Grüne Solararchitektur von Rainer Blunck (Fotograf), zur Verfügung gestellt von LOG ID, Dieter Schempp, D-Tübingen

S. 80–81: Green Building Dublin: Fotos von Photo-Labs Ltd, Dublin; zur Verfügung gestellt von Murray O'Laoire Associates Architekten, IR-Dublin

S. 86: Bürogebäude Tenum. Illustrationen Fassadendetails von arevetro Architekten, CH-Liestal

S. 88: Büro- und Wohngebäude am Bahnhof Brugg: Foto Ansicht Hauptfassade zur Bahn von Südosten: zur Verfügung gestellt von Metron AG, CH-Brugg

S. 88–89: Sektion Unfallchirurgie Ulm: Fotos Blick in das Glashaus und Südansicht von Rainer Blunck (Fotograf), zur Verfügung gestellt von LOG ID, Dieter Schempp, D-Tübingen

S. 90–92: Verwaltungsgebäude Deutsche Bundesstiftung Umwelt (DBU) in Osnabrück: S. 90 Ansicht von Südosten: Foto-Strenger-GmbH, D-Osnabrück, S. 91: Foto Gartenfassade: Prof. E. Schneider-Wessling, D-Köln; alle Fotos zur Verfügung gestellt von E. Schneider-Wessling und der DBU

S. 96–97: Alle Fotos von Ralph Richter (Fotograf), Düsseldorf; zur Verfügung gestellt von LOG ID, Dieter Schempp, D-Tübingen

S. 104–105: SAS-Gebäude in Stockholm: Zeichungen Energiesystem mit frdl. Genehmigung entnommen aus: Sam Johansson: SAS Frösundavik, an office heated and cooled by Groundwater, Swedish Council for Building Research, Stockholm, 1992

S. 108–109: Universitätsgebäude in Leicester: Fotos Gebäude von Astrid Schneider, D-Berlin

S. 109: Modellfoto zur Verfügung gestellt von Short, Ford and Partners, GB-London

S. 110–113: Design Center Linz: Alle Pläne mit frdl. Genehmigung des Architekten entnommen aus: Design Center Linz, Thomas Herzog. Stuttgart: Verlag Gerd Hatje 1994

S. 114: Foto Nachtansicht des Reichstages mit neuer Kuppel (Montage)
S. 115: Grafiken Energieflußschemata: zur Verfügung gestellt von Sir Norman Foster Associates, D-Berlin

S. 116–117: Grafiken Autobahnplanung und Blockschema mit freundlicher Genehmigung entnommen aus: „Der Block 103 in Berlin-Kreuzberg", Städtebau und Architektur Bericht 28, Senatsverwaltung für Bau- und Wohnungswesen (Hrsg.), Redaktion STATTBAU, D-Berlin 1994

S. 117: Fließschema Grauwasserreinigung zur Verfügung gestellt von Sanitärsystemtechnik, Joachim Abig, Jochen Zeisel GbR, D-Berlin

S. 120: Fotos Neubau mit Solaranlage und Selbstbaugruppen: Astrid Schneider, D-Berlin

S. 122: Zeichnung Solar Wall von Alcan GmbH (Hersteller)

S. 123: Zeichnung Solar Roof von Solvis, Braunschweig und Wagner & Co, Cölbe, zur Verfügung gestellt vom ITW, D-Stuttgart

S. 128–131: Fotos Solare Nahwärme/Montage Sonnenkollektoren in Neckarsulm, Mehrfamilienhaus in Köngen und Modellfoto Siedlung Friedrichshafen-Wiggenhausen: zur Verfügung gestellt vom Steinbeis-Transferzentrum für Rationelle Energienutzung und Solartechnik, Stuttgart. Fotograf: Pro AV – Thomas Kübler, D-Stuttgart-Echterdingen

S. 133: Fotos Neuentwicklung verschiedenfarbiger bunter Solarzellen: BP Solar, Middlesex, England, hat diese Solarzellen entwickelt und die Fotos zur Verfügung gestellt.

S. 134: Zeichnung Solarmarkise und S. 135 Integration von Solarmodulen in Kalt-Warm-Fassaden: Mit frdl. Genehmigung entnommen aus „OPTISOL Energiefassaden", einer Produktinformation der Flachglas Solartechnik GmbH, D-Köln Stand 12/1994

S. 134: Foto: Einbau eines Solarmoduls als Dachziegel und Abbildungen
S. 136: zur Verfügung gestellt vom Hersteller NEWTEC, PLASTON AG, CH-Widnau

S. 137: Sheddächer mit Solaranlage in Offenburg, großes Foto: zur Verfügung gestellt von Hansgrohe GmbH & Co. KG, Offenburg; kleines Luftfoto: zur Verfügung gestellt von Rolf Disch, D-Freiburg

S. 138: Sheddächer mit PV-Integration in Arisdorf, Foto Oberlichtbänder und
S. 139: Luftfoto von Armin Nüssli Werbefotos, CH-Rodersdorf; zur Verfügung gestellt von der Aerni Fenster AG, CH-Arisdorf

S. 140 und 141: Grafik Anlagenschema und Energieflußbild von P. Berchtold, Ing. Büro für Haustechnik, CH-Samen

S. 141: Grafik „Monatlich erzeugte Energie" von M. Posnansky und S. Gnos, ATLANTIS ENERGIE AG, CH-Bern

S. 142: Zeichnungen Shadovoltaic Wings von Colt International, CH-Baar

S. 143: Zeichnung Isolierverglasung: Mit frdl. Genehmigung entnommen aus: „OPTISOL Energiefassaden", einer Produktinformation der Flachglas Solartechnik GmbH, D-Köln Stand 12/1994

S. 144: Zeichnungen mit frdl. Genehmigung entnommen aus: Produktinformation Greschbach Industrie- und Verwaltungsbau GmbH, D-Karlsruhe

S. 145: PV-Fassadenintegration bei Ökotec 3 in Berlin: Fotos zur Verfügung gestellt von Schuler und Jatzlau GmbH, Ratingen, und Flachglas Solartechnik GmbH, D-Köln

S. 146: Amorphe Siliziumfassade Ispra: alle Abbildungen zur Verfügung gestellt von Flachglas Solartechnik GmbH, D-Köln

S. 147: Netzgekoppelte Solarsiedlung Essen: alle Abbildungen zur Verfügung gestellt von RWE Energie AG, D-Essen

S. 148–149: Reihenhaussiedlung mit PV-Dächern in Amsterdam: Alle Abbildungen zur Verfügung gestellt von energiebedrijf amsterdam, NL-Amsterdam

S. 150: Foto computergesteuerter Heliostat beim Verwaltungsgebäude der Credit Suisse in Genf, zur Verfügung gestellt vom Lichtplanungsbüro Bartenbach, A-Aldrans

S. 152: Abbildung Grenznutzen der Wärmedämmung entnommen aus: Materialien zum ZEBET-Seminar „Einführung in die neue Wärmeschutzverordnung" am 25. 02. 94 von Manfred Drach, D-Berlin

S. 153: Abbildung Wärmeenergiebilanz Riehen entnommen aus: „Kontrollierte Lüftung und Luftheizung in Wohnbauten mit sehr guter Wärmedämmung", H. Huber, Dr. Eicher+Pauli AG Zürich und F. Fregnan, Metron Architekturbüro AG Brugg in 8. Schweizerisches Status-Seminar 1994 Energieforschung im Hochbau, EMPA-KWH

S. 153: Häuser im Lindenwäldle, Abbildung entnommen aus: „Project Monitor, June 1987, Issue 6, Am Lindenwäldle, Freiburg-Germany", Commission of the European Communities

S. 154: Formoptimierung
S. 155: Grundriß energieautarkes Solarhaus: zur Verfügung gestellt vom Fraunhofer Institut für Solare Energiesysteme, D-Freiburg

S. 159–161: Abbildungen „Grafische Darstellung der simulierten Temperaturverteilung für ein Großraumbüro", „Simulation und Beleuchtungsstärke ...", „Simulation der winterlichen Temperaturverteilung im Luftraum..." und „Simulation der Luftströmung im Winterfall" zur Verfügung gestellt von TRANSSOLAR Energietechnik GmbH, Techniken zur rationellen Energienutzung und Solartechnik, D-Stuttgart

S. 178–179: Abbildungen Vakuumröhrenkollektor (Lux 2000): zur Verfügung gestellt vom Hersteller Dornier-Prinz Solartechnik, D-Stromberg

S. 179: Zeichnungen Aufbau eines Flachkollektors
S. 180: Montage des Sonnenkollektors zur Verfügung gestellt vom Hersteller des „solector": KBB Kollektorbau GmbH, D-Berlin

S. 181–183: zur Verfügung gestellt vom Hersteller Dornier-Prinz Solartechnik, D-Stromberg

S. 184: Fotografiert von Astrid Schneider: Paneele mit experimentellen holographischen Lichtlenkelementen beim Institut für Licht- und Bautechnik an der Fachhochschule Köln (Entwicklungslabor/Hersteller)

Autoren

Dipl. Ing. Eckhard Balters
Eckhard Balters hat an der FH Aachen, Abteilung Jülich Maschinenbau, Fachrichtung Energie- und Umweltschutztechnik studiert. Seit 1992 arbeitete er bei UHL Data auf dem Gebiet Niedrigenergiehäuser und Gebäudesimulation, seit 1995 freiberufliche Mitarbeit an Forschungsprojekten zu erneuerbaren Energiesystemen.
Süsterfeldstr. 28
D-52072 Aachen

Christian Bartenbach und Alexander Huber
Christian Bartenbach studierte Elektrotechnik in Innsbruck. Das Lichtplanungsbüro Bartenbach mit Sitzen in Aldrans, München und Berlin hat mit ca. 50 Mitarbeitern zahlreiche Entwicklungsarbeiten auf dem Gebiet der Tageslicht- und Sonnenschutzsysteme geleistet. Im Lichtlabor in Aldrans werden innovative Lichtsysteme mit Simulations-, Meß- und Forschungseinrichtungen weiterentwickelt. Seit 1993 ist Christian Bartenbach Honorarprofessor an der TU München. Alexander Huber war Mitarbeiter des Büros für Öffentlichkeitsarbeit.
Rinnerstr. 14
A-6071 Aldrans/Innsbruck

Dipl. Phys. Walter Böhmer
Walter Böhmer hat an der Universität Kiel 1978 sein Studium der Physik mit dem Diplom abgeschlossen. Bis 1983 war er wissenschaftlicher Mitarbeiter der Universität Kiel und als Gast beim DESY in Hamburg tätig. Danach wechselte er zur Anwendungstechnik der Flachglas AG. Seit 1994 ist er Projektingenieur im Bereich Photovoltaik der Flachglas Solartechnik GmbH in Köln.
Flachglas Solartechnik GmbH
Mühlengasse 7
D-50667 Köln

Dipl. Ing. Ralf Bürger
Ralf Bürger hat Elektrotechnik mit Spezialisierung auf Halbleitertechnik studiert und ist mit der thermographischen Untersuchung von Objekten wie elektrischen Anlagen und Gebäuden beschäftigt sowie mit medizinischen Anwendungen der Thermographie. Sein Arbeitsgebiet erstreckt sich von der Untersuchung von Gebäuden mit der Infrarotkamera bis hin zur computergestützten Auswertung der Thermographien und der Bestimmung von k-Werten und Wärmeverlusten.
zum Kahlberg 77
D-14478 Potsdam

Dipl. Phys. Oussama Chehab
Oussama Chehab studierte Physik und Laserphysik an der Universität Düsseldorf und war dort bis 1983 Assistent. Nach mehrjähriger Berufserfahrung in der deutschen Solartechnikindustrie begann er 1987 seine Tätigkeit bei der Flachglas Solartechnik GmbH als Leiter für den Vertrieb von Spezialglas und Photovoltaik-Fassadensystemen.
Flachglas Solartechnik GmbH
Mühlengasse 7
D-50667 Köln

Lic. Tech. Jan-Olof Dalenbäck
Jan Olof Dalenbäck arbeitet als Wissenschaftler an der Chalmers University of Technology in Göteborg in der Abteilung für Gebäudetechnik. Er hat zahlreiche Studien und Forschungsarbeiten im Auftrag des Schwedischen Rates für Gebäudeforschung und der Internationalen Energieagentur (IEA) durchgeführt und gilt als einer der Pioniere in der Erforschung und Verbreitung solarer Nahwärmesysteme und saisonaler Speichermöglichkeiten.
Chalmers University of Technology
Department Building Services Engineering
S-41296 Göteborg

Dr. Ing. M. Norbert Fisch
Norbert Fisch ist ausgebildeter Maschinenschlosser, studierte Maschinenbau an der Fachhochschule Gießen und promovierte 1984 an der Universität Stuttgart in der Fachrichtung Energietechnik am Institut für Thermodynamik und Wärmetechnik (ITW). Hier leitet er seit 1984 die Abteilung „Rationelle Energienutzung". Er ist außerdem stellvertretender Leiter des Steinbeis-Transferzentrums Rationelle Energienutzung und Solartechnik in Stuttgart-Vaihingen, das derzeit an der Planung der weltweit größten mit solarer Nahwärme versorgten Wohngebiete beteiligt ist.
Steinbeis-Transferzentrum
Heßbrühlstr. 21c
D-70565 Stuttgart

Dipl. Ing. Christoph Hansen
Christoph Hansen studierte physikalische Technik an der FH in Ravensburg. Von 1989 bis 1993 arbeitete er als Entwicklungs- und Projektingenieur im Bereich der Solartechnik bei der Prinz GmbH in Stromberg. Seit 1994 führt er diese Tätigkeit als freier Mitarbeiter fort; inzwischen hat er ein eigenes Ingenieurbüro für rationelle Energietechnik in Unterriexingen gegründet.
Ingenieurbüro für rationelle Energietechnik
Enge Gasse 19/1
D-71706 Unterriexingen

Dr. Stefan Krauter
Stefan Krauter studierte Elektrotechnik an der TU München und promovierte am Institut für Elektrische Maschinen an der Technischen Universität Berlin über Betriebsmodelle zur Bestimmung optischer, thermischer und elektrischer Parameter von Solarmodulen. Er ist Vorstandsmitglied im internationalen SolarCenter Berlin e.V.
TU-Berlin
Sekr. EM 4
D-10587 Berlin

Dipl. Phys. Harry Lehmann
Harry Lehmann ist als Physiker im Bereich erneuerbare Energien engagiert. Er leitet am Wuppertal Institut für Klima, Umwelt, Energie die Abteilung Systemanalyse und Simulation. Zusätzlich betreibt er ein eigenes Ingenieurbüro. Von Beginn an wirkt er bei EUROSOLAR mit und ist Vorsitzender der Sektion Deutschland des europäischen Sonnenenergievereines. Als Mitglied diverser runder Tische, Ausschüsse und Kommissionen hat er in vielfältiger Weise zum Transfer von Wissen über erneuerbare Energien in die Politik beigetragen und dabei auch an den Regelungen zur kostendeckenden Einspeisung von Strom aus erneuerbaren Energiequellen ins öffentliche Stromnetz in Nordrhein-Westfalen mitgewirkt.
Wuppertal Institut für Klima,
Umwelt, Energie
Döppersberg 19
D-42103 Wuppertal

Prof. J. Owen Lewis
Owen Lewis ist Architekt und als Professor an der School of Architecture am University College in Dublin tätig. Hier ist auch die Energy Research Group ansässig, deren Direktor er ist. Seit Jahren ist er auf dem Gebiet energiesparenden und solaren Bauens international tätig und hat in diesem Zusammenhang vielfältige Aufgaben für die Europäische Kommission wahrgenommen. Als Programmkoordinator betreut er z.B. das Solar-House-Programm der DG XII; als Organisation for the Promotion of Energy Technologies (OPET) wirkte die Energy Research Group für die DG XVII an der Verbreitung von Wissen und Evaluierung von Solargebäuden mit.
School of Architecture,
Energy Research Group, UCD
Richview Clonskeagh Drive
IR-Dublin 14

Dr. Klaus W. Lippold
Klaus Lippold studierte Volks- und Betriebswirtschaft und ist seit 1972 Geschäftsführer der Vereinigung der hessischen Unternehmerverbände und der Landesvertretung Hessen des BDI sowie Geschäftsführer des Industrieverbandes Kunststoffbahnen. Seit 1983 ist er Mitglied des Deutschen Bundestages, seit 1987 stellvertretender, seit 1994 umweltpolitischer Sprecher der CDU/CSU-Fraktion im Bundestag; von 1990 bis 1994 war er Vorsitzender der Enquete-Kommission „Schutz der Erdatmosphäre" des Deutschen Bundestages.
Bundeshaus HT 600
D-53113 Bonn

Dipl. Ing. Anton Lutz
Anton Lutz war Mitarbeiter im Institut für Thermodynamik und Wärmetechnik an der Universität Stuttgart und hier mit Fragen der integralen Wärmekonzepte unter Einbeziehung von Solarenergie beschäftigt. Er ist heute in der frischgegründeten Klimaschutz- und Energieagentur Baden-Württemberg tätig.
Klima- und Energieagentur
Baden-Württemberg GmbH
Grießbachstr. 12
D-76185 Karlsruhe

Dr. Joachim Nitsch
Dr. Joachim Nitsch ist seit 1975 Leiter der Abteilung Systemanalyse und Technikbewertung im Forschungsbereich Energetik der Deutschen Forschungsanstalt für Luft- und Raumfahrt in Stuttgart. Seine Arbeitsschwerpunkte sind technisch-wirtschaftliche Analysen der Energiewirtschaft, Einführungsstrategien neuer Energiesysteme (erneuerbare Energien), Untersuchungen der Folgen und Hemmnisse bei der Einführung solarer Energiesysteme, der Vergleich mit konkurrierenden Alternativen sowie die Ableitung von Handlungsempfehlungen. Er ist Mitglied im Vorstand von EUROSOLAR e.V.
DLR Institut für Technische Thermodynamik
Postfach 800320
D-70503 Stuttgart

Dr. Herrmann Scheer

Herrmann Scheer studierte Rechts-, Politik- und Wirtschaftswissenschaften, ist Doktor der Politik und seit 1980 für die SPD Mitglied des Deutschen Bundestages. Seit 1994 ist er Vorsitzender des Landwirtschaftsausschusses der Europaversammlung. 1988 gründete er die Europäische Sonnenenergieversammlung EUROSOLAR, die mittlerweile Sektionen in fast allen europäischen Ländern besitzt und zu den bedeutendsten Nichtregierungsorganisationen zählt, die sich europa- und weltweit für eine solare Energiewirtschaft einsetzen.

Bundeshaus
D-53113 Bonn

Dr. Gotthard Schulte-Tigges

Gotthard Schulte-Tigges studierte Fertigungstechnik und promovierte im Fachgebiet Bionik und Evolutionstechnik an der TU Berlin. Er arbeitete als Entwicklungsingenieur im Bereich Sonnenkraftwerke und Umweltmeßtechnik. Er ist Vorstandsmitglied im Verein zur Förderung der Solarenergie in Verkehr und Sport e.V., im LebensTraum e.V., im internationalen SolarCenter e.V. und leitet mit Astrid Schneider zusammen die EUROSOLAR-Regionalgruppe Berlin.

Pallsstr. 13
D-10781 Berlin

Prof. Dr. Helmut Tributsch

Helmut Tributsch ist Professor am Institut für Physikalische und Theoretische Physik der Freien Universität Berlin und Leiter der Abteilung Solare Energetik am Hahn-Meitner-Institut. Hauptarbeitsgebiet sind Mechanismen der solaren Energieumwandlung. Er ist Mitglied im Vorstand von EUROSOLAR e.V.

Hahn-Meitner-Institut
Glienicker Str. 100
D-14109 Berlin

Dr. Gerhard Valentin

Gerhard Valentin war wissenschaftlicher Mitarbeiter an der Technischen Universität am Institut für Elektrische Maschinen und promovierte dort. Er ist beratender Ingenieur und hat heute in Berlin ein eigenes Ingenieurbüro für Energieversorgung, Meß- und Regeltechnik, Gebäudeleittechnik und Systemoptimierung. Er ist spezialisiert auf die Simulation und Auslegung von Solaranlagen und BHKW sowie auf Software-Entwicklung in diesem Gebiet.

Ingenieurbüro Valentin
Köpenicker Str. 9
D-10997 Berlin

Interviewpartner:

Sir Norman Foster

Sir Norman Foster ist als Architekt einer der bekanntesten Vertreter der High-Tech-Architektur. Zu seinen bedeutendsten Werken gehört die Hongkong und Shanghai Bank sowie der Flughafen Stansted bei London. Er hat Büros in London, Hongkong, Nimes, Paris, Tokio, Frankfurt und Berlin. Seit einigen Jahren widmet er sich intensiver Fragen der Solarenergienutzung in Gebäuden. Zusammen mit Renzo Piano, Richard Rogers, Thomas Herzog und Norbert Kaiser gründete er die READ Gruppe (Renewable Energies in Architecture and Design), deren Ziel es ist, die Energieeffizienz von Gebäuden zu steigern sowie durch größere Projekte die Grundlagen einer „Solar City" zu entwickeln.

22 Hester Road
Riverside Three
GB-London SW11 4AN

Prof. Julius Posener

Julius Posener war einer der berühmtesten deutschen Architekturkritiker. In Berlin geboren, studierte er Architektur und lernte bei den Großen seiner Zeit: Hans Poelzig, Heinrich Tessenow und Erich Mendelsohn. Als Jude verließ er 1933 Deutschland und ging in die Emigration nach Paris, Palästina, England und Malaysia. 1961 folgte er einem Ruf als Professor an die Hochschule der Künste in Berlin. Seitdem begleitete er das Architekturgeschehen. Er verstarb 1996. Letzte Veröffentlichungen: „Fast so alt wie das Jahrhundert" (Autobiographie), „Was Architektur sein kann".

Die Herausgeberin und Autorin:

Astrid Schneider

Astrid Schneider studierte Architektur an der Hochschule der Künste in Berlin. Sie leitet mit Gotthard Schulte-Tigges zusammen die EUROSOLAR-Regionalgruppe Berlin, ist Vorstandsmitglied im internationalen SolarCenter Berlin e.V. und Mitglied im Energiebeirat der Stadt. Im Sommer 1993 nahm sie ihre Arbeit als Autorin im Medienprojekt "Solararchitektur für Europa" auf. Nach konzeptionellen und organisatorischen Tätigkeiten zum Aufbau des Medienprojektes sowie Film- und Fotoarbeiten widmete sie sich dem vorliegenden Buch als Autorin und Herausgeberin.

Dipl. Ing. Architektur Astrid Schneider
Südwestkorso 9
D-12161 Berlin
International SolarCenter Berlin im WWW:
http://emsolar.ee.tu-berlin.de

Die Initiatoren und Projektträger:

focus-film

focus-film – Carl.-A. Fechner, Redaktionsleiter: Angetrieben von der Idee, ökologische und gesellschaftspolitische Perspektiven aus der Akademie des Wissens herauszuheben und einer breiten Öffentlichkeit zugänglich zu machen, gründete er 1988 die Film-, Verlags- und Produktionsfirma focus-film. Ab 1993 realisierte er das Medienprojekt „Solararchitektur für Europa", mit dessen Hilfe in den nächsten Jahren im In- und Ausland mehr als 3 Millionen Menschen mit der Vision vom neuen ökologischen Leben in Berührung gebracht werden sollen.

focus-film
Schwarzwaldstr. 45
D-78194 Immendingen

Index

A
Absorber 178
Absorberanlage 97
Absorptionskältemaschine 94, 183
Abwärmenutzung von Solarmodulen 138
Altpapierdämmung 55, 86, 92
Amorphe Solarmodule 146, 174
Aquifere 103, 115
Atrium 75, 81, 85

B
Batteriespeicher 54, 81
Baumaterialien, ökologische 80, 83
Baumhaus 56, 137
Bauteilkühlung 94
Begleitforschung 52, 66, 95
Begrünung 97
Beleuchtungsstärke 166
Be- und Entlüftung, kontrollierte
51, 53, 63, 65, 67, 69, 153
Bepflanzung (Glashäuser) 89, 97
Betonrecycling 92
Bilanzpositive Fassade 50, 94, 172
Biomassenutzung 41, 87, 115
Bioöl-Blockheizkraftwerk 115
Blockheizkraftwerk (BHKW) 95, 109, 117, 140
Brennstoffzelle 55
Brennwerttechnik 117
Bussystem 95

C
Charta von Florenz 196
CO_2-Emissionen 24, 67, 187
Computersimulation 158

D
Dachbegrünung 100, 117
Deckenstrahlungsheizung 58, 140
Deckungsgrad, solarer 131
Diffuse Strahlung 30
Dimensionierung Solaranlage 179
Direkte Strahlung 30
Doppelverglasung 170
Dreifachverglasung 59, 172

E
Einfachverglasung 170
Elektrolyse 55
Energieautarkie 52
Energiebilanz 151
Energieeinsparung 36
Energieflußschema 115, 153
Energiegewinn 151
Energiekonzept 117, 128
Energiepotentiale, solare 29, 32, 34, 36, 42
Energiesparpotential 29, 36, 46
Energieverbrauch 45
Energiewirtschaft 36, 189
Entropie 19, 156
Erdsondenspeicher 115, 140
Erneuerbare Energien 29, 36
Exergie 156

F
Fassadenbegrünung 91, 117
Fassadensanierung 122, 143, 146
Felsspeicher 126
Flächenpotential 42
Flachkollektor 179
Flachkollektoranlage 122
Floatglas 171
Formoptimierung 154
Frischluftvorwärmung 64, 67, 104

G
Gebäudeform, solare 154
Gebäudehülle 42, 151
Gebäudeleittechnik 98, 112
Gebäudeoberfläche 42, 151
Gebäudesimulation 158
Gesamtenergiedurchlaßgrad 172
Gesamtenergieverbrauch 151
Glasdach 97, 111
Glashaus 88, 97
Glaslamellen 101
Glaspaneele 111
Glasstraße 102
Globalstrahlung 30
Graue Energie 87
Grauwasserrecycling 117
Grüne Solararchitektur 78, 88, 97
Grünhaus 78, 88, 97

H
Heizenergiebedarf 45
Heliostat 168
Helligkeitsverlauf 164
Hinterlüftung Solarmodule 135, 138
Hochleistungskollektor 55
Holzbauweise 57, 65
Holzfassade 85
Holzhackschnitzel-Feuerung 87
Hypokaustendecke 75

I
Infrarotkamera 162
Infrarotstrahlung 162
Integrale Energiekonzepte 128
Isolierglas 171

J
Jalousie 50, 95

K
k-Wert 170, 173
Klimaproblematik 24, 187
Klimaveränderung 25
Kollektor 35, 179
Kontrollierte Be- und Entlüftung
51, 53, 63, 65, 67, 69, 153
Kostenoptimierung 128
Kraft-Wärme-Kopplung 95, 109, 117
Kugellager 57
Kühldecken 95
Kühllast 181
Kühlradiatoren 80
Kühlung, passive 107
Kühlung, solare 181

L
Latentwärmespeicher 58
Lichtlenkprismen 165
Lichtlenkraster 111, 166
Lichtlenksystem 111, 164
Lichtplanung 111, 164
Luftdichtigkeit 65, 69
Luftführung, thermische 51, 106, 108, 114
Luftkollektoren 74, 121
Lüftungsanlage 64, 67
Lüftungsfenster 108
Lüftungskamin 109
Lüftungsturm 107
Lüftungswärmeverlust 67
Luftwechsel 67

M
Monokristallines Silizium 174
Multikristallines Silizium 174

N
Nachgeführte Solaranlage 57, 137
Nahwärmesysteme 117, 121, 124, 129
Nettonutzfläche 46
Netzgekoppelte Solarstromanlagen 135, 147, 148
Niedrigenergiehaus 65, 68
Niedrigenergiehausstandard 45, 118
Nullenergiehaus 48
Nullenergiehausstandard 45
Nutzenergie 46

O
Oberlicht 93, 168

P
Passive Kühlung 99, 106, 108
Passive Sonnenenergienutzung 78, 99, 156
Passivhaus 68
Pflanzen (für Glashäuser) 78
Photovoltaikanlage 50, 117, 175
Photovoltaikanwendungen 132, 175
Photovoltaikintegration in:
Dachziegel 136
Fassadensysteme 138, 143, 144, 145, 148
Isolierverglasungen 143
Schrägdächer 47, 52, 136, 148
Sheddächer 137, 138
Sonnenschutzelemente 82, 85, 142
Sonnenschutzlamellen 142
Tonnendächer 142
Photovoltaikmodule 132
Plusenergiehaus 60
Plusenergiehausstandard 45
Polykristallines Silizium 174
Potentiale 29, 32, 34, 36
Pufferzone 100, 106

R
Rationelle Energienutzung 36
Raumwärmebedarf 46
Recycling 70, 92
Recyclingmaterialien 70, 80, 92
Regelung (von Solaranlagen) 179
Regenerative Energiewirtschaft 29, 36, 188
Regenerativer Energiemix 29, 36

S

Saisonaler Sonnenenergiespeicher 52, 126, 127
Saisonaler Wärmespeicher 48
Sanierung 116
Schaumglasdämmung 53, 92
Sheddächer 137, 139
Simulationsprogramme 158, 180
Solar Chimney 109
Solar Roof 123
Solar Wall 122
Solaranlage (photovoltaisch) 176
Solaranlage (thermisch) 178
Solarbauteil 133
Solare
  Dachziegel 136
  Geometrie 30
  Klimatisierung 181
  Kühlung 106, 108, 181
  Nahwärme 121, 124, 130
  Strahlung 30
  Stromerzeugung 132, 174
Solargeometer 77
Solarmodule 132
  amorphe 146, 174
  monokristalline 174
  multikristalline/polykristalline 174
Solarspeicher 54
Solarsystem 175
Solarturm 137
Solarzelle 133, 174
Solarzellentypen 133, 174
Sonnenenergiewirtschaft 29, 36, 188
Sonnenkollektoren 125, 178
  Absorber 97
  bodenmontiert 125
  Dachsysteme 77, 123, 127
  Flachkollektor 49, 179
  Selbstbau 120
  mit TWD und Reflektor 55
  Vakuumröhrenkollektor 59, 181
  Wandsysteme 52, 75, 121
Sonnenkollektorfeld 126
Sonnenschutz 87, 99, 165
  statisch 87, 99, 111, 165
  temporär 50, 87
Speicherkollektoren 60
Speichermassen 98
Strahlung, diffuse 30
Strahlung, direkte 30
Strahlungsheizung 58, 140
Stromeinspeisung 135, 147, 148
Structural-Glazing-Solarfassade 144, 145
Systemnutzungsgrad 180

T

Tageslichttechnik 164
Technikraum 50
Thermographie 162
Transmissionswärmeverlust 151
Transparente Wärmedämmung (TWD) 54, 76
Treibhauseffekt 22

V

Vakuumröhrenkollektor 59, 71, 81, 178, 181
Verdunstungskühlung 81

W

Wärmebedarf 45
Wärmedurchgangskoeffizient (k-Wert) 170, 173
Wärmepumpe 104
Wärmerückgewinnung 104
Wärmeschutzverordnung 23, 46
Wärmespeicher 179
Wärmetauscher 113
Wasserkraft 29
Wasserstoffgewinnung 55
Wasserstoffspeicherung 55
Windenergienutzung 80
Windenergiepotential 29
Wintergarten 74, 79

Architekten

artevetro architekten ag 87
Bott, Ridder, Westermeier 69
Disch, Rolf 56, 61, 137
Duinker & van den Torre 148
Feinhals, Georg 143
Foster, Sir Norman and Partners 95, 99, 115, 192
Herzog + Partner 113
Hornemann, Jürgen 48
IBUS, Hasso Schreck 75
Jourda und Perraudin 73
Lecouturier & Caduff, Genf 142
LOG ID, Dieter Schempp 79, 89, 97
Metron Architekturbüro AG 82
Murray O' Laoire Associates 81
Niels Torp a.s. Architekten MNAL 103
Planerwerkstatt Dieter Möller 52
Planerwerkstatt Hölken und Berghoff 144
Schneider-Wessling, Erich 93
Schuler und Jatzlau GmbH 145
Short Ford and Partners 107, 109
sol.id.ar, Löhnert und Ludewig 77
Spiegelhalter, Thomas 71
Stengele, Sahl, Holzmer (SSH AG) 141
Zipprich, Herrmann 67

Sehen ist ein zauberhafter Vorgang.

Der Film zum Buch.

Sehen.
Hören.
Wahrnehmen.
Begreifen.
BewohnerInnen erleben.
Architekten verstehen.
Ingenieure bewundern.
Die Macher.
Die Nutzer.
Die Bremser.
Die Könner.

Die Faszination neuer Gestaltungsmöglichkeiten mit dem Sonnenlicht hautnah und sinnlich erleben.
Eine Reise zu 17 Projekten in sieben europäischen Ländern.
Nur im Film.

Video VHS, 43 Minuten. ISBN 3-7643-5384-8.
Erhältlich im Buchhandel und bei focus-film.

focus-film

focus-film dokumentiert...
im packenden Reportagestil Menschen, Projekte und Techniken, Alternativen, Chancen und Perspektiven, wie wir uns heute und jetzt in das System Erde einfügen können. Wie homo sapiens aus der Kooperation mit der Mitwelt gewinnen kann.

focus-film realisiert...
komplette Produktionen: von der Idee über das Drehbuch bis hin zum fertigen Film. Unabhängig produzierte Magazinbeiträge, zielgruppengerechte Auftragsproduktionen für Fernsehsender und private Auftraggeber, mitreißende Lehrfilme für innovative Industrieunternehmen und Bildungseinrichtungen. Erhältlich im focus-film Verlag.

focus-film verwendet...
neueste Technik und genügt höchsten Qualitätsansprüchen. Produziert wird in Fernsehstandard (Betacam SP). Computergrafiken, Simulationen, Paintbox- und Bluebox-Effekte geben den Produktionen den letzten Schliff.

focus-film behandelt...
Themen, die unter den Nägeln brennen. Die Inhalte drehen sich um Ökologie, Frieden, Gerechtigkeit und Gesellschaftspolitik.

focus-film, Schwarzwaldstraße 45,
D-78194 Immendingen